坚硬顶板的力学特性分析

潘　岳　顾士坦　王志强　著

科 学 出 版 社

北　京

内 容 简 介

坚硬顶板旳力学特性是矿压分析中的一个重要内容. 本书前三章分别对全弹性地基支承顶板、垫层为软化、弹性(可假定为弹性地基)两区段支承顶板和垫层为软化、硬化、弹性三区段支承顶板的力学特性进行分析，据所得表达式用 Matlab 软件给出算例. 附录给出计算程序，读者可方便地用程序绘出坚硬顶板的弯矩、挠度、剪力和计算支承压力等的分布图形.

本书可供煤炭、矿山、水利、土木、国防、交通、铁道、工程地质等系统的科技工作者及相关专业的高等院校师生参考.

图书在版编目(CIP)数据

坚硬顶板的力学特性分析/潘岳，顾士坦，王志强著. —北京：科学出版社，2017. 6

ISBN 978-7-03-053481-1

I. ①坚… II. ①潘… ②顾… ③王… III. ①坚硬顶板-力学-研究 IV. ①TD327.2

中国版本图书馆 CIP 数据核字 (2017) 第 136624 号

责任编辑：陈玉琢／责任校对：彭　涛
责任印制：张　伟／封面设计：陈　敬

科学出版社出版
北京东黄城根北街 16 号
邮政编码：100717
http://www.sciencep.com

北京中石油彩色印刷有限责任公司 印刷
科学出版社发行　各地新华书店经销
*
2017 年 6 月第　一　版　开本: 720 × 1000　B5
2018 年 1 月第二次印刷　印张: 15 1/4
字数: 300 000

定价：89.00 元

前　言

坚硬顶板的力学特性是矿压分析中的一个重要内容. 作者对坚硬顶板力学特性的分析缘自一篇关于坚硬顶板的论文, 由该论文插图中坚硬顶板上方作用隆起分布的增压荷载想到上覆荷载隆起分布部分可以用尺度参数不同的两个韦布尔分布函数的半峰去表达, 开始对弹性地基支承和隆起增压荷载作用的坚硬顶板的力学特性作某些分析. 在看到支承压力的文献, 特别是注意到钱鸣高院士等 1998 年煤炭学报第 2 期论文《采场覆岩中关键层上荷载的变化规律》第 1 段中关于软岩层对坚硬顶板支承关系的论述: “传统矿压分析中 ……, 将下部软岩层的支承作用简化为弹性地基, 如果要较精确全面地分析坚硬顶板的力学特性和活动规律, 这样的简化显然不能满足实际要求” 时, 联系全弹性地基支承假定顶板的分析结果, 发现工作面前方的顶板下沉量在煤壁处最大, 而弹性地基对顶板的反力与顶板下沉量成正比, 这样煤层–直接顶垫层对顶板的反力或支承压力在煤壁处最大. 实际测定表明: 煤层-直接顶垫层对顶板的反力峰或支承压力峰位置在煤壁前方, 由于破裂软化, 来压前煤壁附近垫层对顶板的反力或支承压力比其前方支承力峰值已有很大减小, 全弹性地基支承假定顶板的分析结果与实际有较大差别. 在此认识基础上, 对煤壁到支承压力峰垫层为软化状态、支承压力峰前方垫层为弹性状态 (可假定为弹性地基) 的两区段支承顶板与煤壁到支承压力峰垫层为软化状态, 支承压力峰前方垫层为硬化状态和再前方为弹性状态的三区段支承顶板作某些分析, 发现支承压力分布形态和垫层软化区深度对顶板弯矩峰值和弯矩峰超前距影响显著. 现将这些分析内容汇编成书, 其内容可为对坚硬顶板力学特性有兴趣或拟对之作进一步研究的人士提供参考.

全弹性地基支承假定顶板的力学分析是两区段支承顶板和三区段支承顶板力学分析的基础. 由于两区段支承顶板与三区段支承顶板问题包含全弹性地基支承假定顶板分析的全部内容, 三区段支承顶板问题包含两区段支承顶板分析的全部内容, 所以作者在撰写两、三区段支承顶板力学分析时, 某些内容直接引自全弹性地基支承顶板的章节而不再作专门介绍, 故本书先介绍全弹性地基支承假定顶板的内容, 然后是两区段支承顶板, 再后是三区段支承顶板, 分析逐步深入、升级. 由于分段较多 (最多时为 6 段), 所以书中数学表达式众多, 所有表达式均经严格推导给出, 并据以编程、绘图倒过来对其正确性进行验证. 本书主要内容曾以论文形式发表, 撰写本书时已对全书语句重新编辑、修饰以增加可读性, 算例中图形全部重新绘制. 原论文没有程序, 本书附录中给出每一节的计算程序, 用这些程序可重复算例. 特别是读者和现场技术人员可以自己在程序中输入采场各种参数值, 用 Matlab 软件方便地绘出相应参数值的坚硬顶板弯矩、挠度、剪力和弯曲应变能密度分布图形.

本书各节理论推导、表述尽量避免重复. 顾及每一节的相对独立性以及为了表述便捷和读者阅读方便, 在每节的积分常数求解方面有一定的重复. 需要说明, 不同采场岩层状况千差万别, 书中算例所取参数值与实际坚硬顶板采场参数值会有出入, 但算例中曲线反映了顶板力学特性的变化趋势. 与采场顶板上覆分布荷载、实测支承压力、顶板反弹信息和采场其他方面参数广泛、深入结合, 可为包括对坚硬顶板下沉、超前断裂和超前断裂距预测在内的矿压分析、顶板活动规律的了解提供参考.

原论文发表和本书出版得到国家自然科学基金项目《深部条带煤柱开采冲击地压诱灾机理及防治理论基础》(编号: 51374140) 和《厚层坚硬顶板变形能积聚与断裂能释放规律研究》(编号: 51204102) 经费支持, 在此表示感谢.

限于作者水平, 书中难免存在缺点和不足, 敬请同行、专家批评指正.

潘　岳

2016 年 12 月于青岛理工大学

目　　录

前言
第 1 章　基于弹性地基的坚硬顶板力学特性 ……………………………… 1
1.1　坚硬顶板破断模型和分析模型 ……………………………… 1
1.2　周期来压期间基于弹性地基的坚硬顶板力学特性分析 ……………… 6
1.2.1　岩梁挠度微分方程和弯矩方程 ……………………………… 7
1.2.2　岩梁挠度微分方程的求解 ……………………………… 8
1.2.3　挠度方程中积分常数的确定 ……………………………… 12
1.2.4　算例 ……………………………… 15
1.2.5　$M_{\mathrm{m}}, Q_{\mathrm{m}}$ 不为零时的岩梁弯矩、剪力 ……………………………… 21
1.2.6　小结 ……………………………… 22
1.3　初次来压前基于弹性地基的坚硬顶板力学特性分析 ……………… 23
1.3.1　岩梁各区段挠度方程的解 ……………………………… 23
1.3.2　挠度方程中积分常数的确定 ……………………………… 26
1.3.3　算例 ……………………………… 29
1.3.4　小结 ……………………………… 34
1.4　周期破断期间裂纹发生初始阶段坚硬顶板的内力、挠度和应变能变化分析 ……………………………… 35
1.4.1　强度条件和坚硬顶板裂纹发生初始阶段的分析模型 ……………… 36
1.4.2　裂纹发生初始阶段坚硬顶板各区段的挠度方程和边界、连续条件 ……… 39
1.4.3　挠度方程中积分常数的确定 ……………………………… 41
1.4.4　挠度方程式 (1.4.12) 中与 $k(<1)$ 对应的 η 值的确定方法 ……………… 46
1.4.5　算例 ……………………………… 47
1.4.6　小结 ……………………………… 51
1.5　初次来压前裂纹发生初始阶段坚硬顶板的内力变化和“反弹”特性分析 ……………………………… 52
1.5.1　强度条件和裂纹发生初始阶段的坚硬顶板力学模型 ……………… 53
1.5.2　裂纹发生初始阶段坚硬顶板的挠度方程和边界条件、连续条件 ……… 55
1.5.3　挠度方程中积分常数的确定 ……………………………… 57
1.5.4　挠度方程式 (1.5.6) 中与 $k(<1)$ 对应的 η 值的确定 ……………… 62
1.5.5　算例 ……………………………… 64

1.5.6 小结 ······ 68
第 2 章 基于软化地基和弹性地基的坚硬顶板力学特性分析 ······ 70
2.1 周期来压期间基于软化地基和弹性地基的坚硬顶板力学特性分析 ······ 70
2.1.1 分析模型 ······ 71
2.1.2 岩梁各区段的挠度方程、边界条件和连续条件 ······ 73
2.1.3 挠度方程中积分常数的确定 ······ 75
2.1.4 支承压力峰值 f_{c3} 的确定法和验证法 ······ 79
2.1.5 软化地基和弹性地基两区段支承的岩梁力学特性算例 ······ 80
2.1.6 煤层的计算支承压力 ······ 86
2.1.7 小结 ······ 86
2.2 初次来压前基于弹性地基和软化地基的坚硬顶板力学特性分析 ······ 87
2.2.1 分析模型 ······ 87
2.2.2 岩梁各区段的挠度方程、边界条件和连续条件 ······ 87
2.2.3 挠度方程中积分常数的确定 ······ 92
2.2.4 工作面推进某阶段坚硬顶板的力学特性 ······ 97
2.2.5 悬顶距离增大时的计算煤层支承压力 ······ 104
2.2.6 小结 ······ 105
第 3 章 煤层软化、硬化区对坚硬顶板力学特性影响分析 ······ 107
3.1 周期来压期间煤层软化、硬化区对坚硬顶板弯矩特性影响分析 ······ 107
3.1.1 煤层兼具软化、硬化和弹性状态概念的提出 ······ 107
3.1.2 分析模型 ······ 108
3.1.3 岩梁各区段的挠度方程、边界条件和连续条件 ······ 110
3.1.4 挠度方程中积分常数的确定 ······ 115
3.1.5 煤层弹性、硬化区的反力连续和煤层支承压力峰值f_{c3}的确定、验证法 ······ 118
3.1.6 岩梁上覆荷载、煤层支承压力峰值 ······ 118
3.1.7 煤层软化区支承压力尺度参数 x_{c3} 变动时的岩梁力学特性 ······ 120
3.1.8 煤层硬化区支承压力尺度参数 x_{c4} 变动时的岩梁力学特性 ······ 125
3.1.9 分析与讨论 ······ 130
3.1.10 小结 ······ 131
3.2 支承压力分布差异对坚硬顶板超前断裂距的影响分析 ······ 132
3.2.1 分析模型 ······ 133
3.2.2 岩梁各区段的挠度方程、边界条件和连续条件 ······ 136
3.2.3 挠度方程中积分常数的确定 ······ 141
3.2.4 煤层弹性、硬化区反力连续和煤层支承压力峰值 f_{c3} 的确定、验证法 ······ 148
3.2.5 煤层硬化区支承压力尺度参数 x_{c4} 变动时的岩梁力学特性 ······ 150

3.2.6 煤层软化区深度 $(l-l_3)$ 变化时的岩梁力学特性 ······ 155
3.2.7 小结 ······ 161
3.3 支承压力峰位于煤体本构关系硬化阶段之推断 ······ 162
3.3.1 问题的提出 ······ 162
3.3.2 摄动法确定三段式光滑连接的本构模型 ······ 165
3.3.3 轴对称问题的应力、应变和位移 ······ 167
3.3.4 围岩应力分布规律 ······ 169
3.3.5 围岩体软化半径 R 和 σ_θ/p_o 曲线峰位置的分析确定 ······ 171
3.3.6 小结 ······ 174
附录 1 1.2 节表达式计算程序 ······ 176
附录 2 1.3 节表达式计算程序 ······ 181
附录 3 1.4 节表达式计算程序 ······ 186
附录 4 1.5 节表达式计算程序 ······ 195
附录 5 2.1 节表达式计算程序 ······ 203
附录 6 2.2 节表达式计算程序 ······ 210
附录 7 3.1 节表达式计算程序 ······ 217
附录 8 3.2 节表达式计算程序 ······ 224
参考文献 ······ 234

第 1 章　基于弹性地基的坚硬顶板力学特性

1.1　坚硬顶板破断模型和分析模型

坚硬顶板是指煤层和厚度较薄的直接顶上赋存有强度高、厚度大、整体性强、煤层开采后在采空区可大面积悬露、短期内不易自然冒落的顶板. 当悬顶达到其极限步距时顶板会发生断裂. 对于超前断裂的坚硬顶板, 工作面接近断裂线下方且当支护力、岩层间摩擦力不足时, 会发生顶板台阶式下沉或压、推垮事故, 现场技术人员十分重视坚硬顶板超前断裂线位置的预报. 20 世纪 90 年代之前, 文献中对破断坚硬顶板的描述多是顶板破断迹线的外侧为矩形, 中部呈 χ 形, 如图 1.1 所示. 外侧为矩形破断迹线图的描述基于将煤壁前方煤岩体视为刚性体 [1] 之认识. 四周为刚性基础支承, 在均布荷载下顶板最大弯矩位于四周的煤壁位置, 由最大拉应力强度条件推得顶板破断迹线图外侧为矩形.

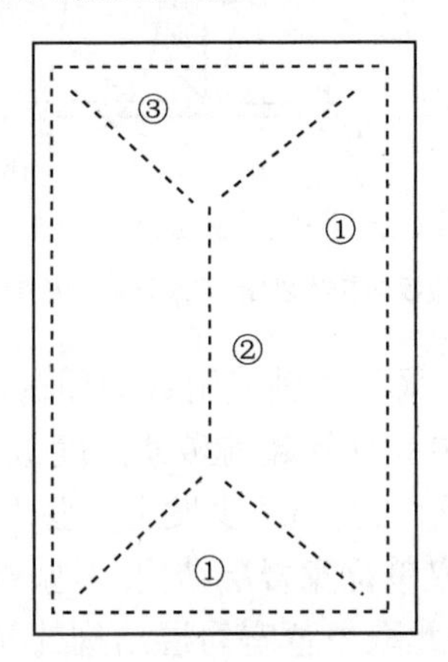

图 1.1　刚性基础的坚硬顶板破断形态

实际煤壁前方的煤岩体为变形体. 由结构力学可知, 置于变形体之上、受均布荷载作用的坚硬顶板最大弯矩不在煤壁上方, 而在煤壁前方. 据此, 由最大拉应力强度条件推得坚硬顶板将于煤壁前方发生断裂, 即超前断裂. 这与现场通常情况下观察到的顶板超前断裂现象相一致. 如此, 实际坚硬顶板破断迹线图外侧就不为矩形. 图 1.2 为李其仁等 [2] 据大同矿务局云岗矿大量实际观测资料绘出的反映坚硬顶板超前断裂的顶板破断迹线图.

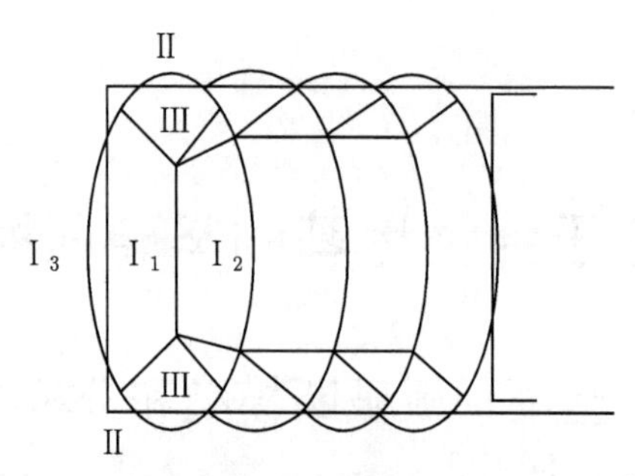

图 1.2　变形体基础的坚硬顶板破断形态 [2]

图 1.3 为钱鸣高等 [3] 绘制的理想条件下坚硬顶板破断迹线图: 当悬顶达到其极限步距时坚硬顶板发生**初次破断** (图 1.3(a)), 破断迹线外侧为椭圆形, 中部呈 χ 形; 初次破断顶板垮落后, 随推采坚硬顶板的采空区一侧形成半悬顶, 当半悬顶达到其极限步距时发生破断 (图 1.3(b)), 此后每当悬顶达到极限步距时都发生破断, 称之为**周期破断**. 坚硬顶板周期破断迹线为半椭圆形.

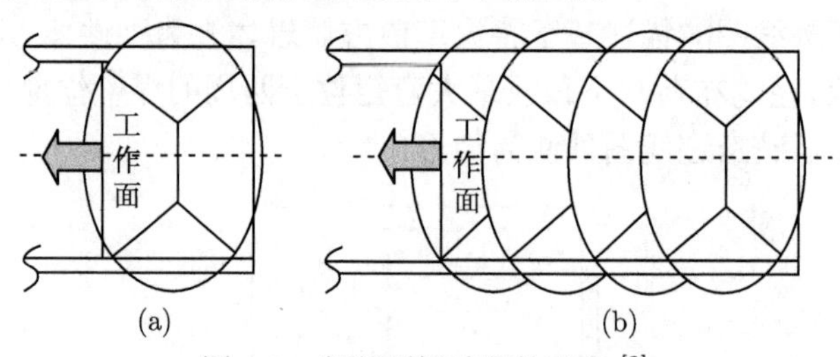

图 1.3　坚硬顶板破断的形态 [3]

(a) 坚硬顶板的初次破断; (b) 坚硬顶板的周期破断

采场工作面很长, 图 1.3 采场中轴线附近的顶板弯矩、挠度最大, 无论是初次破断还是周期破断, 工作面中央顶板超前破断深度最大, 也最先破断 [1](对于初次破断, 也有在采空区跨中先断裂的, 但很少发生). 鉴于此种情况, 为简化分析, 研究者一般沿图 1.3 采场中轴线取单位宽岩层结构, 对坚硬顶板中部的内力、挠度特性进行研究. 1.2~3.2 节也将按此取单位宽岩层结构的简化研究方法, 对中轴线附近的坚硬顶板力学特性进行分析.

图 1.4 和图 1.5 为曹安业等 [4] 绘出的初次来压和周期来压期间坚硬顶板破断示意图. 图 1.4 中在煤壁前方顶板上侧先出现裂缝——超前断裂, 与此同时, 顶板

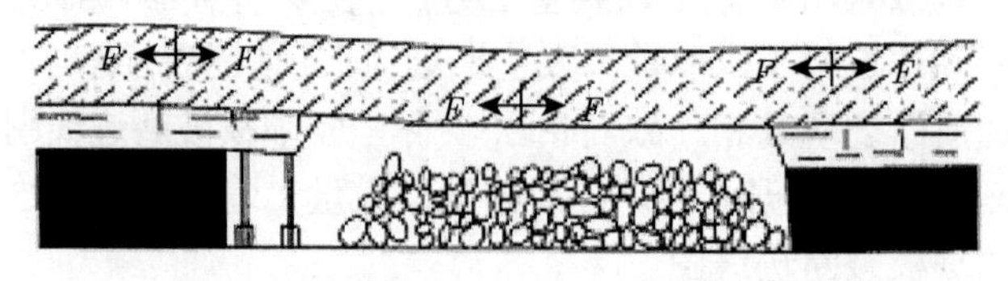

图 1.4　坚硬顶板初次来压破断示意图 [4]

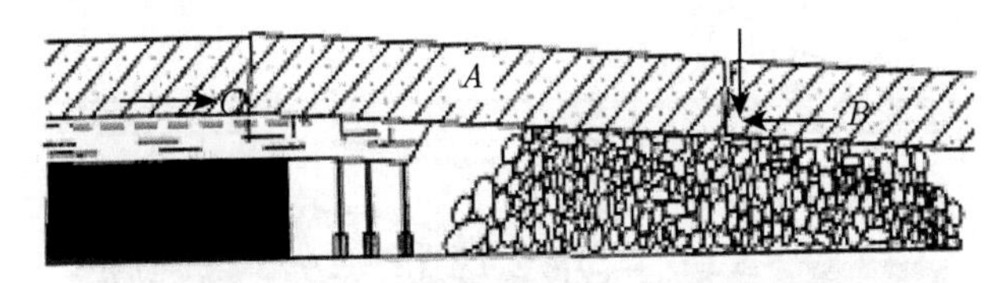

图 1.5 周期来压期间坚硬顶板破断示意图 [4]

回转, 在采空区中央下侧出现裂缝. 图 1.5 描述周期来压期间顶板发生超前破断形态.

图 1.4 和图 1.5 中没有绘出坚硬顶板上覆荷载的分布形态和煤壁前方煤层–直接顶对坚硬顶板反力或支承压力的分布形式. 波兰学者鲍莱茨基 [5] 和国内学者钱鸣高等 [6]、钟新谷 [7]、缪协兴等 [8] 将煤层–直接顶对坚硬顶板的支承关系假定为 Winkler 弹性地基, 对受均布荷载作用的坚硬顶板的弯矩、挠度进行分析, 得到顶板最大弯矩在煤壁前方、顶板发生超前断裂等基本分析结果.

钱鸣高等 [9] 对初次破断前基本顶和覆岩关键层上方荷载分布所作的有限元分析表明, 煤壁前方基本顶承受隆起分布的增压荷载, 增压荷载峰位于煤壁前方, 如图 1.6 所示. 图 1.6 中 $\sum h_3 = 200\text{m}$ 大致对应 400m 埋深, 增压荷载峰值 $\tilde{q}_{1\,\max}$ 与 150m 前方平均荷载 $\tilde{q}_1$ 的比值: $\tilde{q}_{1\,\max}/\tilde{q}_1 \approx 1.2 \sim 1.22$, 平均荷载 $\tilde{q}_1$ 反映了采场埋深. 图 1.6 中 $\tilde{q}_{1\,\min}$ 为采空区跨中顶板所受荷载, 显然 $\tilde{q}_{1\,\min} \ll \tilde{q}_1$, 这反映了采空区跨中部位顶板向下方的形变、位移允许量大, 以及采空区跨中部位顶板的离层倾向.

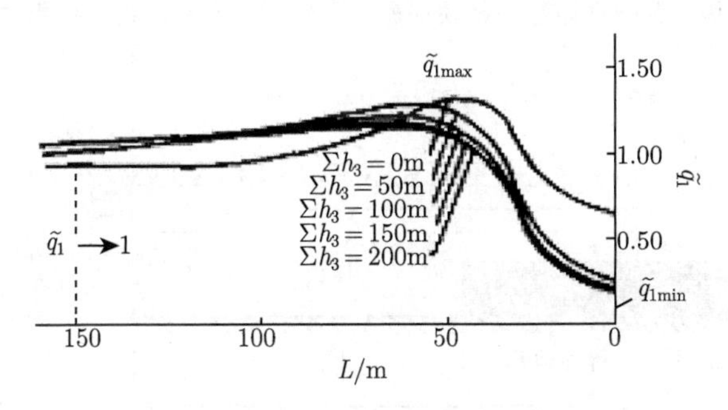

图 1.6 顶板上覆荷载与埋深关系 [9]

受到文献 [9] 思想的影响, 李新元等 [10] 绘出初次破断期间基于弹性地基的坚硬顶板力学模型如图 1.7 所示, 其中顶板上覆荷载的增压荷载峰位于煤壁前方, 顶板发生超前破断. 文献 [10] 在实际分析中, 采用的是: 工作面煤壁前方顶板受均布荷载和超前线性分布荷载 (其中最大荷载集度位于煤壁上方), 煤壁上方顶板截面的弯矩和剪力被假定为采空区上方两端固支梁受均布荷载在固定端所产生的反力.

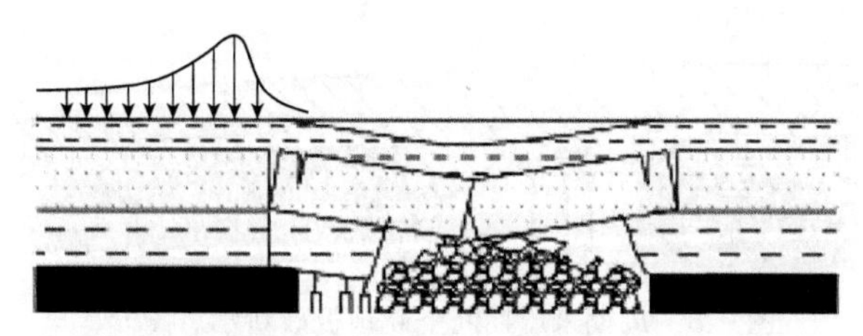

图 1.7　坚硬顶板破断后岩层结构和应力状态 [10]

图 1.8 为潘岳等 [11] 绘出的基于全弹性地基的, 受平均荷载、隆起增压荷载作用的初次破断前坚硬顶板力学模型, 图中假定右方煤壁也设置支护. 如此, 图 1.8 中结构与荷载关于采空区跨中截面为正对称. 由结构力学可知, 正对称体系跨中截面反对称内力为零, 即 $Q(l+L)=0$; 跨中截面转角为零, 即 $y_1'(L+l)=0$. 将图 1.8 岩梁跨中截断后用定向支承来代替, 可得其半结构模型, 如图 1.9 所示. 图中右端的反力偶 $M(l+L)\neq 0$, $M(l+L)$ 要由 $y_1'(L+l)=0$ 的几何条件确定.

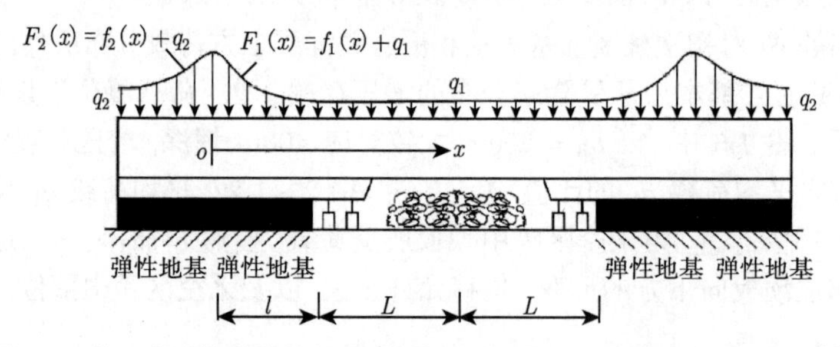

图 1.8　基于全弹性地基的坚硬顶板初次破断前岩层结构及荷载状况 [11]

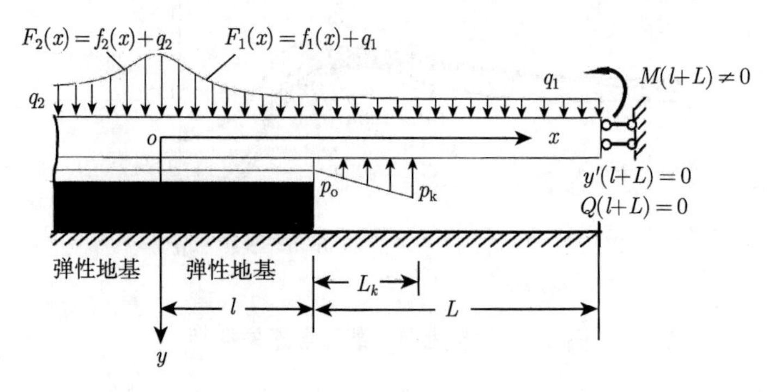

图 1.9　基于全弹性地基的坚硬顶板初次断裂前的半结构模型 [11]

图 1.10 为潘岳等 [12] 绘出的基于全弹性地基的, 受平均荷载、隆起增压荷载作用的周期来压期间未破断坚硬顶板的力学模型, 图中 Q_m 为图 1.5 后方已断裂砌体梁对前方岩梁施加的摩擦力, M_m 为相应断裂砌体梁施加的水平挤压力因低 (或高) 于中性轴 ox 而对前方岩梁形成的力偶.

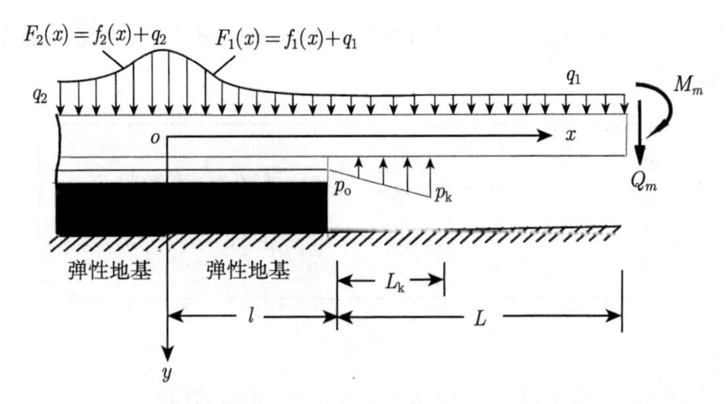

图 1.10 基于全弹性地基、周期来压期间未破断坚硬顶板的力学模型 [12]

图 1.8~ 图 1.10 中坐标原点 o 设于增压荷载峰下方, l 为增压荷载峰到煤壁的距离, L 为采空区半跨长或跨长, 亦称悬顶距离; L_k 为控顶距, p_o, p_k 为支护强度, $p_k \geqslant p_o$; $F_1(x)=q_1+f_1(x)$, $F_2(x)=f_2(x)+q_2$ 为增压荷载峰后方和前方的顶板分布荷载, 其中 q_1, q_2 为均布荷载, 在远离荷载峰的位置顶板荷载分别趋于均布荷载 q_1, q_2. 其中 q_2 反映了顶板的埋深, 后文称平均荷载; q_1 反映了顶板自重, $q_1=\gamma_1 h$. γ_1 为坚硬顶板容重, h 为顶板厚; 弹性地基的刚度记为 C, 地基反力 q_c 与梁的竖向位移 y 成正比, 即 $q_c=-Cy$.

图 1.9 和图 1.10 中的

$$f_1(x)=k_1(x+x_{c1})\mathrm{e}^{-\frac{x+x_{c1}}{x_{c1}}},\quad (0\leqslant x\leqslant l+L) \tag{1.1.1}$$

$$f_2(x)=k_2(x_{c2}-x)\mathrm{e}^{\frac{x-x_{c2}}{x_{c2}}},\quad (-\infty< x\leqslant 0) \tag{1.1.2}$$

均为半个韦布尔分布函数. 式 (1.1.1), (1.1.2) 中

$$k_1=f_{c1}\mathrm{e}/x_{c1},\quad k_2=f_{c2}\mathrm{e}/x_{c2} \tag{1.1.3}$$

k_1、k_2 的单位为 $\mathrm{N/m^2}$, f_{c1}、f_{c2} 的单位为 N/m. x_{c1}, x_{c2} 分别为 $f_1(x)$, $f_2(x)$ 的尺度参数, 单位为 m.

可以用式 (1.1.1), (1.1.2) 模拟图 1.8~ 图 1.10 中的增压荷载. 式 (1.1.1) 中 $x=0$ 时 $f_1(0)$ 等于其峰值 f_{c1}, 在峰值处 $f_1'(0)=0$. f_{c1} 大则 $f_1(x)$ 的峰值大, 可以通过改变 f_{c1} 来调节图 1.8 增压荷载峰值的大小; $x\to\infty$ 时 $f_1(\infty)=0$, 可以通过增大或减小 x_{c1} 调节在 $x\to\infty$ 的过程中, $f_1(x)\to 0$ 的缓、急程度; $f_2(x)$ 有类似性质, $x=0$ 时 $f_2(0)$ 等于 $f_2(x)$ 峰值 f_{c2}, 在峰值处 $f_2'(0)=0$. 不同之处是: $x\to-\infty$ 时, $f_2(-\infty)=0$. 对以上两式取 $f_{c1}=f_{c2}=5\mathrm{N/m}$, $x_{c1}=6\mathrm{m}$, $x_{c2}=8\mathrm{m}$, 用 Matlab 软件绘出 $f_1(x)$ 在区间 $[0,30]$ 和 $f_2(x)$ 在区间 $[-40,0]$ 的曲线部分如图 1.11 所示. 从

图 1.11 看到, $f_1(x)$ 和 $f_2(x)$ 可以恰当地模拟图 1.8~ 图 1.10 中煤壁前方的隆起分布的增压荷载.

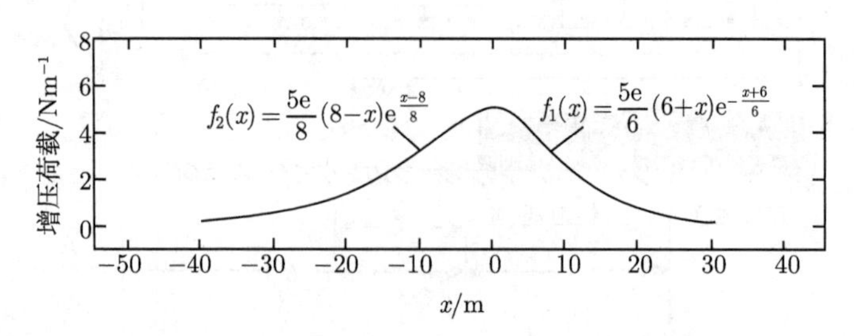

图 1.11　$f_1(x), f_2(x)$ 在 $x=0$ 附近的图形

图 1.8~ 图 1.10 中 $x=0$ 后方的顶板荷载可用 [12]

$$F_1(x)=q_1+f_1(x)=k_1(x+x_{c1})e^{-\frac{x+x_{c1}}{x_{c1}}} \tag{1.1.4}$$

表示, $x=0$ 前方的顶板荷载可用 [12]

$$F_2(x)=q_2+f_3(x)=k_2(x_{c2}-x)e^{\frac{x-x_{c2}}{x_{c2}}} \tag{1.1.5}$$

表示. 由式 (1.1.1)~(1.1.5), 可得到 $x=0$ 处的关系式

$$q_1+f_{c1}=q_2+f_{c2} \quad 或 \quad f_{c1}-f_{c2}=q_2-q_1 \tag{1.1.6}$$

$f_{c1}+q_1, f_{c2}+q_2$ 为 $x=0$ 处的顶板荷载峰值, 由于 $q_2 \gg q_1$, 并且顶板荷载连续, 故式 (1.16) 中 $f_{c1} \gg f_{c2}$. 式 (1.1.4) 保证了图 1.8~ 图 1.10 中 $x=0$ 处顶板荷载的连续, 前述的 $f_1'(0)=0$, $f_2'(0)=0$ 保证了图 1.8~ 图 1.10 中 $x=0$ 处光滑连续.

1.2~3.2 节中均将采用式 (1.1.1)~(1.1.6) 表示顶板上覆荷载, 届时对其性态不再作介绍.

1.2　周期来压期间基于弹性地基的坚硬顶板力学特性分析

1.1 节中图 1.10 所示结构在右端剪力 Q_m 和力偶 M_m 已知情况下是静定结构, 而图 1.9 所示结构是超静定结构, 故后者的求解难度要明显大于前者, 在力学中是两类不同的问题; 并且周期来压期间未破断坚硬顶板与初次来压前未破断坚硬顶板的力学特性在矿压分析中也是两个问题. 以下各章节将根据先易后难的顺序, 先求解静定的顶板问题, 再求解超静定的顶板问题, 在求解超静定问题时会利用静定问题中的部分结果.

1.2.1 岩梁挠度微分方程和弯矩方程

图 1.10 中 $(-\infty,0]$ 区段、$[0,l]$ 区段和 $[l,l+L]$ 采空区段岩层结构的隔离体如图 1.12[12] 所示. 因沿图 1.3 中轴线取单位宽度研究, 图 1.12(a) 为受分布荷载 $F_2(x)$ 作用的半无限长弹性地基梁, 梁右端作用剪力 $Q_{\rm o}$ 和弯矩 $M_{\rm o}$, 煤层–直接顶的支承关系假定为 Winkler 弹性地基. 记 $(-\infty,0]$ 区段岩梁挠度为 $y_2(x)$, 在 $F_2(x)$、Q_o 和 M_o 作用下弹性地基反力 $q_{\rm c}$ 与梁的竖向位移 y 成正比 [13], 即

$$q_{\rm c} = -Cy \tag{1.2.1}$$

式中, C 为地基刚度常数, 负号是因反力与岩梁位移 (下沉量)y 的方向相反. 由式 (1.1.4), 可写出图 1.11(a) 弹性地基梁任意微段 dx 的挠度微分方程:

$$EIy_2^{(4)}(x) = q_2 + k_2(x_{\rm c2} - x){\rm e}^{\frac{x-x_{\rm c2}}{x_{\rm c2}}} - {\rm C}y_2(x) \quad (x \leqslant 0) \tag{1.2.2}$$

若记 $\beta = [C/(4EI)]^{1/4}$, 可将式 (1.2.2) 写成

$$y_2^{(4)}(x) + 4\beta^4 y_2(x) = \frac{q_2}{EI} + \frac{k_2}{EI}(x_{\rm c2} - x){\rm e}^{\frac{x-x_{\rm c2}}{x_{\rm c2}}} \quad (x \leqslant 0) \tag{1.2.3}$$

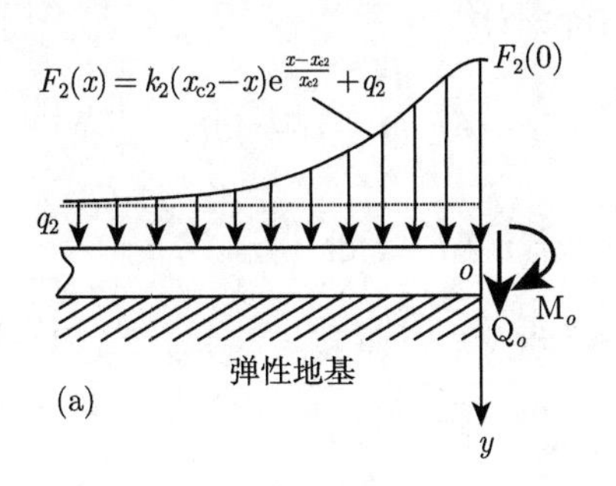

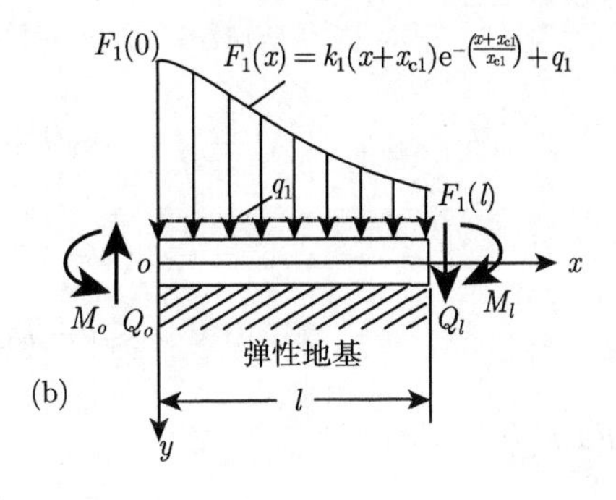

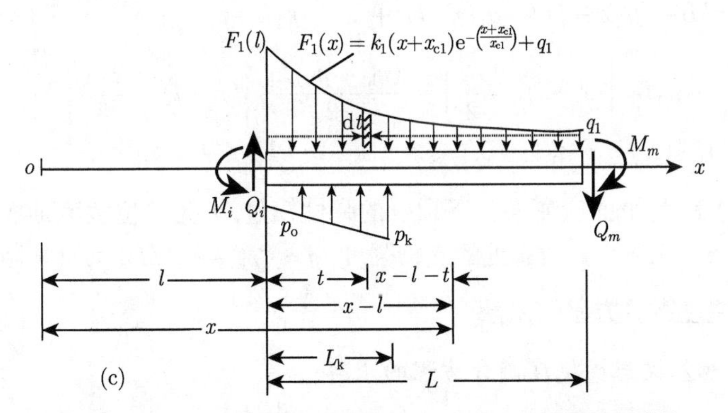

图 1.12 周期来压期间未破断岩层结构的隔离体图 [12]

图 1.12(b) 为受分布荷载 $F_1(x)$ 作用的有限长弹性地基梁, 梁左、右端分别作用内力 Q_o, M_o 和 Q_l, M_l. 记 $[0,l]$ 区段岩梁挠度为 $y_{21}(x)$, 类似于式 (1.2.3), 图 1.12(b) 弹性地基梁任意微段 $\mathrm{d}x$ 的挠度微分方程为

$$y_{21}^{(4)}(x)+4\beta^4 y_{21}(x)=\frac{q_1}{EI}+\frac{k_1}{EI}(x+x_{\mathrm{c1}})\mathrm{e}^{-\frac{x+x_{\mathrm{c1}}}{x_{\mathrm{c1}}}}\quad(0\leqslant x\leqslant l)\tag{1.2.4}$$

式 (1.2.4) 中的 β 同式 (1.2.3), 而 $T=1/\beta=[4EI/C]^{1/4}$ 称为弹性地基梁的特征长度.

图 1.12(c) 为受分布荷载 $F_1(x)$ 和支护阻力作用的采空区悬臂梁, 梁左端作用剪力 Q_l 和弯矩 M_l. 记 $[l,l+L_{\mathrm{k}}]$ 区段的岩梁挠度为 $y_{11}(x)$, $[l+L_{\mathrm{k}},l+L]$ 区段的岩梁挠度为 $y_{12}(x)$, 以 t 为参变量, 注意到图 1.12(c) 微段 $\mathrm{d}t$ 上的力为

$$k_1(l+t+x_{\mathrm{c1}})\exp\left[-(l+t+x_{\mathrm{c1}})/x_{\mathrm{c1}}\right]\mathrm{d}t\tag{1.2.5}$$

对 x 截面取矩的写法, 梁上各荷载对 x 截面取矩, 可得用分段函数表示的采空区悬臂梁弯矩方程

$$\begin{aligned}EIy_{11}''(x)=&M(x)\\=&M_l-Q_l(x-l)+\frac{1}{2}q_1(x-l)^2\\&+\int_0^{x-l}k_1(l+t+x_{\mathrm{c1}})\mathrm{e}^{-\frac{l+t+x_{\mathrm{c1}}}{x_{\mathrm{c1}}}}(x-l-t)\mathrm{d}t\\&-\frac{1}{2}p_{\mathrm{o}}(x-l)^2-\int_0^{x-l}gt(x-l-t)\mathrm{d}t\\&(l\leqslant x\leqslant l+L_{\mathrm{k}},\quad 0\leqslant t\leqslant x-l\leqslant L_{\mathrm{k}})\end{aligned}\tag{1.2.6}$$

$$\begin{aligned}EIy_{12}''(x)=&M(x)\\=&M_l-Q_l(x-l)+\frac{1}{2}q_1(x-l)^2+\int_0^{x-l}k_1(l+t+x_{\mathrm{c1}})\mathrm{e}^{-\frac{l+t+x_{\mathrm{c1}}}{x_{\mathrm{c1}}}}(x-l-t)\mathrm{d}t\\&-p_{\mathrm{o}}L_{\mathrm{k}}\left[(x-l)-\frac{L_{\mathrm{k}}}{2}\right]-\frac{(p_{\mathrm{k}}-p_{\mathrm{o}})L_{\mathrm{k}}}{2}\left[(x-l)-\frac{2L_{\mathrm{k}}}{3}\right]\\&(l+L_{\mathrm{k}}\leqslant x\leqslant l+L,0\leqslant t\leqslant x-l-L_{\mathrm{k}}\leqslant L-L_{\mathrm{k}})\end{aligned}\tag{1.2.7}$$

以上各式中的 E 为平面应变条件下顶板的弹性模量, I 为单位宽度顶板的惯性距, $p_{\mathrm{o}},p_{\mathrm{k}}$ 分别为 $x=l,x=l+L_{\mathrm{k}}$ 处的支护强度, $g=(p_{\mathrm{k}}-p_{\mathrm{o}})/L_{\mathrm{k}}$ 为支护阻力的斜率.

1.2.2 岩梁挠度微分方程的求解

1.2.2.1 弹性地基梁岩梁挠度微分方程的求解

式 (1.2.3) 的解由相应于式 (1.2.3) 的齐次线性微分方程的通解 $Y_2(x)$ 和式 (1.2.3) 的特解 $y_2^*(x)$ 组成. 式 (1.2.3) 是线性微分方程, 可运用叠加原理. 其非

齐次项是两项, 可以分别求解相应于式 (1.2.3) 右端第 1 项 q_2/EI 和第 2 项的特解 $y_2^{1*}(x)$, $y_2^{2*}(x)$, 相加后得 $y_2^*(x)$. 故式 (1.2.3) 的解可写为

$$y_2(x) = Y_2(x) + y_2^{1*}(x) + y_2^{2*}(x) \tag{1.2.8}$$

式 (1.2.3) 的齐次方程 $y_2^{(4)}(x) + 4\beta^4 y_2(x) = 0$ 的半无限长弹性地基梁通解 [11] 为

$$Y_2(x) = \mathrm{e}^{\beta x}[d_1 \sin \beta x + d_2 \sin \beta x] \tag{1.2.9}$$

相应于式 (1.2.3) 中 $q_2/(EI)$ 的特解为

$$y_2^{1*}(x) = \frac{q_2}{4\beta^4 EI} \tag{1.2.10}$$

将相应于式 (1.2.3) 右端第 2 项的特解可设为

$$y_2^{2*}(x) = Q_2(x)\mathrm{e}^{\frac{x-x_{c2}}{x_{c2}}} \tag{1.2.11}$$

由式 (1.2.11), $y_2^{2*}(x)$ 的 4 阶导数可写为

$$y_2^{2*(4)}(x) = \mathrm{e}^{\frac{x-x_{c2}}{x_{c2}}}\left(\frac{1}{x_{c2}^4}Q_2(x) + \frac{4}{x_{c2}^3}Q_2'(x) + \frac{6}{x_{c2}^2}Q_2''(x) + \frac{4}{x_{c2}}Q_2''' + Q_2^{(4)}(x)\right) \tag{1.2.12}$$

注意到式 (1.2.3) 等号右端第 2 项 x 的幂为 1, 令

$$Q_2(x) = b_0 x + b_1 \tag{1.2.13}$$

将式 (1.2.13) 代入式 (1.2.11), (1.2.12), 再将所得到的 $y_2^{2*}(x)$ 和 $y_2^{2*(4)}(x)$ 代入微分方程

$$y_2^{2*(4)}(x) + 4\beta^4 y_2^{2*}(x) = \frac{k_2}{EI}(x_{c2} - x)\mathrm{e}^{\frac{x-x_{c2}}{x_{c2}}} \tag{1.2.14}$$

在等号两端消去 $\exp[(x - x_{c2})/x_{c2}]$, 比较 x 项和 x^0 项的系数, 可解得

$$b_0 x + b_1 = \frac{k_2}{EI} \cdot \frac{x_{c2}^4}{1 + 4\beta^4 x_{c2}^4}\left[(x_{c2} - x) + \frac{4x_{c2}}{1 + 4\beta^4 x_{c2}^4}\right] \tag{1.2.15}$$

将式 (1.2.13) 代入式 (1.2.11), 再将式 (1.2.9)~(1.2.11) 代入式 (1.2.8), 可得 $(-\infty, 0]$ 区段半无限长弹性地基梁的挠度方程为

$$\begin{aligned} y_2(x) =& \mathrm{e}^{\beta x}[d_1 \sin \beta x + d_2 \sin \beta x] + \frac{q_2}{4\beta^4 EI} \\ &+ \frac{k_2}{EI} \cdot \frac{x_{c2}^4}{1 + 4\beta^4 x_{c2}^4}\left[(x_{c2} - x) + \frac{4x_{c2}}{1 + 4\beta^4 x_{c2}^4}\right]\mathrm{e}^{\frac{x-x_{c2}}{x_{c2}}} \quad (-\infty < x \leqslant 0) \end{aligned} \tag{1.2.16}$$

由 $\beta=[C/(4EI)]^{1/4}$ 知, 挠度方程式 (1.2.16) 满足式 (1.2.25a) 中边界条件 $y_2(-\infty)=q_2/C$ 和 $y_2'(-\infty)=0$.

类似于式 (1.2.8), $[0,l]$ 区段有限长弹性地基梁挠度方程由相应于式 (1.2.4) 的齐次线性微分方程的通解 $Y_{21}(x)$ 和相应于式 (1.2.4) 等号右端两项的特解 $y_{21}^{1*}(x)$, $y_{21}^{2*}(x)$ 组成, 为

$$y_{21}(x)=Y_{21}(x)+y_{21}^{1*}(x)+y_{21}^{2*}(x) \tag{1.2.17}$$

因为是有限长弹性地基梁, 式 (1.2.4) 齐次方程 $y_{21}^{(4)}(x)+4\beta^4y_{21}(x)=0$ 的通解 [13] 宜采用三角函数与双曲函数乘积形式写出, 为

$$Y_{21}(x)=d_3\sin\beta x\sinh\beta x+d_4\sin\beta x\cosh\beta x+d_5\cos\beta x\sinh\beta x+d_6\cos\beta x\cosh\beta x \tag{1.2.18}$$

容易验证, 式 (1.2.18) 等号右端第一项的 4 阶导数为 $-4\beta^4d_3\sin\beta x\sinh\beta x$, 与 $4\beta^4d_3\sin\beta x\sinh\beta x$ 正好相抵消, 其余三项有类似结果, 故此 4 项的线性组合式 (1.2.18) 即式 (1.2.4) 的齐次方程 $y_{21}^{(4)}(x)+4\beta^4y_{21}(x)=0$ 的解.

相应于式 (1.2.4) 中 $q_1/(EI)$ 的特解为

$$y_{21}^{1*}(x)=\frac{q_1}{4\beta^4EI} \tag{1.2.19}$$

采用类似于式 (1.2.11)~(1.2.15) 的算法 (参见文献 [14]), 可求得相应于式 (1.2.4) 右端第 2 项的特解

$$y_{21}^{2*}(x)=\frac{k_1}{EI}\frac{x_{\mathrm{c1}}^4}{1+4\beta^4x_{\mathrm{c1}}^4}\left[\frac{4x_{\mathrm{c1}}}{1+4\beta^4x_{\mathrm{c1}}^4}+(x+x_{\mathrm{c1}})\right]\mathrm{e}^{-\frac{x+x_{\mathrm{c1}}}{x_{\mathrm{c1}}}} \tag{1.2.20}$$

将式 (1.2.18)~(1.2.20) 代入式 (1.2.17), 可得 $[0,l]$ 区段有限长弹性地基梁的挠度方程

$$\begin{aligned}y_{21}(x)=&d_3\sin\beta x\sinh\beta x+d_4\sin\beta x\cosh\beta x+d_5\cos\beta x\sinh\beta x+d_6\cos\beta x\cosh\beta x\\&+\frac{q_1}{4\beta^4EI}+\frac{k_1}{EI}\frac{x_{\mathrm{c1}}^4}{1+4\beta^4x_{\mathrm{c1}}^4}\left[(x+x_{\mathrm{c1}})+\frac{4x_{\mathrm{c1}}}{1+4\beta^4x_{\mathrm{c1}}^4}\right]\mathrm{e}^{-\frac{x+x_{\mathrm{c1}}}{x_{\mathrm{c1}}}}\quad(0\leqslant x\leqslant l)\end{aligned} \tag{1.2.21}$$

1.2.2.2　图 1.12(c) 悬臂梁挠度微分方程的求解

微分方程式 (1.2.6), (1.2.7) 右端第 4 项的定积分为

$$\begin{aligned}k_1x_{\mathrm{c1}}^3\Bigg\{&\left[\frac{x+x_{\mathrm{c1}}}{x_{\mathrm{c1}}}+2\right]\mathrm{e}^{-\frac{x+x_{\mathrm{c1}}}{x_{\mathrm{c1}}}}-\left[\left(\frac{l+x_{\mathrm{c1}}}{x_{\mathrm{c1}}}\right)^2+2\left(\frac{l+x_{\mathrm{c1}}}{x_{\mathrm{c1}}}\right)\right.\\&\left.+2-\left(\frac{l+x_{\mathrm{c1}}}{x_{\mathrm{c1}}}+1\right)\frac{x+x_{\mathrm{c1}}}{x_{\mathrm{c1}}}\right]\mathrm{e}^{-\frac{l+x_{\mathrm{c1}}}{x_{\mathrm{c1}}}}\Bigg\}\end{aligned} \tag{1.2.22}$$

将式 (1.2.22) 代入式 (1.2.6), (1.2.7), 再对其积两次分可得到采空区上方悬臂梁的挠度方程

$$
\begin{aligned}
EIy_{11}(x) =& \frac{M_l}{2}(x-l)^2 - \frac{Q_l}{6}(x-l)^3 + \frac{q_1}{24}(x-l)^4 \\
&+ k_1 x_{c1}^5 \left\{ \left[\frac{x+x_{c1}}{x_{c1}} + 4 \right] \mathrm{e}^{-\frac{x+x_{c1}}{x_{c1}}} - \left\{ \left[\left(\frac{l+x_{c1}}{x_{c1}} \right)^2 \right. \right. \right. \\
&\left. \left. \left. + 2\left(\frac{l+x_{c1}}{x_{c1}} \right) + 2 \right] \frac{x^2}{2x_{c1}^2} - \frac{1}{6}\left(\frac{l+x_{c1}}{x_{c1}} + 1 \right)\left(\frac{x+x_{c1}}{x_{c1}} \right)^3 \right\} \mathrm{e}^{-\frac{l+x_{c1}}{x_{c1}}} \right\} \\
&- \frac{p_{\mathrm{o}}(x-l)^4}{24} - \frac{(p_{\mathrm{k}}-p_{\mathrm{o}})}{120L_{\mathrm{k}}}(x-l)^5 + c_1 x + c_2 \quad (l \leqslant x \leqslant l+L_{\mathrm{k}}) \quad (1.2.23)
\end{aligned}
$$

$$
\begin{aligned}
EIy_{12}(x) =& \frac{M_l}{2}(x-l)^2 - \frac{Q_l}{6}(x-l)^3 + \frac{q_1}{24}(x-l)^4 \\
&+ k_1 x_{c1}^5 \left\{ \left[\frac{x+x_{c1}}{x_{c1}} + 4 \right] \mathrm{e}^{-\frac{x+x_{c1}}{x_{c1}}} - \left\{ \left[\left(\frac{l+x_{c1}}{x_{c1}} \right)^2 \right. \right. \right. \\
&\left. \left. \left. + 2\left(\frac{l+x_{c1}}{x_{c1}} \right) + 2 \right] \frac{x^2}{2x_{c1}^2} - \frac{1}{6}\left(\frac{l+x_{c1}}{x_{c1}} + 1 \right)\left(\frac{x+x_{c1}}{x_{c1}} \right)^3 \right\} \mathrm{e}^{-\frac{l+x_{c1}}{x_{c1}}} \right\} \\
&- p_{\mathrm{o}} L_{\mathrm{k}} \left[\frac{(x-l)^3}{6} - \frac{L_{\mathrm{k}}}{4}(x-l)^2 \right] - \frac{(p_{\mathrm{k}}-p_{\mathrm{o}})L_{\mathrm{k}}}{2} \left[\frac{(x-l)^3}{6} - \frac{L_{\mathrm{k}}(x-l)^2}{3} \right] \\
&+ c_3 x + c_4 \quad (l+L_{\mathrm{k}} \leqslant x \leqslant l+L) \quad (1.2.24)
\end{aligned}
$$

对式 (1.2.23), (1.2.24) 求 2 次导数即可得式 (1.2.6), (1.2.7), 只是其中第 4 项的定积分项已用式 (1.2.22) 代替.

图 1.10 岩梁模型中的边界条件及连续条件从左到右全部列出为

$$y_2(-\infty) = q_2/C, \quad y_2'(-\infty) = 0 \tag{1.2.25a}$$

$$y_2(0) = y_{21}(0), \quad y_2'(0) = y_{21}'(0), \quad y_2''(0) = y_{21}''(0), \quad y_2'''(0) = y_{21}'''(0) \tag{1.2.25b}$$

$$y_{21}(l) = y_{11}(l), \quad y_{21}'(l) = y_{11}'(l), \quad y_{21}''(l) = M_l/EI, \quad y_{21}'''(l) = -Q_l/EI \tag{1.2.25c}$$

$$y_{11}(l+L_{\mathrm{k}}) = y_{12}(l+L_{\mathrm{k}}), \quad y_{11}'(l+L_{\mathrm{k}}) = y_{12}'(l+L_{\mathrm{k}}) \tag{1.2.25d}$$

$$Q(l+L) = -Q_m, \quad M(l+L) = M_m \tag{1.2.25e}$$

这里说明, 式 (1.2.25) 中 Q_l, Q_m 前加负号是因为本书规定使梁上侧受拉的弯矩为正, 相应剪力逆时针为正, 图 1.12(b), (c) 右端绘出的 Q_l, Q_m 顺时针, 故其前要冠以负号. 挠度方程式 (1.2.16), (1.2.21), (1.2.23), (1.2.24) 中共有 10 个积分常数,

需通过联立这 4 个方程, 并满足边界和连续条件式 (1.2.8) 解得 10 个积分常数, 最终确定图 1.10 连续梁的 4 段式挠度方程.

积分常数求得后, 对式 (1.2.16), (1.2.21), (1.2.23), (1.2.24) 求导数, 再代入

$$M(x) = EIy''(x) \tag{1.2.26}$$

$$Q(x) = M'(x) = EIy'''(x) \tag{1.2.27}$$

可得各区段弯矩和剪力的表达式, 限于篇幅不写出显式.

1.2.3 挠度方程中积分常数的确定

1.2.3.1 积分常数 $d_1 \sim d_6$ 的确定

对挠度方程式 (1.2.16), (1.2.21) 求 1, 2, 3 次导数, 再由式 (1.2.25b) 中的挠度、转角、弯矩和剪力连续条件, 可写出关于式 (1.2.16), (1.2.21) 中积分常数 $d_1 \sim d_6$ 的代数方程

$$d_1 = d_6 + \frac{q_1 - q_2}{4\beta^4 EI} + A_1 x_{c1}^3 (B_1 + 1) - A_2 x_{c2}^3 (B_2 + 1) \tag{1.2.28}$$

$$d_4 + d_5 - d_1 - d_2 = \frac{A_1 x_{c1}^2 B_1 + A_2 x_{c2}^2 B_2}{\beta} \tag{1.2.29}$$

$$d_2 = d_3 + \frac{A_1 x_{c1}(B_1 - 1) - A_2 x_{c2}(B_2 - 1)}{2\beta^2} \tag{1.2.30}$$

$$d_4 - d_5 + d_1 - d_2 = \frac{A_1(B_1 - 2) + A_2(B_2 - 2)}{2\beta^3} \tag{1.2.31}$$

式中

$$B_1 = \frac{4}{1 + 4\beta^4 x_{c1}^4}, \quad B_2 = \frac{4}{1 + 4\beta^4 x_{c2}^4}, \quad A_1 = \frac{k_1}{EI}\frac{x_{c1}^2 \mathrm{e}^{-1}}{1 + 4\beta^4 x_{c1}^4}, \quad A_2 = \frac{k_2}{EI}\frac{x_{c2}^2 \mathrm{e}^{-1}}{1 + 4\beta^4 x_{c2}^4} \tag{1.2.32}$$

式 (1.2.28), (1.2.30) 中 d_1, d_2 已用 d_3, d_6 表示. 再通过求解式 (1.2.29), (1.2.31), 并利用式 (1.2.28), (1.2.30), 还可将 d_4, d_5 用 d_3, d_6 表示为

$$d_4 = d_3 + D_1, \quad d_5 = d_6 + D_2 \tag{1.2.33}$$

式中

$$\begin{aligned} D_1 = & \frac{A_1 x_{c1}^2 B_1 + A_2 x_{c2}^2 B_2}{2\beta} + \frac{A_1 x_{c1}(B_1 - 1) - A_2 x_{c2}(B_2 - 1)}{2\beta^2} \\ & + \frac{A_1(B_1 - 2) + A_2(B_2 - 2)}{4\beta^3} \end{aligned} \tag{1.2.34}$$

$$\begin{aligned}D_2 =&\frac{q_1-q_2}{4\beta^4 EI}+A_1x_{\mathrm{c}1}^3(B_1+1)-A_2x_{\mathrm{c}2}^3(B_2+1)\\&+\frac{A_1x_{\mathrm{c}1}^2B_1+A_2x_{\mathrm{c}2}^2B_2}{2\beta}-\frac{A_1(B_1-2)+A_2(B_2-2)}{4\beta^3}\end{aligned} \tag{1.2.35}$$

对图 1.12(c), 由沿 y 方向合力为零条件 $\sum F_y=0$, 可得图 1.12(c) 左端的剪力

$$\begin{aligned}Q_l =&Q_m+q_1L+\int_l^{L+l}k_1(x+x_{\mathrm{c}1})\mathrm{e}^{-\frac{x+x_{\mathrm{c}1}}{x_{\mathrm{c}1}}}\mathrm{d}x-p_{\mathrm{o}}L_{\mathrm{k}}-\frac{(p_{\mathrm{k}}-p_{\mathrm{o}})L_{\mathrm{k}}}{2}\\=&Q_m+q_1L+k_1x_{\mathrm{c}1}^2\left[\left(\frac{l+x_{\mathrm{c}1}}{x_{\mathrm{c}1}}+1\right)\mathrm{e}^{-\frac{l+x_{\mathrm{c}1}}{x_{\mathrm{c}1}}}\right.\\&\left.-\left(\frac{L+l+x_{\mathrm{c}1}}{x_{\mathrm{c}1}}+1\right)\mathrm{e}^{-\frac{L+l+x_{\mathrm{c}1}}{x_{\mathrm{c}1}}}\right]-p_{\mathrm{o}}L_{\mathrm{k}}-\frac{(p_{\mathrm{k}}-p_{\mathrm{o}})L_{\mathrm{k}}}{2}\end{aligned} \tag{1.2.36}$$

图 1.12(c) 上各力对其左端求矩, 由 $\sum M_l=0$ 条件, 可得图 1.12(c) 左端弯矩

$$\begin{aligned}M_l =&M_m+Q_mL+\int_l^{L+l}k_1(x+x_{\mathrm{c}1})\mathrm{e}^{-\frac{x+x_{\mathrm{c}1}}{x_{\mathrm{c}1}}}(x-l)\mathrm{d}x+\frac{q_1L^2}{2}-\frac{p_{\mathrm{o}}L_{\mathrm{k}}^2}{2}-\frac{(p_{\mathrm{k}}-p_{\mathrm{o}})L_{\mathrm{k}}^2}{3}\\=&M_m+Q_mL+k_1x_{\mathrm{c}1}^3\left\{\left[\frac{l+x_{\mathrm{c}1}}{x_{\mathrm{c}1}}+2\right]\mathrm{e}^{-\frac{l+lx_{\mathrm{c}1}}{x_{\mathrm{c}1}}}-\left[\frac{L+l+x_{\mathrm{c}1}}{x_{\mathrm{c}1}}+2\right.\right.\\&\left.\left.+\frac{L}{x_{\mathrm{c}1}}\left(\frac{L+l+x_{\mathrm{c}1}}{x_{\mathrm{c}1}}+1\right)\right]\mathrm{e}^{-\frac{L+l+x_{\mathrm{c}1}}{x_{\mathrm{c}1}}}\right\}+\frac{q_1L^2}{2}-\frac{p_{\mathrm{o}}L_{\mathrm{k}}^2}{2}-\frac{(p_{\mathrm{k}}-p_{\mathrm{o}})L_{\mathrm{k}}^2}{3}\end{aligned} \tag{1.2.37}$$

对式 (1.2.21) 求导, 并据式 (1.2.25c) 中的弯矩和剪力连续条件, 可写出两个代数方程

$$2\beta^2[\cos\beta l(d_3\cosh\beta l+d_4\sinh\beta l)-\sin\beta l(d_5\cosh\beta l+d_6\sinh\beta l)+D_3=\frac{M_l}{EI} \tag{1.2.38}$$

$$\begin{aligned}&2\beta^3[(-\sin\beta l\cosh\beta l+\cos\beta l\sinh\beta)d_3-(\sin\beta l\sinh\beta l-\cos\beta l\cosh\beta l)d_4\\&-(\cos\beta l\cosh\beta l+\sin\beta l\sinh\beta l)d_5-(\cos\beta l\sinh\beta l+\sin\beta l\cosh\beta l)d_6]-D_4=\frac{-Q_l}{EI}\end{aligned} \tag{1.2.39}$$

式中

$$D_3=\frac{k_1}{EI}\frac{x_{\mathrm{c}1}^3}{1+4\beta^4x_{\mathrm{c}1}^4}\left[B_1+\frac{l}{x_{\mathrm{c}1}}-1\right]\mathrm{e}^{-\frac{l+x_{\mathrm{c}1}}{x_{\mathrm{c}1}}} \tag{1.2.40}$$

$$D_4=\frac{k_1}{EI}\frac{x_{\mathrm{c}1}^2}{1+4\beta^4x_{\mathrm{c}1}^4}\left[B_1+\frac{l}{x_{\mathrm{c}1}}-2\right]\mathrm{e}^{-\frac{l+x_{\mathrm{c}1}}{x_{\mathrm{c}1}}} \tag{1.2.41}$$

将式 (1.2.33) 代入式 (1.2.38), (1.2.39), 可解得 d_3, d_6 为

$$d_3=\frac{b_1a_{22}-b_2a_{12}}{a_{11}a_{22}-a_{12}a_{21}},\quad d_6=\frac{a_{11}b_2-a_{21}b_1}{a_{11}a_{22}-a_{12}a_{21}} \tag{1.2.42}$$

其中

$$a_{11} = \cos\beta l(\sinh\beta l + \cosh\beta l) \tag{1.2.43}$$

$$a_{12} = -\sin\beta l(\sinh\beta l + \cosh\beta l) \tag{1.2.44}$$

$$a_{21} = (\cos\beta l - \sin\beta l)(\sinh\beta l + \cosh\beta l) \tag{1.2.45}$$

$$a_{22} = -(\cos\beta l + \sin\beta l)(\sinh\beta l + \cosh\beta l) \tag{1.2.46}$$

$$b_1 = \frac{M_l - D_3 EI}{2\beta^2 EI} - D_1\cos\beta l\sinh\beta l + D_2\sin\beta l\cosh\beta l \tag{1.2.47}$$

$$b_2 = \frac{D_4 EI - Q_l}{2\beta^3 EI} + D_1(\sin\beta l\sinh\beta l - \cos\beta l\cosh\beta l) + D_2(\sin\beta l\sinh\beta l + \cos\beta l\cosh\beta l) \tag{1.2.48}$$

式 (1.2.34), (1.2.35) 和式 (1.2.42)~(1.2.48) 的右端均为已知量, 故由式 (1.2.42), (1.2.28), (1.2.30), (1.2.33) 知, $d_1 \sim d_6$ 已全部确定.

1.2.3.2 积分常数 $c_1 \sim c_4$ 的确定

求式 (1.2.21), (1.2.23) 的一阶导数, 据式 (1.2.25c) 中的 $y'_{21}(l) = y'_{11}(l)$ 条件, 可解得

$$c_1 = EI\left[D_5 - D_6 - A_{1l}x_{c1}^2\left(B_1 + \frac{l}{x_{c1}}\right)\right] \tag{1.2.49}$$

对式 (1.2.21), (1.2.23), 并据式 (1.2.25c) 中的 $y_{21}(l) = y_1(l)$ 条件, 可解得

$$c_2 = EI\left[D_7 - D_8 + A_{1l}x_{c1}^3\left(B_1 + \frac{l}{x_{c1}} + 1\right)\right] - c_1 l \tag{1.2.50}$$

式 (1.2.49), (1.2.50) 中

$$A_{1l} = \frac{k_1}{EI}\frac{x_{c1}^2}{1 + 4\beta^4 x_{c1}^4}e^{-\frac{l+x_{c1}}{x_{c1}}} \tag{1.2.51}$$

$$\begin{aligned} D_5 = &\beta[(\cos\beta l\sinh\beta l + \sin\beta l\cosh\beta l)d_3 + (\cos\beta l\cosh\beta l + \sin\beta l\sinh\beta l)d_4 \\ &+ (-\sin\beta l\sinh\beta l + \cos\beta l\cosh\beta l)d_5 + (-\sin\beta l\cosh\beta l + \cos\beta l\sinh\beta l)d_6] \end{aligned} \tag{1.2.52}$$

$$\begin{aligned} D_6 = &\frac{k_1 x_{c1}^4}{EI}\left\{\frac{1}{2}\left(\frac{l + x_{c1}}{x_{c1}} + 1\right)\left(\frac{l + x_{c1}}{x_{c1}}\right)^2 - \frac{l + x_{c1}}{x_{c1}} - 3\right. \\ &\left. - \left[\left(\frac{l + x_{c1}}{x_{c1}}\right)^2 + 2\left(\frac{l + x_{c1}}{x_{c1}}\right) + 2\right]\frac{l}{x_{c1}}\right\}e^{-\frac{l+x_{c1}}{x_{c1}}} \end{aligned} \tag{1.2.53}$$

$$D_7 = d_3\sin\beta l\sinh\beta l + d_4\sin\beta l\cosh\beta l + d_5\cos\beta l\sinh\beta l + d_6\cos\beta l\cosh\beta l + \frac{q_1}{4\beta^4 EI} \tag{1.2.54}$$

$$D_8 = \frac{k_1 x_{c1}^5}{EI}\left\{\frac{1}{6}\left(\frac{l+x_{c1}}{x_{c1}}+1\right)\left(\frac{l+x_{c1}}{x_{c1}}\right)^3+\frac{l+x_{c1}}{x_{c1}}+4 - \left[\left(\frac{l+x_{c1}}{x_{c1}}\right)^2+2\left(\frac{l+x_{c1}}{x_{c1}}\right)+2\right]\frac{l^2}{2x_{c1}^2}\right\}e^{-\frac{l+x_{c1}}{x_{c1}}} \tag{1.2.55}$$

对式 (1.2.23), (1.2.24) 的一阶导数, 据式 (1.2.25d) 中的 $y'_{11}(l+L_k)=y'_{12}(l+L_k)$ 条件, 可解得

$$c_3 = c_1 - \frac{p_o L_k^3}{6} - \frac{(p_k-p_o)L_k^3}{8} \tag{1.2.56}$$

对式 (1.2.23), (1.2.24), 并据式 (1.2.25d) 中的 $y_{11}(l+L_k)=y_{12}(l+L_k)$ 条件, 可解得

$$c_4 = (c_1-c_3)(l+L_k)+c_2-\frac{p_o L_k^4}{8}-\frac{11(p_k-p_o)L_k^4}{120} \tag{1.2.57}$$

至此, 挠度方程式 (1.2.16), (1.2.21), (1.2.23), (1.2.24) 中 10 个积分常数已完全确定.

1.2.4　算例

讨论埋深大致 300m 的情况, 上覆岩土体容重 γ'=20000N/m^3, 取图 1.12 中的 q_2=6MN/m, 取 $f_{c2}=0.2q_2=1.2$MN/m. 对坚硬顶板主体厚 h=6m, 容重 γ'' = 25000N/m^3, 单位宽顶板自重 $q_1=\gamma'' h=0.15$MN/m. 由式 (1.1.4) 得 $f_{c1}=q_2+f_{c2}-q_1=7.05$MN/m; 增压荷载峰到煤壁的距离 $l=14$m, 顶板悬空部分长 L = 14m; 取式 (1.1.1), (1.1.2) 或图 1.12 中的 x_{c1}= 5m, x_{c2} = 12m. 将以上数据代入式 (1.1.1), (1.1.2), 用 Matlab 绘得 ($-80\sim28$)m 范围的荷载曲线如图 1.13 所示. $x=0$ 为增压荷载峰位置, 荷载曲线光滑连续, 且有 $F_{1\max}/q_2=1.2$; 据式 (1.1.1) 算得 $x=28$m 处岩梁分布荷载集度 $F_1(28)\approx 0.0244f_{c1}+q_1\approx 0.322$MN/m, 远小于顶板平均荷载 q_2 = 6MN/m, 但仍为单位宽顶板自重 q_1 = 0.15MN/m 的 2.15 倍. 与钱鸣高等[9] 的有限元分析结果图 1.6 进行比较, 图 1.13 的荷载曲线可作为图 1.10 的顶板荷载曲线.

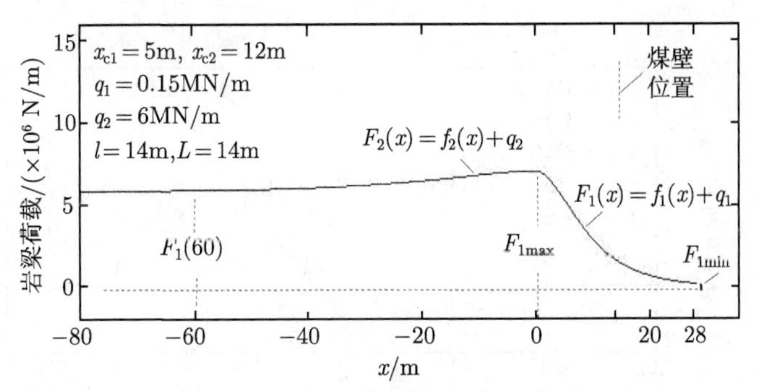

图 1.13　本节算例中的岩梁上覆荷载

图 1.10 或图 1.12 岩梁右端的 Q_m, M_m 在工作面推进时为不定量, 为明确计, 以下算例中暂取 $Q_m = 0$, $M_m = 0$. 在以下算例中式 (1.2.25e) 中的两个条件均改为

$$Q(l+L) = -Q_m = 0, \quad M(l+L) = M_m = 0 \tag{1.2.58}$$

本节最后再给出一个 $Q_m \neq 0$, $M_m \neq 0$ 的例子.

图 1.10 中参数变动时岩梁力学特性响应敏感, 1.2.4.1~1.2.4.2 节算例将采用如图 1.13 所示荷载, 据 1.2.2 节的表达式和 1.2.3 节中积分常数, 采用 Matlab 软件的计算与绘图功能, 对参数变动时岩梁弯矩、剪力和挠度进行分析.

1.2.4.1　不同埋深时的岩梁弯矩、挠度

煤系地层刚度 $C = 0.25 \sim 1.0$GPa, 取 $C = 0.8$GPa. 图 1.14 中曲线 1, 2, 3 为图 1.14 上覆荷载作用下, 据式 (1.2.16), (1.2.21), (1.2.23), (1.2.24), (1.2.26) 用 Matlab 绘得岩梁弯矩曲线, 曲线四段均光滑连接, 表明 1.2.3 节中的积分常数 $d_1 \sim d_6$ 计算正确.

图 1.14 中各弯矩曲线在 $x = -30$m 前方均趋于 0, 表明岩梁悬空部分与煤壁前方增压荷载峰的影响在 $x = -30$m 前方趋于消失; 埋深大则 q_2 大, 与 q_2 =(4, 6, 8)MN/m 对应的曲线 1, 2, 3 在 $\hat{x} \approx$(12.16, 11.92, 11.79)m 或者煤壁前方 $\hat{l} = l - \hat{x} = 14 - \hat{x} \approx$(1.84, 2.08, 2.21)m 处达到岩梁弯矩峰值 $M(\hat{x}) \approx$(3.84, 5.65, 7.64)$\times 10^7$N·m; 在煤壁 (x = 14m) 上方截面弯矩 $M_l \approx$(3.47, 4.93, 6.38)$\times 10^7$N·m, 约为 $M(\hat{x})$ 的 (0.9~0.85) 倍; 各弯矩曲线在 x = 24m 处的值为 0, 因为按式 (1.2.58) 规定图 1.10 悬臂梁右端为自由端, 符合式 (1.2.58) 中条件 $M(l+L) = 0$. 特别是弯矩曲线在 x = 24m 处均有水平切线, 由式 (1.2.27) 的弯矩–剪力关系, 可得 $\mathrm{d}M(l+L)/\mathrm{d}x = Q(l+L) = 0$, 符合式 (1.2.58) 中的 $Q(l+L) = 0$ 条件; 图 1.14 曲线在 x = 2m 附近发生交叉, 在其前方出现负弯矩, 这主要与图 1.13 中 $x = 0$ 前方顶板上覆荷载远大于 $x = 0$ 后方很快衰减的上覆荷载, 重压使该顶板局部有所下弯有关.

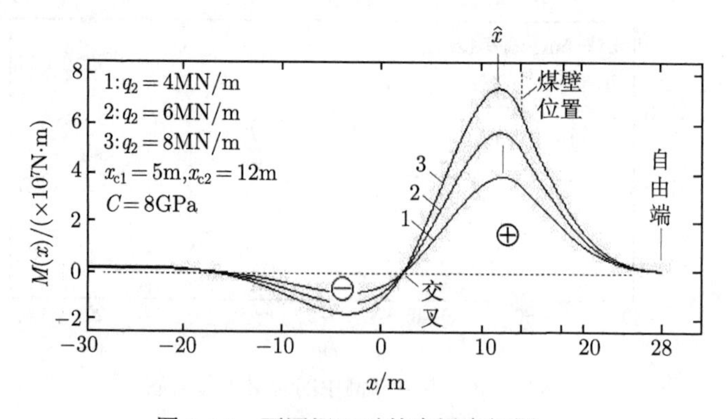

图 1.14　不同埋深时的岩梁弯矩图

图 1.15 中曲线 1, 2, 3 为与图 1.14 中各弯矩曲线对应的, 据式 (1.2.16), (1.2.21), (1.2.23), (1.2.24) 用 Matlab 绘得的不同埋深时的岩梁挠度曲线, 按图 1.12 规定的 y 轴方向, 岩梁挠度向下为正. 图 1.15 中挠度曲线四段均光滑连接, 表明 1.2.3 节中除 $d_1 \sim d_6$ 之外, 积分常数 $c_1 \sim c_4$ 也计算正确.

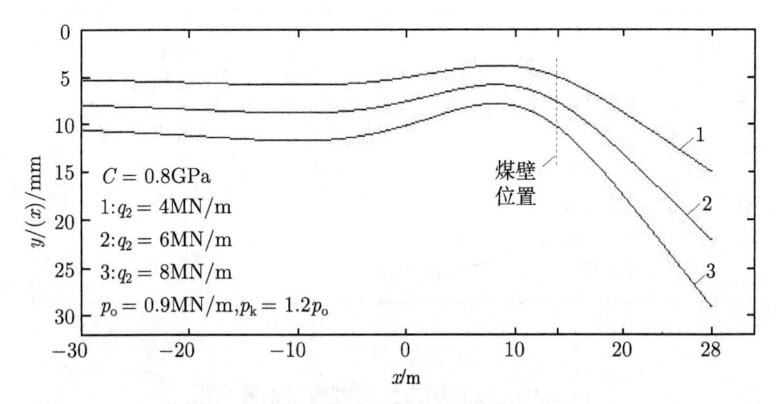

图 1.15 不同埋深时的岩梁挠度曲线

图 1.15 中各曲线挠度值随埋深增加一致性增大, 且均有 $y_2'(-30) \approx 0$, 与式 (1.2.25a) 中 $y_2'(-\infty) = 0$ 条件一致; 式 (1.2.25a) 中的 $y(-\infty) = q_2/C$ 仅与荷载 q_2 和弹性地基常数 C 有关, 对 q_2 =(4, 6, 8)MN/m, C = 0.8GPa, 由 $y(-\infty) = q_2/C$ 可得 $x \to -\infty$ 时的岩梁挠度 $y_2(-\infty)$ =(5, 7.5, 10)mm, 图 1.15 中 $y_2(-30) \approx$(5.27, 7.93, 10.61)mm, 已接近各 $y_2(-\infty)$ 值, 符合 $y(-\infty) = q_2/C$ 的条件; 在悬臂梁自由端达到各曲线的最大挠度 $y_{12}(28)$ ≈(14.9, 22.0, 29.1)mm; 在煤壁处岩梁挠度 $y_{21}(14)$ ≈(4.98, 7.62, 10.30)mm. 将 $y_{21}(14)$ 乘上弹性地基常数 C = 0.8GPa, 可得到按全弹性地基计算的煤壁处煤层–直接顶对顶板的反力 (或支承压力)$C \cdot y_{21}(l)$ ≈(3.98, 6.10, 8.24)MN/m, 是毗邻工作面的支护阻力 p_o =0.9MN/m 的 (6.4~9) 倍; 图 1.15 中各曲线在 (0~14)m 范围挠度有所反弹, 这与图 1.13 中 (0~14)m 区段岩梁上覆荷载突然大幅度减小有关.

图 1.14 和图 1.15 表明: 荷载对顶板弯矩、挠度有明显影响. 还要提及图 1.14 和图 1.15 中边界条件弯矩 $M(l + L) = 0$, $M'(l + L) = Q(l + L) = 0$, $M(-\infty) = 0$ 及挠度 $y_2(-\infty) = q_2/C$, $y_2'(-\infty) = 0$ 的特性, 在周期来压前坚硬顶板的弯矩、剪力和挠度图上也都有. 这些特性, 后文除行文需要之外, 或不再提及.

1.2.4.2 支护阻力变动时的岩梁弯矩、剪力和挠度

图 1.16 中曲线 1, 2, 3 为梁上荷载 q_1 = 0.15MN/m, q_2 =6MN/m, $f_{c2} = 0.2q_2$, $f_{c1} = q_2 + f_{c2} - q_1$, 支护阻力 p_o =(0.4, 0.9, 1.4)MN/m, $p_k = 1.2p_o$ 时, 据式 (1.2.16),

(1.2.21), (1.2.23), (1.2.24), (1.2.26) 用 Matlab 绘得的岩梁弯矩曲线, 曲线四段均光滑连接. 这里说明, 图 1.16 中曲线 2 同图 1.14 中曲线 2, 图 1.17 中挠度曲线 2 同图 1.15 中挠度曲线 2.

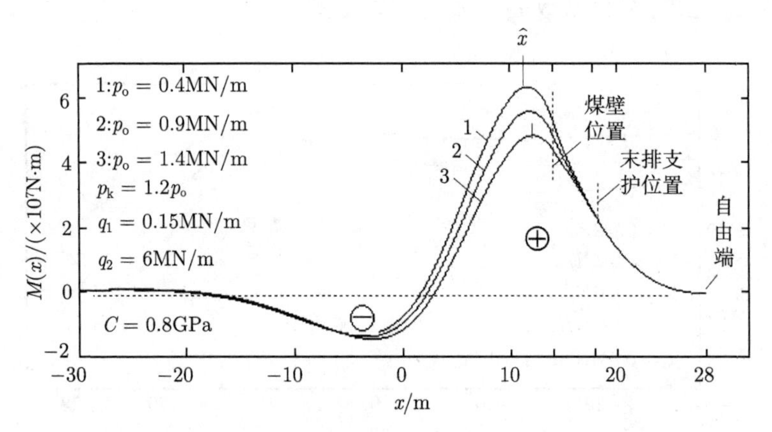

图 1.16　支护阻力变动时的岩梁弯矩图

图 1.16 弯矩曲线幅值即随支护阻力 p_o, p_k 增大而明显减小, 图中曲线 1, 2, 3 在 $\hat{x}$ ≈(11.68, 11.92, 12.24)m 或者煤壁前方 $\hat{l} = l - \hat{x} = 14 - \hat{x}$ ≈(2.32, 2.08, 1.76)m 处达到岩梁弯矩峰值 $M(\hat{x})$ ≈(6.41, 5.65, 4.91)×10^7N·m; 在煤壁 ($x = 14$m) 上方截面弯矩 M_l ≈(5.40, 4.93, 4.47)×10^7N·m, 约为 $M(\hat{x})$ 的 (0.84~0.91) 倍; 支护阻力 (及其变动) 对岩梁弯矩的影响向前延展到煤壁前方约 20m($x = -4$m) 处. 三条弯矩曲线在末排支护位置 ($x = 18$m) 严格相交、相切, 从末排支护到悬臂梁自由端的 [18, 28]m 区段上弯矩图完全相同, 这是因为图 1.10 中 [18, 28]m 区段上的荷载 q_1, $f_1(x)$ 完全相同.

图 1.17 中曲线 1, 2, 3 为与图 1.16 中各弯矩曲线对应的支护阻力变动时的岩梁挠度曲线. $y(-\infty) = q_2/C$ 与支护阻力 p_o, p_k 无关, 由于图 1.17 中 q_2, C 无变化, 故图中各挠度曲线均有 $y_2(-30)$ ≈7.93mm, 且已近似等于 $y_2(-\infty)$ =7.5mm; 在 $x = 6$m 后方, 曲线挠度值随支护阻力 p_o, p_k 增大有明显的减小趋势; 在悬臂梁自由端取到各曲线挠度的最大值 $y_{12}(28)$ ≈(25.8, 22.0, 18.1)mm; 在煤壁处岩梁挠度 $y_{21}(14)$ ≈(8.66, 7.62, 6.59)mm, 将 $y_{21}(14)$ 乘上地基常数 $C = 0.8$GPa, 可得到按全弹性地基计算的煤壁处煤层–直接顶对顶板的反力 (或支承压力)$C \cdot y_{21}(l)$ ≈(6.93, 6.10, 5.27)MN/m, 是毗邻工作面的支护阻力 p_o =(0.4, 0.9, 1.4)MN/m 的 (3.76~17.33) 倍, 即工作面后方支护力越小, 按弹性地基计算的煤壁附近的煤层–直接顶对岩梁的反力 (或岩梁对煤层–直接顶的压力) 便越大. 从图 1.17 看到, 支护阻力及其变动对岩梁挠度的影响延伸到煤壁前方约 8m 处.

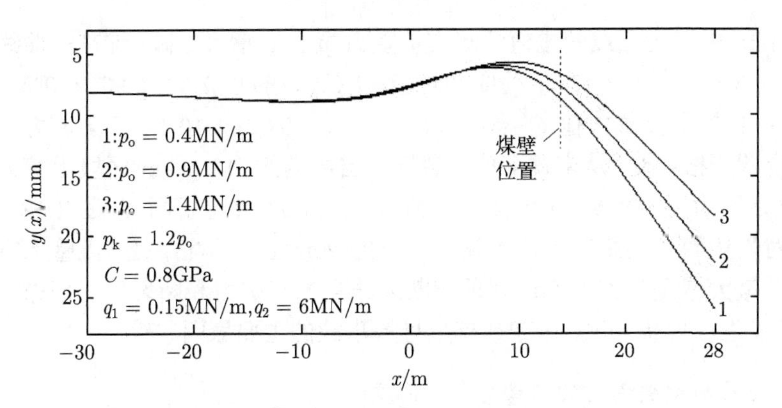

图 1.17 支护阻力变动时的岩梁挠度曲线

图 1.18 中曲线 1, 2, 3 为与图 1.16 弯矩曲线和图 1.17 挠度曲线对应的, 据式 (1.2.16), (1.2.21), (1.2.23), (1.2.24), (1.2.27) 用 Matlab 绘得的支护阻力 p_o, p_k 变动时的岩梁剪力曲线. 图 1.18 中剪力曲线在其他区段均光滑连接, 在控顶区两端为不光滑连接, 这是因为图 1.12(c) 中岩梁下方控顶区两端分布外力有突变, 由材料力学知, 分布外力有突变处剪力图有折角. 还要指出, 由于采用使岩梁上侧受拉的弯矩为正, 所以由 dx 微段岩梁的力距平衡可导出相应的剪力对隔离体取逆针转向为正, 图 1.12(b) 和 (c) $x = l$ 处剪力 Q_l 对隔离体取顺时针转向应取负值, 这与图 1.18 中 $x = l = 14$m 处剪力值为负一致.

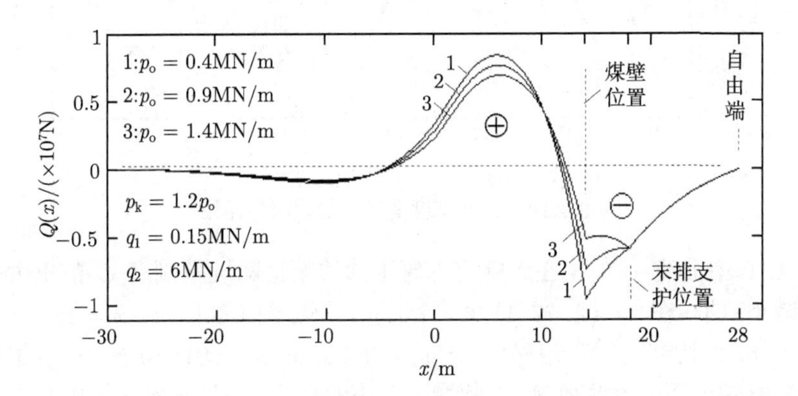

图 1.18 支护阻力变动时的岩梁剪力图

图 1.18 剪力曲线有 4 处与 0 值虚线相交, 4 个交点位置分别是: 在 $x < -30$m 前方某区段, 在与图 1.16 负弯矩峰和在正弯矩峰对应的位置, 在 $x = l + L$ 的岩梁自由端. 这是因为剪力弯矩关系为 $Q(x) = \mathrm{d}M(x)/\mathrm{d}x$, 在 $x < -30$m 前方, 图 1.16 中弯矩的导数 $M'(x) \to 0$, 在图 1.16 负弯矩峰和正弯矩峰处均有 $M'(x) = 0$, 由式 (1.2.58), 在岩梁自由端则有 $Q(l + L) = 0$.

图 1.18 中剪力曲线的幅值即随支护阻力 p_o, p_k 增大呈减小趋势; 曲线在煤壁前方 $\hat{x}$ =(5.85, 5.98, 6.12)m 处取到峰值 $Q(\hat{x})$ =(8.40, 7.67, 6.93)$\times 10^6$N, 在煤壁 (x =14m) 位置取到最大值 $Q_l \approx (-9.64, -7.44, -5.32) \times 10^6$N; 三条剪力曲线在末排支护位置严格相交, 从末排支护到悬臂梁自由端的 [18, 28]m 区段上剪力图完全相同, 这是因为在 [18, 28]m 区段上的荷载 q_1, $f_1(x)$ 完全相同. 从图 1.18 看到, 支护阻力对岩梁剪力的影响延伸到煤壁前方约 20m($x = -4$m) 处. 煤壁上方截面顶板剪力取最大值是工作面推进到顶板断裂线且当支护力和断裂岩层面摩擦力不足时, 顶板发生台阶状下沉、压架或支架推垮事故的主要原因.

1.2.4.3　**地基刚度变动时的岩梁弯矩、挠度**

图 1.19 中曲线 1, 2, 3 为地基刚度或弹性地基常数 C =(0.6, 0.8, 1)GPa, 梁上荷载 q_1 = 0.15MN/m, q_2 =6MN/m, 支护阻力 p_o =0.9MN/m 时, 据式 (1.2.16), (1.2.21), (1.2.23), (1.2.24), (1.2.26) 用 Matlab 绘得的岩梁弯矩峰值部位的放大图, 图中的曲线 2 同图 1.14 和图 1.16 中的曲线 2.

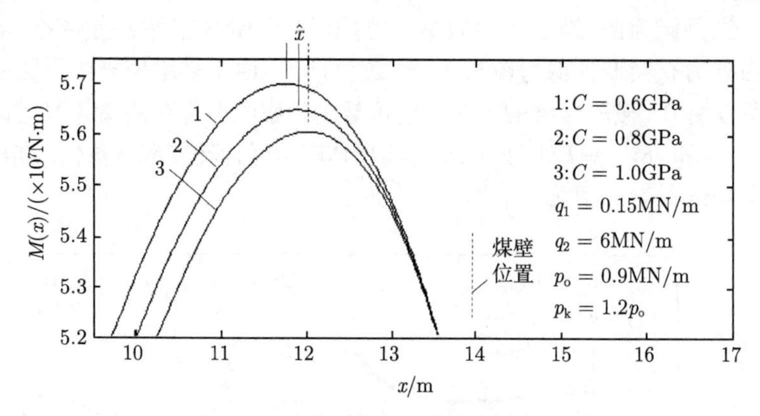

图 1.19　地基刚度变动时的岩梁弯矩图

图 1.19 中曲线 1, 2, 3 在煤壁前方弯矩曲线幅值随地基刚度 C 的增大有一致性小幅减小, 曲线在 $\hat{x}$ ≈(11.77, 11.92, 12.03)m 或煤壁前方 $\hat{l} = l - \hat{x} = 14 - \hat{x}$ ≈(2.23, 2.08, 1.97)m 处达到岩梁弯矩峰值 $M(\hat{x})$ ≈(5.70, 5.65, 5.60)$\times 10^7$N·m. 岩梁弯矩峰值和弯矩峰超前距随地基刚度 C 的增大有小幅减小, 与地基刚度大则其上岩梁为抵抗上覆荷载所需弯曲程度减小和弯曲范围减小有关.

图 1.20 中曲线 1, 2, 3 为与图 1.19 中各弯矩曲线对应的地基刚度变动时的岩梁挠度曲线, 图中曲线 2 同图 1.15 中的曲线 2. 图 1.20 中曲线 1, 2, 3 的挠度随地基刚度 (弹性地基常数) 的增大一致性减小. 式 (1.2.25a) 中的 $y(-\infty) = q_2/C$ 条件仅与荷载 q_2 和地基刚度 C 有关, 对 q_2 =6MN/m, C =(0.6, 0.8, 1.0)GPa, 由 $y(-\infty) = q_2/C$ 算得 $x \to -\infty$ 时的岩梁挠度 $y_2(-\infty)$ =(10, 7.5, 6)mm. 在图

1.20 中量得 $y_2(-30)$ ≈(10.60, 7.94, 6.34) mm, 已近似等于各 $y_2(-\infty)$ 值, 与地基刚度 C 成反比例关系, 符合式 (1.2.25a) 中的 $y(-\infty)=q_2/C$ 条件; 在煤壁处岩梁挠度 $y_{21}(14)$ =(9.64, 7.62, 6.39)mm. 将 $y_{21}(14)$ 乘上弹性地基常数 C =(0.6, 0.8, 1.0)GPa, 可得到按全弹性地基计算的煤壁处煤层–直接顶对顶板的反力 (或支承压力)$C\cdot y_{21}(l)$ ≈(5.78, 6.10, 6.39)MN/m, 是毗邻工作面的支护阻力 p_o =0.9MN/m 的 (6.42~7.1) 倍.

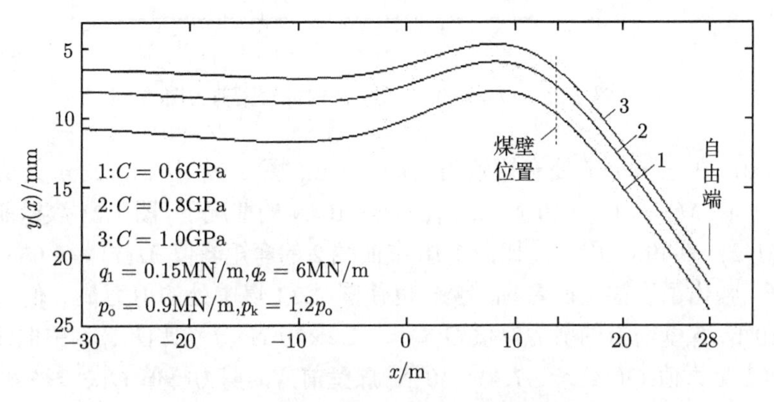

图 1.20　地基刚度变动时的岩梁挠曲线

1.2.5　M_m, Q_m 不为零时的岩梁弯矩、剪力

式 (1.2.36), (1.2.37) 在 $Q_m\neq 0$, $M_m\neq 0$ 时同样具有适用性, 令图 1.10 或图 1.12(c) 岩梁右端的弯矩 M_m =1.0×10⁷N·m, 剪力 Q_m =2×10⁶N, 对梁上荷载 $q_1=0.15$MN/m, q_2 =6MN/m, p_o =0.9MN/m, 地基刚度 C =0.8GPa, 据式 (1.2.16), (1.2.21), (1.2.23), (1.2.24), (1.2.26), (1.2.27) 用 Matlab 绘得岩梁弯矩、剪力如图 1.21 和图 1.22 所示.

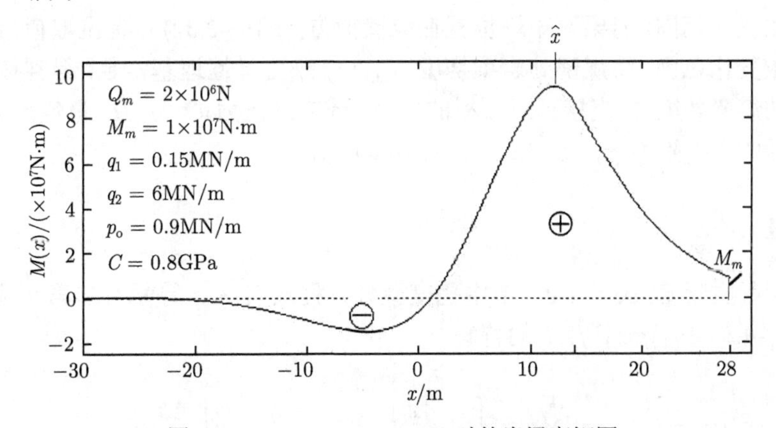

图 1.21　$Q_m\neq 0$, $M_m\neq 0$ 时的岩梁弯矩图

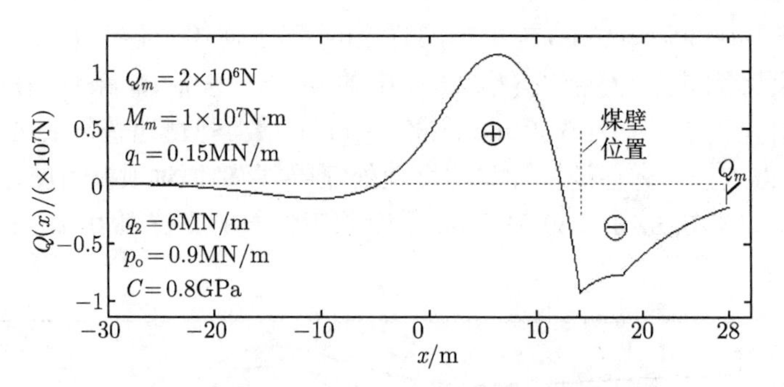

图 1.22　$Q_m\neq0$, $M_m\neq0$ 时的岩梁剪力图

图 1.21 中 x =28m 处弯矩值为 1×10^7N·m, 图 1.22 中 x =28m 处剪力值为 -2×10^6N. 在 $M_m=1.0\times10^7$N·m, $Q_m=2\times10^6$N 的情况下, 图 1.21 煤壁前方的弯矩峰值 $M(\hat{x})\approx9.49\times10^7$N·m, 比图 1.16 中曲线 2 的弯矩峰值 $M(\hat{x})=5.65\times10^7$N·m 大出若干, 强化了岩梁上凸弯曲趋势; 也使图 1.22 煤壁处的剪力最大值 $Q(14)\approx-9.44\times10^6$N, 煤壁前方的剪力峰值 $Q(\hat{x})\approx11.2\times10^6$N, 分别比图 1.18 中曲线 2 在煤壁处的剪力最大值 $Q(14)\approx-7.44\times10^6$N, 煤壁前方的剪力峰值 $Q(\hat{x})\approx7.67\times10^6$N 大出若干. 但要说明, 通常情况下 M_m, Q_m 都很小, 在有些情况下岩梁右端弯矩 M_m 使梁呈凹状弯曲趋势.

1.2.6　小结

图 1.14~ 图 1.20 表明: 随埋深增加, 顶板弯矩、挠度增大, 弯矩峰位超前距; 增大支护阻力可以有效减小悬空顶板及煤壁前方的顶板弯矩、挠度和剪力, 以及弯矩峰位超前距; 在地基刚度 (弹性地基常数) 相对小的采场顶板弯矩、挠度、弯矩峰位超前距相对要大. 煤壁前方弯矩峰位置与顶板超前断裂位置有重要关系, 在 1.2.4 节的参数变化范围, 岩梁弯矩峰位置在煤壁前方 (1.76~2.32)m 范围取值. 在 1.2.4 节的参数变化范围, 将煤壁处岩梁挠度 $y_{21}(14)$ 乘上弹性地基常数, 得到按弹性地基计算的煤壁处煤层–直接顶对顶板的反力 (或支承压力)$C\cdot y_{21}(l)$ 量值巨大, 是毗邻工作面的支护阻力 p_o =0.9MN/m 的 (6~9) 倍.

补充验证

为了行文紧凑, 关于 1.2.1 节中挠度微分方程式 (1.2.4) 等号右端第 2 项 $k_1(x+x_{c1})\exp\left[-(x+x_{c1})/x_{c1}\right]/EI$ 的特解

$$y_{21}^{2*}(x)=\frac{k_1}{EI}\frac{x_{c1}^4}{1+4\beta^4x_{c1}^4}\left[\frac{4x_{c1}}{1+4\beta^4x_{c1}^4}+(x+x_{c1})\right]\mathrm{e}^{-\frac{x+x_{c1}}{x_{c1}}}\qquad(1.2.59)$$

在 1.2.2 节没有求解, 而是比照式 (1.2.15) 后给出的, 由于后文各节都将采用, 所以在这里将式 (1.2.59) 代入微分方程

$$y_{21}^{2*(4)}(x)+4\beta^4 y_{21}^{2*}=\frac{k_1}{EI}(x+x_{c1})\mathrm{e}^{-\frac{x+x_{c1}}{x_{c1}}} \tag{1.2.60}$$

对其正确性进行验证.

对式 (1.2.59) 求 4 阶导数, 可得

$$y_{21}^{2*(4)}(x)=\frac{k_1}{EI}\frac{1}{1+4\beta^4x_{c1}^4}\left[\frac{4x_{c1}}{1+4\beta^4x_{c1}^4}+x-3x_{c1}\right]\mathrm{e}^{-\frac{x+x_{c1}}{x_{c1}}} \tag{1.2.61}$$

将式 (1.2.59), (1.2.61) 代入式 (1.2.60) 左端可得

$$\begin{aligned}&\frac{k_1}{EI}\frac{1}{1+4\beta^4x_{c1}^4}\left[\frac{4x_{c1}}{1+4\beta^4x_{c1}^4}+x+x_{c1}-4x_{c1}\right]\mathrm{e}^{-\frac{x+x_{c1}}{x_{c1}}}\\&+\frac{k_1}{EI}\frac{4\beta^4x_{c1}^4}{1+4\beta^4x_{c1}^4}\left[\frac{4x_{c1}}{1+4\beta^4x_{c1}^4}+(x+x_{c1})\right]\mathrm{e}^{-\frac{x+x_{c1}}{x_{c1}}}\\=&\frac{k_1}{EI}\left[\frac{4x_{c1}}{1+4\beta^4x_{c1}^4}+x+x_{c1}\right]\mathrm{e}^{-\frac{x+x_{c1}}{x_{c1}}}-\frac{k_1}{EI}\frac{4x_{c1}}{1+4\beta^4x_{c1}^4}\mathrm{e}^{-\frac{x+x_{c1}}{x_{c1}}}\\=&\frac{k_1}{EI}(x+x_{c1})\mathrm{e}^{-\frac{x+x_{c1}}{x_{c1}}}=\text{式}(1.2.60)\text{右端}\end{aligned}$$

这便验证了式 (1.2.59) 为挠度微分方程式 (1.2.4) 等号右端第 2 项的特解.

1.3 初次来压前基于弹性地基的坚硬顶板力学特性分析

初次破断前全弹性地基支承坚硬顶板的弯矩、挠度问题是个超静定问题, 为节省篇幅, 与 1.2 节有类似的求解过程和结果尽量采用, 由于每节的相对独立性, 为了便于阅读, 避免跨度过大, 部分与 1.2 节类似的求解过程本节仍然予以列出, 此行文规则在以后各节中通用. 本节各区段弯矩、挠度表达式和积分常数在符号在形式上与 1.2 节相同, 但由于边界条件不同, 其积分常数的表达及计算时的具体数值、正负性与 1.2 节有很大不同, 因此据本节表达式绘出的弯矩、挠度曲线图形与 1.2 节的弯矩、挠度曲线图形有很大不同.

1.3.1 岩梁各区段挠度方程的解

全弹性地基支承的坚硬顶板初次破断前的岩层结构及荷载状况如 1.1 节图 1.8 所示, 半结构模型如图 1.9 所示. 图 1.9 中 $(-\infty,0]$, $[0,l]$ 和 $[l,l+L]$ 区段岩层结构的隔离体如图 1.23[11] 所示, 其中图 1.23(a), (b) 与 1.2 节图 1.12(a), (b) 相同, 为分布荷载 $F_2(x)$ 作用下的半无限长弹性地基梁和 $F_1(x)$ 作用下的有限长弹性地基梁; 图 1.23(c) 右端为定向支承, 由结构力学, 相应于定向支承边界条件为梁端转角

$y'(l+L)=0$, 剪力 $Q(l+L)=0$, 弯矩 $M(l+L)\neq 0$(为待求未知量). 记 $(-\infty,0]$, $[0,l]$, $[l,l+L_{\text{k}}]$ 和 $[l+L_{\text{k}},l+L]$ 区段的岩梁挠度分别为 $y_2(x)$, $y_{21}(x)$, $y_{11}(x)$ 和 $y_{12}(x)$.

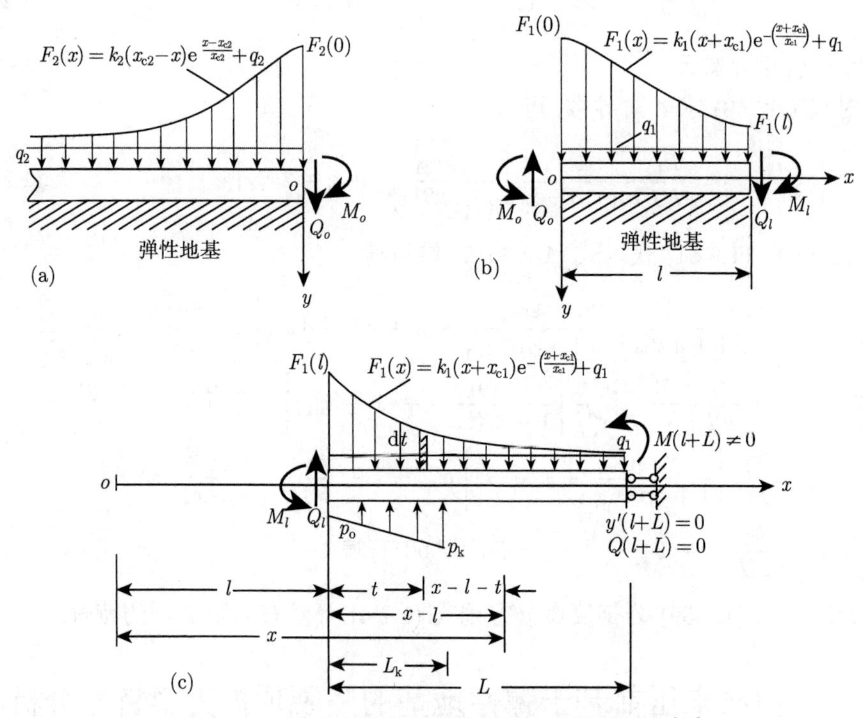

图 1.23　初次来压前未破断岩层结构的隔离体图 [14]

需要指出, 岩梁微段 $\mathrm{d}x$ 的挠度微分方程与边界条件无关, 图 1.23(a), (b) 中岩梁微段 $\mathrm{d}x$ 的挠度微分方程同 1.2 节中的式 (1.2.3), (1.2.4), 积分 4 次后得到的 $(-\infty,0]$, $[0,l]$ 区段弹性地基梁挠度方程的形式同 1.2 节中式 (1.2.16), (1.2.21), 为

$$y_2(x)=e^{\beta x}(d_1\cos\beta x+d_2\sin\beta x)+\frac{q_2}{4\beta^4EI}+\frac{k_2}{EI}\cdot\frac{x_{c2}^5}{1+4\beta^4x_{c2}^4}\left[\frac{x_{c2}-x}{x_{c2}}+\frac{4}{1+4\beta^4x_{c2}^4}\right]e^{\frac{x-x_{c2}}{x_{c2}}}\quad(x\leqslant 0)\tag{1.3.1}$$

$$y_{21}(x)=d_3\sin\beta x\sinh\beta x+d_4\sin\beta x\cosh\beta x+d_5\cos\beta x\sinh\beta x+d_6\cos\beta x\cosh\beta x+\frac{q_1}{4\beta^4EI}+\frac{k_1}{EI}\frac{x_{c1}^4}{1+4\beta^4x_{c1}^4}\cdot\left[(x+x_{c1})+\frac{4x_{c1}}{1+4\beta^4x_{c1}^4}\right]e^{-\frac{x+x_{c1}}{x_{c1}}}\quad(0\leqslant x\leqslant l)\tag{1.3.2}$$

从图 1.23(c) 岩梁左端起写出的弯矩方程同 1.2 节中的式 (1.2.6), (1.2.7), 积分 2 次后得到的 $[l, l+L_{\rm k}]$ 和 $[l+L_{\rm k}, l+L]$ 区段岩梁挠度方程的形式同 1.2 节中式 (1.2.23), (1.2.24), 为

$$\begin{aligned}EIy_{11}(x)=&\frac{M_l}{2}(x-l)^2-\frac{Q_l}{6}(x-l)^3+\frac{q_1}{24}(x-l)^4\\&+k_1x_{\rm c1}^5\left\{\left[\frac{x+x_{\rm c1}}{x_{\rm c1}}+4\right]{\rm e}^{-\frac{x+x_{\rm c1}}{x_{\rm c1}}}-\left\{\left[\left(\frac{l+x_{\rm c1}}{x_{\rm c1}}\right)^2\right.\right.\right.\\&\left.\left.\left.+2\left(\frac{l+x_{\rm c1}}{x_{\rm c1}}\right)+2\right]\frac{x^2}{2x_{\rm c1}^2}-\frac{1}{6}\left(\frac{l+x_{\rm c1}}{x_{\rm c1}}+1\right)\left(\frac{x+x_{\rm c1}}{x_{\rm c1}}\right)^3\right\}{\rm e}^{-\frac{l+x_{\rm c1}}{x_{\rm c1}}}\right\}\\&-\frac{p_{\rm o}(x-l)^4}{24}-\frac{(p_{\rm k}-p_{\rm o})}{120L_{\rm k}}(x-l)^5+c_1x+c_2\quad(l\leqslant x\leqslant l+L_{\rm k})\end{aligned}\tag{1.3.3}$$

$$\begin{aligned}EIy_{12}(x)=&\frac{M_l}{2}(x-l)^2-\frac{Q_l}{6}(x-l)^3+\frac{q_1}{24}(x-l)^4\\&+k_1x_{\rm c1}^5\left\{\left[\frac{x+x_{\rm c1}}{x_{\rm c1}}+4\right]{\rm e}^{-\frac{x+x_{\rm c1}}{x_{\rm c1}}}-\left\{\left[\left(\frac{l+x_{\rm c1}}{x_{\rm c1}}\right)^2\right.\right.\right.\\&\left.\left.\left.+2\left(\frac{l+x_{\rm c1}}{x_{\rm c1}}\right)+2\right]\frac{x^2}{2x_{\rm c1}^2}-\frac{1}{6}\left(\frac{l+x_{\rm c1}}{x_{\rm c1}}+1\right)\left(\frac{x+x_{\rm c1}}{x_{\rm c1}}\right)^3\right\}{\rm e}^{-\frac{l+x_{\rm c1}}{x_{\rm c1}}}\right\}\\&-p_{\rm o}L_{\rm k}\left[\frac{(x-l)^3}{6}-\frac{L_{\rm k}}{4}(x-l)^2\right]-\frac{(p_{\rm k}-p_{\rm o})L_{\rm k}}{2}\left[\frac{(x-l)^3}{6}-\frac{L_{\rm k}(x-l)^2}{3}\right]\\&+c_3x+c_4\quad(l+L_{\rm k}\leqslant x\leqslant l+L)\end{aligned}\tag{1.3.4}$$

但是, 式 (1.3.1)~(1.3.4) 中积分常数的表达形式及在计算时的具体数值与 1.2 节有很大不同, 要根据图 1.23(c) 中岩梁右端定向支座的边界条件 $y'(l+L)=0$, $Q(l+L)=0$ 全部重新计算确定.

图 1.9 半结构模型或图 1.23 结构的边界条件和各区段连续条件从左到右全部列出为

$$y_2(-\infty)=q_2/C,\quad y_2'(-\infty)=0\tag{1.3.5a}$$

$$y_2(0)=y_{21}(0),\quad y_2'(0)=y_{21}'(0),\quad y_2''(0)=y_{21}''(0),\quad y_2'''(0)=y_{21}'''(0)\tag{1.3.5b}$$

$$y_{21}(l)=y_{11}(l),\quad y_{21}'(l)=y_{11}'(l),\quad y_{21}''(l)=M_l/EI,\quad y_{21}'''(l)=-Q_l/EI\tag{1.3.5c}$$

$$y_{11}(l+L_{\rm k})=y_{12}(l+L_{\rm k}),\quad y_{11}'(l+L_{\rm k})=y_{12}'(l+L_{\rm k})\tag{1.3.5d}$$

$$y_{12}'(l+L)=0,\quad Q(l+L)=0\tag{1.3.5e}$$

1.3.2 节将联立式 (1.3.1)~(1.3.4), 并通过满足式 (1.3.5) 确定积分常数 $d_1\sim d_6$, $c_1\sim c_4$, 确定过程与 1.2 节有很大不同.

1.3.2　挠度方程中积分常数的确定

1.3.2.1　积分常数 c_1, c_3, c_4 与 M_l 的关系

由式 (1.3.5e) 中 $y'_{11}(l+L)=0$ 条件, 据式 (1.3.4) 可得 c_3 与 M_l 的关系为

$$c_3=\frac{Q_lL^2}{2}-M_lL-D_1 \tag{1.3.6}$$

式 (1.3.6) 中 M_l 是未知量 (1.2 节中 M_l 是已知量), 而

$$\begin{aligned}D_1=&\frac{q_1L^3}{6}+k_1x_{c1}^4\left\{\left\{\frac{1}{2}\left(\frac{l+x_{c1}}{x_{c1}}+1\right)\left(\frac{L+l+x_{c1}}{x_{c1}}\right)^2-\frac{L+l}{x_{c1}}\left[\left(\frac{l+x_{c1}}{x_{c1}}\right)^2\right.\right.\right.\\&\left.\left.\left.+2\left(\frac{l+x_{c1}}{x_{c1}}\right)+2\right]\right\}\mathrm{e}^{-\frac{l+x_{c1}}{x_{c1}}}-\left(\frac{L+l+x_{c1}}{x_{c1}}+3\right)\mathrm{e}^{-\frac{L+l+x_{c1}}{x_{c1}}}\right\}\\&-p_\mathrm{o}L_\mathrm{k}\left[\frac{L^2}{2}-\frac{L_\mathrm{k}L}{2}\right]-\frac{(p_\mathrm{k}-p_\mathrm{o})L_\mathrm{k}}{2}\left[\frac{L^2}{2}-\frac{2L_\mathrm{k}L}{3}\right]\end{aligned} \tag{1.3.7}$$

由式 (1.3.5e) 中 $Q(l+L)=0$ 条件, 据 $\sum F_y=0$, 可得图 1.23(c) 左端的剪力

$$\begin{aligned}Q_l=&q_1L+k_1x_{c1}^2\left[\left(\frac{l+x_{c1}}{x_{c1}}+1\right)\mathrm{e}^{-\frac{l+x_{c1}}{x_{c1}}}-\left(\frac{L+l+x_{c1}}{x_{c1}}+1\right)\mathrm{e}^{-\frac{L+l+x_{c1}}{x_{c1}}}\right]\\&-p_\mathrm{o}L_\mathrm{k}-\frac{(p_\mathrm{k}-p_\mathrm{o})L_\mathrm{k}}{2}\end{aligned} \tag{1.3.8}$$

对式 (1.3.3), (1.3.4) 求一阶导数, 并据式 (1.3.5d) 中 $y'_{11}(l+L_\mathrm{k})=y'_{12}(l+L_\mathrm{k})$ 条件, 可得 c_1 与 c_3 的关系

$$c_3=c_1-\frac{p_\mathrm{o}L_\mathrm{k}^3}{6}-\frac{(p_\mathrm{k}-p_\mathrm{o})L_\mathrm{k}^3}{8} \tag{1.3.9}$$

对式 (1.3.3), (1.3.4), 并据式 (1.3.5d) 中 $y_{11}(l+L_\mathrm{k})=y_{12}(l+L_\mathrm{k})$ 条件, 可得 c_4 与 c_1, c_3, c_2 的关系

$$c_4=(c_1-c_3)(l+L_\mathrm{k})+c_2-\frac{p_\mathrm{o}L_\mathrm{k}^4}{8}-\frac{11(p_\mathrm{k}-p_\mathrm{o})L_\mathrm{k}^4}{120} \tag{1.3.10}$$

式中 c_2 尚需据式 (1.3.5) 中 $x=l$ 处的连续条件确定.

1.3.2.2　积分常数 $d_1\sim d_6$ 和 M_l, $c_1\sim c_4$ 的确定

对挠度曲线方程式 (1.3.1), (1.3.2) 求 1, 2, 3 次导数, 再由式 (1.3.5b) 中挠度、转角、弯矩和剪力连续条件, 可写出关于式 (1.3.1), (1.3.2) 中积分常数 $d_1\sim d_6$ 的代数方程

$$d_1=d_6+\frac{q_1-q_2}{4\beta^4EI}+A_1x_{c1}^3(B_1+1)-A_2x_{c2}^3(B_2+1) \tag{1.3.11}$$

$$d_4 + d_5 - d_1 - d_2 = \frac{A_1 x_{c1}^2 B_1 + A_2 x_{c2}^2 B_2}{\beta} \tag{1.3.12}$$

$$d_2 = d_3 + \frac{A_1 x_{c1}(B_1 - 1) - A_2 x_{c2}(B_2 - 1)}{2\beta^2} \tag{1.3.13}$$

$$d_4 - d_5 + d_1 - d_2 = \frac{A_1(B_1 - 2) + A_2(B_2 - 2)}{2\beta^3} \tag{1.3.14}$$

式中

$$B_1 = \frac{4}{1 + 4\beta^4 x_{c1}^4}, \quad B_2 = \frac{4}{1 + 4\beta^4 x_{c2}^4}, \quad A_1 = \frac{k_1}{EI}\frac{x_{c1}^2 \mathrm{e}^{-1}}{1 + 4\beta^4 x_{c1}^4}, \quad A_2 = \frac{k_2}{EI}\frac{x_{c2}^2 \mathrm{e}^{-1}}{1 + 4\beta^4 x_{c2}^4} \tag{1.3.15}$$

式 (1.3.11), (1.3.13) 中 d_1, d_2 已用 d_3, d_6 表示. 再通过求解式 (1.3.12), (1.3.14), 并利用式 (1.3.11), (1.3.13), 还可将 d_4, d_5 用 d_3, d_6 表示为

$$d_4 = d_3 + D_2, \quad d_5 = d_6 + D_3 \tag{1.3.16}$$

式中

$$\begin{aligned} D_2 = & \frac{A_1 x_{c1}^2 B_1 + A_2 x_{c2}^2 B_2}{2\beta} + \frac{A_1 x_{c1}(B_1 - 1) - A_2 x_{c2}(B_2 - 1)}{2\beta^2} \\ & + \frac{A_1(B_1 - 2) + A_2(B_2 - 2)}{4\beta^3} \end{aligned} \tag{1.3.17}$$

$$\begin{aligned} D_3 = & \frac{q_1 - q_2}{4\beta^4 EI} + A_1 x_{c1}^3(B_1 + 1) - A_2 x_{c2}^3(B_2 + 1) + \frac{A_1 x_{c1}^2 B_1 + A_2 x_{c2}^2 B_2}{2\beta} \\ & - \frac{A_1(B_1 - 2) + A_2(B_2 - 2)}{4\beta^3} \end{aligned} \tag{1.3.18}$$

对式 (1.3.2), (1.3.3) 及其 1~3 阶导数, 并据式 (1.3.5c) 中挠度、转角、弯矩和剪力连续条件, 可写出 4 个 $x = l$ 时的代数方程

$$\begin{aligned} & [d_3 \sin\beta l \sinh\beta l + d_4 \sin\beta l \cosh\beta l + d_5 \cos\beta l \sinh\beta l + d_6 \cos\beta l \cosh\beta l] + D_4 \\ = & \frac{c_1 l}{EI} + \frac{c_2}{EI} + D_5 \end{aligned} \tag{1.3.19}$$

$$\begin{aligned} & \beta[(\cos\beta l \sinh\beta l + \sin\beta l \cosh\beta l)d_3 + (\cos\beta l \cosh\beta l + \sin\beta l \sinh\beta l)d_4 + (\cos\beta l \cosh\beta l \\ & - \sin\beta l \sinh\beta l)d_5 + (\cos\beta l \sinh\beta l - \sin\beta l \cosh\beta l)d_6] - D_6 = \frac{c_1}{EI} + D_7 \end{aligned} \tag{1.3.20}$$

$$2\beta^2[\cos\beta l(d_3 \cosh\beta l + d_4 \sinh\beta l) - \sin\beta l(d_5 \cosh\beta l + d_6 \sinh\beta l) + D_8 = \frac{M_l}{EI} \tag{1.3.21}$$

$$2\beta^3[(\cos\beta l\sinh\beta l-\sin\beta l\cosh\beta l)d_3-(\sin\beta l\sinh\beta l-\cos\beta l\cosh\beta l)d_4-(\cos\beta l\cdot\cosh\beta l+\sin\beta l\sinh\beta l)d_5-(\cos\beta l\sinh\beta l+\sin\beta l\cosh\beta l)d_6]-D_9=\frac{-Q_l}{EI}\tag{1.3.22}$$

式 (1.3.19)∼ (1.3.22) 中

$$D_4=A_{1l}x_{c1}^3\left[B_1+\frac{l}{x_{c1}}+1\right]+\frac{q_1}{4\beta^4EI}\tag{1.3.23}$$

$$D_5=\frac{k_1x_{c1}^5}{EI}\left\{\left[\frac{l+x_{c1}}{x_{c1}}+4\right]+\frac{1}{6}\left(\frac{l+x_{c1}}{x_{c1}}+1\right)\left(\frac{l+x_{c1}}{x_{c1}}\right)^3-\frac{l^2}{2x_{c1}^2}\left[\left(\frac{l+x_{c1}}{x_{c1}}\right)^2+2\left(\frac{l+x_{c1}}{x_{c1}}\right)+2\right]\right\}e^{-\frac{l+x_{c1}}{x_{c1}}}\tag{1.3.24}$$

$$D_6=A_{1l}x_{c1}^2\left[B_1+\frac{l}{x_{c1}}\right]\tag{1.3.25}$$

$$D_7=\frac{k_1x_{c1}^4}{EI}\left\{-\left[\frac{l+x_{c1}}{x_{c1}}+3\right]+\frac{1}{2}\left(\frac{l+x_{c1}}{x_{c1}}+1\right)\left(\frac{l+x_{c1}}{x_{c1}}\right)^2-\frac{l}{x_{c1}}\left[\left(\frac{l+x_{c1}}{x_{c1}}\right)^2+2\left(\frac{l+x_{c1}}{x_{c1}}\right)+2\right]\right\}e^{-\frac{l+x_{c1}}{x_{c1}}}\tag{1.3.26}$$

$$D_8=A_{1l}x_{c1}\left[B_1+\frac{l}{x_{c1}}-1\right]\tag{1.3.27}$$

$$D_9=A_{1l}\left[B_1+\frac{l}{x_{c1}}-2\right]\tag{1.3.28}$$

$$A_{1l}=\frac{k_1}{EI}\frac{x_{c1}^2}{1+4\beta^4x_{c1}^4}e^{-\frac{l+x_{c1}}{x_{c1}}}\tag{1.3.29}$$

式 (1.3.20) 中的 c_1 通过式 (1.3.9) 可用 c_3 表示, 而 c_3 通过式 (1.3.6) 可用 Q_l, M_l 表示. 由于 Q_l 已知, d_4, d_5 可用 d_3, d_6 表示, 故式 (1.3.20)∼(1.3.22) 是关于 M_l, d_3, d_6 的三元一次方程组.

由式 (1.3.20), (1.3.21) 消去 M_l 后得到的关系式结合式 (1.3.22), 可解得 d_3, d_6 为

$$d_3=\frac{b_1a_{22}-b_2a_{12}}{a_{11}a_{22}-a_{12}a_{21}},\quad d_6=\frac{a_{11}b_2-a_{21}b_1}{a_{11}a_{22}-a_{12}a_{21}}\tag{1.3.30}$$

其中

$$a_{11}=(\cos\beta l+\sin\beta l)(\sinh\beta l+\cosh\beta l)+2\beta L\cos\beta l(\sinh\beta l+\cosh\beta l)\tag{1.3.31}$$

$$a_{12}=(\cos\beta l-\sin\beta l)(\sinh\beta l+\cosh\beta l)-2\beta L\sin\beta l(\sinh\beta l+\cosh\beta l)\tag{1.3.32}$$

$$a_{21}=(\cos\beta l-\sin\beta l)(\sinh\beta l+\cosh\beta l) \tag{1.3.33}$$

$$a_{22}=-(\cos\beta l+\sin\beta l)(\sinh\beta l+\cosh\beta l) \tag{1.3.34}$$

$$\begin{aligned}b_1=&\frac{D_{10}}{\beta}-\frac{LD_8}{\beta}-(\cos\beta l\cosh\beta l+\sin\beta l\sinh\beta l+2\beta L\cos\beta l\sinh\beta)D_2\\&+(\sin\beta l\sinh\beta l-\cos\beta l\cosh\beta l+2\beta L\sin\beta l\cosh\beta l)D_3\end{aligned} \tag{1.3.35}$$

$$b_2=\frac{D_9EI-Q_l}{2\beta^3EI}+(\sin\beta l\sinh\beta l-\cos\beta l\cosh\beta l)D_2+(\sin\beta l\sinh\beta l+\cos\beta l\cosh\beta l)D_3 \tag{1.3.36}$$

式 (1.3.35) 中的 D_{10} 为

$$D_{10}=\frac{1}{EI}\left[\frac{Q_lL^2}{2}-D_1+\frac{p_{\rm o}L_{\rm k}^3}{6}+\frac{(p_{\rm k}-p_{\rm o})L_{\rm k}^3}{8}\right]+D_6+D_7 \tag{1.3.37}$$

式 (1.3.31)~(1.3.37) 的右端均为已知量, 故由式 (1.3.11), (1.3.13), (1.3.16), (1.3.30) 知, $d_1\sim d_6$ 已全部确定. 将 $d_1\sim d_6$ 代入式 (1.3.20), (1.3.21) 可确定 c_1, M_l, 再代入式 (1.3.9), (1.3.10), (1.3.19) 可确定 c_2, c_3, c_4. 这就最终确定了弹性地基梁挠度方程式 (1.3.1), (1.3.2) 和采空区岩梁挠度方程式 (1.3.3), (1.3.4).

对比本节的 $D_1\sim D_{10}$, $a_{11}\sim a_{22}$, b_1, b_2 与 1.2 节的 $D_1\sim D_8$, $a_{11}\sim a_{22}$, b_1, b_2, 可知其求解方法、求解过程与结果已有很大不同.

1.3.3 算例

讨论埋深大致 300m 的情况, 上覆岩土体容重 $\gamma'=20000\text{N/m}^3$, $q_2=6\text{MN/m}$, $f_{\rm c2}=0.2q_2=1.2/\text{MN/m}$; 坚硬顶板主体厚 $h=6\text{m}$, 容重 $\gamma''=25000\text{N/m}^3$, 单位宽顶板自重 $q_1=\gamma''h=0.15\text{MN/m}$; 由式 (1.1.4) 得 $f_{\rm c1}=q_2+f_{\rm c2}-q_1=7.05\text{MN/m}$. 取图 1.9 中的增压荷载峰到煤壁的距离 $l=14\text{m}$, 顶板悬空部分长 L =20m, 地层刚度 $C=0.8\text{GPa}$, 支护阻力 $p_{\rm o}$ =0.9MN/m, $p_{\rm k}=1.2p_{\rm o}$, 对问题进行分析.

1.3.3.1 不同尺度参数 $x_{\rm c1}$ 的岩梁弯矩、挠度

图 1.24 中曲线 1, 2, 3 为 $f_1(x)$ 的尺度参数 $x_{\rm c1}$ =(4.8, 5.2, 5.6)m, $x_{\rm c2}$ = 12m 时岩梁上方荷载曲线在 $[-20,34]$m 区段的精确放大图, 图中 x =0 前方的 $F_2(x)=q_2+f_2(x)$ 曲线部分同 1.2.4 节图 1.13 曲线的相应部分, 图 1.24 中只绘出其 (−20 ~0)m 的部分. 从图 1.24 可看到, 尺度参数 $x_{\rm c1}$ 越大, (0, 34]m 区段分布荷载的集度 $F_1(x)=q_1+f_1(x)$ 就越大. 岩梁跨中位置的荷载集度 $F_1(34)=F_{1\min}\approx$(0.198, 0.227, 0.265)MN/m ≈(1.32, 1.51, 1.77)q_1 为全梁最小. $F_1(l+L)=F_1(34)$ 值小, 反映了采空区中部顶板竖向位移自由及顶板的离层倾向, 试比较图 1.6.

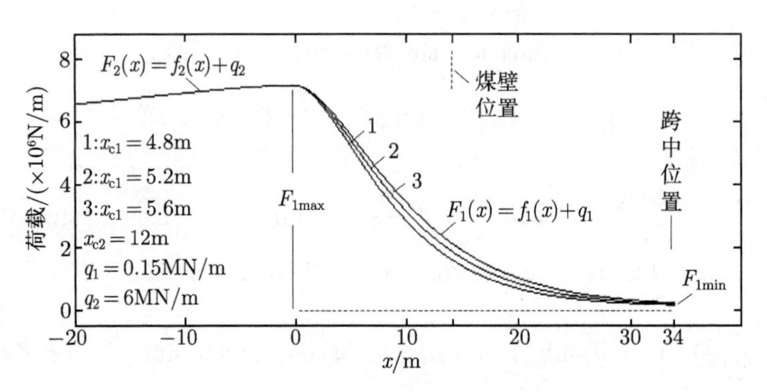

图 1.24 不同 x_{c1} 的岩梁上覆荷载放大图

图 1.25 中曲线 1, 2, 3 为尺度参数 x_{c1} =(4.8, 5.2, 5.6)m, x_{c2} = 12m 的图 1.24 中上覆荷载作用下, 据式 (1.3.1)~(1.3.4), (1.2.26) 用 Matlab 绘得的岩梁弯矩曲线, 曲线四段均光滑连接, 表明 1.3.3 节中的积分常数 $d_1 \sim d_6$ 计算正确.

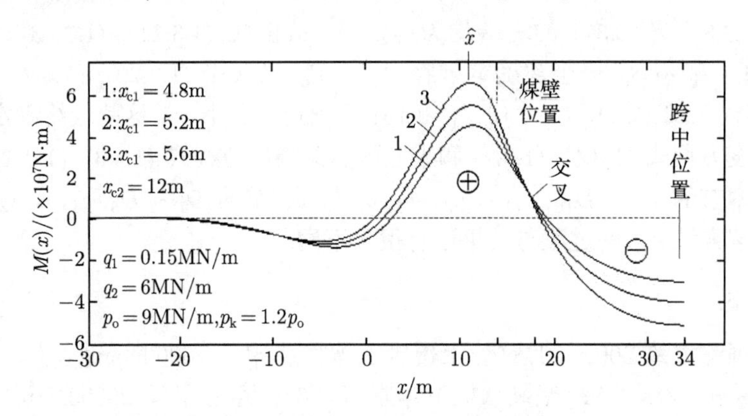

图 1.25 不同 x_{c1} 时的岩梁弯矩

从图 1.25 看到, $(0, 34]$m 区段的 x_{c1} 大或分布荷载的集度大, 岩梁弯矩就大; 曲线 1, 2, 3 在 $\hat{x}\approx$(11.52, 11.37, 11.26)m 或在煤壁前方 $\hat{l} = l - \hat{x} \approx$(2.48, 2.63, 2.74)m 的位置处达到岩梁弯矩峰值 $M(\hat{x}) \approx$(4.58, 5.65, 6.67)$\times10^7$N·m; 在煤壁 (x = 14m) 上方截面弯矩 $M_l \approx$(3.70, 4.34, 5.07)$\times10^7$N·m, 约为 $M(\hat{x})$ 的 0.76 倍; 约在 x =18m 的末排支护后方出现使岩梁下侧受拉的负弯矩, 在 x =34m 的采空区跨中位置达到岩梁负弯矩最大值 $M(l+L) \approx (-3.05, -4.04, -5.16) \times 10^7$Nm, 约为 $M(\hat{x})$ 的 (0.67, 0.72, 0.77) 倍; 各弯矩曲线在 x =34m 处均有水平切线, $\mathrm{d}M(l+L)/\mathrm{d}x = 0$, 由弯矩、剪力关系, 有 $Q(l+L) = \mathrm{d}M(l+L)/\mathrm{d}x = 0$, 符合式 (1.3.5e) 中的 $Q(l+L) = 0$ 条件.

1.2 节采空区岩梁性状为正弯矩, 而本节采空区岩梁为负弯矩, 此为这两节中弯矩性状的最大不同之处. 还要特别指出的是: 在图 1.24 的岩梁荷载作用下, 煤壁前方的弯矩峰值约为采空区跨中岩梁弯矩绝对值的 1.3 倍.

图 1.26 中曲线 1, 2, 3 为与图 1.25 中各弯矩曲线对应的, 据式 (1.3.1)~(1.3.4) 用 Matlab 绘得的尺度参数 x_{c1} 变动的岩梁挠度曲线. 图中挠度曲线四段均光滑连接, 表明 1.3.3 节中除 $d_1 \sim d_6$ 之外, 积分常数 $c_1 \sim c_4$ 也计算正确.

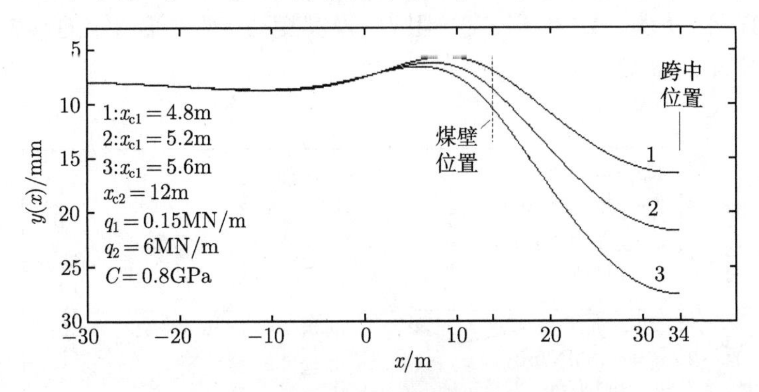

图 1.26 不同 x_{c1} 时的岩梁挠度曲线

由于 $y(-\infty) = q_2/C$ 与尺度参数 x_{c1} 无关, 而图 1.26 中 q_2, C 无变化, 故图中挠度曲线 1, 2, 3 均有 $y_2(-30)$ ≈7.94mm, 已近似等于 $y_2(-\infty)$ =7.5mm; 在 $x = 5$m 后方, 曲线挠度值随 x_{c1} 或分布荷载 $f_1(x)$ 的增大而增大; 曲线 1, 2, 3 在采空区跨中位置均有水平切线, 满足式 (1.3.5e) 中 $y'_{12}(l + L) = 0$ 条件, 并取到各曲线挠度的最大值 $y_{12}(34)$ ≈(16.4, 21.7, 27.5)mm; 在煤壁处岩梁挠度 $y_{21}(14)$ ≈(6.9, 8.5, 10.3)mm, 将 $y_{21}(14)$ 乘上地基常数 $C = 0.8$GPa, 可得到按弹性地基计算的煤壁处煤层–直接顶对顶板的反力 (或支承压力)$Cy_{21}(l)$ ≈(5.5, 6.9, 8.2) MN/m, 为毗邻工作面的支护阻力 p_o =0.9MN/m 的 (6.1, 8.6, 9.1) 倍. 图 1.26 中各曲线在 (0~14)m 范围挠度有所反弹, 这与图 1.24 中 (0~14)m 区段岩梁上覆荷载突然大幅度减小有关.

弯矩、挠度曲线在 x =34m 处有水平切线, 即 $\mathrm{d}M(l + L)/\mathrm{d}x = 0$, $y'_{12}(l+L) = 0$ 的特性, 初次破断前其他参数变动时的岩梁弯矩、挠度曲线也都具有, 以后章节一般不再提及.

1.3.3.2 支护阻力变动时的岩梁弯矩、剪力和挠度

图 1.27 中曲线 1, 2, 3 为梁上均布荷载 $q_1 = 0.15$MN/m, q_2 =6MN/m, 尺度参数 $x_{c1} = 5.2$m, $x_{c2} = 12$m(即图 1.24 中上覆荷载曲线 2), 支护阻力 p_o =(0.4, 0.9, 1.4)MN/m, $p_k = 1.2p_o$ 时, 据式 (1.3.1)~(1.3.4), (1.2.26) 用 Matlab 绘得的岩梁弯矩曲线.

图 1.27 弯矩曲线幅值即随支护阻力 p_o, p_k 增大而减小, 图中曲线 1, 2, 3 在 $\hat{x}$ ≈(11.14, 11.37, 11.65)m, 即在煤壁前方 $\hat{l} = l - \hat{x}$ ≈(2.86, 2.63, 2.35)m 的位置处达

到岩梁弯矩峰值 $M(\hat{x})$ ≈(6.06, 5.56, 5.08)×10^7N·m; 在煤壁 ($x = 14$m) 上方截面弯矩 M_l ≈(4.45, 4.33, 4.21)×10^7N·m, 约为 $M(\hat{x})$ 的 (0.73, 0.78, 0.83) 倍; 在 x =18m 的末排支护后方出现使岩梁下侧受拉的负弯矩, 在 x =34m 的采空区跨中位置达到岩梁负弯矩最大值 $M(l + L) \approx (-4.37, -4.04, -3.70) \times 10^7$N·m, 约为 $M(\hat{x})$ 的 (0.72~0.73) 倍; 从图 1.27 看到, 支护阻力 (及其变动) 对岩梁弯矩的影响向前延展到煤壁前方约 20m 处.

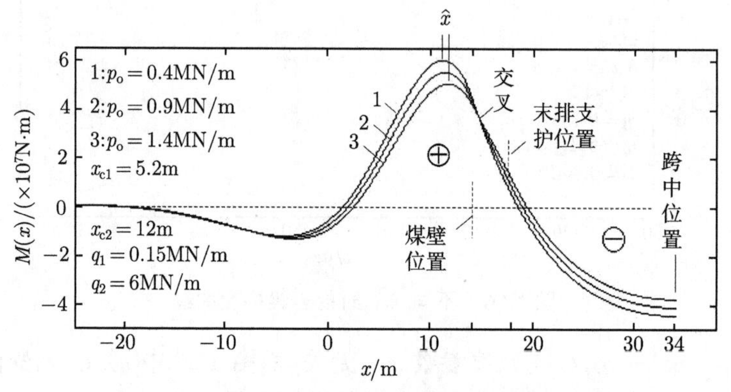

图 1.27 支护阻力变动时的岩梁弯矩图

图 1.16 与图 1.27 中支护阻力 p_o, p_k 的变化相同, 图 1.16 中岩梁弯矩峰值 $M(\hat{x})$ ≈(6.41, 5.65, 4.91)×10^7N·m, 图 1.27 中岩梁弯矩峰值 $M(\hat{x})$ ≈(6.06, 5.56, 5.08)×10^7N·m, 图 1.17 与图 1.28 中岩梁上方分布荷载相同, 支护阻力 p_o 相同, 但 p_o 每增大 0.5MN/m, 前者弯矩峰值变化 $M(\hat{x})$ 却为后者弯矩峰值变化 $M(\hat{x})$ 的 (1.52~1.54) 倍, 即前者的弯矩峰值变化幅度明显大于后者; 但是图 1.27 的弯矩变化范围大于图 1.16(试比较两者的煤壁后方采空区岩梁弯矩), 这与超静定结构的内力变化由结构整体承担特性有关.

图 1.28 中曲线 1, 2, 3 为与图 1.27 中各弯矩曲线对应的, 据式 (1.3.1)~(1.3.4) 用 Matlab 绘得的支护阻力变动时的岩梁挠度曲线. $y(-\infty) = q_2/C$ 与支护阻力 p_o, p_k 无关, 由于图 1.28 中 q_2, C 无变化, 故图中各挠度曲线均有 $y_2(-30)$ ≈7.93mm, 且已近似等于 $y_2(-\infty)$ =7.5mm; 在 $x = 6$m 后方, 曲线挠度值随支护阻力 p_o, p_k 增大呈整体减小趋势; 在岩梁跨中截面取到各挠度曲线的最大值 $y_{12}(34)$ ≈(24, 21.7, 19.3)mm; 在煤壁处岩梁挠度 $y_{21}(14)$ ≈(9.40, 8.54, 7.68)mm, 将 $y_{21}(14)$ 乘上地基常数 $C = 0.8$GPa, 可得到按弹性地基计算的煤壁处煤层–直接顶对顶板的反力 (或支承压力)$C \cdot y_{21}(l)$ ≈(7.52, 6.83, 6.14)MN/m, 是毗邻工作面的支护阻力 p_o =(0.4, 0.9, 1.4)MN/m 的 (18.8~4.39) 倍, 即工作面后方支护力越小, 按弹性地基计算的煤壁附近的煤层–直接顶对岩梁的反力 (或岩梁对煤层–直接顶的压力) 便越大. 从图 1.28 看到, 支护阻力及其变动对岩梁挠度的影响延伸到煤壁前方约 8m 处.

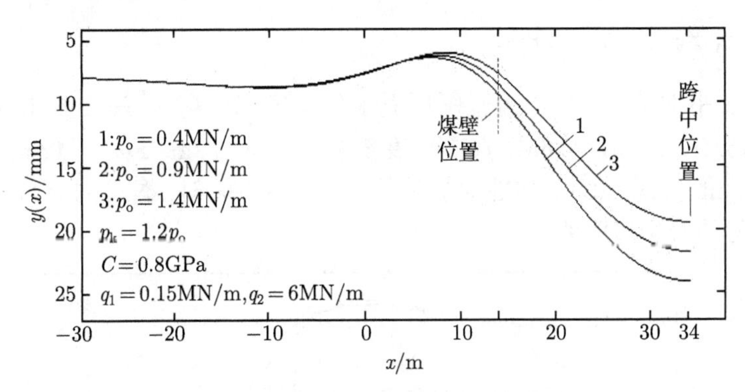

图 1.28 支护阻力变动时的岩梁挠度曲线

图 1.17 中悬臂梁自由端挠度 $y_{12}(28) \approx$(25.8, 22.0, 18.1)mm, 图 1.28 中岩梁跨中挠度值 $y_{12}(34) \approx$(24, 21.7, 19.3)mm; 图 1.17 与图 1.28 中岩梁上方分布荷载相同, 支护阻力 p_o 相同, 但 p_o 每增大 0.5MN/m, 前者自由端挠度变化 $\Delta y_{12}(28)$ 却为后者岩梁跨中挠度变化 $\Delta y_{12}(34)$ 的 (1.63~1.65) 倍.

图 1.29 中曲线 1, 2, 3 为与图 1.27 弯矩曲线和图 1.28 挠度曲线对应的, 据式 (1.3.1)~(1.3.4), (1.2.26) 绘得的岩梁剪力曲线. 从图 1.29 看到, 在采空区跨中截面岩梁剪力为 0, 符合式 (1.3.5e) 中的 $Q(l+L)=0$ 条件. 图 1.29 中剪力曲线 1, 2, 3 的幅值即随支护阻力 p_o, p_k 增大呈减小趋势; 曲线在煤壁前方 $\hat{x} \approx$(5.54, 5.68, 5.85)m 处取到峰值 $Q(\hat{x}) \approx (8.05, 7.57, 7.09)\times 10^6$N, 在煤壁 ($x=14$m) 位置取到最大值 $Q_l \approx (-12.43, -10.24, -8.04)\times 10^6$N; 三条剪力曲线在末排支护位置严格相交, 相切, 从末排支护到采空区跨中 [18, 34]m 区段上剪力图完全相同, 这是因为在该区段上的岩梁荷载 q_1, $f_1(x)$ 完全相同, 且其力学模型图 1.9 右端 ($x=$34m) 定向支座可上下移动无竖向反力. 曲线 2 上煤壁处岩梁剪力值 10.24×10^{6}N 比煤壁前方剪力峰值 7.57×10^{6}N 大出许多.

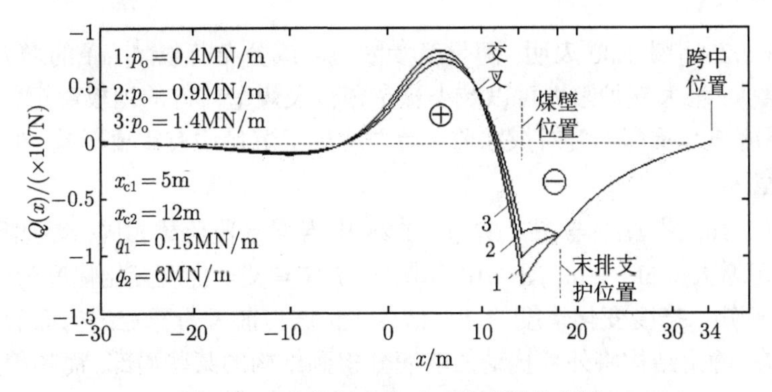

图 1.29 支护阻力变动时的岩梁剪力图

1.3.3.3 梁高变动时的岩梁挠度

图 1.30 中曲线 1, 2, 3 为坚硬顶板主体厚度或梁高 h =(7, 6, 5)m, 均布荷载 q_1 =0.15MN/m, q_2 = 6MN/m, 尺度参数 x_{c1} = 5.2m, x_{c2} = 12m, 支护阻力 p_o =0.9MN/m, $p_k = 1.2p_o$, 弹性地基常数 $C = 0.8$GPa 时, 据式 (1.3.1)~(1.3.4) 用 Matlab 绘得的岩梁挠度曲线.

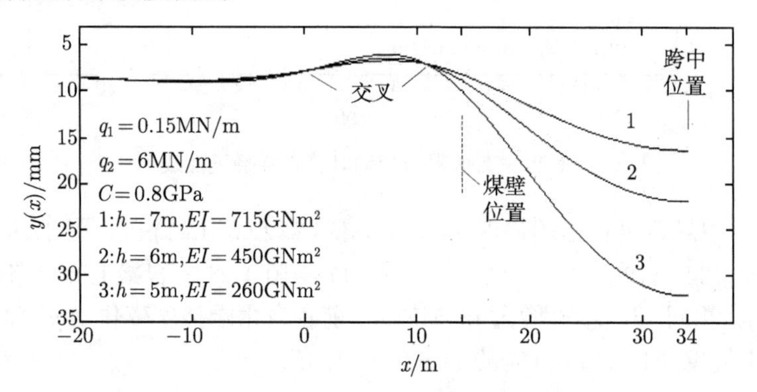

图 1.30 梁高变动时的岩梁挠度曲线

顶板弹模 $E = 25$GPa, 故顶板厚度 h =(7, 6, 5)m 对应岩梁抗弯刚度 EI =(715, 450, 260)GNm^2. 由于 $y_{22}(-\infty) = q_2/C$ 与 EI 无关, 故挠度曲线 1, 2, 3 均有 $y_{22}(-20)$ ≈7.94mm, 已近似等于 $y_2(-\infty)$ =7.5mm; 曲线在 $F_1(x) = q_1 + f_1(x)$ 作用的煤壁前方区段的 x =0.6m 和 11.03m 附近发生交叉, 在煤壁处岩梁挠度 $y_{21}(14)$ ≈(7.9, 8.5, 9.6)mm; 在跨中截面达到各抗弯刚度下最大挠度 $y_{12}(34)$ =(16.2, 21.7, 31.9)mm. 图 1.30 中曲线在 x =11.03m 处的交叉表明: 采空区岩梁挠度决定于抗弯刚度 EI, 且随 EI 的减小岩梁挠度迅速增大.

1.3.4 小结

(1) 图 1.25~ 图 1.30 表明: 随尺度参数 x_{c1} 或分布荷载 $f_1(x)$ 的增大, 顶板弯矩、挠度增大; 增大支护阻力可以减小悬空顶板及煤壁前方的顶板弯矩、挠度和剪力; 顶板厚度或其抗弯刚度对煤壁前、后方顶板下沉量均有重要影响, 但其主要影响区在采空区.

(2) 图 1.16, 图 1.17 与图 1.27, 图 1.28 中岩梁上覆荷载相同, 支护阻力 p_o 相同, 但 p_o 每增大 0.5MN/m, 图 1.16 和图 1.17 中弯矩、挠度变化幅度为图 1.27 和图 1.28 中弯矩、挠度变化幅度的 1.5 倍以上. 这与前者为静定结构而后者为超静定结构有关, 静定结构将外界扰动的响应分担到结构的某些局部, 而超静定结构将外界扰动的响应分担到结构的所有部分.

(3) 初次来压前未破断坚硬顶板半结构的剪力曲线形态 (图 1.29) 与周期来压

期间未破断坚硬顶板的剪力曲线形态 (图 1.18) 十分一致. 这是因为前者模型图 1.9 中的剪力与后者模型图 1.10 中的剪力都是静定内力, 并且模型图 1.9 与模型图 1.10 顶板的上覆荷载相同, 在图 1.9 右端 ($x=$34m) 定向支座可上下移动无竖向反力, 图 1.10 悬端 $x=$28m 处 (假定 $Q_m=0$) 无竖向反力.

(4) 末排支护前方初次来压前未破断坚硬顶板的弯矩曲线形态与周期来压期间未破断坚硬顶板的弯矩曲线形态状较为一致. 末排支护后方两者弯矩有很大差别, 前者为使顶板下侧受拉的负弯矩, 而后者仍为使顶板上侧受拉的正弯矩.

(5) 煤壁前方弯矩峰位置与顶板超前断裂位置有关, 在 1.3.4 节的参数变化范围内, 初次来压前未破断坚硬顶板的弯矩峰超前距为 (2.35~2.86)m, 要大于在 1.2.4 节的参数变化范围内周期来压未破断坚硬顶板的弯矩峰超前距 (1.76~2.32)m.

1.4　周期破断期间裂纹发生初始阶段坚硬顶板的内力、挠度和应变能变化分析

从 1.2 节和 1.3 节看到, 开采中顶板最大弯矩位于煤壁前方, 当采空区达到极限步距时顶板会因弯矩过大在煤壁前方发生断裂——超前断裂. 在顶板断裂后, 岩块保持相对平衡, 经再次断裂, 岩块相互挤压破碎, 顶板最终失稳垮落. 对于超前断裂的坚硬顶板, 工作面每经过一次断裂线都会受到不同程度的冲击 [15−17], 且在工作面到达断裂线下方时, 若支架支护能力和岩层间摩擦力不足, 则顶板会发生台阶式下沉, 造成压、推垮事故, 或引发冲击矿压, 毁坏矿井设施, 造成人员伤亡 [18−22].

本节将以图 1.31 所示的未破断岩层结构模型为基础, 对全弹性地基支承的周期来压期间裂纹发生初始阶段坚硬顶板的内力、挠度和应变能变化进行分析.

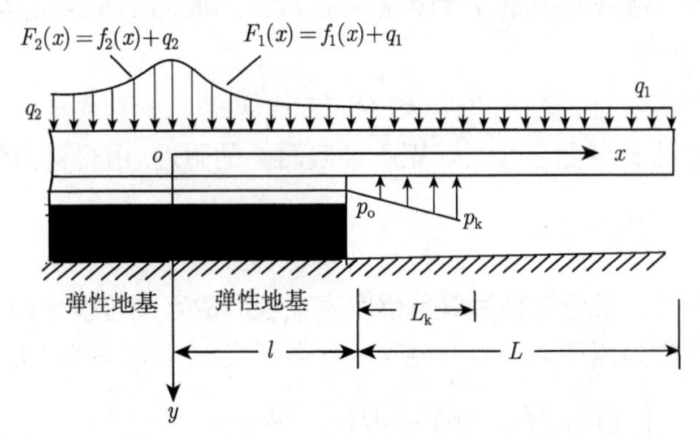

图 1.31　基于全弹性地基的周期来压期间未破断坚硬顶板模型

1.4.1　强度条件和坚硬顶板裂纹发生初始阶段的分析模型

对图 1.31, 在取顶板厚 $h = 6m$, 支护力 p_o =0.9MN/m, $p_k = 1.2p_o$, 控顶距 L_k = 4m, l = 14m, 采空区悬空距离 L = 14m, 顶板荷载 q_1 =0.15MN/m, q_2 = 6MN/m, $f_{c2} = 0.2q_2$, $f_{c1} = q_2 + f_{c2} - q_1$, 式 (1.1.1), (1.1.2) 中尺度参数 x_{c1} = 5m, x_{c2} = 12m, 弹性地基常数 $C = 0.8 \times 10^9$Pa 时, 据 1.2 节中弯矩表达式, 用 Matlab 软件绘得断裂前单位宽顶板——岩梁的弯矩曲线如图 1.32 所示, 图 1.32 也即图 1.14 或图 1.16 中的曲线 2, 图中弯矩曲线约在 $\hat{x}$ =11.91m, 也即煤壁前方 $\hat{l} = l - \hat{x}$ =2.09m 的处取到岩梁弯矩峰值 $M_{\max} = M(\hat{x}) \approx 5.65 \times 10^7$N·m.

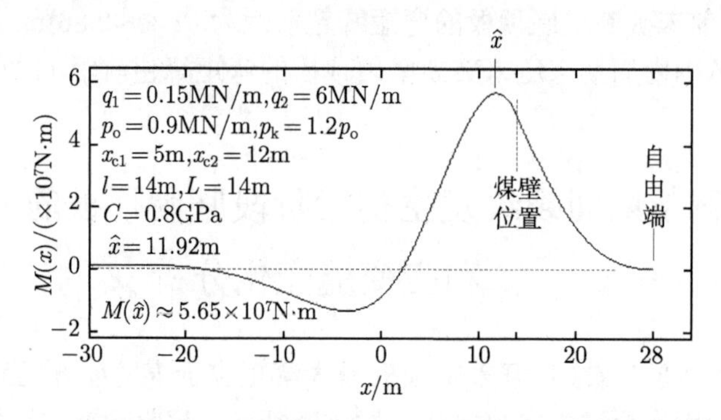

图 1.32　裂纹萌生前的岩梁弯矩曲线 [23]

坚硬顶板断裂属张拉型脆性断裂. 脆性断裂岩梁的强度条件是最大拉应力条件或最大拉应变强度条件. 如按最大拉应力强度条件, 图 1.32 中煤壁前方最大弯矩所在的 $\hat{x}$ =11.92m 截面处岩梁上侧面出现裂缝. 最大拉应力计算公式为

$$\sigma_{\max} = \frac{M_{\max}}{W_t} = \frac{M(\hat{x})}{bh^2/6} \tag{1.4.1}$$

式中 W_t 为岩梁抗弯截面模量, b 为梁宽. 将 $M(\hat{x}) \approx 5.65 \times 10^7$N·m, h = 6m, b = 1m 代入式 (1.4.1), 可得

$$\sigma_{\max} \approx 9.42 \times 10^6 \text{Pa} \tag{1.4.2}$$

最大拉应变所在的 $\tilde{x}$ 截面在最大弯矩所在截面 $\hat{x}$ 的附近. 由材料力学, 可写出最大拉应变公式

$$\varepsilon_1 = [\sigma_1 - \nu(\sigma_2 + \sigma_3)]/E \tag{1.4.3}$$

注意到沿图 1.3 采场中轴线取单位宽度顶板所成岩梁可按平面应变问题处理, 且由顶板上方荷载为压应力 $-f_1(x) - q_1$, 可得到式 (1.4.3) 中的主应力分别为

$$\begin{cases} \sigma_1 = M(x)/W_t = M(x)/(bh^2/6) \\ \sigma_2 = \nu[\sigma_1 + \sigma_3] = \nu[M(x)/W_t - f_1(x) - q_1] \\ \sigma_3 = -[f_1(x) + q_1] \end{cases} \tag{1.4.4}$$

将式 (1.4.4) 代入式 (1.4.3), 可得用弯矩和岩梁上覆荷载表示的岩梁上侧面拉应变表达式

$$\varepsilon_1=\left\{(1-\nu^2)\frac{M(x)}{W_{\rm t}}+\nu(1+\nu)\left[f_1(x)+q_1\right]\right\}\Big/E \tag{1.4.5}$$

据 1.2 节中弯矩和 $f_1(x)$ 表达式, 在式 (1.4.5) 取 $\nu=0.25$, 用 Matlab 软件绘得岩梁上侧面拉应变曲线如图 1.33 所示, 最大拉应变约在 $\tilde{x}=11.68$m, 也即在煤壁前方 $\tilde{l}=l-\tilde{x}=2.32$m 取得峰值

$$\varepsilon_{\max}=\varepsilon_1\approx 3.83\times 10^{-4} \tag{1.4.6}$$

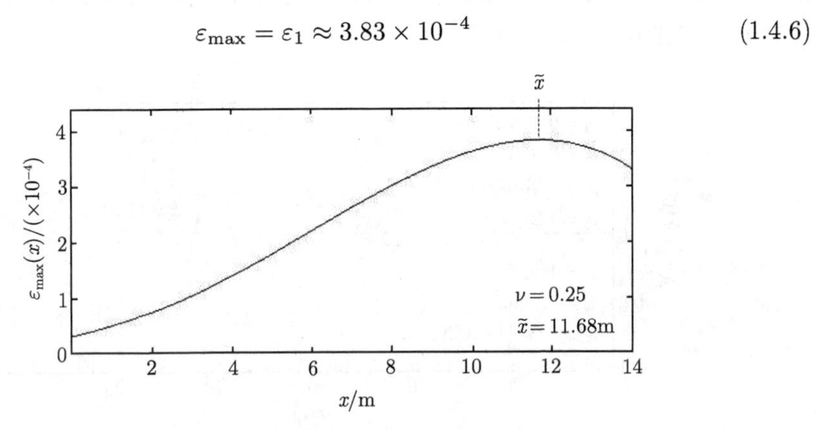

图 1.33　岩梁上侧最大拉应变图

由王瑶等 [24] 的研究可知, 坚硬岩石的最大拉应力和最大拉应变大致为

$$\sigma_{\max}\approx(9\sim10)\text{MPa},\quad \varepsilon_{\max}=\varepsilon_1\approx(2\sim3)\times10^{-4} \tag{1.4.7}$$

由式 (1.4.2), 式 (1.4.6) 与式 (1.4.7) 比较知, 图 1.32 左侧示出的荷载参数, 可作为岩梁裂纹发生的荷载参数, 而图 1.32 可视为裂纹发生前的岩梁弯矩曲线.

综上所述, 可绘得坚硬顶板裂纹发生初始阶段的分析模型如图 1.34 所示. 超

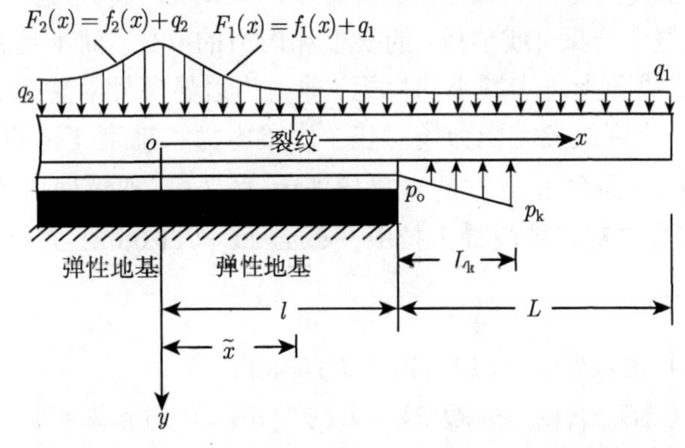

图 1.34　基于弹性地基周期来压期间坚硬顶板裂纹发生初始阶段的分析模型 [23]

前裂纹发生在最大拉应力 (弯矩峰) 所在的 $\hat{x}$ 截面或最大拉应变所在的 $\tilde{x}$ 截面的上边缘. 一般按最大拉应变确定的裂纹位置, 要超前按最大拉力确定的裂纹位置二十余厘米.

图 1.35 为据图 1.31 左上荷载系列用 Matlab 绘得的与图 1.31 弯矩对应的裂纹发生前的岩梁剪力曲线, 图 1.35 曲线也即图 1.18 中的曲线 2. 由弯矩–剪力关系 $\mathrm{d}M(x)/\mathrm{d}x = Q(x)$ 知, 剪力曲线与零值虚线的交点 $\hat{x}$, 对应图 1.32 弯矩峰值的位置点 $\hat{x}$ =11.91m. 而最大拉应变所在 $\tilde{x}$ 截面的剪力值 $Q(\tilde{x})$ 与其前方剪力峰值或煤壁上方岩梁的剪力值相比很小.

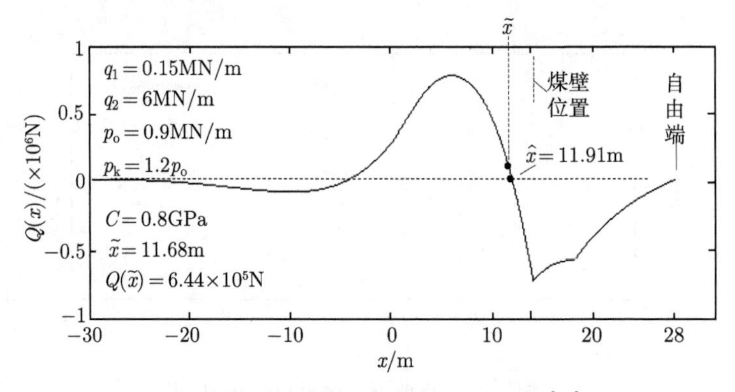

图 1.35 裂纹萌生前的岩梁剪力曲线 [23]

最大拉应力 $\sigma_{\max}$ 所在截面超前煤壁 $\hat{l}$ =2.09m, 最大拉应变 $\varepsilon_{\max}$ 所在截面超前煤壁 $\tilde{l}$ =2.32m, 大多数文献报道的坚硬顶板断裂超前距为 4m 或 4m 以上, 故本节拟以超前距较大的最大拉应变强度条件为裂纹发生条件对问题进行分析.

由于受到周边煤岩体限制, 裂纹不是一出现就立即贯穿顶板, 而是在工作面推进、放炮等采动影响下逐步扩展的. 裂纹发生是微观行为, 在裂纹微扩展中岩梁裂纹所在截面原本承受的弯矩、剪力在逐步减小. 本节重点研究最大拉应变截面裂纹发生初始阶段中整个岩梁 (或顶板) 的挠度和内力的变化, 而不是裂纹尖端的微观行为. 故可用裂纹载面上逐步减小的弯矩、剪力为边界条件对整个岩梁内力和挠度变化的研究, 来替代裂纹尖端应力场对整个岩梁内力和挠度变化的研究.

据上所述, 如记裂纹面前方的岩梁挠度为 $\bar{y}_{21}(x)$, 裂纹面后方的岩梁挠度为 $\tilde{y}_{22}(x)$, 可将裂纹发生初始阶段最大拉应变截面 ($\tilde{x}$ = 11.68m) 上岩梁弯矩、剪力和位移条件写出

$$\begin{cases} EI\bar{y}''_{21}(\tilde{x}) = kM(\tilde{x}) = EI\tilde{y}''_{22}(\tilde{x}) \\ EI\bar{y}'''_{21}(\tilde{x}) = kQ(\tilde{x}) = EI\tilde{y}'''_{22}(\tilde{x}), \quad 0.95 \leqslant k \leqslant 1 \\ \bar{y}_{21}(\tilde{x}) = \tilde{y}_{22}(\tilde{x}) \end{cases} \tag{1.4.8}$$

式中 k 称为裂纹扩展参数, $0.95 \leqslant k \leqslant 1$, 表示裂纹深入岩梁表面很浅, 岩梁还可以传递较大弯矩. 式 (1.4.8) 中第 1, 第 2 式表明裂纹发生初始阶段裂纹面弯矩和剪力的变化; 第 3 式表明裂纹没有贯通, 岩梁在裂纹面 $\tilde{x}$ 左右有相同挠度; 由于裂纹发生, $\tilde{x}$ 两侧岩梁截面会有相对微小转角, 式 (1.4.8) 不包含关于转角 $\bar{y}'_{21}(\tilde{x}), \bar{y}'_{22}(\tilde{x})$ 的限制条件. 由图 1.35 可知, $\tilde{x}$ 截面上 $Q(\tilde{x}) = 6.44\times10^5\text{N}$; 由图 1.32 可知, $\tilde{x} = 11.68\text{m}$ 截面上 $M(\tilde{x})= 5.64\times10^7\text{N·m}$. 由于裂纹面附近和前方的岩梁挠度有所反弹, 故假定 $\tilde{x}$ 前方的分布力 $f_1(x)$ 有所变化, 本节用尺度参数 x_{c1} 的变化去体现 $f_1(x)$ 的变化, 并将裂纹面 $\tilde{x}$ 前方分布力写成

$$f_1(x) = k_{1\eta}(x + \eta x_{\text{c1}})\mathrm{e}^{-\frac{x+\eta x_{\text{c1}}}{\eta x_{\text{c1}}}} \tag{1.4.9}$$

其中

$$k_{1\eta} = f_{\text{c1}}\mathrm{e}^{-1}/(\eta x_{\text{c1}}) \tag{1.4.10}$$

其中 $\eta = 1$ 对应岩梁未出现裂纹的 $k = 1$ 状态. 后文将用式 (1.4.8) 中第 3 式 $\bar{y}_{21}(\tilde{x}) = \tilde{y}_{22}(\tilde{x})$ 确定裂纹面 $\tilde{x}$ 前方 $f_1(x)$ 中与 $k(<1)$ 对应的 η 值.

如在所得分析结果中令 $\tilde{x} = \hat{x}$, $Q(\tilde{x})= 0$, 同时令 $M(\tilde{x}) = M(\hat{x})$, 则可得到以最大拉应力强度条件为裂纹发生条件的分析结果.

1.4.2 裂纹发生初始阶段坚硬顶板各区段的挠度方程和边界、连续条件

将图 1.34 中裂纹面 $\tilde{x}$ 左侧 $[-\infty, 0]$ 和 $[0, \tilde{x}]$ 区段岩梁的挠度方程分别记为 $\bar{y}_2(x)$, $\bar{y}_{21}(x)$. 将裂纹面 $\tilde{x}$ 右侧 $[\tilde{x}, l]$, $[l, l + L_{\text{k}}]$ 和 $[l + L_{\text{k}}, l + L]$ 区段的岩梁挠度方程分别记为 $\tilde{y}_{22}(x)$, $\tilde{y}_{11}(x)$, $\tilde{y}_{12}(x)$. 假定裂纹发生初始阶段岩梁上覆荷载不变, 参照 1.2 节, 受 $F_2(x)$ 作用的 $[-\infty, 0]$ 区段半无限长弹性地基梁的挠度方程的形式为

$$\begin{aligned}\bar{y}_2(x) =& \mathrm{e}^{\beta x}(\bar{d}_1 \cos\beta x + \bar{d}_2 \sin\beta x) + \frac{q_2}{4\beta^4 EI} + \frac{k_2}{EI}\frac{x_{\text{c2}}^4}{1+4\beta^4 x_{\text{c2}}^4} \\ &\cdot \left[(x_{\text{c2}} - x) + \frac{4x_{\text{c2}}}{1+4\beta^4 x_{\text{c2}}^4}\right]\mathrm{e}^{\frac{x-x_{\text{c2}}}{x_{\text{c2}}}} \quad (-\infty < x \leqslant 0)\end{aligned} \tag{1.4.11}$$

受 $F_1(x)$ 作用, 因裂纹发生 $[0, \tilde{x}]$ 区段尺度参数为 ηx_{c1} 的有限长岩梁挠度方程的形式为

$$\begin{aligned}\bar{y}_{21}(x) =& \bar{d}_3 \sin\beta x \sinh\beta x + \bar{d}_4 \sin\beta x \cosh\beta x + \bar{d}_5 \cos\beta x \sinh\beta x + \bar{d}_6 \cos\beta x \cosh\beta x \\ &+ \frac{q_1}{4\beta^4 EI} + \frac{k_{1\eta}}{EI}\frac{(\eta x_{\text{c1}})^4}{1+4\beta^4(\eta x_{\text{c1}})^4}\left[(x+\eta x_{\text{c1}})\right. \\ &\left.+ \frac{4\eta x_{\text{c1}}}{1+4\beta^4(\eta x_{\text{c1}})^4}\right]\mathrm{e}^{-\frac{x+\eta x_{\text{c1}}}{\eta x_{\text{c1}}}} \quad (0 \leqslant x \leqslant \tilde{x})\end{aligned} \tag{1.4.12}$$

类似于式 (1.4.12), 受 $F_1(x)$ 作用因裂纹发生 $[\tilde{x}, l]$ 区段尺度参数为 x_{c1} 的有限长岩梁的挠度方程的形式可写为

$$\begin{aligned}\tilde{y}_{22}(x) =& \tilde{d}_3 \sin\beta x \sinh\beta x + \tilde{d}_4 \sin\beta x \cosh\beta x + \tilde{d}_5 \cos\beta x \sinh\beta x \\ &+ \tilde{d}_6 \cos\beta x \cosh\beta x + \frac{q_1}{4\beta^4 EI} + \frac{k_1}{EI}\frac{x_{c1}^4}{1+4\beta^4 x_{c1}^4}\left[(x+x_{c1})\right. \\ &\left. + \frac{4x_{c1}}{1+4\beta^4 x_{c1}^4}\right]\mathrm{e}^{-\frac{x+x_{c1}}{x_{c1}}} \quad (\tilde{x} \leqslant x \leqslant l)\end{aligned} \tag{1.4.13}$$

由于假定岩梁上覆荷载不变, 参照 1.2 节, 受 $F_1(x)$ 和支护阻力共同作用的 $[l, l+L_\mathrm{k}]$ 和 $[l+L_\mathrm{k}, l+L]$ 区段悬臂梁的挠度方程的形式为

$$\begin{aligned}EI\tilde{y}_{11}(x) =& \frac{M_l}{2}(x-l)^2 - \frac{Q_l}{6}(x-l)^3 + \frac{q_1}{24}(x-l)^4 + k_1 x_{c1}^5\left\{\left[\frac{x+x_{c1}}{x_{c1}}+4\right]\mathrm{e}^{-\frac{x+x_{c1}}{x_{c1}}}\right. \\ &- \left\{\left[\left(\frac{l+x_{c1}}{x_{c1}}\right)^2 + 2\left(\frac{l+x_{c1}}{x_{c1}}\right)+2\right]\times\frac{x^2}{2x_{c1}^2}\right. \\ &\left.\left.-\frac{1}{6}\left(\frac{l+x_{c1}}{x_{c1}}+1\right)\left(\frac{x+x_{c1}}{x_{c1}}\right)^3\right\}\mathrm{e}^{-\frac{l+x_{c1}}{x_{c1}}}\right\} \\ &- \frac{p_\mathrm{o}(x-l)^4}{24} - \frac{(p_\mathrm{k}-p_\mathrm{o})}{120L_\mathrm{k}}(x-l)^5 + \tilde{c}_1 x + \tilde{c}_2 \quad (l \leqslant x \leqslant l+L_\mathrm{k})\end{aligned} \tag{1.4.14}$$

$$\begin{aligned}EI\tilde{y}_{12}(x) =& \frac{M_l}{2}(x-l)^2 - \frac{Q_l}{6}(x-l)^3 + \frac{q_1}{24}(x-l)^4 + k_1 x_{c1}^5\left\{\left[\frac{x+x_{c1}}{x_{c1}}+4\right]\mathrm{e}^{-\frac{x+x_{c1}}{x_{c1}}}\right. \\ &- \left\{\left[\left(\frac{l+x_{c1}}{x_{c1}}\right)^2 + 2\left(\frac{l+x_{c1}}{x_{c1}}\right)+2\right]\times\frac{x^2}{2x_{c1}^2}\right. \\ &\left.\left.-\frac{1}{6}\left(\frac{l+x_{c1}}{x_{c1}}+1\right)\left(\frac{x+x_{c1}}{x_{c1}}\right)^3\right\}\mathrm{e}^{-\frac{l+x_{c1}}{x_{c1}}}\right\} - p_\mathrm{o}L_\mathrm{k} \\ &\times\left[\frac{(x-l)^3}{6} - \frac{L_\mathrm{k}}{4}(x-l)^2\right] - \frac{(p_\mathrm{k}-p_\mathrm{o})L_\mathrm{k}}{2}\left[\frac{(x-l)^3}{6} - \frac{L_\mathrm{k}(x-l)^2}{3}\right] \\ &+ \tilde{c}_3 x + \tilde{c}_4 \quad (l+L_\mathrm{k} \leqslant x \leqslant l+L)\end{aligned} \tag{1.4.15}$$

这里说明, 式 (1.4.13) 中的

$$k_1 = f_{c1}\mathrm{e}/x_{c1} \tag{1.4.16}$$

式 (1.4.11)~(1.4.15) 中所有其他符号意义同 1.2 节.

$\bar{d}_1 \sim \bar{d}_6, \tilde{d}_3 \sim \tilde{d}_6, \tilde{c}_1 \sim \tilde{c}_4$ 要据裂纹面条件式 (1.4.8) 和 $x=0, x=l, x=l+L_\mathrm{k}$ 和 $x=l+L$ 处边界和连续条件

$$\bar{y}_2(-\infty) = q_2/C, \quad \bar{y}_2'(-\infty) = 0 \tag{1.4.17a}$$

$$\bar{y}_2(0) = \bar{y}_{21}(0), \quad \bar{y}_2'(0) = \bar{y}_{21}'(0), \quad \bar{y}_2''(0) = \bar{y}_{21}''(0), \quad \bar{y}_2'''(0) = \bar{y}_{21}'''(0) \tag{1.4.17b}$$

$$\tilde{y}_{22}(l) = \tilde{y}_{11}(l), \quad \tilde{y}_{22}'(l) = \tilde{y}_{11}'(l), \quad \tilde{y}_{22}''(l) = M_l/EI, \quad \tilde{y}_{222}'''(l) = -Q_l/EI \tag{1.4.17c}$$

$$\tilde{y}_{11}(l+L_{\mathrm{k}}) = \tilde{y}_{12}(l+L_{\mathrm{k}}), \quad \tilde{y}_{11}'(l+L_{\mathrm{k}}) = \tilde{y}_{12}'(l+L_{\mathrm{k}}) \tag{1.4.17d}$$

$$\tilde{Q}(l+L) = 0, \quad \tilde{M}(l+L) = 0 \tag{1.4.17e}$$

来确定.

式 (1.4.11)~(1.4.15) 弯矩、剪力与挠度关系同 1.2 节, 岩梁在 x 截面的弯曲应变能密度为

$$\frac{\mathrm{d}U(x)}{\mathrm{d}x} = \frac{M^2(x)}{2EI} \tag{1.4.18}$$

1.4.3 挠度方程中积分常数的确定

1.4.3.1 裂纹面 $\tilde{x}$ 前方岩梁挠度方程中积分常数的确定

将 $[0, \tilde{x}]$ 段梁的挠度方程式 (1.4.12) 的 2, 3 阶导数代入裂纹面边界条件式 (1.4.8) 的前两式, 解代数方程, 可将 $\bar{d}_5$, $\bar{d}_6$ 用 $\bar{d}_3$, $\bar{d}_4$ 表示为

$$\begin{aligned}\bar{d}_5 =& [\bar{d}_3(\sin\beta\tilde{x}\cos\beta\tilde{x} + \sinh\beta\tilde{x}\cosh\beta\tilde{x}) + \bar{d}_4\sinh^2\beta\tilde{x} - \bar{D}_1(\sin\beta\tilde{x}\cosh\beta\tilde{x} \\ &+ \cos\beta\tilde{x}\sinh\beta\tilde{x}) + \bar{D}_2\sin\beta\tilde{x}\sinh\beta\tilde{x}]/\sin^2\beta\tilde{x}\end{aligned} \tag{1.4.19}$$

$$\begin{aligned}\bar{d}_6 =& [-\bar{d}_3\cosh^2\beta\tilde{x} + \bar{d}_4(\sin\beta\tilde{x}\cos\beta\tilde{x} - \sinh\beta\tilde{x}\cosh\beta\tilde{x}) + \bar{D}_1(\sin\beta\tilde{x}\sinh\beta\tilde{x} \\ &+ \cos\beta\tilde{x}\cosh\beta\tilde{x}) - \bar{D}_2\sin\beta\tilde{x}\cosh\beta\tilde{x}]/\sin^2\beta\tilde{x}\end{aligned} \tag{1.4.20}$$

式中

$$\bar{D}_1 = \frac{kM(\tilde{x})}{2\beta^2 EI} - \frac{\tilde{A}_{1\eta}\eta x_{\mathrm{c1}}}{2\beta^2}\left[B_{1\eta} + \frac{\tilde{x}}{\eta x_{\mathrm{c1}}} - 1\right] \tag{1.4.21}$$

$$\bar{D}_2 = \frac{kQ(\tilde{x})}{2\beta^3 EI} + \frac{\tilde{A}_{1\eta}}{2\beta^3}\left[B_{1\eta} + \frac{\tilde{x}}{\eta x_{\mathrm{c1}}} - 2\right] \tag{1.4.22}$$

$$\tilde{A}_{1\eta} = \frac{k_{1\eta}(\eta x_{\mathrm{c1}})^2\exp[-(\tilde{x} + \eta x_{\mathrm{c1}})/(\eta x_{\mathrm{c1}})]}{EI[1 + 4\beta^4(\eta x_{\mathrm{c1}})^4]} \tag{1.4.23}$$

$$B_{1\eta} = \frac{4}{1 + 4\beta^4(\eta x_{\mathrm{c1}})^4} \tag{1.4.24}$$

求挠度方程式 (1.4.11), (1.4.12) 及其 1, 2, 3 阶导数, 据式 (1.4.17b) 中挠度、转角、弯矩和剪力连续条件, 可写出 4 个关于 $\bar{d}_1 \sim \bar{d}_6$ 的代数方程

$$\bar{d}_1 = \bar{d}_6 + \frac{q_1 - q_2}{4\beta^4 EI} + A_{1\eta}(\eta x_{\mathrm{c1}})^3(B_{1\eta} + 1) - A_2 x_{\mathrm{c2}}^3(B_2 + 1) \tag{1.4.25}$$

$$\bar{d}_4 + \bar{d}_5 - \bar{d}_1 - \bar{d}_2 = \frac{A_{1\eta}(\eta x_{\mathrm{c1}})^2 B_{1\eta} + A_2 x_{\mathrm{c2}}^2 B_2}{\beta} \tag{1.4.26}$$

$$\bar{d}_2 = \bar{d}_3 + \frac{A_{1\eta}(\eta x_{\mathrm{c1}})(B_{1\eta} - 1) - A_2 x_{\mathrm{c2}}(B_2 - 1)}{2\beta^2} \tag{1.4.27}$$

$$\bar{d}_4 - \bar{d}_5 + \bar{d}_1 - \bar{d}_2 = \frac{A_{1\eta}(B_{1\eta} - 2) + A_2(B_2 - 2)}{2\beta^3} \tag{1.4.28}$$

式中

$$B_2 = \frac{4}{1 + 4\beta^4 x_{\mathrm{c2}}^4}, \quad A_{1\eta} = \frac{k_{1\eta}}{EI} \frac{(\eta x_{\mathrm{c1}})^2 \mathrm{e}^{-1}}{1 + 4\beta^4 (\eta x_{\mathrm{c1}})^4}, \quad A_2 = \frac{k_2}{EI} \frac{x_{\mathrm{c2}}^2 \mathrm{e}^{-1}}{1 + 4\beta^4 x_{\mathrm{c2}}^4} \tag{1.4.29}$$

式 (1.4.26) 加上式 (1.4.28), 再利用式 (1.4.27) 可得

$$-\bar{d}_3 + \bar{d}_4 = \bar{D}_3 \tag{1.4.30}$$

式中

$$\begin{aligned} \bar{D}_3 = & \frac{A_{1\eta}(\eta x_{\mathrm{c1}})^2 B_{1\eta} + A_2 x_{\mathrm{c2}}^2 B_2}{2\beta} + \frac{A_{1\eta}(\eta x_{\mathrm{c1}})(B_{1\eta} - 1) - A_2 x_{\mathrm{c2}}(B_2 - 1)}{2\beta^2} \\ & + \frac{A_{1\eta}(B_{1\eta} - 2) + A_2(B_2 - 2)}{4\beta^3} \end{aligned} \tag{1.4.31}$$

式 (1.4.26) 减去式 (1.4.28), 再利用式 (1.4.25) 可得

$$\bar{d}_5 - \bar{d}_6 = \bar{D}_4 \tag{1.4.32}$$

式中

$$\begin{aligned} \bar{D}_4 = & \frac{q_1 - q_2}{4\beta^4 EI} + A_{1\eta}(\eta x_{\mathrm{c1}})^3 (B_{1\eta} + 1) - A_2 x_{\mathrm{c2}}^3 (B_2 + 1) \\ & + \frac{A_{1\eta}(\eta x_{\mathrm{c1}})^2 B_{1\eta} + A_2 x_{\mathrm{c2}}^2 B_2}{2\beta} - \frac{A_{1\eta}(B_{1\eta} - 2) + A_2(B_2 - 2)}{4\beta^3} \end{aligned} \tag{1.4.33}$$

将式 (1.4.19), (1.4.20) 代入式 (1.4.32) 后可以看到, 式 (1.4.30), (1.4.32) 是关于 $\bar{d}_3$, $\bar{d}_4$ 的二元一次方程组, 从而可解得

$$\bar{d}_4 = \mathrm{e}^{-2\beta\tilde{x}} \cdot \bar{D}_5 \tag{1.4.34}$$

式中

$$\begin{aligned} \bar{D}_5 = & \bar{D}_1(\sin\beta\tilde{x} + \cos\beta\tilde{x})(\sinh\beta\tilde{x} + \cosh\beta\tilde{x}) - \bar{D}_2 \sin\beta\tilde{x}(\sinh\beta\tilde{x} + \cosh\beta\tilde{x}) \\ & + \bar{D}_3(\sin\beta\tilde{x}\cos\beta\tilde{x} + \sinh\beta\tilde{x}\cosh\beta\tilde{x} + \cosh^2\beta\tilde{x}) + \bar{D}_4 \sin^2\beta\tilde{x} \end{aligned} \tag{1.4.35}$$

在假定 η 值已知的情况下, 将 $\bar{d}_4$ 代入式 (1.4.30) 得 $\bar{d}_3$; 由式 (1.4.19), (1.4.20) 得 $\bar{d}_5$, $\bar{d}_6$; 由式 (1.4.25), (1.4.27) 得 $\bar{d}_1$, $\bar{d}_2$.

1.4.3.2 裂纹面 $\tilde{x}$ 后方岩梁挠度方程中积分常数的确定

与得到式 (1.4.25), (1.4.27) 的过程类似, 将 $[\tilde{x}, l]$ 段岩梁的挠度方程式 (1.4.13) 的 2, 3 阶导数代入式 (1.4.8) 的前两式, 解代数方程, 可将 $\tilde{d}_5$, $\tilde{d}_6$ 用 $\tilde{d}_3$, $\tilde{d}_4$ 表示为

$$\begin{aligned}\tilde{d}_5 =& [\tilde{d}_3(\sin\beta\tilde{x}\cos\beta\tilde{x}+\sinh\beta\tilde{x}\cosh\beta\tilde{x})+\tilde{d}_4\sinh^2\beta\tilde{x}-\tilde{D}_1(\sin\beta\tilde{x}\cosh\beta\tilde{x}\\&+\cos\beta\tilde{x}\sinh\beta\tilde{x})+\tilde{D}_2\sin\beta\tilde{x}\sinh\beta\tilde{x}]/\sin^2\beta\tilde{x}\end{aligned} \tag{1.4.36}$$

$$\begin{aligned}\tilde{d}_6 =& [-\tilde{d}_3\cosh^2\beta\tilde{x}+\tilde{d}_4(\sin\beta\tilde{x}\cos\beta\tilde{x}-\sinh\beta\tilde{x}\cosh\beta\tilde{x})+\tilde{D}_1(\sin\beta\tilde{x}\sinh\beta\tilde{x}\\&+\cos\beta\tilde{x}\cosh\beta\tilde{x})-\tilde{D}_2\sin\beta\tilde{x}\cosh\beta\tilde{x}]/\sin^2\beta\tilde{x}\end{aligned} \tag{1.4.37}$$

$$\tilde{D}_1=\frac{kM(\tilde{x})}{2\beta^2EI}-\frac{\tilde{A}_1x_{c1}}{2\beta^2}\left[B_1+\frac{\tilde{x}}{x_{c1}}-1\right] \tag{1.4.38}$$

$$\tilde{D}_2=\frac{kQ(\tilde{x})}{2\beta^3EI}+\frac{\tilde{A}_1}{2\beta^3}\left[B_1+\frac{\tilde{x}}{x_{c1}}-2\right] \tag{1.4.39}$$

$$\tilde{A}_1=\frac{k_1x_{c1}^2\exp[-(\tilde{x}+x_{c1})x_{c1}]}{EI[1+4\beta^4x_{c1}^4]} \tag{1.4.40}$$

$$B_1=\frac{4}{1+4\beta^4x_{c1}^4} \tag{1.4.41}$$

求式 (1.4.13) 的 2, 3 阶导数, 据式 (1.4.17c) 中 $\tilde{y}_{22}''(l)=M_l/EI$, $\tilde{y}_{22}'''(l)=-Q_l/EI$ 条件, 可写出两个关于 $\tilde{d}_3$, $\tilde{d}_4$, $\tilde{d}_5$ 和 $\tilde{d}_6$ 的代数方程

$$\cos\beta l(\tilde{d}_3\cosh\beta l+\tilde{d}_4\sinh\beta l)-\sin\beta l(\tilde{d}_5\cosh\beta l+\tilde{d}_6\sinh\beta l)=\frac{M_l-EI\tilde{D}_3}{2\beta^2EI} \tag{1.4.42}$$

$$\begin{aligned}&(\cos\beta l\sinh\beta l-\sin\beta l\cosh\beta l)\tilde{d}_3+(\cos\beta l\cosh\beta l-\sin\beta l\sinh\beta l)\tilde{d}_4-(\cos\beta l\cosh\beta l\\&+\sin\beta l\sinh\beta l)\tilde{d}_5-(\cos\beta l\sinh\beta l+\sin\beta l\cosh\beta l)\tilde{d}_6=\frac{\tilde{D}_4EI-Q_l}{2\beta^3EI}\end{aligned} \tag{1.4.43}$$

式 (1.4.42), (1.4.43) 中

$$\tilde{D}_3=\frac{k_1}{EI}\frac{x_{c1}^3}{1+4\beta^4x_{c1}^4}\left[B_1+\frac{l}{x_{c1}}-1\right]\mathrm{e}^{-\frac{l+x_{c1}}{x_{c1}}} \tag{1.4.44}$$

$$\tilde{D}_4=\frac{k_1}{EI}\frac{x_{c1}^2}{1+4\beta^4x_{c1}^4}\left[B_1+\frac{l}{x_{c1}}-2\right]\mathrm{e}^{-\frac{l+x_{c1}}{x_{c1}}} \tag{1.4.45}$$

将式 (1.4.36), (1.4.37) 中的 $\tilde{d}_5$, $\tilde{d}_6$ 代入式 (1.4.42), (1.4.43), 可得到关于 $\tilde{d}_3$, $\tilde{d}_4$ 的二元一次方程, 将其解出为

$$\tilde{d}_3=\frac{\tilde{b}_1\tilde{a}_{22}-\tilde{b}_2\tilde{a}_{12}}{\tilde{a}_{11}\tilde{a}_{22}-\tilde{a}_{12}\tilde{a}_{21}},\quad \tilde{d}_4=\frac{\tilde{a}_{11}\tilde{b}_2-\tilde{a}_{21}\tilde{b}_1}{\tilde{a}_{11}\tilde{a}_{22}-\tilde{a}_{12}\tilde{a}_{21}} \tag{1.4.46}$$

式中

$$\tilde{a}_{11} = \cos\beta l \cosh\beta l - \frac{\sin\beta l \cosh\beta l}{\sin^2\beta\tilde{x}}(\sin\beta\tilde{x}\cos\beta\tilde{x} + \sinh\beta\tilde{x}\cosh\beta\tilde{x})$$
$$+ \frac{\sin\beta l \sinh\beta l}{\sin^2\beta\tilde{x}}\cosh^2\beta\tilde{x} \tag{1.4.47}$$

$$\tilde{a}_{12} = \cos\beta l \sinh\beta l - \frac{\sin\beta l \cosh\beta l}{\sin^2\beta\tilde{x}}\sinh^2\beta\tilde{x}$$
$$- \frac{\sin\beta l \sinh\beta l}{\sin^2\beta\tilde{x}}(\sin\beta\tilde{x}\cos\beta\tilde{x} - \sinh\beta\tilde{x}\cosh\beta\tilde{x}) \tag{1.4.48}$$

$$\tilde{a}_{21} = (\cos\beta l \sinh\beta l - \sin\beta l \cosh\beta l) - (\cos\beta l \cosh\beta l$$
$$+ \sin\beta l \sinh\beta l)\frac{\sin\beta\tilde{x}\cos\beta\tilde{x} + \sinh\beta\tilde{x}\cosh\beta\tilde{x}}{\sin^2\beta\tilde{x}}$$
$$+ (\cos\beta l \sinh\beta l + \sin\beta l \cosh\beta l)\frac{\cosh^2\beta\tilde{x}}{\sin^2\beta\tilde{x}} \tag{1.4.49}$$

$$\tilde{a}_{22} = (\cos\beta l \cosh\beta l - \sin\beta l \sinh\beta l) - (\cos\beta l \cosh\beta l + \sin\beta l \sinh\beta l)\frac{\sinh^2\beta\tilde{x}}{\sin^2\beta\tilde{x}}$$
$$- (\cos\beta l \sinh\beta l + \sin\beta l \cosh\beta l)\frac{\sin\beta\tilde{x}\cos\beta\tilde{x} - \sinh\beta\tilde{x}\cosh\beta\tilde{x}}{\sin^2\beta\tilde{x}} \tag{1.4.50}$$

$$\tilde{b}_1 = \frac{M_l - EI\tilde{D}_3}{2\beta^2 EI} - \tilde{D}_5 \sin\beta l \cosh\beta l + \tilde{D}_6 \sin\beta l \sinh\beta l \tag{1.4.51}$$

$$\tilde{b}_2 = \frac{\tilde{D}_4 EI - Q_l}{2\beta^3 EI} - \tilde{D}_5(\cos\beta l \cosh\beta l + \sin\beta l \sinh\beta l) + \tilde{D}_6(\cos\beta l \sinh\beta l + \sin\beta l \cosh\beta l) \tag{1.4.52}$$

其中

$$\tilde{D}_5 = [\tilde{D}_1(\sin\beta\tilde{x}\cosh\beta\tilde{x} + \cos\beta\tilde{x}\sinh\beta\tilde{x}) - \tilde{D}_2\sin\beta\tilde{x}\sinh\beta\tilde{x}]/\sin^2\beta\tilde{x} \tag{1.4.53}$$

$$\tilde{D}_6 = [\tilde{D}_1(\sin\beta\tilde{x}\sinh\beta\tilde{x} + \cos\beta\tilde{x}\cosh\beta\tilde{x}) - \tilde{D}_2\sin\beta\tilde{x}\cosh\beta\tilde{x}]/\sin^2\beta\tilde{x} \tag{1.4.54}$$

如此, 将 $\tilde{d}_3$, $\tilde{d}_4$ 代入式 (1.4.36), (1.4.37) 得 $\tilde{d}_5$, $\tilde{d}_6$.

求式 (1.4.13), (1.4.14) 的一阶导数, 并据式 (1.4.17c) 中的 $y'_{22}(l) = y'_{11}(l)$ 条件, 可解得

$$\tilde{c}_1 = EI\left[\tilde{D}_7 - \tilde{D}_8 - A_{1l}x_{c1}^2\left(B_1 + \frac{l}{x_{c1}}\right)\right] \tag{1.4.55}$$

对式 (1.4.13), (1.4.14), 并据式 (1.4.17c) 中的 $y_{22}(l)=y_{11}(l)$ 连续条件, 可解得

$$\tilde{c}_2=EI\left[\tilde{D}_9-\tilde{D}_{10}+A_{1l}x_{c1}^3\left(B_1+\frac{l}{x_{c1}}+1\right)\right]-\tilde{c}_1 l \tag{1.4.56}$$

式 (1.4.55), (1.4.56) 中

$$A_{1l}=\frac{k_1}{EI}\frac{x_{c1}^2}{1+4\beta^4x_{c1}^4}\mathrm{e}^{-\frac{l+x_{c1}}{x_{c1}}} \tag{1.4.57}$$

$$\begin{aligned}\tilde{D}_7=&\beta[(\cos\beta l\sinh\beta l+\sin\beta l\cosh\beta l)\tilde{d}_3+(\cos\beta l\cosh\beta l+\sin\beta l\sinh\beta l)\tilde{d}_4\\&+(-\sin\beta l\sinh\beta l+\cos\beta l\cosh\beta l)\tilde{d}_5+(-\sin\beta l\cosh\beta l+\cos\beta l\sinh\beta l)\tilde{d}_6]\end{aligned} \tag{1.4.58}$$

$$\begin{aligned}\tilde{D}_8=&\frac{k_1x_{c1}^4}{EI}\left\{\frac{1}{2}\left(\frac{l+x_{c1}}{x_{c1}}+1\right)\left(\frac{l+x_{c1}}{x_{c1}}\right)^2-\frac{l+x_{c1}}{x_{c1}}-3\right.\\&\left.-\left[\left(\frac{l+x_{c1}}{x_{c1}}\right)^2+2\left(\frac{l+x_{c1}}{x_{c1}}\right)+2\right]\frac{l}{x_{c1}}\right\}\mathrm{e}^{-\frac{l+x_{c1}}{x_{c1}}}\end{aligned} \tag{1.4.59}$$

$$\tilde{D}_9=\tilde{d}_3\sin\beta l\sinh\beta l+\tilde{d}_4\sin\beta l\cosh\beta l+\tilde{d}_5\cos\beta l\sinh\beta l+\tilde{d}_6\cos\beta l\cosh\beta l+\frac{q_1}{4\beta^4EI} \tag{1.4.60}$$

$$\begin{aligned}\tilde{D}_{10}=&\frac{k_1x_{c1}^5}{EI}\left\{\frac{1}{6}\left(\frac{l+x_{c1}}{x_{c1}}+1\right)\left(\frac{l+x_{c1}}{x_{c1}}\right)^3+\frac{l+x_{c1}}{x_{c1}}+4\right.\\&\left.-\left[\left(\frac{l+x_{c1}}{x_{c1}}\right)^2+2\left(\frac{l+x_{c1}}{x_{c1}}\right)+2\right]\frac{l^2}{2x_{c1}^2}\right\}\mathrm{e}^{-\frac{l+x_{c1}}{x_{c1}}}\end{aligned} \tag{1.4.61}$$

求式 (1.4.14), (1.4.15) 的一阶导数, 并据式 (1.4.17d) 中的 $y'_{1左}(l+L_\mathrm{k})=y'_{1右}(l+L_\mathrm{k})$ 条件, 可解得

$$\tilde{c}_3=\tilde{c}_1-\frac{p_\mathrm{o}L_\mathrm{k}^3}{6}-\frac{(p_\mathrm{k}-p_\mathrm{o})L_\mathrm{k}^3}{8} \tag{1.4.62}$$

对式 (1.4.14), (1.4.15), 并据式 (1.4.17d) 中的 $y_{1左}(l+L_\mathrm{k})=y_{1右}(l+L_\mathrm{k})$ 条件, 可解得

$$\tilde{c}_4=(\tilde{c}_1-\tilde{c}_3)(l+L_\mathrm{k})+\tilde{c}_2-\frac{p_\mathrm{o}L_\mathrm{k}^4}{8}-\frac{11(p_\mathrm{k}-p_\mathrm{o})L_\mathrm{k}^4}{120} \tag{1.4.63}$$

$\tilde{D}_7\sim\tilde{D}_{10}$ 右端均为已知量. 至此, 裂纹面 $\tilde{x}$ 后方挠度方程中的积分常数 $\tilde{d}_3\sim\tilde{d}_6,\tilde{c}_1\sim\tilde{c}_4$ 已全部确定, 从而裂纹面 $\tilde{x}$ 前、后方挠度方程式 (1.4.11)~(1.4.15) 也全部确定.

1.4.4　挠度方程式(1.4.12)中与 $k(<1)$ 对应的 η 值的确定方法

以下通过例子介绍与 $k(<1)$ 对应的 η 值确定方法. 对 $q_2 = 6\text{MN/m}$, $q_2 = 0.15\text{MN/m}$, $x_{c1} = 5\text{m}$, $x_{c2} = 12\text{m}$, 取弹性地基常数 $C = 0.8\text{GPa}$, 顶板弹模 $E = 25\text{GPa}$, 及 1.4.2 和 1.4.3 节中关系式, 将式 (1.4.12), (1.4.13) 代入式 (1.4.8) 中第三式左端 $\bar{y}_{21}(\tilde{x})$ 和右端 $\tilde{y}_{22}(\tilde{x})$, 用 Matlab 编程可绘得 $k = 0.97$, $k = 0.95$ 时岩梁裂纹面 $\tilde{x}$ 附近的挠度曲线如图 1.36 和图 1.37 所示.

从图 1.36 看到, 当式 (1.4.12) 中 $\eta = 0.58$ 和 $\eta = 0.72$ 时 $\bar{y}_{21}(\tilde{x})$ 的曲线 2, 曲线 3 与 $\tilde{y}_{22}(\tilde{x})$ 的曲线在 $\tilde{x} = 11.68m$ 处不连续, $\eta = 0.63909$ 时裂纹面 $\tilde{x}$ 前、后方的挠度曲线连续; 在图 1.37 中 $\eta = 0.36$ 和 $\eta = 0.52$ 时 $\tilde{x}$ 前、后方的挠度曲线不连续, $\eta = 0.4535$ 时裂纹面 $\tilde{x}$ 前、后方的挠度曲线连续. 这里说明, 对应 $k =(0.97, 0.95)$ 的 $\eta =(0.63909, 0.4535)$ 是经过反复多次试算确定的.

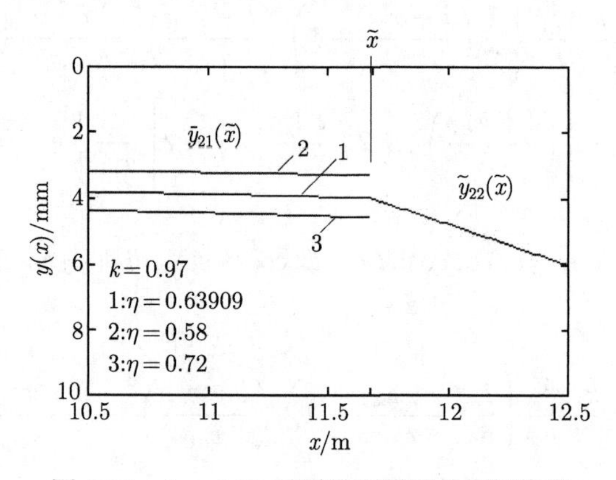

图 1.36　$k = 0.97$ 时裂纹面附近的岩梁挠度

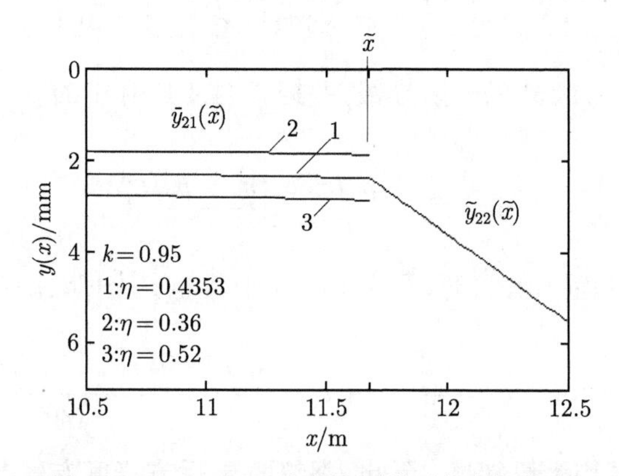

图 1.37　$k = 0.95$ 时裂纹面附近的岩梁挠度

将 $\eta =(0.63909, 0.4535)$ 乘 $x_{c1} = 5\text{m}$ 可得式 (1.4.9), (1.4.12) 中的尺度参数

ηx_{c1} =(3.19545, 2.2675)m. 据此 ηx_{c1}, 并将式 (1.4.9) 代入式 (1.1.4), 再结合式 (1.1.5), 可绘得裂纹发生初始阶段与 k =(0.97, 0.95) 对应的岩梁分布荷载, 如图 1.38 所示, 其中 $(-\infty, 0]$ 区段荷载 $F_2(x)$ 不变, 裂纹面后方 $(\tilde{x}, l]$ 区段的荷载不变, 裂纹面前方的 $(0, \tilde{x})$ 区段岩梁分布荷载全面减小, 在 $\tilde{x}$ 前方曲线 2, 3 的 $F_1(\tilde{x})$ ≈(9.99, 6.57)×10^5N/m, $\tilde{x}$ 后方曲线 2, 3 的 $F_1(\tilde{x})$ ≈2.43MN/m, 有阶跃量 $\Delta F_1(\tilde{x})$ ≈(1.44, 1.77)MN/m. 图 1.39 是图 1.38 中裂纹面 $\tilde{x} \approx 11.68$m 附近的精确放大图. 需要指出: 图 1.38 和图 1.39 中岩梁荷载曲线在裂纹面 $\tilde{x}$ 处的阶跃量 $\Delta F_1(\tilde{x})$ =(1.44, 1.77)MN/m, 比 $\tilde{x} \approx 11.68$m 前方 $F_1(\tilde{x})$ ≈(9.99, 6.57)×10^5N/m 还要大.

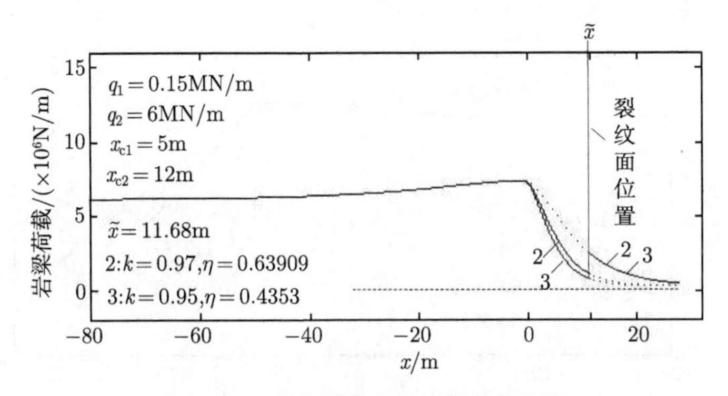

图 1.38 裂纹面前方的岩梁荷载变化

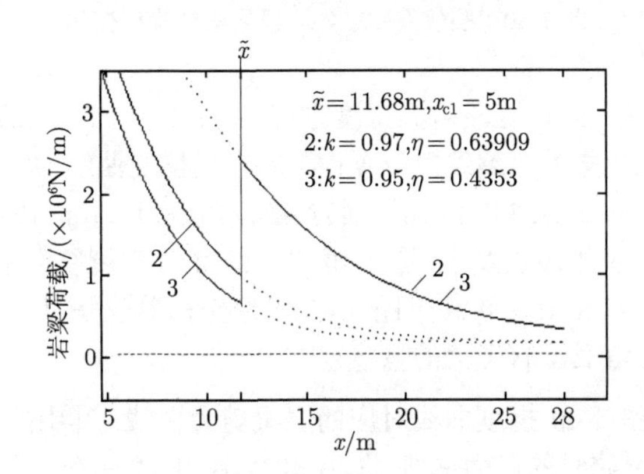

图 1.39 裂纹面附近的岩梁荷载放大图

1.4.5 算例

本小节采用 Matlab 软件, 据 1.4.2 节中表达式和 1.4.3 节求得的积分常数 $\bar{d}_1 \sim \bar{d}_6$, $\tilde{d}_3 \sim \tilde{d}_6$ 和 $\tilde{c}_1 \sim \tilde{c}_4$, 在图 1.38 给出的分布荷载作用下, 对裂纹发生初始阶段坚硬顶板挠度、剪力、弯矩和弹性应变能变化进行分析.

图 1.40 中曲线 1 为尚未发生裂纹时的岩梁挠度曲线, 为光滑曲线; 图 1.40 中

的曲线 2, 3 为 $\tilde{x} = 11.68\text{m}$ 截面传递弯矩、剪力的能力从 1 倍降低到 (0.97, 0.95) 倍和图 1.38 岩梁荷载下的岩梁挠度曲线, 故曲线 2, 3 在 $\tilde{x} = 11.68\text{m}$ 截面后方的岩梁挠度明显增大; 在 $x = 28\text{m}$ 的岩梁自由端, 曲线 1, 2, 3 的挠度为 (22, 53, 74)mm. 由于裂纹发生与扩展, 曲线 2, 3 的梁端挠度比曲线 1 的梁端挠度分别增大了 (31, 52)mm; 在裂纹面附近及其前方岩梁挠度有所减小, 亦称顶板挠度反弹. 在 $\tilde{x} = 11.68\text{m}$ 处曲线 2, 3 反弹量 $\Delta y(\tilde{x})$ =(2.4, 4)mm. 在裂纹面 $\tilde{x}$ 前方岩梁挠度发生反弹, 与裂纹面弯矩减小及图 1.38 中 $[0, \tilde{x}]$ 区段岩梁上覆荷载 $F_1(x) = f_1(x) + q_1$ 中的 $f_1(x)$ 减小有关.

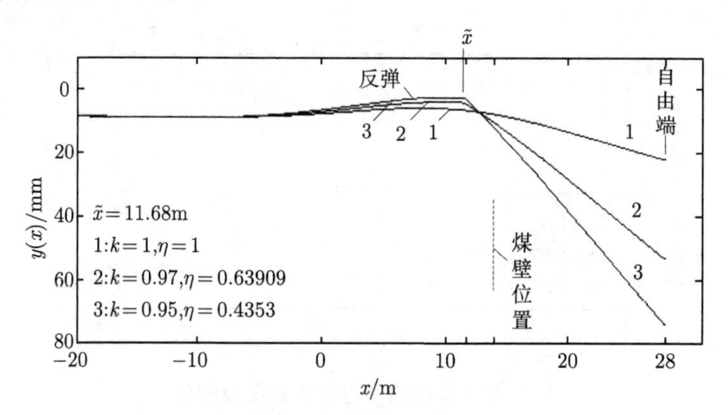

图 1.40 裂纹发生初始阶段岩梁的挠度变化

对 $[0,\tilde{x}]$ 区段和 $[\tilde{x},l]$ 区段岩梁挠度方程式 (1.4.12), (1.4.13) 求导后, 可得到 k =(0.97, 0.95) 时曲线 2, 3 裂纹面位置前、后岩梁挠度曲线的斜率 $\bar{y}'_{21}(\tilde{x}) \approx$(0.20, 0.13)$\times 10^{-3}$, $\bar{y}'_{22}(\tilde{x}) \approx$(2.44, 3.82)$\times 10^{-3}$, 转换成倾角值为 $\alpha_{21} \approx (0.01°, 0.01°)$, $\alpha_{22} \approx (0.14°, 0.22°)$, 也即由于裂纹发生, 图 1.40 中曲线 2, 3 在裂纹面位置岩梁挠度曲线的相对转角为 $\Delta\alpha \approx (0.13°, 0.21°)$(图 1.40 中横坐标单位是纵坐标单位的 250 倍, 故视觉上此相对转角 $\Delta\alpha$ 有了大的量值).

图 1.41 为与图 1.40 挠度曲线对应的岩梁剪力曲线, 其中的剪力曲线 1 同图 1.35, 为尚未发生裂纹时的剪力曲线. 图 1.42 为图 1.41 中裂纹附近的放大图. 从图 1.42 看到, 对应 k =0.97 的曲线 2 在裂纹面有微小折角, 对应 k =0.95 的曲线 3 在裂纹面有明显折角, 这与裂纹发生时岩梁裂纹面 $\tilde{x}$ 前后分布荷载不连续有关 (图 1.38 和图 1.39). 由材料力学内力图知识可知, 梁上分布荷载集度有阶跃, 剪力图在阶跃处有折角. 从图 1.42 还可以看到, 在裂纹面 $\tilde{x}$ 的邻域内对于同一 x 位置, 裂纹面前方曲线 2, 3 的剪力值小于曲线 1 的剪力值; 在裂纹面 $\tilde{x}$ 后方曲线 2, 3 的剪力值大于曲线 1 的剪力值; 图 1.41 中 $x = 14\text{m}$ 的煤壁截面到 $x = 28\text{m}$ 区段三条曲线相重合是因为裂纹模型图 1.34 中 [14, 28]m 悬臂梁区段上荷载不变, 故该区段每一

截面剪力均相同.

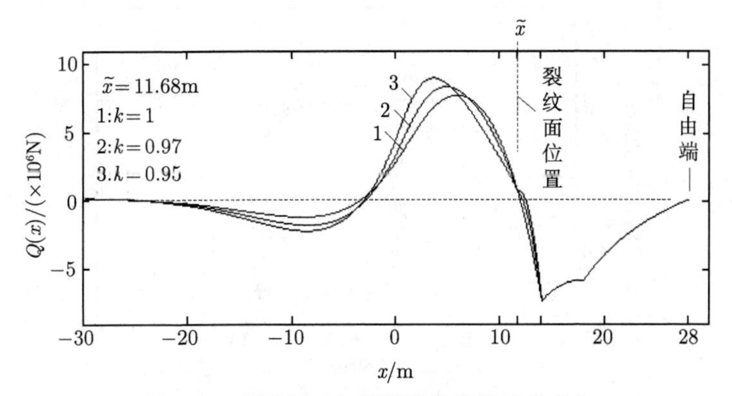

图 1.41 裂纹发生初始阶段的岩梁剪力变化

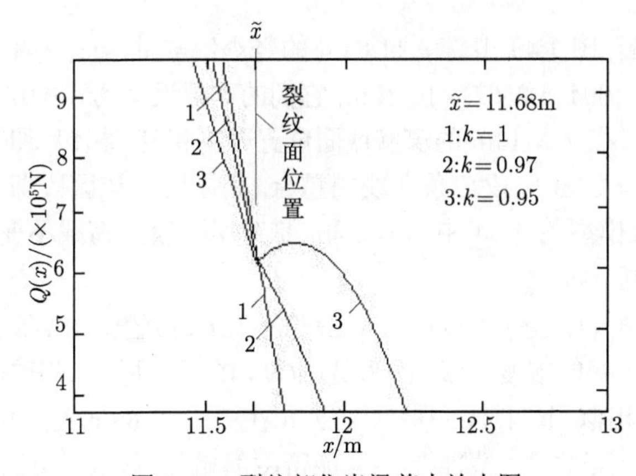

图 1.42 裂纹部位岩梁剪力放大图

图 1.43 为与图 1.40 挠度曲线, 图 1.41 剪力曲线对应的岩梁弯矩曲线, 其中的弯矩曲线 1 同图 1.32, 为尚未发生裂纹时的岩梁弯矩曲线. 图 1.44 为图 1.43 中裂

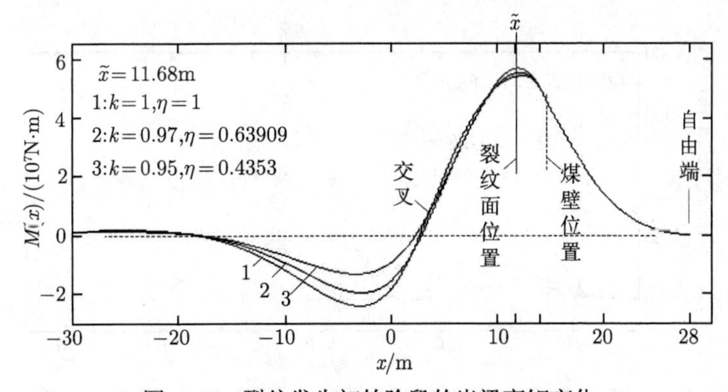

图 1.43 裂纹发生初始阶段的岩梁弯矩变化

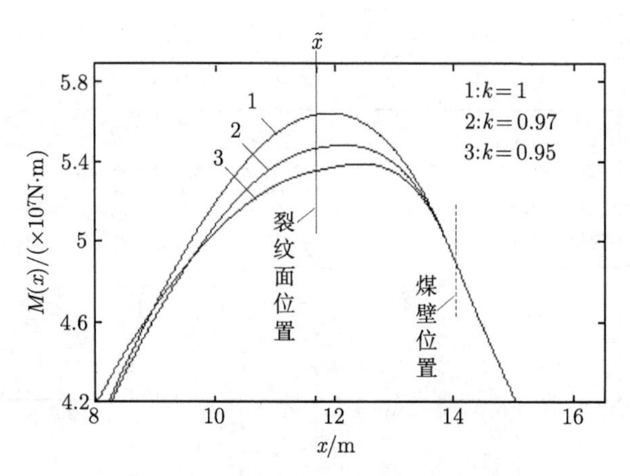

图 1.44　裂纹部位的岩梁弯矩放大图

纹面附近的放大图, 图 1.44 中 $\tilde{x}=11.68\text{m}$ 的竖虚线与曲线 1, 2, 3 交点的纵坐标为 $M(\tilde{x})\approx(5.6386, 5.4694, 5.3567)\times10^7\text{N·m}$, 它们的比值近似为 1:0.97:0.95; 图 1.43, 图 1.44 中曲线 1, 2, 3 在 $x=14\text{m}$ 的煤壁截面位置严格相交、相切. 图 1.43 中 $x=14\text{m}$ 的煤壁截面到 $x=28\text{m}$ 区段三条曲线相重合, 其原因与该区段剪力曲线重合的原因相同, 因为裂纹模型图 1.34 中 [14, 28]m 悬臂梁区段上荷载不变, 所以该区段每一截面弯矩均相同.

图 1.45 为据式 (1.4.18)$\mathrm{d}U(x)/\mathrm{d}x=M^2(x)/(2EI)$ 绘出的与图 1.43 岩梁各弯矩曲线对应的岩梁应变能密度曲线. 因为是 $M(x)$ 的平方再除以正常数 $2EI$, 所以图 1.45 与图 1.43 较相似. 图 1.44 中曲线 1, 2, 3 在 $\tilde{x}=11.68\text{m}$ 处严格相切、相交. 在悬臂梁 [14, 28]m 区段岩梁一截面的应变能密度都相同. 区别是 $\mathrm{d}U(x)/\mathrm{d}x$ 的值恒大于 0, 例如, 图 1.43 中 $x=3\text{m}$ 前方负弯矩的应变能密度 $\mathrm{d}U(x)/\mathrm{d}x$ 也大于 0. 注意到图 1.45 纵坐标单位是能量密度 J/m(焦耳/米), 故任一区段的 $\mathrm{d}U(x)/\mathrm{d}x$ 曲线与 0 基线所围面积便是该区段岩梁所储弯曲应变能, 而从煤壁到其前方 11m($x=3\text{m}$

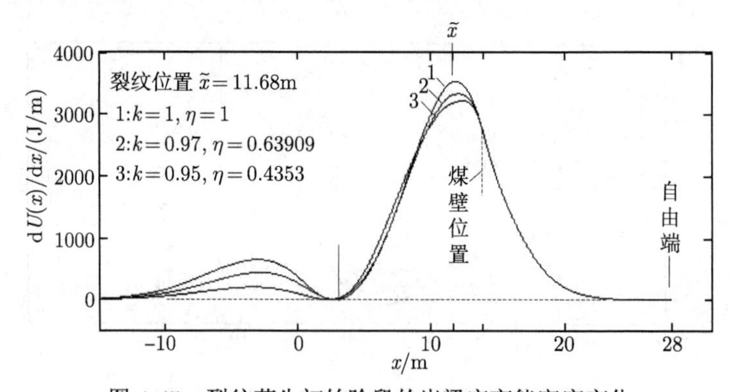

图 1.45　裂纹萌生初始阶段的岩梁应变能密度变化

的竖虚线) 是岩梁应变能主要储存区. 从图 1.45 还看到, 随裂纹扩展岩梁所储弯曲应变能在逐渐减少, 即随裂纹扩展岩梁在不断释放应变能.

1.4.6 小结

(1) 最大拉应力截面或最大拉应变截面对应岩梁超前断裂面位置, 算例中岩梁最大拉应力所在截面超前煤壁 $\hat{l}=l-\hat{x}=2.09$m, 最大拉应变所在截面超前煤壁 $\tilde{l}=l-\tilde{x}=2.32$m, 后者超前前者 23cm.

(2) 鉴于裂纹面 $\tilde{x}$ 前方岩梁挠度有所反弹, 假定 $\tilde{x}$ 前方的分布力 $f_1(x)$ 有所减小, 在 $f_1(x)$ 中用 ηx_{c1} 替代 x_{c1} 去体现这种减小, 其中 $\eta<1$. 将裂纹面 $\tilde{x}$ 前方分布力写成

$$f_1(x)=k_{1\eta}(x+\eta x_{c1})\mathrm{e}^{-\frac{x+\eta x_{c1}}{\eta x_{c1}}}$$

其中 $k_{1\eta}=f_{c1}\mathrm{e}^{-1}/(\eta x_{c1})$, 在假定裂纹发生初始阶段岩梁其他区段上覆荷载不变的条件下, 通过裂纹面边界条件

$$\begin{cases} EI\bar{y}_{21}''(\tilde{x})=kM(\tilde{x})=EI\tilde{y}_{22}''(\tilde{x}) \\ EI\bar{y}_{21}'''(\tilde{x})=kQ(\tilde{x})=EI\tilde{y}_{22}'''(\tilde{x}), \quad 0.95\leqslant k\leqslant 1 \\ \bar{y}_{21}(\tilde{x})=\tilde{y}_{22}(\tilde{x}) \end{cases} \tag{1.4.64}$$

中第 3 式, 经过反复多次试算, 确定了与 $k=(0.97, 0.95)$ 对应的 $\eta\approx(0.63909, 0.4535)$.

(3) 在 $k=(0.97, 0.95)$ 的裂纹面边界条件和 $\eta\approx(0.63909, 0.4535)$ 的岩梁上覆荷载 (图 1.38 和图 1.39) 条件下, 求得基于全弹性地基的 5 段式岩梁挠度方程中全部积分常数, 绘得周期破断期间的裂纹发生初始阶段岩梁挠度、剪力、弯矩和弯曲应变能分布图. 在裂纹面位置岩梁挠线有微小相对折角, 在裂纹面前方小区域, 岩梁挠度发生 "反弹"(挠度减小), 且随裂纹扩展岩梁挠度 "反弹" 量增大. 在裂纹面后方, 随裂纹扩展岩梁挠度有很大增加; 岩梁剪力图在裂纹面位置出现折角, 且随裂纹扩展剪力曲线折角增大, 这与裂纹面位置岩梁上覆分布荷载不连续或阶跃较大有关 (图 1.38 和图 1.39); 岩梁裂纹截面弯矩 $M(\tilde{x})$ 随裂纹扩展减小, 其间 $M(\tilde{x})$ 的比值与裂纹扩展系数 k 的比值成比例.

(4) 岩梁弯曲应变能曲线表明, 从煤壁到其前方 11m 是岩梁应变能主要储存区 (图 1.45), 随裂纹扩展岩梁所储应变能逐渐减少 (即不断释放应变能).

(5) 在 1.4.1~1.4.5 节各表达式中令 $\tilde{x}=\hat{x}$, $Q(\tilde{x})=0$, 同时令 $M(\tilde{x})=M(\hat{x})$, 则可得到以最大拉应力强度条件为裂纹发生条件的分析结果 (略), 相对于图 1.38, 图 1.39 分布荷载将改在 $\hat{x}=11.91$m 发生阶跃, 所绘出的剪力图在 $\hat{x}\approx 11.91$m 与 $\tilde{x}=11.68$m 处有微小差别, 而挠度、弯矩图的差别微小到无法分辨的程度.

1.5　初次来压前裂纹发生初始阶段坚硬顶板的内力变化和"反弹"特性分析

为防止顶板台阶式下沉, 造成压架或压、推垮事故, 现场技术人员十分重视顶板断裂线位置的预测. 为探讨开采中坚硬顶板上覆荷载和煤层支承压力对坚硬顶板形变和超前断裂的影响, 研究者做了包括现场实测、相似材料模拟试验和数值模拟在内的大量研究 [15−22,25−28], 取得了很多有意义的结果. 实际监测表明, 顶板发生超前断裂时断裂线附近顶板挠曲面发生反弹, 根据此原理资兴矿务局周源山煤矿 [2]、新邱煤矿 [18]、门头沟煤矿 [19] 和卧龙湖煤矿 [22] 等, 利用顶板反弹信息成功检测到坚硬顶板的断裂位置; 姜福兴等 [19] 给出门头沟矿顶板超前断裂前后实测顶板挠度分布状况 (图 1.46), 其中反弹最大值为 8mm, 位置在煤壁前方 3.5m 处; 谭云亮等 [21] 还绘出了顶板挠曲面在断裂线附近的反弹区和压缩区位置 (图 1.47).

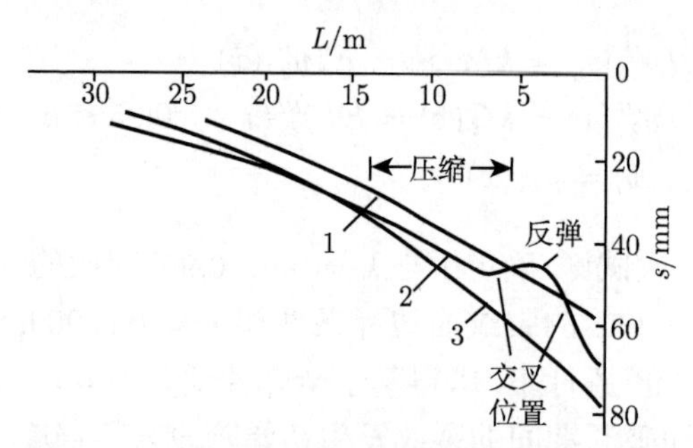

图 1.46　门头沟矿顶板断裂时的反弹特性 [19]

1. 断裂前的顶板挠度; 2. 断裂时的顶板挠度; 3. 断裂后的顶板挠度

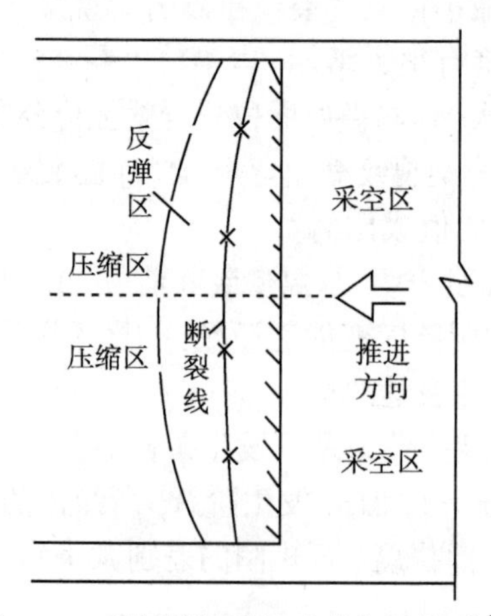

图 1.47　顶板的断裂与反弹位置关系 [21]

1.5.1 强度条件和裂纹发生初始阶段的坚硬顶板力学模型

顶板断裂是在无裂纹顶板的基础上发生的. 1.3 节对荷载作用下无裂纹顶板的力学特性进行了分析, 本节将以图 1.9 中完好顶板的内力和挠度解为基础, 对裂纹发生初始阶段顶板的“反弹”特性进行分析. 对图 1.9 模型, 取顶板厚 $h = 6\text{m}$, 支护力 $p_0 = 0.9\text{MN/m}$, $p_k = 1.2p_0$, 控顶距 $l_k = 4\text{m}$, 采空区悬顶距离 $2L = 40\text{m}$, 顶板荷载 $q_1 = 0.15\text{MN/m}$, $q_2 = 6\text{MN/m}$, $f_{c2} = 0.2q_2, f_{c1} = q_2 + f_{c2} - q_1$, 式 (1.1.1), (1.1.2) 中尺度参数 $x_{c1} = 5.2\text{m}$, $x_{c2} = 12\text{m}$, 弹性地基常数 $C = 0.8\times10^9\text{Pa}$, 顶板弹模 $E = 25\text{GPa}$ 时, 据 1.3 节中弯矩表达式, 用 Matlab 软件绘得无裂纹单位宽顶板——岩梁的弯矩曲线, 如图 1.48 所示, 图 1.48 也即图 1.25 或图 1.27 中的曲线 2, 图 1.48 中约在 $\hat{x} = 11.37\text{m}$, 即煤壁前方 $\hat{l} = l - \hat{x} = 2.63\text{m}$ 处取到岩梁最大弯矩 $M_{\max} = M(\hat{x}) \approx 5.56 \times 10^7\text{N·m}$, 且在岩梁 $\hat{x}$ 截面上边缘可能出现裂缝.

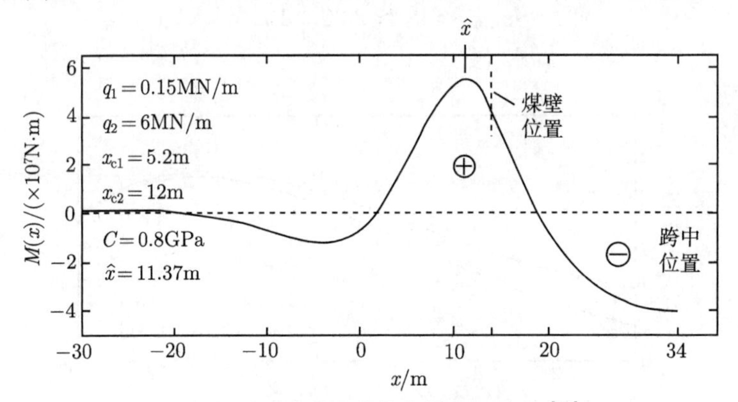

图 1.48 裂纹发生前的岩梁弯矩曲线 [29]

图 1.49 为同一荷载系列下与图 1.48 弯矩曲线对应的岩梁剪力曲线. 由弯矩–剪力关系 $M'(x) = Q(x)$ 知, 图 1.49 中剪力曲线与零值虚线在 $\hat{x} = 11.37\text{m}$ 处的交点, 与图 1.48 上 $\hat{x}$ 截面的弯矩峰位置相对应. 以 $\hat{x} = 11.37\text{m}$ 为界, 在 $\hat{x}$ 前方岩梁主要

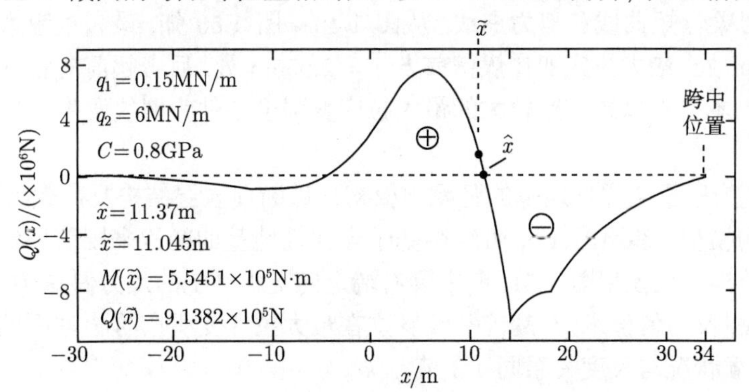

图 1.49 裂纹发生前的岩梁剪力曲线 [29]

承受逆时针方向正剪力; 在 $\hat{x}$ 后方岩梁承受顺时针方向的负剪力 (规定岩梁方向上弯曲弯矩为正, 故顺时针方向剪力为负); 图中剪力曲线在 $x=-30\text{m}$ 处接近 0, 在 $x=5.68\text{m}$ 处取得峰值; 在煤壁 ($x=14\text{m}$) 处岩梁剪力的绝对值为最大.

将 $M_{\max}=M(\hat{x})\approx 5.56\times 10^7\text{N·m}$, $h=6\text{m}$, $b=1\text{m}$ 代入最大拉应力计算公式 (1.4.1), 可得

$$\sigma_{\max}\approx 9.27\times 10^6\text{Pa} \tag{1.5.1}$$

据 1.4 节用弯矩和岩梁上方荷载表示的岩梁上侧面的拉应变表达式 (1.4.5), 据 1.3 节中表达式和本小节第一段所给参数值, 用 Matlab 绘得 $v=(0.2, 0.3)$ 时的岩梁上侧面最大拉应变曲线, 如图 1.50 所示. 对于坚硬顶板, 取图中 $v=0.2$ 的曲线 1 的量值, 最大拉应变约在 $\tilde{x}=11.045\text{m}$ 即煤壁前方 $\tilde{l}=l-\tilde{x}=2.955\text{m}$ 处取得峰值

$$\varepsilon_{\max}=\varepsilon_1\approx 2.26\times 10^{-4} \tag{1.5.2}$$

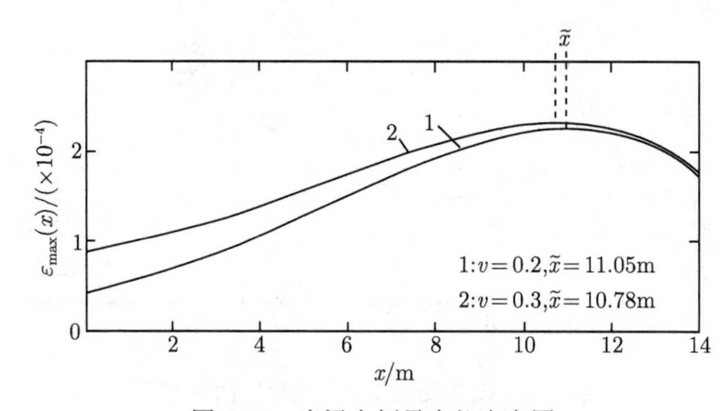

图 1.50　岩梁上侧最大拉应变图

式 (1.5.1), (1.5.2) 与式 (1.4.7) 的比较表明, 可以将图 1.48 和图 1.49 左侧所示荷载作为图 1.48 岩梁发生超前裂纹的荷载系列, 而图 1.48 和图 1.49 可视为裂纹发生前的岩梁弯矩曲线和剪力曲线. 从图 1.48～ 图 1.50 知, 最大拉应力在煤壁前方 $\hat{l}=2.63\text{m}$ 处, 最大拉应变在煤壁前方 $\tilde{l}=2.955\text{m}$ 处, 后者超前前者 32.5cm. 与 1.4 节相同, 本节将以超前距较大的最大拉应变强度条件为裂纹发生条件对问题进行分析.

图 1.8 为基于全弹性地基的坚硬顶板初次破断前岩层结构及荷载状况, 图 1.9 为其半结构模型. 参照图 1.9, 可绘得基于全弹性地基的初次来压前裂纹发生初始阶段的半结构岩梁模型图 1.51, 图中梁右端定向支承产生的反力偶 $M(l+L)$ 使梁端下侧受拉, 反力偶值未知, 超前裂纹发生在最大拉应变所在的 $\tilde{x}$ 截面的上侧面边缘, 岩梁荷载状况与尺度关系同 1.3 节.

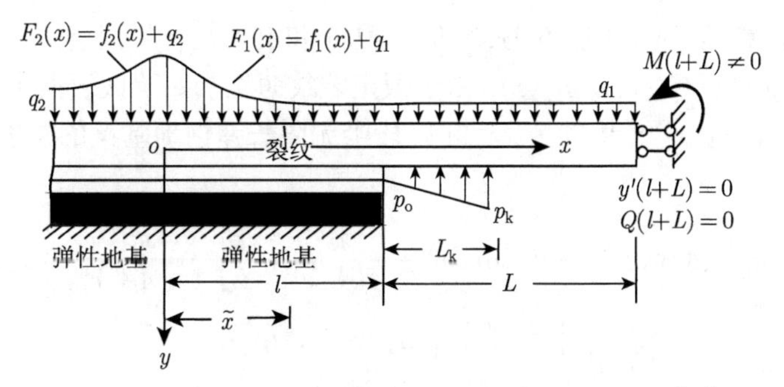

图 1.51 裂纹发生初始阶段坚硬顶板的半结构模型 [29]

据上所述, 记裂纹面前方的岩梁挠度为 $\bar{y}_{21}(x)$, 裂纹面后方的岩梁挠度为 $\tilde{y}_{22}(x)$, 类似于 1.4 节, 可写出在裂纹发生初始阶段最大拉应变截面 ($\tilde{x}\approx 11.045\text{m}$) 上岩梁弯矩、剪力和位移条件为

$$\begin{cases} EI\bar{y}''_{21}(\tilde{x})=kM(\tilde{x})=EI\tilde{y}''_{22}(\tilde{x}) \\ EI\bar{y}'''_{21}(\tilde{x})=kQ(\tilde{x})=EI\tilde{y}'''_{22}(\tilde{x}), \quad 0.8\leqslant k\leqslant 1 \\ \bar{y}_{21}(\tilde{x})=\tilde{y}_{22}(\tilde{x}) \end{cases} \tag{1.5.3}$$

式 (1.5.3) 中 k 为裂纹扩展参数, $0.8\leqslant k\leqslant 1$ 表示裂纹深入岩梁表面很浅, 岩梁还可以传递较大弯矩. 式 (1.5.3) 中第 1, 第 2 式表明裂纹发生初始阶段裂纹面弯矩、剪力的变化; 第 3 式表明裂纹没有贯通, 岩梁在裂纹面 $\tilde{x}$ 左右有相同挠度; 由于裂纹发生, $\tilde{x}$ 两侧岩梁截面会有相对微小转角, 式 (1.5.3) 中不包含关于转角 $\bar{y}'_{21}(\tilde{x})$, $\tilde{y}'_{22}(\tilde{x})$ 的限制条件. 由图 1.49 可知, $\tilde{x}\approx 11.045\text{m}$ 截面上 $Q(\tilde{x})\approx 9.1382\times 10^5\text{N}$; 由图 1.48, $\tilde{x}\approx 11.045\text{m}$ 截面上 $M(\tilde{x})\approx 5.5451\times 10^7\text{N}\cdot\text{m}$. 由于裂纹面前方岩梁挠度有所反弹, 故如 1.4 节假定 $\tilde{x}$ 前方的分布力 $f_1(x)$ 有所变化, 用尺度参数 x_{c1} 的变化去体现 $f_1(x)$ 的变化, 并将裂纹面 $\tilde{x}$ 前方分布力写成

$$f_1(x)=k_{1\eta}(x+\eta x_{c1})\mathrm{e}^{-\frac{x+\eta x_{c1}}{\eta x_{c1}}} \tag{1.5.4}$$

其中 $k_{1\eta}=f_{c1}\mathrm{e}^{-1}/(\eta x_{c1})$, $\eta=1$ 对应岩梁未出现裂纹的 $k=1$ 状态. 后文将用式 (1.5.3) 中第 3 式 $\bar{y}_{21}(\tilde{x})=\tilde{y}_{22}(\tilde{x})$ 确定裂纹面 $\tilde{x}$ 前方 $f_1(x)$ 中与 $k(<1)$ 对应的 η 值.

本书拟以图 1.48 为岩梁裂纹模型, 最大拉应变强度条件为岩梁裂纹条件, 式 (1.5.3) 为裂纹面边界条件, 在 1.3 节基础上对初次来压前全弹性地基支承的, 裂纹发生初始阶段坚硬顶板内力变化与“反弹”特性从理论上进行分析, 分析中基本荷载如图 1.48 左方所示.

1.5.2 裂纹发生初始阶段坚硬顶板的挠度方程和边界条件、连续条件

将图 1.51 中裂纹面 $\tilde{x}$ 前方 $[-\infty,0]$ 和 $[0,\tilde{x}]$ 区段岩梁的挠度方程分别记为

$\bar{y}_2(x)$, $\bar{y}_{21}(x)$. 将裂纹面 $\tilde{x}$ 后方 $[\tilde{x}, l]$, $[l, l+L_{\mathrm{k}}]$ 和 $[l+L_{\mathrm{k}}, l+L]$ 区段岩梁的挠度方程分别记为 $\tilde{y}_{22}(x)$, $\tilde{y}_{11}(x)$, $\tilde{y}_{12}(x)$. 由于假定裂纹萌生初始阶段岩梁上覆荷载不变, 参照 1.3 节, 受 $F_2(x)$ 作用的 $[-\infty, 0]$ 区段半无限长弹性地基梁的挠度方程的形式为

$$\begin{aligned}\bar{y}_2(x) =& \mathrm{e}^{\beta x}(\bar{d}_1 \cos\beta x + \bar{d}_2 \sin\beta x) + \frac{q_2}{4\beta^4 EI} + \frac{k_2}{EI}\frac{x_{\mathrm{c2}}^4}{1+4\beta^4 x_{\mathrm{c2}}^4}\left[(x_{\mathrm{c2}} - x)\right.\\&\left.+ \frac{4x_{\mathrm{c2}}}{1+4\beta^4 x_{\mathrm{c2}}^4}\right]\mathrm{e}^{\frac{x-x_{\mathrm{c2}}}{x_{\mathrm{c2}}}} \quad (-\infty < x \leqslant 0) \end{aligned}\tag{1.5.5}$$

受 $F_1(x)$ 作用, 因裂纹发生在 $[0, \tilde{x}]$ 区段尺度参数为 ηx_{c1} 的有限长岩梁挠度方程的形式为

$$\begin{aligned}\bar{y}_{21}(x) =& \bar{d}_3 \sin\beta x \sinh\beta x + \bar{d}_4 \sin\beta x \cosh\beta x + \bar{d}_5 \cos\beta x \sinh\beta x\\&+ \bar{d}_6 \cos\beta x \cosh\beta x + \frac{q_1}{4\beta^4 EI} + \frac{k_{1\eta}}{EI}\frac{(\eta x_{\mathrm{c1}})^4}{1+4\beta^4(\eta x_{\mathrm{c1}})^4}\left[(x + \eta x_{\mathrm{c1}})\right.\\&\left.+ \frac{4\eta x_{\mathrm{c1}}}{1+4\beta^4(\eta x_{\mathrm{c1}})^4}\right]\mathrm{e}^{-\frac{x+\eta x_{\mathrm{c1}}}{\eta x_{\mathrm{c1}}}} \quad (0 \leqslant x \leqslant \tilde{x}) \end{aligned}\tag{1.5.6}$$

受 $F_1(x)$ 作用 $[\tilde{x}, l]$ 区段尺度参数为 x_{c1} 的有限长岩梁挠度方程的形式为

$$\begin{aligned}\tilde{y}_{22}(x) =& \tilde{d}_3 \sin\beta x \sinh\beta x + \tilde{d}_4 \sin\beta x \cosh\beta x + \tilde{d}_5 \cos\beta x \sinh\beta x\\&+ \tilde{d}_6 \cos\beta x \cosh\beta x + \frac{q_1}{4\beta^4 EI} + \frac{k_1}{EI}\frac{x_{\mathrm{c1}}^4}{1+4\beta^4 x_{\mathrm{c1}}^4}\left[(x + x_{\mathrm{c1}})\right.\\&\left.+ \frac{4x_{\mathrm{c1}}}{1+4\beta^4 x_{\mathrm{c1}}^4}\right]\mathrm{e}^{-\frac{x+x_{\mathrm{c1}}}{x_{\mathrm{c1}}}} \quad (\tilde{x} \leqslant x \leqslant l) \end{aligned}\tag{1.5.7}$$

受 $F_1(x)$ 和支护阻力共同作用的 $[l, l+L_{\mathrm{k}}]$ 和 $[l+L_{\mathrm{k}}, l+L]$ 采空区段的挠度方程的形式为

$$\begin{aligned}EI\tilde{y}_{11}(x) =& \frac{M_l}{2}(x-l)^2 - \frac{Q_l}{6}(x-l)^3 + \frac{q_1}{24}(x-l)^4 + k_1 x_{\mathrm{c1}}^5\left\{\left[\frac{x+x_{\mathrm{c1}}}{x_{\mathrm{c1}}} + 4\right]\mathrm{e}^{-\frac{x+x_{\mathrm{c1}}}{x_{\mathrm{c1}}}}\right.\\&- \left\{\left[\left(\frac{l+x_{\mathrm{c1}}}{x_{\mathrm{c1}}}\right)^2 + 2\left(\frac{l+x_{\mathrm{c1}}}{x_{\mathrm{c1}}}\right) + 2\right] \times \frac{x^2}{2x_{\mathrm{c1}}^2}\right.\\&\left.\left.- \frac{1}{6}\left(\frac{l+x_{\mathrm{c1}}}{x_{\mathrm{c1}}} + 1\right)\left(\frac{x+x_{\mathrm{c1}}}{x_{\mathrm{c1}}}\right)^3\right\}\mathrm{e}^{-\frac{l+x_{\mathrm{c1}}}{x_{\mathrm{c1}}}}\right\}\\&- \frac{p_{\mathrm{o}}(x-l)^4}{24} - \frac{(p_{\mathrm{k}} - p_{\mathrm{o}})}{120L_{\mathrm{k}}}(x-l)^5 + \tilde{c}_1 x + \tilde{c}_2 \quad (l \leqslant x \leqslant l + L_{\mathrm{k}}) \end{aligned}\tag{1.5.8}$$

$$EI\tilde{y}_{12}(x) = \frac{M_l}{2}(x-l)^2 - \frac{Q_l}{6}(x-l)^3 + \frac{q_1}{24}(x-l)^4 + k_1 x_{\mathrm{c1}}^5\left\{\left[\frac{x+x_{\mathrm{c1}}}{x_{\mathrm{c1}}} + 4\right]\mathrm{e}^{-\frac{x+x_{\mathrm{c1}}}{x_{\mathrm{c1}}}}\right.$$

$$
\begin{aligned}
&-\left\{\left[\left(\frac{l+x_{c1}}{x_{c1}}\right)^2+2\left(\frac{l+x_{c1}}{x_{c1}}\right)+2\right]\times\frac{x^2}{2x_{c1}^2}-\frac{1}{6}\left(\frac{l+x_{c1}}{x_{c1}}+1\right)\right. \\
&\left.\cdot\left(\frac{x+x_{c1}}{x_{c1}}\right)^3\right\}\mathrm{e}^{-\frac{l+x_{c1}}{x_{c1}}}\Bigg\}-p_{\mathrm{o}}L_{\mathrm{k}}\times\left[\frac{(x-l)^3}{6}-\frac{L_{\mathrm{k}}}{4}(x-l)^2\right]-\frac{(p_{\mathrm{k}}-p_{\mathrm{o}})L_{\mathrm{k}}}{2} \\
&\cdot\left[\frac{(x-l)^3}{6}-\frac{L_{\mathrm{k}}(x-l)^2}{3}\right]+\tilde{c}_3x+\tilde{c}\quad(l+L_{\mathrm{k}}\leqslant x\leqslant l+L)
\end{aligned}
\tag{1.5.9}
$$

式 (1.5.5)~(1.5.9) 中所有其他符号意义同 1.3 节.

与 1.3 节相比, 本节多了一个方程式 (1.5.7) 及裂纹面边界条件式 (1.5.3), 故式 (1.5.5), (1.5.6), (1.5.8), (1.5.9) 中的积分常数与 1.3 节对应关系式积分常数的求法不同, 所得积分常数的数值结果也完全不同. $\bar{d}_1\sim\bar{d}_6$, $\tilde{d}_3\sim\tilde{d}_6$, $\tilde{c}_1\sim\tilde{c}_4$ 要根据 $\tilde{x}$ 截面上弯矩、剪力条件式 (1.5.3) 和 $x=0$、$x=l$、$x=l+L_{\mathrm{k}}$ 和 $x=l+L$ 处边界条件及连续条件

$$\bar{y}_2(-\infty)=q_2/C,\quad \bar{y}_2'(-\infty)=0 \tag{1.5.10a}$$

$$\bar{y}_2(0)=\bar{y}_{21}(0),\quad \bar{y}_2'(0)=\bar{y}_{21}'(0),\quad \bar{y}_2''(0)=\bar{y}_{21}''(0),\quad \bar{y}_2'''(0)=\bar{y}_{21}'''(0) \tag{1.5.10b}$$

$$\tilde{y}_{22}(l)=\tilde{y}_{11}(l),\quad \tilde{y}_{22}'(l)=\tilde{y}_{11}'(l),\quad \tilde{y}_{22}''(l)=M_l/EI,\quad \tilde{y}_{222}'''(l)=-Q_l/EI \tag{1.5.10c}$$

$$\tilde{y}_{11}(l+L_{\mathrm{k}})=\tilde{y}_{12}(l+L_{\mathrm{k}}),\quad \tilde{y}_{11}'(l+L_{\mathrm{k}})=\tilde{y}_{12}'(l+L_{\mathrm{k}}) \tag{1.5.10d}$$

$$\tilde{y}_{12}'(l+L)=0,\quad \tilde{Q}(l+L)=0 \tag{1.5.10e}$$

来确定.

1.5.3　挠度方程中积分常数的确定

1.5.3.1　采空区岩梁挠度方程中积分常数 $\tilde{c}_1\sim\tilde{c}_4$ 与 M_l 的关系

由式 (1.5.10e) 中 $\tilde{y}_{12}'(l+L)=0$ 条件, 可得式 (1.5.9) 中的 $\tilde{c}_3$ 与 M_l 的关系

$$\tilde{c}_3=\frac{Q_lL^2}{2}-M_lL-\tilde{D}_1 \tag{1.5.11}$$

其中

$$
\begin{aligned}
\tilde{D}_1=&\frac{q_1L^3}{6}+k_1x_{c1}^4\left\{\left\{\frac{1}{2}\left(\frac{l+x_{c1}}{x_{c1}}+1\right)\left(\frac{L+l+x_{c1}}{x_{c1}}\right)^2-\frac{L+l}{x_{c1}}\left[\left(\frac{l+x_{c1}}{x_{c1}}\right)^2\right.\right.\right. \\
&\left.\left.+2\left(\frac{l+x_{c1}}{x_{c1}}\right)+2\right]\right\}\mathrm{e}^{-\frac{l+x_{c1}}{x_{c1}}}-\left(\frac{L+l+x_{c1}}{x_{c1}}+3\right)\mathrm{e}^{-\frac{L+l+x_{c1}}{x_{c1}}}\Bigg\} \\
&-p_{\mathrm{o}}L_{\mathrm{k}}\left[\frac{L^2}{2}-\frac{L_{\mathrm{k}}L}{2}\right]-\frac{(p_{\mathrm{k}}-p_{\mathrm{o}})L_{\mathrm{k}}}{2}\left[\frac{L^2}{2}-\frac{2L_{\mathrm{k}}L}{3}\right]
\end{aligned}
\tag{1.5.12}
$$

对式 (1.5.8), (1.5.9) 求一阶导数, 并据式 (1.5.10d) 中 $\tilde{y}'_{11}(l+L_{\rm k})=\tilde{y}'_{12}(l+L_{\rm k})$ 条件, 可得

$$\tilde{c}_3=\tilde{c}_1-\frac{p_{\rm o}L_{\rm k}^3}{6}-\frac{(p_{\rm k}-p_{\rm o})L_{\rm k}^3}{8} \tag{1.5.13}$$

对式 (1.5.8), (1.5.9), 由式 (1.5.10d) 中 $\tilde{y}_{11}(l+L_{\rm k})=\tilde{y}_{12}(l+L_{\rm k})$ 条件, 可得

$$\tilde{c}_4=(\tilde{c}_1-\tilde{c}_3)(l+L_{\rm k})+\tilde{c}_2-\frac{p_{\rm o}L_{\rm k}^4}{8}-\frac{11(p_{\rm k}-p_{\rm o})L_{\rm k}^4}{120} \tag{1.5.14}$$

1.5.3.2　裂纹面 $\tilde{x}$ 后方挠度方程中积分常数 $\tilde{d}_3\sim\tilde{d}_6$ 和 $\tilde{c}_1\sim\tilde{c}_4$ 的确定

将式 (1.5.7) 的 2, 3 阶导数代入裂纹面边界条件式 (1.5.3), 解代数方程可将 $\tilde{d}_5$, $\tilde{d}_6$ 用 $\tilde{d}_3$, $\tilde{d}_4$ 表示为

$$\begin{aligned}\tilde{d}_5=&[\tilde{d}_3(\sin\beta\tilde{x}\cos\beta\tilde{x}+\sinh\beta\tilde{x}\cosh\beta\tilde{x})+\tilde{d}_4\sinh^2\beta\tilde{x}-\tilde{D}_2(\sin\beta\tilde{x}\cosh\beta\tilde{x}\\&+\cos\beta\tilde{x}\sinh\beta\tilde{x})+\tilde{D}_3\sin\beta\tilde{x}\sinh\beta\tilde{x}]/\sin^2\beta\tilde{x}\end{aligned} \tag{1.5.15}$$

$$\begin{aligned}\tilde{d}_6=&[-\tilde{d}_3\cosh^2\beta\tilde{x}+\tilde{d}_4(\sin\beta\tilde{x}\cos\beta\tilde{x}-\sinh\beta\tilde{x}\cosh\beta\tilde{x})+\tilde{D}_2(\sin\beta\tilde{x}\sinh\beta\tilde{x}\\&+\cos\beta\tilde{x}\cosh\beta\tilde{x})-\tilde{D}_3\sin\beta\tilde{x}\cosh\beta\tilde{x}]/\sin^2\beta\tilde{x}\end{aligned} \tag{1.5.16}$$

式 (1.5.15), (1.5.16) 中

$$\tilde{D}_2=\frac{kM(\tilde{x})}{2\beta^2EI}-\frac{\tilde{A}_1x_{\rm c1}}{2\beta^2}\left[B_1+\frac{\tilde{x}}{x_{\rm c1}}-1\right] \tag{1.5.17}$$

$$\tilde{D}_3=\frac{kQ(\tilde{x})}{2\beta^3EI}+\frac{\tilde{A}_1}{2\beta^3}\left[B_1+\frac{\tilde{x}}{x_{\rm c1}}-2\right] \tag{1.5.18}$$

$$\tilde{A}_1=\frac{k_1x_{\rm c1}^2\exp[-(\tilde{x}+x_{\rm c1})/x_{\rm c1}]}{EI(1+4\beta^4x_{\rm c1}^4)} \tag{1.5.19}$$

$$B_1=\frac{4}{1+4\beta^4x_{\rm c1}^4} \tag{1.5.20}$$

对式 (1.5.7), (1.5.8) 及其 1 ∼ 3 阶导数, 并据式 (1.5.10c) 中的挠度、倾角、弯矩和剪力连续条件, 可写出 $x=l$ 时的 4 个关于 $\tilde{d}_3\sim\tilde{d}_6$, M_l 的代数方程

$$\begin{aligned}&[\tilde{d}_3\sin\beta l\sinh\beta l+\tilde{d}_4\sin\beta l\cosh\beta l+\tilde{d}_5\cos\beta l\sinh\beta l+\tilde{d}_6\cos\beta l\cosh\beta l]+\tilde{D}_4\\&=\frac{\tilde{c}_1l}{EI}+\frac{\tilde{c}_2}{EI}+\tilde{D}_5\end{aligned} \tag{1.5.21}$$

$$\begin{aligned}&\beta\{[\cos\beta l\sinh\beta l+\sin\beta l\cosh\beta l]\tilde{d}_3+[\cos\beta l\cosh\beta l+\sin\beta l\sinh\beta l]\tilde{d}_4+[\cos\beta l\cosh\beta l\\&-\sin\beta l\sinh\beta l]\tilde{d}_5+[\cos\beta l\sinh\beta l-\sin\beta l\cosh\beta l]\tilde{d}_6\}-\tilde{D}_6=\frac{\tilde{c}_1}{EI}+\tilde{D}_7\end{aligned} \tag{1.5.22}$$

$$2\beta^2\{\cos\beta l[\tilde{d}_3\cosh\beta l+\tilde{d}_4\sinh\beta l]-\sin\beta l[\tilde{d}_5\cosh\beta l+\tilde{d}_6\sinh\beta l]\}+\tilde{D}_8=\frac{M_l}{EI} \tag{1.5.23}$$

$$2\beta^3\{[\cos\beta l\sinh\beta l-\sin\beta l\cosh\beta l]\tilde{d}_3+[\cos\beta l\cosh\beta l-\sin\beta l\sinh\beta l]\tilde{d}_4-[\cos\beta l\cosh\beta l+\sin\beta l\sinh\beta l]\tilde{d}_5-[\cos\beta l\sinh\beta l+\sin\beta l\cosh\beta l]\tilde{d}_6\}-\tilde{D}_9=\frac{-Q_l}{EI} \tag{1.5.24}$$

式 (1.5.21)~(1.5.24) 中

$$\tilde{D}_4=A_{1l}x_{c1}^3\left[B_1+\frac{l}{x_{c1}}+1\right]+\frac{q_1}{4\beta^4EI} \tag{1.5.25}$$

$$\tilde{D}_5=\frac{k_1x_{c1}^5}{EI}\left\{\left[\frac{l+x_{c1}}{x_{c1}}+4\right]+\frac{1}{6}\left(\frac{l+x_{c1}}{x_{c1}}+1\right)\left(\frac{l+x_{c1}}{x_{c1}}\right)^3-\frac{l^2}{2x_{c1}^2}\left[\left(\frac{l+x_{c1}}{x_{c1}}\right)^2+2\left(\frac{l+x_{c1}}{x_{c1}}\right)+2\right]\right\}\mathrm{e}^{-\frac{l+x_{c1}}{x_{c1}}} \tag{1.5.26}$$

$$\tilde{D}_6=A_{1l}x_{c1}^2\left[B_1+\frac{l}{x_{c1}}\right] \tag{1.5.27}$$

$$\tilde{D}_7=\frac{k_1x_{c1}^4}{EI}\left\{-\left[\frac{l+x_{c1}}{x_{c1}}+3\right]+\frac{1}{2}\left(\frac{l+x_{c1}}{x_{c1}}+1\right)\left(\frac{l+x_{c1}}{x_{c1}}\right)^2-\frac{l}{x_{c1}}\left[\left(\frac{l+x_{c1}}{x_{c1}}\right)^2+2\left(\frac{l+x_{c1}}{x_{c1}}\right)+2\right]\right\}\mathrm{e}^{-\frac{l+x_{c1}}{x_{c1}}} \tag{1.5.28}$$

$$\tilde{D}_8=A_{1l}x_{c1}\left[B_1+\frac{l}{x_{c1}}-1\right] \tag{1.5.29}$$

$$\tilde{D}_9=A_{1l}\left[B_1+\frac{l}{x_{c1}}-2\right] \tag{1.5.30}$$

$$A_{1l}=\frac{k_1}{EI}\frac{x_{c1}^2}{1+4\beta^4x_{c1}^4}\mathrm{e}^{-\frac{l+x_{c1}}{x_{c1}}} \tag{1.5.31}$$

由式 (1.5.11), (1.5.13) 知, (1.5.22) 中的 $\tilde{c}_1$ 可用 Q_l, M_l 表示. 由于 Q_l 已知, $\tilde{d}_5$, $\tilde{d}_6$ 用 $\tilde{d}_3$, $\tilde{d}_4$ 表示, 故式 (1.5.22), (1.5.23), (1.5.24) 是关于 M_l, $\tilde{d}_3$, $\tilde{d}_4$ 的三元一次方程组.

通过式 (1.5.22), (1.5.23) 消去 M_l 后可以得到

$$[\cos\beta l\sinh\beta l+\sin\beta l\cosh\beta l+2\beta L\cos\beta l\cosh\beta l]\tilde{d}_3+[\cos\beta l\cosh\beta l+\sin\beta l\sinh\beta l+2\beta L\cos\beta l\sinh\beta l]\tilde{d}_4+[\cos\beta l\cosh\beta l-\sin\beta l\sinh\beta l-2\beta L\sin\beta l\cosh\beta l]\tilde{d}_5$$

$$+ [\cos\beta l \sinh\beta l - \sin\beta l \cosh\beta l - 2\beta L \sin\beta l \sinh\beta l]\tilde{d}_6 = \tilde{D}_{10} \tag{1.5.32}$$

式中

$$\tilde{D}_{10} = \frac{1}{\beta EI}\left[\frac{Q_l L^2}{2} - \tilde{D}_1 + \frac{p_o L_k^3}{6} + \frac{(p_k - p_o)L_k^3}{8}\right] + \frac{\tilde{D}_6 + \tilde{D}_7}{\beta} - \frac{L}{\beta}\tilde{D}_8 \tag{1.5.33}$$

由于 Q_l 已知, $\tilde{d}_5$, $\tilde{d}_6$ 可用 $\tilde{d}_3$, $\tilde{d}_6$ 表示. 如此, 式 (1.5.32), (1.5.24) 便是关于 $\tilde{d}_3$, $\tilde{d}_4$ 的二元一次方程组. 从式 (1.5.32), (1.5.24) 可解得 $\tilde{d}_3$, $\tilde{d}_6$ 为

再由该关系式结合式 (1.5.24), 可解得 $\tilde{d}_3$, $\tilde{d}_6$ 为

$$\tilde{d}_3 = \frac{\tilde{b}_1\tilde{a}_{22} - \tilde{b}_2\tilde{a}_{12}}{\tilde{a}_{11}\tilde{a}_{22} - \tilde{a}_{12}\tilde{a}_{21}}, \quad \tilde{d}_4 = \frac{\tilde{a}_{11}\tilde{b}_2 - \tilde{a}_{21}\tilde{b}_1}{\tilde{a}_{11}\tilde{a}_{22} - \tilde{a}_{12}\tilde{a}_{21}} \tag{1.5.34}$$

其中

$$\begin{aligned}\tilde{a}_{11} =& [\cos\beta l \sinh\beta l + \sin\beta l \cosh\beta l + 2\beta L \cos\beta l \cosh\beta l] + \{[\cos\beta l \cosh\beta l \\ & - \sin\beta l \sinh\beta l - 2\beta L \sin\beta l \cosh\beta l] \cdot [\sin\beta\tilde{x} \cos\beta\tilde{x} + \sinh\beta\tilde{x} \cosh\beta\tilde{x}] \\ & - [\cos\beta l \sinh\beta l - \sin\beta l \cosh\beta l - 2\beta L \sin\beta l \sinh\beta l] \cosh^2\beta\tilde{x}\} / \sin^2\beta\tilde{x}\end{aligned} \tag{1.5.35}$$

$$\begin{aligned}\tilde{a}_{12} =& [\cos\beta l \cosh\beta l + \sin\beta l \sinh\beta l + 2\beta L \cos\beta l \sinh\beta l] + \{[\cos\beta l \cosh\beta l \\ & - \sin\beta l \sinh\beta l - 2\beta L \sin\beta l \cosh\beta l] \sinh^2\beta\tilde{x} + [\cos\beta l \sinh\beta l - \sin\beta l \cosh\beta l \\ & - 2\beta L \sin\beta l \sinh\beta] \times [\sin\beta\tilde{x} \cos\beta\tilde{x} - \sinh\beta\tilde{x} \cosh\beta\tilde{x}]\} / \sin^2\beta\tilde{x}\end{aligned} \tag{1.5.36}$$

$$\begin{aligned}\tilde{a}_{21} =& [\cos\beta l \sinh\beta l - \sin\beta l \cosh\beta l] - \{[\cos\beta l \cosh\beta l + \sin\beta l \sinh\beta l] \cdot [\sin\beta\tilde{x} \cos\beta\tilde{x} \\ & + \sinh\beta\tilde{x} \cosh\beta\tilde{x}] - [\cos\beta l \sinh\beta l + \sin\beta l \cosh\beta l] \cosh^2\beta\tilde{x}\} / \sin^2\beta\tilde{x}\end{aligned} \tag{1.5.37}$$

$$\begin{aligned}\tilde{a}_{22} =& [\cos\beta l \cosh\beta l - \sin\beta l \sinh\beta l] - \{[\cos\beta l \cosh\beta l + \sin\beta l \sinh\beta l] \sinh^2\beta\tilde{x} \\ & + [\cos\beta l \sinh\beta l + \sin\beta l \cosh\beta l] \cdot [\sin\beta\tilde{x} \cos\beta\tilde{x} \\ & - \sinh\beta\tilde{x} \cosh\beta\tilde{x}]\} / \sin^2\beta\tilde{x}\end{aligned} \tag{1.5.38}$$

$$\begin{aligned}\tilde{b}_1 =& \tilde{D}_{10} + [\cos\beta l \cosh\beta l - \sin\beta l \sinh\beta l - 2\beta L \sin\beta l \cosh\beta l]\tilde{D}_{11} \\ & - [\cos\beta l \sinh\beta l - \sin\beta l \cosh\beta l - 2\beta L \sin\beta l \sinh\beta l]\tilde{D}_{12}\end{aligned} \tag{1.5.39}$$

$$\tilde{b}_2 = \frac{\tilde{D}_9 EI - Q_l}{2\beta^3 EI} - [\cos\beta l \cosh\beta l + \sin\beta l \sinh\beta l]\tilde{D}_{11} + [\cos\beta l \sinh\beta l + \sin\beta l \cosh\beta l]\tilde{D}_{12} \tag{1.5.40}$$

式 (1.5.39), (1.5.40) 中的

$$\tilde{D}_{11} = \{\tilde{D}_2[\sin\beta\tilde{x}\cosh\beta\tilde{x} + \cos\beta\tilde{x}\sinh\beta\tilde{x}] - \tilde{D}_3\sin\beta\tilde{x}\sinh\beta\tilde{x}\}/\sin^2\beta\tilde{x} \tag{1.5.41}$$

$$\tilde{D}_{12} = \{\tilde{D}_2[\sin\beta\tilde{x}\sinh\beta\tilde{x} + \cos\beta\tilde{x}\cosh\beta\tilde{x}] - \tilde{D}_3\sin\beta\tilde{x}\cosh\beta\tilde{x}\}/\sin^2\beta\tilde{x} \tag{1.5.42}$$

式 (1.5.35)~(1.5.40) 的右端均为已知量, 故由式 (1.5.15), (1.5.16), (1.5.34), $\tilde{d}_3 \sim \tilde{d}_6$ 已全部确定. 将 $\tilde{d}_3 \sim \tilde{d}_6$ 代入式 (1.5.21)~(1.5.23), 可确定 $\tilde{c}_1$, M_l, $\tilde{c}_2$. 将 $\tilde{c}_1$, $\tilde{c}_2$ 代入式 (1.5.13), (1.5.14) 可确定 $\tilde{c}_3$, $\tilde{c}_4$.

1.5.3.3 裂纹面 $\tilde{x}$ 前方挠度方程中积分常数 $\bar{d}_1 \sim \bar{d}_6$ 的确定

与得到式 (1.5.15), (1.5.16) 的过程类似, 将式 (1.5.6) 的 2, 3 阶导数代入式 (1.5.10), 可将 $\bar{d}_5$, $\bar{d}_6$ 用 $\bar{d}_3$, $\bar{d}_4$ 表示为

$$\begin{aligned}\bar{d}_5 =& [\bar{d}_3(\sin\beta\tilde{x}\cos\beta\tilde{x} + \sinh\beta\tilde{x}\cosh\beta\tilde{x}) + \bar{d}_4\sinh^2\beta\tilde{x} - \bar{D}_1(\sin\beta\tilde{x}\cosh\beta\tilde{x} \\ &+ \cos\beta\tilde{x}\sinh\beta\tilde{x}) + \bar{D}_2\sin\beta\tilde{x}\sinh\beta\tilde{x}]/\sin^2\beta\tilde{x}\end{aligned} \tag{1.5.43}$$

$$\begin{aligned}\bar{d}_6 =& [-\bar{d}_3\cosh^2\beta\tilde{x} + \bar{d}_4(\sin\beta\tilde{x}\cos\beta\tilde{x} - \sinh\beta\tilde{x}\cosh\beta\tilde{x}) + \bar{D}_1(\sin\beta\tilde{x}\sinh\beta\tilde{x} \\ &+ \cos\beta\tilde{x}\cosh\beta\tilde{x}) - \bar{D}_2\sin\beta\tilde{x}\cosh\beta\tilde{x}]/\sin^2\beta\tilde{x}\end{aligned} \tag{1.5.44}$$

式中

$$\bar{D}_1 = \frac{kM(\tilde{x})}{2\beta^2 EI} - \frac{\tilde{A}_{1\eta}\eta x_{c1}}{2\beta^2}\left[B_{1\eta} + \frac{\tilde{x}}{\eta x_{c1}} - 1\right] \tag{1.5.45}$$

$$\bar{D}_2 = \frac{kQ(\tilde{x})}{2\beta^3 EI} + \frac{\tilde{A}_{1\eta}}{2\beta^3}\left[B_{1\eta} + \frac{\tilde{x}}{\eta x_{c1}} - 2\right] \tag{1.5.46}$$

$$\tilde{A}_{1\eta} = \frac{k_{1\eta}(\eta x_{c1})^2\exp[-(\tilde{x} + \eta x_{c1})/(\eta x_{c1})]}{EI[1 + 4\beta^4(\eta x_{c1})^4]} \tag{1.5.47}$$

$$B_{1\eta} = \frac{4}{1 + 4\beta^4(\eta x_{c1})^4} \tag{1.5.48}$$

求挠度方程式 (1.5.5), (1.5.6) 及其 1, 2, 3 阶导数, 据式 (1.5.10b) 中 $x = 0$ 时的挠度、倾角、弯矩和剪力连续条件, 可写出时关于 $\bar{d}_1 \sim \bar{d}_6$ 的 4 个代数方程, 解得

$$\bar{d}_4 = \mathrm{e}^{-2\beta\tilde{x}} \cdot \bar{D}_3 \tag{1.5.49}$$

$$\bar{d}_3 = \bar{d}_4 - \bar{D}_4 \tag{1.5.50}$$

$$\bar{d}_1 = \bar{d}_6 + \frac{q_1 - q_2}{4\beta^4 EI} + A_{1\eta}(\eta x_{c1})^3(B_{1\eta} + 1) - A_2 x_{c2}^3(B_2 + 1) \tag{1.5.51}$$

$$\bar{d}_2 = \bar{d}_3 + \frac{A_{1\eta}(\eta x_{c1})(B_{1\eta} - 1) - A_2 x_{c2}(B_2 - 1)}{2\beta^2} \tag{1.5.52}$$

式中

$$A_{1\eta} = \frac{k_{1\eta}}{EI} \frac{(\eta x_{c1})^2 e^{-1}}{1 + 4\beta^4(\eta x_{c1})^4} \tag{1.5.53}$$

$$A_2 = \frac{k_2}{EI} \frac{x_{c2}^2 e^{-1}}{1 + 4\beta^4 x_{c2}^4} \tag{1.5.54}$$

$$B_2 = \frac{4}{1 + 4\beta^4 x_{c2}^4} \tag{1.5.55}$$

式 (1.5.49)~(1.5.51) 中

$$\begin{aligned}\bar{D}_3 =& \bar{D}_1(\sin\beta\tilde{x} + \cos\beta\tilde{x})(\sinh\beta\tilde{x} + \cosh\beta\tilde{x}) - \bar{D}_2 \sin\beta\tilde{x}(\sinh\beta\tilde{x} + \cosh\beta\tilde{x}) \\ &+ \bar{D}_4(\sin\beta\tilde{x}\cos\beta\tilde{x} + \sinh\beta\tilde{x}\cosh\beta\tilde{x} + \cosh^2\beta\tilde{x}) + \bar{D}_5 \sin^2\beta\tilde{x}\end{aligned} \tag{1.5.56}$$

$$\begin{aligned}\bar{D}_4 =& \frac{A_{1\eta}(\eta x_{c1})^2 B_{1\eta} + A_2 x_{c2}^2 B_2}{2\beta} + \frac{A_{1\eta}(\eta x_{c1})(B_{1\eta} - 1) - A_2 x_{c2}(B_2 - 1)}{2\beta^2} \\ &+ \frac{A_{1\eta}(B_{1\eta} - 2) + A_2(B_2 - 2)}{4\beta^3}\end{aligned} \tag{1.5.57}$$

$$\begin{aligned}\bar{D}_5 =& \frac{q_1 - q_2}{4\beta^4 EI} + A_{1\eta}(\eta x_{c1})^3(B_{1\eta} + 1) - A_2 x_{c2}^3(B_2 + 1) + \frac{A_{1\eta}(\eta x_{c1})^2 B_{1\eta} + A_2 x_{c2}^2 B_2}{2\beta} \\ &- \frac{A_{1\eta}(B_{1\eta} - 2) + A_2(B_2 - 2)}{4\beta^3}\end{aligned} \tag{1.5.58}$$

将 $\bar{d}_4$ 代入式 (1.5.50) 可得 $\bar{d}_3$, 再由式 (1.5.52) 可得 $\bar{d}_2$. 将 $\bar{d}_3, \bar{d}_4$ 代入式 (1.5.43), (1.5.44) 可得 $\bar{d}_5$, $\bar{d}_6$, 再由式 (1.5.51) 可得 $\bar{d}_1$. 至此, 挠度方程式 (1.5.5)~(1.5.9) 中 14 个积分常数已完全确定.

1.5.4　挠度方程式(1.5.6)中与 $k(<1)$ 对应的 η 值的确定

对 q_2 =6MN/m, q_2 = 0.15MN/m, x_{c1} = 5.2m, x_{c2} = 12m, 取弹性地基常数 $C = 0.8$GPa, 顶板弹模 $E = 25$GPa, 以及 1.5.2 节, 1.5.3 节所给关系式, 将式 (1.5.6), (1.5.7) 代入式 (1.5.3) 中第 3 式的左端 $\bar{y}_{21}(\tilde{x})$ 和右端 $\tilde{y}_{22}(\tilde{x})$, 用 Matlab 编程可绘得 k =(0.9, 0.8) 时岩梁裂纹面 $\tilde{x}$ 附近的挠度曲线, 如图 1.52 和图 1.53 所示.

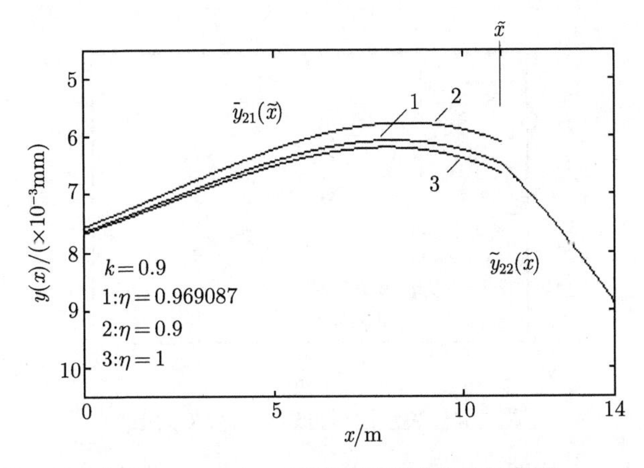

图 1.52 k =0.9 时裂纹面附近的岩梁挠度

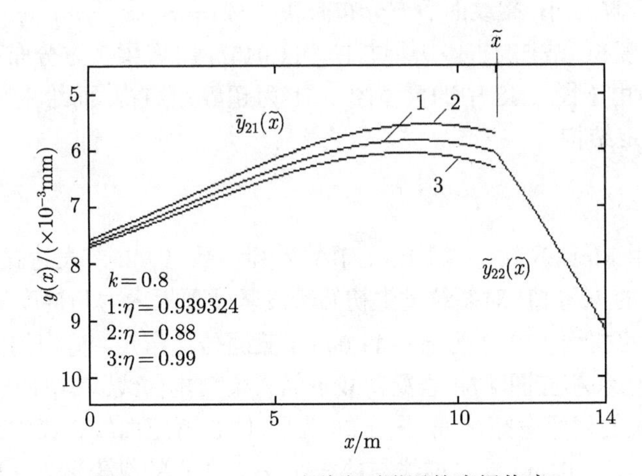

图 1.53 k =0.8 时裂纹面附近的岩梁挠度

从图 1.52 看到, 对 $k=0.9$, 当式 (1.5.4) 中 $\eta=0.9$ 和 $\eta=1$ 时, $\bar{y}_{21}(\tilde{x})$ 曲线 2, 曲线 3 与 $\tilde{y}_{22}(\tilde{x})$ 曲线在 $\tilde{x}=11.045\text{m}$ 处不连续, 当 $\eta=0.969087$ 时裂纹面 $\tilde{x}$ 前、后方的挠度曲线连续; 在图 1.53 中对 $k=0.8$, 取 $\eta=0.88$ 和 $\eta=0.99$ 时 $\tilde{x}$ 截面前、后方的挠度曲线不连续, 取 $\eta=0.939324$ 时裂纹面 $\tilde{x}\approx11.045\text{m}$ 前、后方的挠度曲线连续. 这里说明, η =(0.969087, 0.939324) 是经过反复多次试算确定的.

将 η =(0.969087, 0.939324) 乘 $x_{\text{c1}}=5.2\text{m}$ 可得到式 (1.5.4), (1.5.6) 中的 $\eta x_{\text{c1}}=$ (5.0392524, 4.8844848)m. 据此 ηx_{c1}, 以及将式 (1.5.4) 代入 1.1 节中的式 (1.1.4), 可绘得裂纹发生初始阶段与 k =(0.9, 0.8) 对应的岩梁荷载在裂纹面 $\tilde{x}$ 附近的精确放大图 1.54, 其中裂纹面后方的分布荷载不变, 裂纹面前方的分布荷载集度 (除 $x_{\text{c1}}=0$ 之外) 全面减小, 在 $\tilde{x}$ 前方曲线 2, 3 的 $F_1(\tilde{x})\approx$(2.67, 2.55)MN/m; 在 $\tilde{x}$ 后方曲线 2, 3 的 $F_1(\tilde{x})\approx$2.78MN/m. 有阶跃量 $\Delta F_1(\tilde{x})\approx$(0.11, 0.23)MN/m.

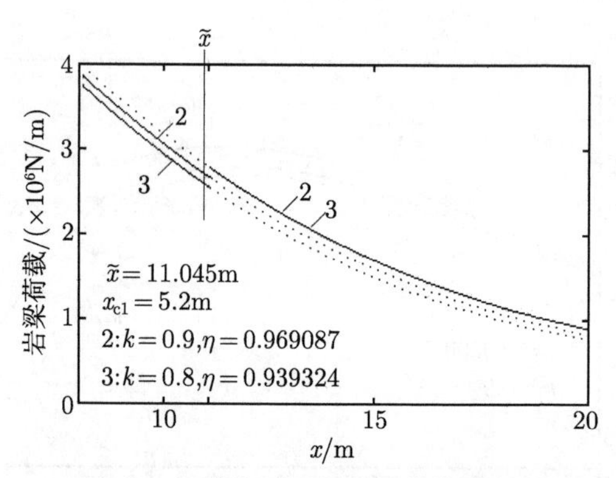

图 1.54　裂纹面后方岩梁荷载放大图

与图 1.38 相比, 虽然图 1.54 中 k=(0.9, 0.8) 的改变幅度大, 但相应 η=(0.969087, 0.939324) 的变化幅度小, 裂纹面后方分布荷载 $f_1(x)=k_{1\eta}(x+\eta x_{c1})\exp[-(x+\eta x_{c1})/\eta x_{c1}]$ 的变化幅度小, 故图 1.54 中经过 $\tilde{x}=11.045$m 时岩梁上方分布荷载集度的阶跃量也小, 这是由于图 1.48 中的模型图 1.51 为超静定结构, 而绘出图 1.38 中的模型图 1.34 为静定结构.

1.5.5　算例

本小节采用 Matlab 软件, 据 1.5.1 节的系列参数, 1.5.2 节表达式, 1.5.3 节积分常数和 1.5.4 节的 k,η 值, 对裂纹发生初始阶段坚硬顶板内力和挠度变化进行分析.

图 1.55 中的曲线 1, 2, 3 为 $\tilde{x}=11.045$m 截面传递弯矩、剪力的能力从 1 倍降低到 (0.9, 0.8) 倍和相应图 1.54 岩梁荷载下的岩梁弯矩曲线, 其中曲线 1 同图 1.48, 为尚未发生裂纹的岩梁弯矩曲线. 图 1.56 为图 1.55 弯矩曲线岩梁裂纹部位的精确放大图, 图中 $\tilde{x}=11.045$m 的竖虚线与曲线 1, 2, 3 交点的纵坐标为 $M(\tilde{x})\approx$(5.5451, 4.9906, 4.4361)$\times10^7$N·m, 它们的比值近似为 1:0.9:0.8. 从图 1.55 看到, 随裂纹扩展, 使岩梁上侧受拉的正弯矩全面减小, 而使岩梁下侧受拉的负弯矩全面增大. 在采空

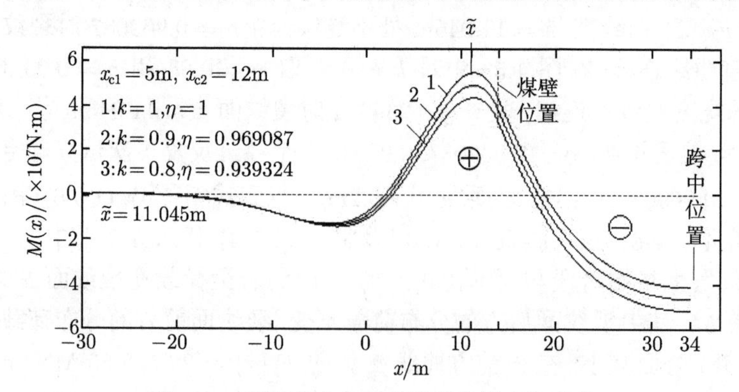

图 1.55　裂纹发生初始阶段的岩梁弯矩变化

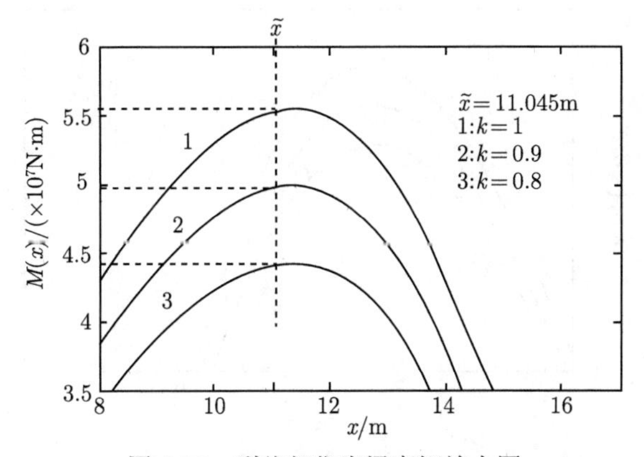

图 1.56 裂纹部位岩梁弯矩放大图

区跨中, 使岩梁下侧受拉的弯矩的绝对值从曲线 1 的 4.037×10^7N·m 增大到曲线 2, 3 的 $(4.56, 5.086)\times10^7$N·m. 这表明随裂纹进一步扩展 ($k \geqslant 0.8$), 岩梁跨中截面弯矩将趋近使该截面发生裂纹的弯矩.

图 1.57 中曲线为与图 1.55 弯矩曲线对应的岩梁剪力曲线, 图 1.58 为图 1.57 中剪力峰值部位的放大图. 图 1.57 中裂纹面 $\tilde{x} = 11.045$m 处剪力曲线光滑, 与图 1.39 中裂纹面附近剪力曲线有明显的折线状不同. 这是因为图 1.38 和图 1.39 中上覆荷载在岩梁裂纹面 $\tilde{x} = 11.68$m 处有阶跃量 $\Delta F_1(\tilde{x}) \approx$(1.44, 1.77)MN/m, 比 $\tilde{x} \approx 11.68$m 左侧 $F_1(\tilde{x}) \approx(9.99, 6.57)\times10^5$N/m 还要大. 而图 1.54 中岩梁上覆荷载在岩梁裂纹面 $\tilde{x}$ 处的阶跃量 $\Delta F_1(\tilde{x}) \approx$(0.11, 0.23)MN/m, 仅为 $\tilde{x} = 11.045$m 附近剪力值的十几分之一. 由于阶跃量很小, 故剪力曲线 2, 3 在 $\tilde{x} = 11.045$m 部位看上去仍较为光滑. 图 1.59 为图 1.57 中岩梁裂纹面 $\tilde{x}$ 附近剪力曲线放大图, 图中 $\tilde{x} = 11.045$m 的竖虚线与曲线 1, 2, 3 交点的纵坐标为 $Q(\tilde{x}) \approx(9.1382, 8.2245, 7.3106)\times10^5$N, 它们的比值近似为 1:0.9:0.8; 此外, 图 1.57 中 $x = 14$m 到 $x = 34$m

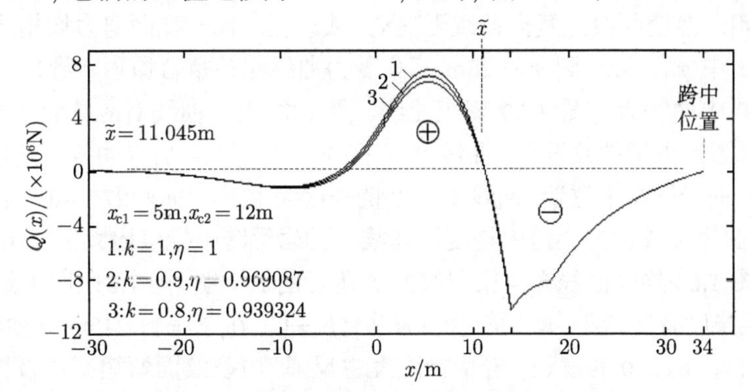

图 1.57 裂纹发生初始阶段的岩梁剪力变化

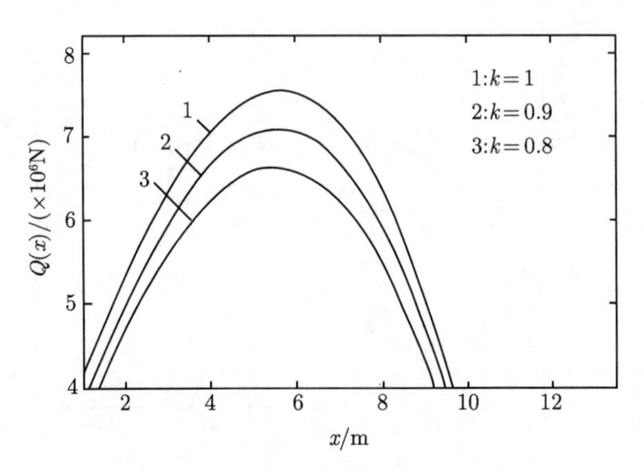

图 1.58　岩梁剪力峰值部位放大图

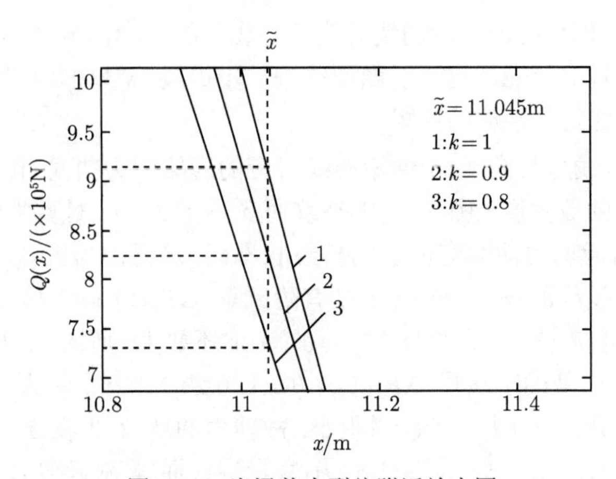

图 1.59　岩梁剪力裂纹附近放大图

采空区跨中三条剪力曲线重合, 是因为裂纹模型图 1.48 右端定向支座不承受剪力, 并且 [14, 34]m 悬空区段上竖向荷载无变动, 故该区段每一截面剪力均相同. 其本质上与图 1.41 中 $x=14$m 到 $x=28$m 三条剪力曲线相的重合原理一致.

图 1.60 中曲线为与图 1.55 弯矩曲线、图 1.57 剪力曲线对应的岩梁挠度曲线. 从图 1.60 看到, 由于裂纹发生, 曲线 2, 3 在 $\tilde{x}=11.045$m 后方的挠度值明显增大; 在 $x=34$m 的岩梁跨中位置, 曲线 1, 2, 3 的挠度为 (21.7, 24.4, 27)mm. 由于裂纹发生与扩展, 曲线 2, 3 的岩梁跨中挠度比曲线 1 的岩梁跨中挠度增大了 (2.6, 5.3)mm; 图 1.61 为图 1.60 挠度曲线在岩梁裂纹面 $\tilde{x}$ 附近的放大图, 图 1.61 中裂纹面附近及其前方岩梁挠度有所减小, 即顶板挠度发生“反弹”. 在 $\tilde{x}=11.045$m 处曲线 2, 3 反弹量 $\Delta y(\tilde{x})\approx$(0.42, 0.49)mm. 岩梁挠度发生反弹, 与裂纹面弯矩减小及图 1.54 中 $[0,\tilde{x}]$ 岩梁上覆荷载 $F_1(x)=f_1(x)+q_1$ 中的 $f_1(x)$ 减小有关; 图 1.60 中 $x=-20$m 前方曲线 1, 2, 3 趋于重合, 这表明裂纹发生对 $x=-20$m 前方岩梁挠度的影响已

很微小.

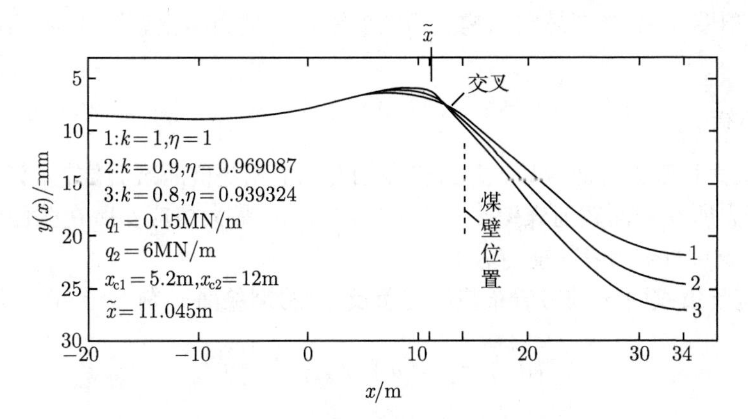

图 1.60 裂纹发生初始阶段岩梁的挠度变化

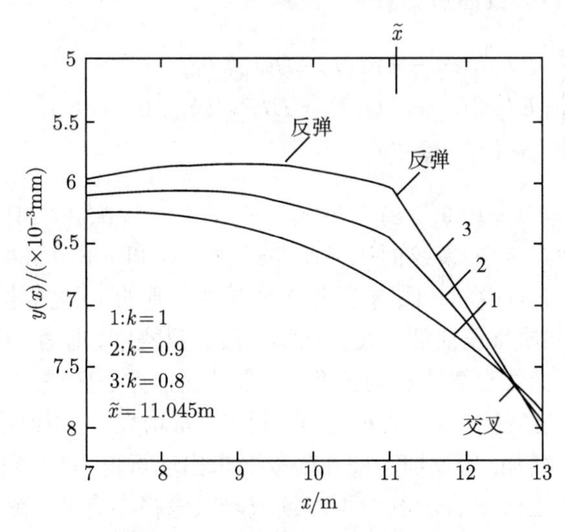

图 1.61 裂纹附近岩梁挠度放大图

对图 1.60 中 $[0,\tilde{x}]$ 区段和 $[\tilde{x},l]$ 区段岩梁挠度方程式 (1.5.6), (1.5.7) 求导后, 可得到 $k=(0.9,\ 0.8)$ 时的曲线 2, 3 裂纹面位置前、后端岩梁挠度曲线的斜率 $\bar{y}'_{21}(\tilde{x})\approx(2.9267,\ 2.2003)\times10^{-4}$, $\bar{y}'_{22}(\tilde{x})\approx(6.5411,\ 9.2296)\times10^{-4}$, 转换成倾角值为 $\alpha_{21}\approx(0.0168°,\ 0.0126°)$, $\alpha_{22}\approx(0.0375°,\ 0.0529°)$. 故由于裂纹发生, 图 1.60 中曲线 2, 3 岩梁挠度曲线在裂纹面位置的相对转角为 $\Delta\alpha\approx(0.0207°,\ 0.0403°)$(图 1.60 中横坐标单位约为纵坐标单位的 1000 倍, 故视觉上此相对转角 $\Delta\alpha$ 有了较大量值).

本节图 1.60 中裂纹面附近及前方岩梁挠度的最大反弹量 $\Delta y(\tilde{x})$ 和裂纹面位置岩梁挠度曲线的相对转角 $\Delta\alpha$, 均小于 1.4 节的图 1.40 中裂纹面附近岩梁挠度的

最大反弹量 $\Delta y(\tilde{x})$ 和裂纹面位置岩梁挠度曲线的相对转角 $\Delta\alpha$, 这与绘出图 1.60 的力学模型图 1.51 为超静定结构, 而绘出图 1.40 的力学模型图 1.34 为静定结构有关.

1.5.6 小结

(1) 最大拉应力截面或最大拉应变截面对应岩梁超前断裂面位置, 算例中岩梁最大拉应力所在截面超前煤壁 $\hat{l} = l - \hat{x}$ =2.63m, 最大拉应变所在截面超前煤壁 $\tilde{l} = l - \tilde{x}$ =2.955m, 后者超前前者 32.5cm.

(2) 鉴于裂纹面 $\tilde{x}$ 前方岩梁挠度有所反弹, 将裂纹面 $\tilde{x}$ 前方分布力写成

$$f_1(x) = k_{1\eta}(x + \eta x_{c1})e^{-\frac{x+\eta x_{c1}}{\eta x_{c1}}}$$

其中 $\eta < 1$, $k_{1\eta} = f_{c1}e^{-1}/(\eta x_{c1})$. 在假定裂纹发生初始阶段岩梁其他区段上覆荷载不变的条件下, 通过裂纹面边界条件

$$\begin{cases} EI\bar{y}''_{21}(\tilde{x}) = kM(\tilde{x}) = EI\tilde{y}''_{22}(\tilde{x}) \\ EI\bar{y}'''_{21}(\tilde{x}) = kQ(\tilde{x}) = EI\tilde{y}'''_{22}(\tilde{x}), \quad 0.8 \leqslant k \leqslant 1 \\ \bar{y}_{21}(\tilde{x}) = \tilde{y}_{22}(\tilde{x}) \end{cases}$$

中第 3 式, 确定了与 k =(0.9, 0.8) 对应的 η =(0.969087, 0.939324).

(3) 在 k =(0.9, 0.8) 的裂纹面边界条件式 (1.4.8) 和 η =(0.969087, 0.939324) 的岩梁上覆荷载 (图 1.54) 条件下, 求得基于全弹性地基的 5 段式岩梁挠度方程中全部积分常数, 绘得初次来压前裂纹发生初始阶段岩梁挠度、剪力、弯矩分布图. 在裂纹面位置岩梁挠度曲线有微小相对折角, 在裂纹面前方小区域, 岩梁挠度发生 "反弹"(挠度减小), 且随裂纹扩展, 岩梁挠度 "反弹" 量增大. 在裂纹面后方, 随裂纹扩展岩梁挠度有很大增加; 岩梁剪力图在裂纹面未出现折角, 这与裂纹面位置岩梁上覆分布荷载虽有不连续或有阶跃但不连续或阶跃量很小有关 (图 1.54); 裂纹面岩梁弯矩 $M(\tilde{x})$, 剪力 $Q(\tilde{x})$ 随裂纹扩展减小, 其间, 各组 $M(\tilde{x})$, $Q(\tilde{x})$ 之比值与裂纹扩展系数 k 的比值成比例. 图 1.55 中随裂纹扩展, 岩梁上侧受拉的正弯矩全面减小, 岩梁下侧受拉的负弯矩全面增大. 在采空区跨中, 岩梁下侧受拉的弯矩值不断增大. 这表明随裂纹进一步扩展 ($k > 0.8$), 岩梁跨中截面弯矩将趋近使该截面发生裂纹的弯矩.

(4) 1.5 节中裂纹扩展系数 k =(0.9, 0.8) 比 1.4 节中裂纹扩展系数 k =(0.97, 0.95) 大, 即 1.5 节中裂纹扩展比 1.4 节中裂纹扩展更甚, 但前者的响应 η =(0.969087, 0.939324) 比后者的响应 η =(0.63909, 0.4535) 显小, 经过岩梁裂纹面 $\tilde{x}$ 时前者上覆荷载的阶跃量 (图 1.54) 比后者上覆荷载的阶跃量 (图 1.39) 小, 前者裂纹面位置的岩梁挠度反弹量 $\Delta y(\tilde{x})$ 和挠度曲线相对转角 $\Delta\alpha$(图 1.60), 也比后者裂纹面位置的

岩梁挠度反弹量 $\Delta y(\tilde{x})$ 和挠度曲线相对转角 $\Delta\alpha$(图 1.40) 小, 这与前者力学模型为超静定结构, 而后者力学模型为静定结构有关.

(5) 在 1.5.1~1.5.5 节各表达式中令 $\tilde{x} = \hat{x}$, $Q(\tilde{x})= 0$, 同时令 $M(\tilde{x}) = M(\hat{x})$, 则可得到以最大拉应力强度条件为裂纹发生条件的分析结果 (略), 相应图 1.54 中分布荷载 $\tilde{x}$ =11.045m 将改在 $\hat{x}$ =11.37m 发生阶跃, 结果 (略) 表明两种情况下绘出的挠度、弯矩和剪力图几乎无差别.

第2章　基于软化地基和弹性地基的坚硬顶板力学特性分析

2.1　周期来压期间基于软化地基和弹性地基的坚硬顶板力学特性分析

传统矿压分析中, 将坚硬顶板下方煤层的支承关系简化为 Winkler 弹性地基. 弹性地基对顶板的反力与顶板下沉量成正比, 在 1.2~1.5 节及其他将坚硬顶板下部的煤层简化为弹性地基的文献中, 煤壁前方的坚硬顶板的下沉量 (或挠度) 均在煤壁处最大. 如此, 按弹性地基关系处理的文献得到的是煤壁处煤层对坚硬顶板的反力或支承压力最大. 陈青峰 [30] 和诸多其他研究者的实际测定结果表明, 煤层对顶板的反力峰或煤层支承压力峰在煤壁前方 (图 2.1), 由于破裂和屈服软化, 也由于临空侧向允许变形量大, 来压前煤壁处煤层的反力或支承压力比其前方支承压力峰值有很大减小, 故将坚硬顶板下部的煤层按全弹性地基处理的分析结果, 与实际存在较大差距. 此外, 从 1.4 节、1.5 节的分析看到, 如以最大拉应变强度条件为裂纹发生条件, 周期来压期间坚硬顶板的超前断裂距约在 2.32m, 初次来压坚硬顶板的超前断裂距不到 3m; 以最大拉应力强度条件为裂纹发生条件, 周期来压期间坚硬顶板的超前断裂距约在 2.09m, 初次来压坚硬顶板的超前断裂距约在 2.63m, 这是因为基于全弹性地基支承 (假定) 的顶板在煤壁附近受到远超过实际存在的反力.

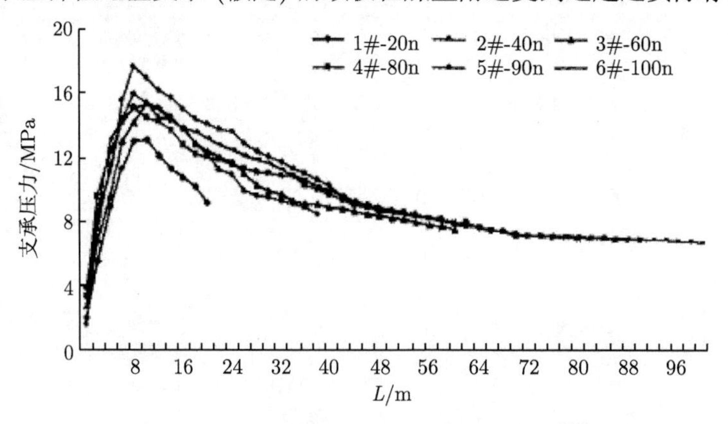

图 2.1　工作面超前支承压力实测示意图 [30]

吴志刚等 [25] 报道了徐州西部矿区老顶超前断裂距一般在 4m 左右, 其他研究者报道有更大超前断裂距的工程实例. 对于 4m 或 4m 以上的超前断裂距, 全弹性地基支承 (假定) 的坚硬顶板分析结果是无法予以说明.

2.1.1 分析模型

图 2.1 为煤壁前方煤层因支承坚硬顶板而受到来自顶板的压力——支承压力. 图 2.2 为钱鸣高等 [9] 对覆岩关键层载荷状况有限元分析中关于基本顶荷载变化规律的截图, 其中基本顶上方作用荷载峰超前的增压荷载, 下部还作用有隆起分布的煤层支承力或反力. 支承压力与支承力或反力是一对作用力和反作用力, 分布形态相同, 前者作用在煤层上, 后者作用在坚硬顶板上. 为了与矿业工程中的支承压力的习惯称谓保持一致, 从本节开始将两者的称谓不加区分, 统称为支承压力. 由于本书讨论坚硬顶板的力学特性, 所以所提到的支承压力, 实质是煤层对坚硬顶板的支承力或反力.

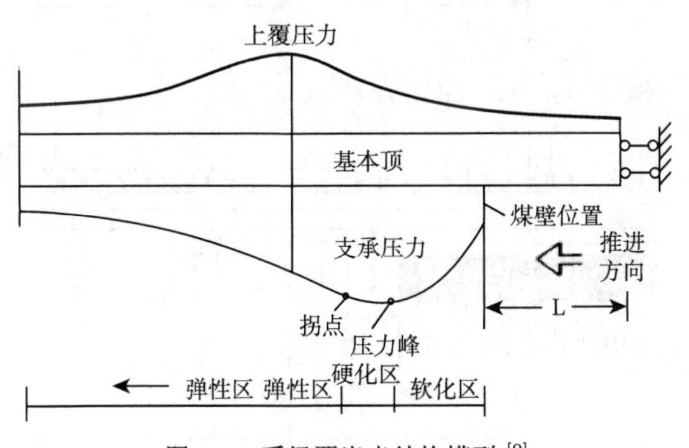

图 2.2 采场覆岩半结构模型 [9]

一些研究者 [30−32] 认为, 从煤壁到支承压力峰区段煤层处于屈服软化状态, 支承压力峰前方区段煤层处于弹性状态, 这种两区段支承关系与图 2.1 示出的实测支承压力分布关系较为一致. 下文将基于软化、弹性地基的坚硬顶板简称为两区段支承顶板, 给出煤层软化区支承压力表达式, 在 1.2 节的基础上, 对周期来压期间两区段支承、未破断坚硬顶板的力学特性进行分析 [33]. 用 Matlab 给出算例, 从理论上考察岩层系统参数变化时顶板的内力、挠度的变化规律, 并将所得结果与相应全弹性地基支承 (假定) 的坚硬顶板力学特性进行比较.

周期来压期间两区段支承、未破断坚硬顶板的分析模型如图 2.3, 图中原点 O 到软化区的距离为 l_3. 在图 2.3 的坐标下煤层软化区的支承压力可用

$$f_3(x)=k_3[(l_3+x_{c3})-x]\mathrm{e}^{\frac{x-l_3-x_{c3}}{x_{c3}}}\quad(l_3\leqslant x\leqslant l)\tag{2.1.1}$$

来表示, 式中

$$k_3 = f_{c3}\mathrm{e}/x_{c3} \tag{2.1.2}$$

式 (2.1.2) 中 x_{c3} 为分布函数 $f_3(x)$ 的尺度参数, f_{c3} 为 $f_3(x)$ 的峰值或煤层 (软化区) 支承压力峰值. 除去与煤层软化区有关的符号 l_3, f_{c3}, $f_3(x)$ 之外, 图 2.3 中其他符号的意义同 1.2 节.

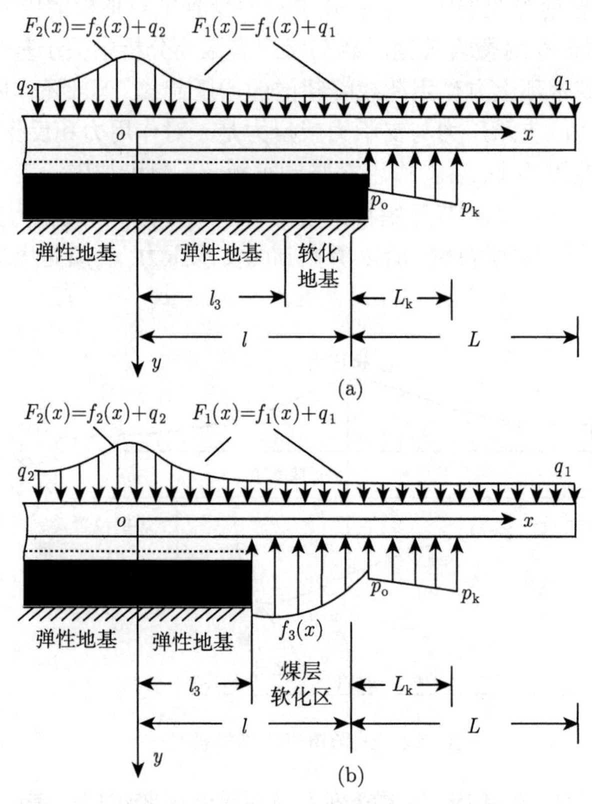

图 2.3 周期来压期间未破断坚硬顶板的分析模型 [33]

对于 $f_{c3} = 8\text{MN/m}$, $x_{c3} = 7\text{m}$, $l_3 = 9\text{m}$, 煤壁位置 $l = 15\text{m}$, 据式 (2.1.1) 用 Matlab 绘出 [0, 16]m 区段上 $f_3(x)$ 的图形如图 2.4(a), 图中 $f_3(l_3) = f_3(9) = f_{c3} = 8\text{MN/m}$ 为煤层弹性, 软化区交界处的煤层强度, $f_3(l) \approx 0.337f_{c3} = 2.96\text{MN/m}$, $f_3(l)$ 为煤壁处煤层残余强度. 由于 $f_3(l_3 + x_{c3}) = f_3(16) = 0$, 当图 2.4(a) 中 l 的长度等于 $(l_3 + x_{c3})$ 时, 便认为煤壁处煤层残余强度为零. 图 2.4(a) 绕水平轴翻转 180° 可得到图 2.4(b). 如将图 2.4(a) 中 $[l_3, l]$ 区段的实线看作顶板对煤层软化区的压力, 图 2.4(b) 中 $[l_3, l]$ 区段的实线便为煤层软化区对顶板的反力或支承力, 下文称该实线段为煤层软化区支承压力. 比较图 2.1 知, 通过调整参数, $[l_3, l]$ 区段的 $f_3(x)$ 可以恰当模拟煤层软化区对顶板的支承压力; 煤层软化区岩梁上覆荷载为

$F_1(x) = f_1(x) + q_1$.

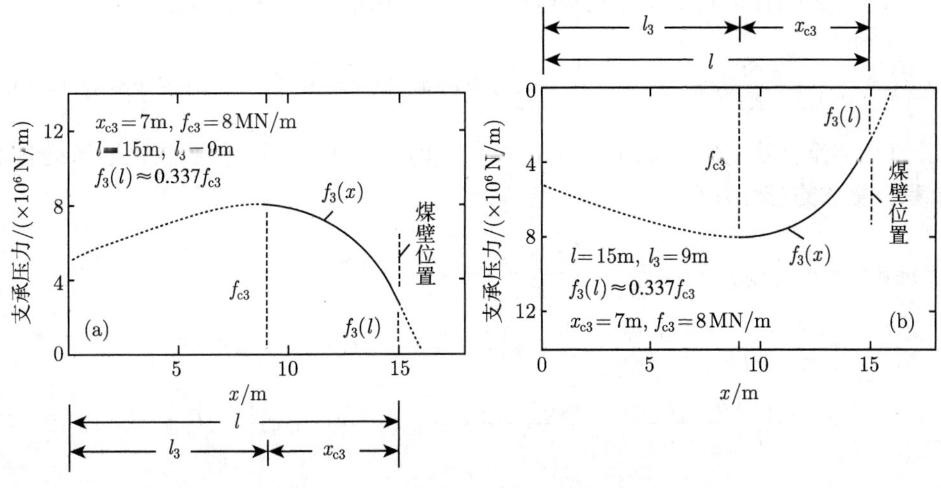

图 2.4 煤层软化区支承压力示意图

2.1.2 岩梁各区段的挠度方程、边界条件和连续条件

2.1.2.1 岩梁各区段的挠度方程

将图 2.3 中 $[-\infty,0]$, $[0,l_3]$, $[l_3,l]$, $[l,l+L_{\rm k}]$ 和 $[l+L_{\rm k},l+L]$ 区段岩梁的挠度方程分别记为 $y_2(x)$, $y_{21}(x)$, $y_{22}(x)$, $y_{11}(x)$, $y_{12}(x)$. 参照 1.2 节, 受 $F_2(x)$ 作用的 $[-\infty,0]$ 区段半无限长弹性地基梁的挠度方程的形式为

$$y_2(x)={\rm e}^{\beta x}(d_1\cos\beta x+d_2\sin\beta x)+\frac{q_2}{4\beta^4EI}+\frac{k_2}{EI}\frac{x_{\rm c2}^4}{1+4\beta^4x_{\rm c2}^4}\left[(x_{\rm c2}-x)+\frac{4x_{\rm c2}}{1+4\beta^4x_{\rm c2}^4}\right]{\rm e}^{\frac{x-x_{\rm c2}}{x_{\rm c2}}}\quad(-\infty<x\leqslant0)\tag{2.1.3}$$

图 2.3 中 $[0,l_3]$ 区段弹性地基梁上作用分布荷载 $F_1(x)=q_1+k_1(x+x_{\rm c1})\exp[-(x+x_{\rm c1})/x_{\rm c1}]$, 与 1.2 节相同, $[0,l_3]$ 区段任一微段 dx 的挠度微分方程为

$$y_{21}^{(4)}(x)+4\beta^4y_{21}(x)=\frac{q_1}{EI}+\frac{k_1}{EI}(x+x_{\rm c1}){\rm e}^{-\frac{x+x_{\rm c1}}{x_{\rm c1}}}\quad(0\leqslant x\leqslant l_3)\tag{2.1.4}$$

相应的 $[0,l_3]$ 区段有限长岩梁挠度方程的形式为

$$\begin{aligned}y_{21}(x)=&d_3\sin\beta x\sinh\beta x+d_4\sin\beta x\cosh\beta x+d_5\cos\beta x\sinh\beta x\\&+d_6\cos\beta x\cosh\beta x+\frac{q_1}{4\beta^4EI}+\frac{k_1}{EI}\frac{x_{\rm c1}^4}{1+4\beta^4x_{\rm c1}^4}\left[(x+x_{\rm c1})\right.\\&\left.+\frac{4x_{\rm c1}}{1+4\beta^4x_{\rm c1}^4}\right]{\rm e}^{-\frac{x+x_{\rm c1}}{x_{\rm c1}}}\quad(0\leqslant x\leqslant l_3)\end{aligned}\tag{2.1.5}$$

图 2.3 软化地基梁上方作用分布荷载 $F_1(x)$, 下方为煤层软化区支承压力 $f_3(x)$, 类似于式 (2.1.4), 可写出软化地基区段岩梁任一微段 $\mathrm{d}x$ 的挠度微分方程

$$y_{22}^{(4)}(x)=\frac{q_1}{EI}+\frac{k_1}{EI}(x+x_{\mathrm{c1}})\mathrm{e}^{-\frac{x+x_{\mathrm{c1}}}{x_{\mathrm{c1}}}}-\frac{k_3}{EI}[(l_3+x_{\mathrm{c3}})-x]\mathrm{e}^{\frac{x-l_3-x_{\mathrm{c3}}}{x_{\mathrm{c3}}}}\quad(l_3\leqslant x\leqslant l)\tag{2.1.6}$$

1.2 节没有软化地基梁, 可以通过式 (2.1.6) 对 x 积分四次得到软化地基梁含 4 个积分常数的挠度方程:

$$\begin{aligned}y_{22}(x)=&\frac{q_1(x-l_3)^4}{24EI}+\frac{k_1x_{\mathrm{c1}}^5}{EI}\left(\frac{x+x_{\mathrm{c1}}}{x_{\mathrm{c1}}}+4\right)\mathrm{e}^{-\frac{x+x_{\mathrm{c1}}}{x_{\mathrm{c1}}}}\\&-\frac{k_3x_{\mathrm{c3}}^5}{EI}\left(\frac{l_3+x_{\mathrm{c3}}-x}{x_{\mathrm{c3}}}+4\right)\mathrm{e}^{\frac{x-l_3-x_{\mathrm{c3}}}{x_{\mathrm{c3}}}}\\&+\frac{1}{EI}\left[\frac{g_1(x-l_3)^3}{6}+\frac{g_2(x-l_3)^2}{2}+g_3(x-l_3)+g_4\right]\quad(l_3\leqslant x\leqslant l)\end{aligned}\tag{2.1.7}$$

式 (2.1.7) 中积分常数 $g_1\sim g_4$ 需由连续条件确定.

$[l,l+L_{\mathrm{k}}]$ 和 $[l+L_{\mathrm{k}},l+L]$ 区段悬臂梁的挠度方程的形式同 1.2 节, 为

$$\begin{aligned}EIy_{11}(x)=&\frac{M_l}{2}(x-l)^2-\frac{Q_l}{6}(x-l)^3+\frac{q_1}{24}(x-l)^4+k_1x_{\mathrm{c1}}^5\left\{\left[\frac{x+x_{\mathrm{c1}}}{x_{\mathrm{c1}}}+4\right]\mathrm{e}^{-\frac{x+x_{\mathrm{c1}}}{x_{\mathrm{c1}}}}\right.\\&-\left\{\left[\left(\frac{l+x_{\mathrm{c1}}}{x_{\mathrm{c1}}}\right)^2+2\left(\frac{l+x_{\mathrm{c1}}}{x_{\mathrm{c1}}}\right)+2\right]\times\frac{x^2}{2x_{\mathrm{c1}}^2}\right.\\&\left.\left.-\frac{1}{6}\left(\frac{l+x_{\mathrm{c1}}}{x_{\mathrm{c1}}}+1\right)\left(\frac{x+x_{\mathrm{c1}}}{x_{\mathrm{c1}}}\right)^3\right\}\mathrm{e}^{-\frac{l+x_{\mathrm{c1}}}{x_{\mathrm{c1}}}}\right\}-\frac{p_{\mathrm{o}}(x-l)^4}{24}\\&-\frac{(p_{\mathrm{k}}-p_{\mathrm{o}})}{120L_{\mathrm{k}}}(x-l)^5+c_1x+c_2\quad(l\leqslant x\leqslant l+L_{\mathrm{k}})\end{aligned}\tag{2.1.8}$$

$$\begin{aligned}EIy_{12}(x)=&\frac{M_l}{2}(x-l)^2-\frac{Q_l}{6}(x-l)^3+\frac{q_1}{24}(x-l)^4+k_1x_{\mathrm{c1}}^5\left\{\left[\frac{x+x_{\mathrm{c1}}}{x_{\mathrm{c1}}}+4\right]\mathrm{e}^{-\frac{x+x_{\mathrm{c1}}}{x_{\mathrm{c1}}}}\right.\\&-\left\{\left[\left(\frac{l+x_{\mathrm{c1}}}{x_{\mathrm{c1}}}\right)^2+2\left(\frac{l+x_{\mathrm{c1}}}{x_{\mathrm{c1}}}\right)+2\right]\times\frac{x^2}{2x_{\mathrm{c1}}^2}-\frac{1}{6}\left(\frac{l+x_{\mathrm{c1}}}{x_{\mathrm{c1}}}+1\right)\right.\\&\left.\left.\cdot\left(\frac{x+x_{\mathrm{c1}}}{x_{\mathrm{c1}}}\right)^3\right\}\mathrm{e}^{-\frac{l+x_{\mathrm{c1}}}{x_{\mathrm{c1}}}}\right\}-p_{\mathrm{o}}L_{\mathrm{k}}\times\left[\frac{(x-l)^3}{6}-\frac{L_{\mathrm{k}}}{4}(x-l)^2\right]-\frac{(p_{\mathrm{k}}-p_{\mathrm{o}})L_{\mathrm{k}}}{2}\\&\cdot\left[\frac{(x-l)^3}{6}-\frac{L_{\mathrm{k}}(x-l)^2}{3}\right]+c_3x+c_4\quad(l+L_{\mathrm{k}}\leqslant x\leqslant l+L)\end{aligned}\tag{2.1.9}$$

式 (2.1.3)~(2.1.9) 中所有其他符号意义同 1.2 节.

2.1.2.2 各区段岩梁的边界条件和连续条件

图 2.3 模型中的自然边界条件和连续条件从左到右全部列出为

$$y_2(-\infty)=q_2/C,\quad y_2'(-\infty)=0 \tag{2.1.10a}$$

$$y_2(0)=y_{21}(0),\quad y_2'(0)=y_{21}'(0),\quad y_2''(0)=y_{21}''(0),\quad y_2'''(0)=y_{21}'''(0) \tag{2.1.10b}$$

$$\begin{aligned}&y_{21}(l_3)=y_{22}(l_3),\quad y_{21}'(l_3)=y_{22}'(l_3),\quad y_{21}''(l_3)=y_{22}''(l_3),\\&y_{21}'''(l_3)=y_{22}'''(l_3),\quad y_{21}^{(4)}(l_3)=y_{22}^{(4)}(l_3)\end{aligned} \tag{2.1.10c}$$

$$y_{22}(l)=y_{11}(l),\quad y_{22}'(l)=y_{11}'(l),\quad y_{22}''(l)=M_l/EI,\quad y_{22}'''(l)=-Q_l/EI \tag{2.1.10d}$$

$$y_{1左}(l+L_{\mathrm{k}})=y_{1右}(l+L_{\mathrm{k}}),\quad y_{1左}'(l+L_{\mathrm{k}})=y_{1右}'(l+L_{\mathrm{k}}) \tag{2.1.10e}$$

$$Q(l+L)=0,\quad M(l+L)=0 \tag{2.1.10f}$$

可以通过满足条件式 (2.1.10) 来确定式 (2.1.3), (2.1.5), (2.1.7)~(2.1.9) 中的 12 个常数, 由于引入煤层软化区, 岩梁挠度方程比 1.2 节多了一个式 (2.1.7), 积分常数中增加了 g_1, g_2, g_3, g_4, 并且式 (2.1.10) 中多了连续条件 (2.1.10c), 故积分常数中的 $d_1\sim d_6$、$c_1\sim c_4$ 与 1.2 节对应关系式中的常数值已完全不同了.

2.1.3 挠度方程中积分常数的确定

2.1.3.1 积分常数 $d_1\sim d_6$, $g_1\sim g_4$ 的确定

对式 (2.1.3), (2.1.5) 及其 1 ~ 3 阶导数, 据式 (2.1.10b) 中的挠度、倾角、弯矩和剪力连续条件, 可写出关于 $d_1\sim d_6$ 的 4 个代数方程. 解方程组可得

$$d_1=d_6+\frac{q_1-q_2}{4\beta^4EI}+A_1x_{\mathrm{c}1}^3(B_1+1)-A_2x_{\mathrm{c}2}^3(B_2+1) \tag{2.1.11}$$

$$d_2=d_3+\frac{A_1x_{\mathrm{c}1}(B_1-1)-A_2x_{\mathrm{c}2}(B_2-1)}{2\beta^2} \tag{2.1.12}$$

$$d_4=d_3+D_1 \tag{2.1.13}$$

$$d_5=d_6+D_2 \tag{2.1.14}$$

式 (2.1.11)~(2.1.14) 中

$$B_1=\frac{4}{1+4\beta^4x_{\mathrm{c}1}^4},\quad B_2=\frac{4}{1+4\beta^4x_{\mathrm{c}2}^4},\quad A_1=\frac{k_1}{EI}\frac{x_{\mathrm{c}1}^2\mathrm{e}^{-1}}{1+4\beta^4x_{\mathrm{c}1}^4},\quad A_2=\frac{k_2}{EI}\frac{x_{\mathrm{c}2}^2\mathrm{e}^{-1}}{1+4\beta^4x_{\mathrm{c}2}^4} \tag{2.1.15}$$

$$D_1=\frac{A_1x_{\mathrm{c}1}^2B_1+A_2x_{\mathrm{c}2}^2B_2}{2\beta}+\frac{A_1x_{\mathrm{c}1}(B_1-1)-A_2x_{\mathrm{c}2}(B_2-1)}{2\beta^2}$$

$$+\frac{A_1(B_1-2)+A_2(B_2-2)}{4\beta^3} \tag{2.1.16}$$

$$D_2=\frac{q_1-q_2}{4\beta^4 EI}+A_1x_{c1}^3(B_1+1)-A_2x_{c2}^3(B_2+1)+\frac{A_1x_{c1}^2B_1+A_2x_{c2}^2B_2}{2\beta} -\frac{A_1(B_1-2)+A_2(B_2-2)}{4\beta^3} \tag{2.1.17}$$

对挠度方程式 (2.1.5), (2.1.7) 求 1, 2, 3 次导数, 再由式 (2.1.10c) 中 $x=l_3$ 的挠度、倾角、弯矩和剪力连续条件, 可写出关于式 (2.1.5), (2.1.7) 中系数 $d_3\sim d_6$, $g_1\sim g_4$ 的代数方程

$$[d_3\sin\beta l_3\sinh\beta l_3+d_4\sin\beta l_3\cosh\beta l_3+d_5\cos\beta l_3\sinh\beta l_3+d_6\cos\beta l_3\cosh\beta l_3] +D_3=\frac{g_4}{EI}+D_4 \tag{2.1.18}$$

$$\beta[(\cos\beta l_3\sinh\beta l_3+\sin\beta l_3\cosh\beta l_3)d_3+(\cos\beta l_3\cosh\beta l_3+\sin\beta l_3\sinh\beta l_3)d_4 +(\cos\beta l_3\cosh\beta l_3-\sin\beta l_3\sinh\beta l_3)d_5+(\cos\beta l_3\sinh\beta l_3)d_6-\sin\beta l_3\cosh\beta l_3] -D_5=\frac{g_3}{EI}+D_6 \tag{2.1.19}$$

$$2\beta^2[\cos\beta l_3(d_3\cosh\beta l_3+d_4\sinh\beta l_3)-\sin\beta l_3(d_5\cosh\beta l_3+d_6\sinh\beta l_3)]+D_7=\frac{g_2}{EI}+D_8 \tag{2.1.20}$$

$$2\beta^3[(\cos\beta l_3\sinh\beta l_3-\sin\beta l_3 l\cosh\beta l_3)d_3+(\cos\beta l_3\cosh\beta l_3-\sin\beta l_3\sinh\beta l_3)d_4 -(\cos\beta l_3\times\cosh\beta l_3+\sin\beta l_3\sinh\beta l_3)d_5-(\cos\beta l_3\sinh\beta l_3+\sin\beta l_3\cosh\beta l_3)d_6] -D_9=\frac{g_1}{EI}+D_{10} \tag{2.1.21}$$

式 (2.1.18)~ (2.1.21) 中

$$D_3=\frac{q_1}{4\beta^4 EI}+A_{1l_3}x_{c1}^3\left[B_1+\frac{l_3}{x_{c1}}+1\right] \tag{2.1.22}$$

$$D_4=\frac{k_1x_{c1}^5}{EI}\left(\frac{l_3+x_{c1}}{x_{c1}}+4\right)\mathrm{e}^{-\frac{l_3+x_{c1}}{x_{c1}}}-5\frac{k_3x_{c3}^5\mathrm{e}^{-1}}{EI} \tag{2.1.23}$$

$$D_5=A_{1l_3}x_{c1}^2\left[B_1+\frac{l_3}{x_{c1}}\right] \tag{2.1.24}$$

$$D_6=-\frac{k_1x_{c1}^4}{EI}\left(\frac{l_3+x_{c1}}{x_{c1}}+3\right)\mathrm{e}^{-\frac{l_3+x_{c1}}{x_{c1}}}-4\frac{k_3x_{c3}^4\mathrm{e}^{-1}}{EI} \tag{2.1.25}$$

$$D_7=A_{1l_3}x_{c1}\left[B_1+\frac{l_3}{x_{c1}}-1\right] \tag{2.1.26}$$

$$D_8 = \frac{k_1 x_{c1}^3}{EI}\left(\frac{l_3 + x_{c1}}{x_{c1}} + 2\right)\mathrm{e}^{-\frac{l_3+x_{c1}}{x_{c1}}} - 3\frac{k_3 x_{c3}^3 \mathrm{e}^{-1}}{EI} \tag{2.1.27}$$

$$D_9 = A_{1l_3}\left[B_1 + \frac{l_3}{x_{c1}} - 2\right] \tag{2.1.28}$$

$$D_{10} = -\frac{k_1 x_{c1}^2}{EI}\left(\frac{l_3 + x_{c1}}{x_{c1}} + 1\right)\mathrm{e}^{-\frac{l_3+x_{c1}}{x_{c1}}} - 2\frac{k_3 x_{c3}^2 \mathrm{e}^{-1}}{EI} \tag{2.1.29}$$

$$A_{1l_3} = \frac{k_1}{EI}\frac{x_{c1}^2}{1 + 4\beta^4 x_{c1}^4}\mathrm{e}^{-\frac{l_3+x_{c1}}{x_{c1}}} \tag{2.1.30}$$

对挠度方程式 (2.1.7) 求 2, 3 次导数, 再由式 (2.1.10d) 中 $y_{22}''(l) = M_l/EI$, $y_{22}'''(l) = -Q_l/EI$ 的条件, 可写出关于式 (2.1.7) 中积分常数 g_1, g_2 的代数方程

$$\begin{aligned}&\frac{q_1(l-l_3)^2}{2} + k_1 x_{c1}^3\left(\frac{l + x_{c1}}{x_{c1}} + 2\right)\mathrm{e}^{-\frac{l+x_{c1}}{x_{c1}}} - k_3 x_{c3}^3\left[\frac{(l_3 + x_{c3}) - l}{x_{c3}} + 2\right]\mathrm{e}^{\frac{l-(l_3+x_{c3})}{x_{c3}}}\\&+ g_1(l - l_3) + g_2 = M_l\end{aligned} \tag{2.1.31}$$

$$\begin{aligned}&q_1(l - l_3) - k_1 x_{c1}^2\left(\frac{l + x_{c1}}{x_{c1}} + 1\right)\mathrm{e}^{-\frac{l+x_{c1}}{x_{c1}}}\\&- k_3 x_{c3}^2\left[\frac{(l_3 + x_{c3}) - l}{x_{c3}} + 1\right]\mathrm{e}^{\frac{l-(l_3+x_{c3})}{x_{c3}}} + g_1 = -Q_l\end{aligned} \tag{2.1.32}$$

以上两式中的 M_l, Q_l 同 1.2 节, 将 M_l, Q_l 代入式 (2.1.31), (2.1.32) 可得 g_1, g_2. 将所得到的 g_1, g_2 代入式 (2.1.20), (2.1.21), 再利用式 (2.1.13), (2.1.14) 可解得 d_3, d_6 为

$$d_3 = \frac{b_1 a_{22} - b_2 a_{12}}{a_{11}a_{22} - a_{12}a_{21}}, \quad d_6 = \frac{a_{11}b_2 - a_{21}b_1}{a_{11}a_{22} - a_{12}a_{21}} \tag{2.1.33}$$

其中

$$a_{11} = \mathrm{e}^{\beta l_3}\cos\beta l_3 \tag{2.1.34}$$

$$a_{12} = -\mathrm{e}^{\beta l_3}\sin\beta l_3 \tag{2.1.35}$$

$$a_{21} = \mathrm{e}^{\beta l_3}(\cos\beta l_3 - \sin\beta l_3) \tag{2.1.36}$$

$$a_{22} = -\mathrm{e}^{\beta l_3}(\cos\beta l_3 + \sin\beta l_3) \tag{2.1.37}$$

$$b_1 = \frac{G_1/EI - D_7}{2\beta^2} - D_1\cos\beta l_3\sinh\beta l_3 + D_2\sin\beta l_3\cosh\beta l_3 \tag{2.1.38}$$

$$\begin{aligned}b_2 = &\frac{G_2/EI + D_9}{2\beta^3} + D_1(\sin\beta l_3\sinh\beta l_3 - \cos\beta l_3\cosh\beta l_3)\\&+ D_2(\sin\beta l_3\sinh\beta l_3 + \cos\beta l_3\cosh\beta l_3)\end{aligned} \tag{2.1.39}$$

式 (2.1.38), (2.1.39) 中的

$$G_1 = g_2 + k_1 x_{c1}^3 \left(\frac{l_3 + x_{c1}}{x_{c1}} + 2\right) e^{-\frac{l_3 + x_{c1}}{x_{c1}}} - 3k_3 x_{c3}^3 e^{-1} \tag{2.1.40}$$

$$G_2 = g_1 - k_1 x_{c1}^2 \left(\frac{l_3 + x_{c1}}{x_{c1}} + 1\right) e^{-\frac{l_3 + x_{c1}}{x_{c1}}} - 2k_3 x_{c3}^2 e^{-1} \tag{2.1.41}$$

式 (2.1.34)~(2.1.41) 的右端均为已知量, 故由式 (2.1.33), (2.1.11)~ (2.1.14) 知, $d_1 \sim d_6$ 已全部确定. 再将 $d_3 \sim d_6$ 代入式 (2.1.18), (2.1.19), 可解得 g_3, g_4.

2.1.3.2 积分常数 $c_1 \sim c_4$ 的确定

对式 (2.1.7), (2.1.8) 的一阶导数, 据式 (2.1.10d) 中 $y'_{22}(l) = y'_1(l)$ 条件, 可解得

$$c_1 = \frac{g_1(l - l_3)^2}{2} + g_2(l - l_3) + g_3 + D_{11} + D_{12} \tag{2.1.42}$$

对式 (2.1.7), (2.1.8), 据式 (2.1.10 d) 中 $y_{21}(l) = y_1(l)$ 条件, 可解得

$$c_2 = \frac{g_1(l - l_3)^3}{6} + \frac{g_2(l - l_3)^2}{2} + g_3(l - l_3) + g_4 - c_1 l + D_{13} + D_{14} \tag{2.1.43}$$

式 (2.1.42), (2.1.43) 中

$$D_{11} = \frac{q_1(l - l_3)^3}{6} - k_3 x_{c3}^4 \left[\frac{l_3 + x_{c3} - l}{x_{c3}} + 3\right] e^{\frac{(l - l_3) - x_{c3}}{x_{c3}}} \tag{2.1.44}$$

$$\begin{aligned} D_{12} =& k_1 x_{c1}^4 \left\{ \left[\left(\frac{l + x_{c1}}{x_{c1}}\right)^2 + 2\left(\frac{l + x_{c1}}{x_{c1}}\right) + 2 \right] \left(\frac{l + x_{c1}}{x_{c1}}\right) \right. \\ & \left. - \frac{1}{2}\left(\frac{l + x_{c1}}{x_{c1}} + 1\right)\left(\frac{l + x_{c1}}{x_{c1}}\right)^2 \right\} e^{-\frac{l + x_{c1}}{x_{c1}}} \end{aligned} \tag{2.1.45}$$

$$D_{13} = \frac{q_1(l - l_3)^4}{24} - k_3 x_{c3}^5 \left[\frac{l_3 + x_{c3} - l}{x_{c3}} + 4\right] e^{\frac{l - l_3 - x_{c3}}{x_{c3}}} \tag{2.1.46}$$

$$\begin{aligned} D_{14} =& k_1 x_{c1}^5 \left\{ \frac{1}{2} \left[\left(\frac{l + x_{c1}}{x_{c1}}\right)^2 + 2\left(\frac{l + x_{c1}}{x_{c1}}\right) + 2 \right] \left(\frac{l + x_{c1}}{x_{c1}}\right)^2 \right. \\ & \left. - \frac{1}{6}\left(\frac{l + x_{c1}}{x_{c1}} + 1\right)\left(\frac{l + x_{c1}}{x_{c1}}\right)^3 \right\} e^{-\frac{l + x_{c1}}{x_{c1}}} \end{aligned} \tag{2.1.47}$$

对式 (2.1.8), (2.1.9) 的一阶导数, 据式 (2.10e) 中 $y'_{1左}(l + L_k) = y'_{1右}(l + L_k)$ 条件, 可解得

$$c_3 = c_1 - \frac{p_o L_k^3}{6} - \frac{(p_k - p_o) L_k^3}{8} \tag{2.1.48}$$

对式 (2.1.8), (2.1.9), 据式 (2.10e) 中 $y_{1左}(l+L_k)=y_{1右}(l+L_k)$ 条件, 可解得

$$c_4=(c_1-c_3)(l+L_k)+c_2-\frac{p_oL_k^4}{8}-\frac{11(p_k-p_o)L_k^4}{120} \tag{2.1.49}$$

至此, 积分常数 $c_1\sim c_4$ 已全部确定.

2.1.4 支承压力峰值 f_{c3} 的确定法和验证法

支承压力峰值 f_{c3} 是引入煤层软化区之后的重要参数, 在分析运算中总认为式 (2.1.2), (2.1.7) 中的 f_{c3} 是正确的. 在计算中, 式 (2.1.2), (2.1.7) 中软化区支承压力峰值 f_{c3} 是根据以下介绍的方法确定的, f_{c3} 值的精度直接关系到引入煤层软化区后, 对顶板力学特性描述的精确性. 本节给出一个可验证煤层软化区支承压力峰值 f_{c3} 的关系和另一个可精确确定 f_{c3} 值的关系.

比较式 (2.1.4) 与式 (2.1.6) 知, 式 (2.1.10c) 中第 5 个条件为

$$\text{A}: EIy_{21}^{(4)}(l_3)=EIy_{22}^{(4)}(l_3) \tag{2.1.50}$$

式 (2.1.50) 是指弹性地基与软化地基交界处, 作用在岩梁上包括地基反力在内的所有分布荷载的总和在 $x=l_3$ 截面上是连续的. 将式 (2.1.4), (2.1.6) 代入式 (2.1.50), 并利用式 (2.1.5) 中的 $\beta=[C/(4EI)]^{1/4}$, 可得到如下关系:

$$\text{B}: Cy_{21}(l_3)=k_3x_{c3}\mathrm{e}^{-1}=f_{c3} \tag{2.1.51}$$

比较 1.2 节的式 (1.2.1) 可以看到, 式 (2.1.51) 左端是 $x=l_3$ 截面左侧弹性地基对岩梁的反力, 右端则是 $x=l_3$ 截面右侧煤层软化区对岩梁的支承压力峰值 f_{c3}. 式 (2.1.51) 指明了引入煤层软化区后计算中要解决的, 煤层弹性区与煤层软化区交界处煤层对岩梁反力须保持连续的问题. 式 (2.1.51) 也是所选取的 f_{c3} 值精度的验证法.

现将 $EIy^{(4)}(x)$ 的图形称为岩梁竖向分布力曲线. 由此可得到关于 f_{c3} 值的由式 (2.1.50) 表示的关系 A: 凡使 $EIy^{(4)}(x)$ 分布曲线连续的 f_{c3} 值, 就是煤层弹性区与软化区交界处 ($x=l_4$) 煤层对岩梁反力连续的精确 f_{c3} 值——此为计算中 f_{c3} 精确值的确定法. 2.1.5 节挠度算例中还将给出一个对所取用的煤层软化区支承压力峰值 f_{c3} 精度的验证法.

以下通过例子介绍 f_{c3} 值的确定法 A 的运用. 对 $q_2=5\text{MN/m}$, $f_{c2}=0.22q_2$, $q_1=0.15\text{MN/m}$, $x_{c1}=6.5\text{m}$, $x_{c2}=12\text{m}$, $x_{c3}=7\text{m}$, 取弹性地基常数 $C=0.8\text{GPa}$, 顶板厚 $h=6\text{m}$, 顶板弹模 $E=25\text{GPa}$, 图 2.3 中 $l_3=9\text{m}$, $l=15\text{m}$, $L=14\text{m}$, 支护阻力 $p_o=0.9\text{MN/m}$, $p_k=1.2p_o$, 控顶距 $L_k=4\text{m}$ 及 2.1.3 节所给的关系式, 将式 (2.1.5), (2.1.7) 代入式 (2.1.4), (2.1.6) 中的 $EIy^{(4)}(x)$, 用 Matlab 编程可绘得煤层弹性区段 $[0,l_3]$ 与软化区段 $[l_3,l]$ 上 $EIy^{(4)}(x)$ 分布曲线图 2.5(a).

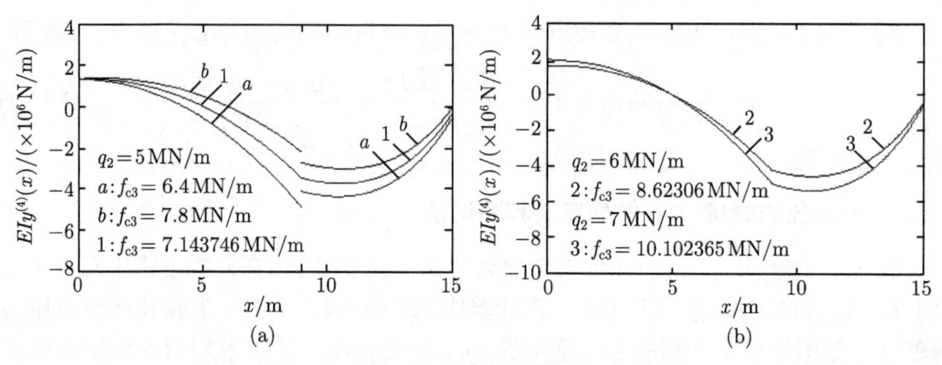

图 2.5 不同 f_{c3} 值的 $EIy^{(4)}(x)$ 分布曲线

从图 2.5(a) 看到, 当取煤层软化区支承压力峰值 f_{c3} =(6.4, 7.8)MN/m 时, $EIy^{(4)}(x)$ 分布曲线 a, b 在 $x = 9$m 的煤层弹性、软化区交界处不连续; 而取 f_{c3} =7.143746MN/m 时的 $EIy^{(4)}(x)$ 分布曲线 1 在 $x = 9$m 的弹性、软化区交界处连续; 图 2.5(b) 为 q_2 =(6, 7)MN/m 而其他参数值与图 2.5(a) 相同时的 $EIy^{(4)}(x)$ 分布曲线, 从图 2.5(b) 看到, 取 f_{c3} =(8.62306, 10.102365)MN/m 时 $EIy^{(4)}(x)$ 曲线 2, 3 在 $x = 9$m 的弹性、软化区交界处连续.

需要说明, 图 2.5(a), (b) 中的 f_{c3} 值是经多次试选后确定的.

2.1.5 软化地基和弹性地基两区段支承的岩梁力学特性算例

2.1.5.1 岩梁上覆荷载与煤层支承压力峰值

由于选用的参数值与 1.2 节中有所不同, 这里仅对平均荷载 q_2 =6MN/m, q_1 = 0.15MN/m 的岩梁上方分布荷载绘制如图 2.6 所示. 图 2.6 中虽然 l = 15m, 但 f_{c2} = $0.22q_2, x_{c1}$ = 6.5m, 故悬臂梁端 $F_{1\min} \approx 4.01q_1$, 大于图 1.13 中的 $F_{1\min} \approx 2.15q_1$, 并且 [0, 15]m 区段和 [15, 29]m 悬空区段岩梁上覆荷载均大于与图 1.13 同样区段岩梁的上覆荷载.

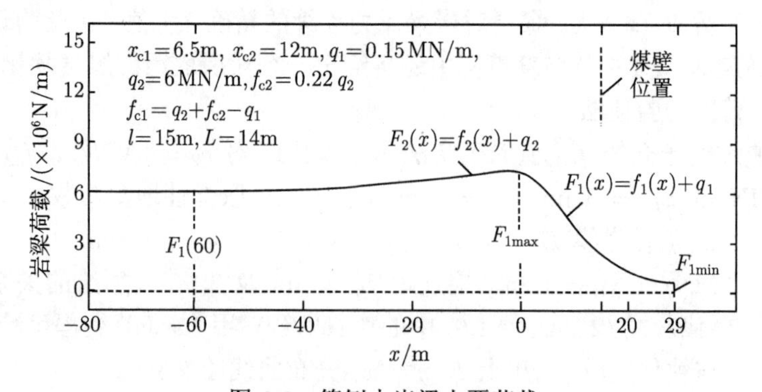

图 2.6 算例中岩梁上覆荷载

2.1.5.2~2.1.5.5 节将据岩梁上方平均荷载 q_2 =(5, 6, 7)MN/m, q_1 =0.15MN/m, 相应煤层软化区支承压力峰值

$$f_{c3} = (7.143746,\ 8.62306, 10.102365)\mathrm{MN/m} \tag{2.1.52}$$

绘出基于软化和弹性地基的岩梁剪力、弯矩、挠度曲线, 以及计算煤层支承压力, 考察岩梁潜在断裂位置, 并将所得结果与相同参数值、全弹性地基支承 (假定) 的岩梁剪力、弯矩、挠度和潜在断裂位置进行比较.

2.1.5.2 软化地基和弹性地基两区段支承岩梁的剪力

图 2.7 中曲线 a, b, 1 为与图 2.5(a) 中 $EIy^{(4)}(x)$ 分布曲线 a, b, 1 对应的岩梁剪力曲线. 当煤层软化区支承压力峰值 f_{c3} =7.143746MN/m 时, 剪力曲线 1 在 $x = 9$m 的弹性、软化地基交界处光滑连续. 取 f_{c3} =(6.4, 7.8)MN/m 时, 剪力曲线 a, b 在 $x = 9$m 的弹性、软化地基交界处连续但有折角. 由材料力学中剪力图知识: 梁上分布荷载不连续处, 剪力图有折角; 反之, 梁上分布荷载连续处, 剪力图光滑. 由于岩梁上覆荷载 $F_1(x) = f_1(x) + q_1$ 在 $x = 9$m 处是连续的, 图 2.7 的剪力曲线 a, b 有折角是因为选取 f_{c3} =(6.4, 7.8)MN/m 时在 $x = 9$m 处弹性、软化地基的反力不连续.

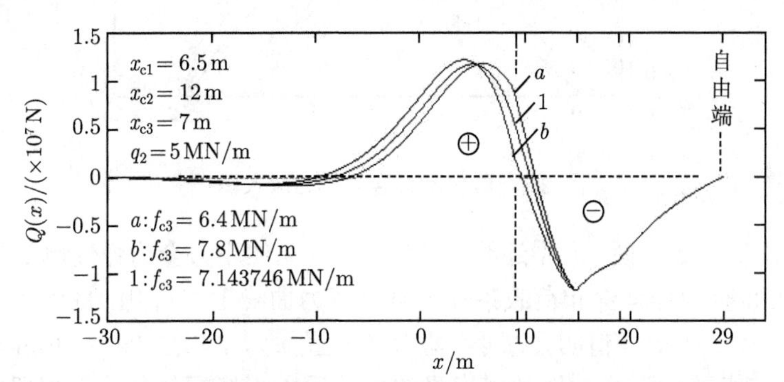

图 2.7 不同 f_{c3} 值的剪力分布曲线

图 2.8 的曲线 1, 2, 3 为图 2.3 埋深为 (250, 300, 350)m(相应梁上平均荷载 q_2 =(5, 6, 7)MN/m), f_{c3} =(7.143746, 8.62306, 10.102365)MN/m, 其他参数值如图 2.5 上方所列时的岩梁剪力曲线. 图 2.8 中各剪力曲线在 $x = 9$m 的弹性、软化地基交界处均为光滑连续, 表明该截面前、后方煤层对岩梁的反力连续. 图 2.9 为图 2.8 剪力曲线峰值部位的精确放大图, 从图 2.8, 图 2.9 看到, 曲线 1, 2, 3 在煤壁前方 $x \approx$(5.05, 5.02, 5)m 处取得剪力峰值, 剪力峰位于支承压力峰 ($x = 9$m) 前方的煤层弹性区段. 各曲线在煤壁处 ($x = 15$m) 剪力的绝对值要大于煤壁前方剪力峰值; 随梁上平均荷载 q_2 增大, 各曲线煤壁前方的岩梁剪力峰值及煤壁处 ($x = 15$m)

的剪力最大值也随之增大.

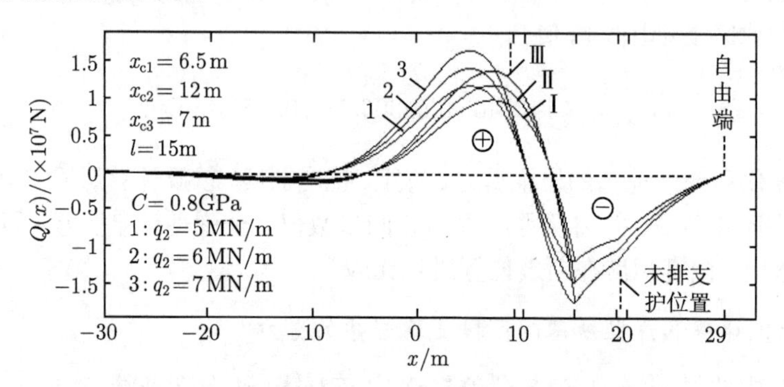

图 2.8　不同埋深及相应支承压力时的岩梁剪力图

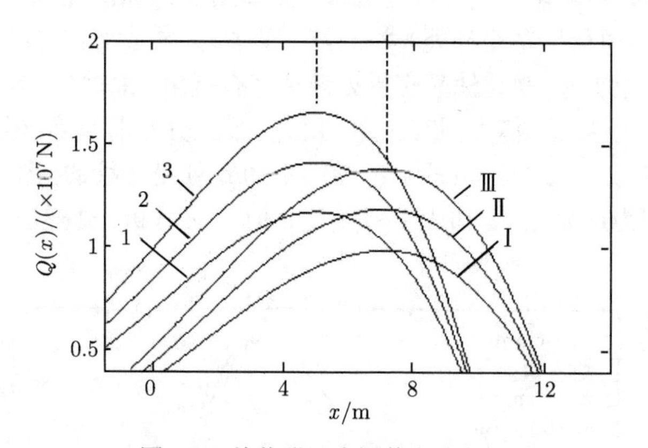

图 2.9　峰值附近岩梁剪力放大图

为作比较, 图 2.8, 图 2.9 中还绘出假定图 2.3 岩梁下方全为弹性地基支承时的, 与曲线 1, 2, 3 有同样埋深和荷载条件的岩梁剪力曲线 Ⅰ, Ⅱ, Ⅲ. 曲线 Ⅰ, Ⅱ, Ⅲ的峰值比曲线 1, 2, 3 的峰值明显减小, 剪力峰位置 $x\approx$(7.14, 7.09, 7.06)m 较大地接近煤壁. 这与煤壁附近弹性地基对岩梁的反力远大于煤层软化区对岩梁的反力有关 (见 5.2.3 节); 图 2.8 中 $x=15$m 的煤壁处曲线 Ⅰ, Ⅱ, Ⅲ与曲线 1, 2, 3 精确相交; 在煤壁后方曲线 Ⅰ, Ⅱ, Ⅲ分别与曲线 1, 2, 3 相重合, 因为在各相同的埋深下图 2.3 软化、弹性地基两区段支承岩梁与全为弹性地基支承岩梁悬空区段的竖向荷载完全相同.

2.1.5.3　软化地基和弹性地基两区段支承岩梁的弯矩

图 2.10 中曲线为与图 2.8 各剪力曲线对应的岩梁弯矩曲线. 曲线 1, 2, 3 在 $x=-20$m 前方均趋于 0; 在 $x=29$m 处为 0, 符合式 (2.1.10f) 中 $M(l+L)=0$ 的力边界条件; 岩梁弯矩随埋深的增大而增大; 图 2.11 为图 2.10 弯矩曲线峰值部位

的精确放大图, 从图 2.10, 图 2.11 看到, 在 $\hat{x}\approx(10.58, 10.54, 10.50)$m 或者煤壁前方 $\hat{l}=l-\hat{x}\approx(4.42, 4.46, 4.50)$m 的煤层软化区范围内达到各自埋深下的弯矩峰值 $M(\hat{x})\approx(1.09, 1.31, 1.53)\times10^8$N·m.

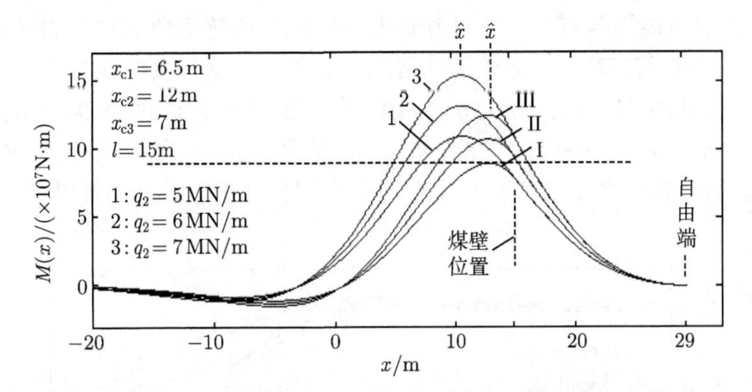

图 2.10　不同埋深和相应支承压力时的岩梁弯矩曲线

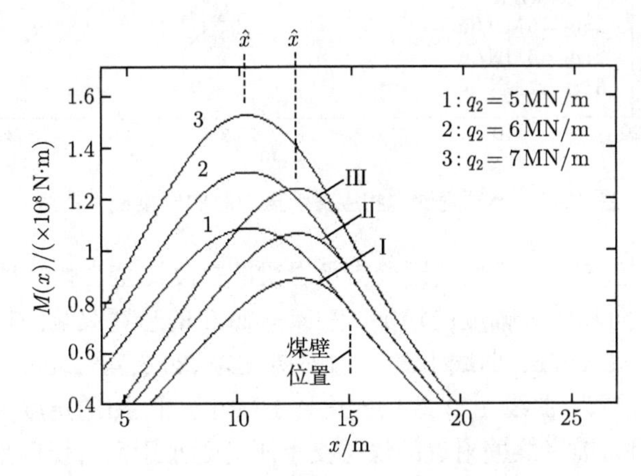

图 2.11　峰值附近岩梁弯矩放大图

曲线Ⅰ, Ⅱ, Ⅲ的峰值比曲线 1, 2, 3 的峰值有较大减小, 在 $\hat{x}\approx(12.81, 12.76, 12.72)$m 或者煤壁前方 $\hat{l}=l-\hat{x}\approx(2.19, 2.24, 2.28)$m 达到各自埋深下的弯矩峰值 $M(\hat{x})=(0.89, 1.07, 1.25)\times10^8$N·m. 在 $x=15$m 的煤壁处, 曲线Ⅰ, Ⅱ, Ⅲ分别以精确方式与曲线 1, 2, 3 相切、相交, 在悬空区段完全重合. 这是因为同样埋深下图 2.3 中悬空区段的岩梁荷载完全相同, 产生的弯矩也完全相同.

大多数矿山监测到的顶板断裂位置在 4m 左右或 4m 以上. 按最大拉应力强度条件, 顶板潜在断裂位置在煤壁前方岩梁弯矩峰处. 据此, 曲线Ⅰ, Ⅱ, Ⅲ的弯矩峰位置指示顶板在煤壁前方 (2.19~2.28)m 范围发生断裂, 过于接近煤壁, 与多数矿山监测到的顶板断裂位置差别较大. 相比之下, 曲线 1, 2, 3 的弯矩峰位置指示顶板在

煤壁前方 (4.42~4.50)m 范围发生断裂, 与多数矿山监测到的顶板断裂位置相符合.

2.1.5.4 软化地基和弹性地基两区段支承岩梁的挠度

图 2.12 中曲线为与图 2.8 各剪力曲线、图 2.10 各弯矩曲线对应的岩梁挠度曲线. 在 $x=-20$m 前方软化、弹性地基两区段支承的岩梁挠度曲线与全弹性地基支承的岩梁挠度曲线 (1, Ⅰ), (2, Ⅱ), (3, Ⅲ) 分别双双趋于 (7.03, 8.04, 9.85)mm, 已接近于 $y(-\infty)=q_2/C$ =(6.25, 7.5, 8.75)mm, 这是因为 $y(-\infty)=q_2/C$ 仅与 q_2 和前远方的弹性地基常数 C 有关, 与煤壁附近煤层是处于软化还是弹性状态无关.

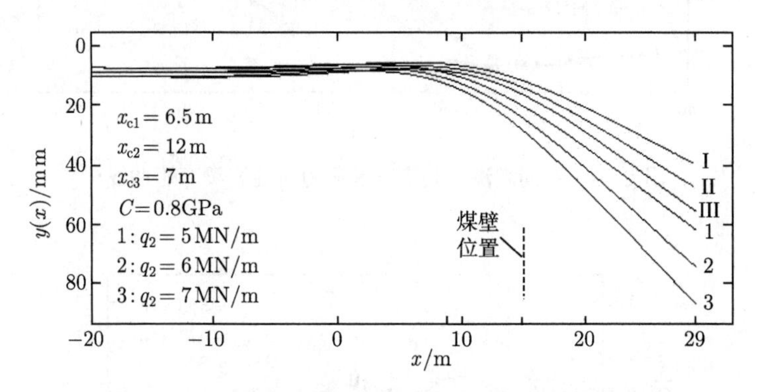

图 2.12 不同埋深和相应支承压力时的岩梁挠度曲线

从 $x=3$m 起, 软化, 弹性两区段支承岩梁的挠度比全为弹性地基支承 (假定) 岩梁的挠度有全面和较大幅度的增加; 在 $x=29$m 的悬臂梁端, 曲线 1, 2, 3 的挠度为 (61.5, 74.0, 86.4)mm, 曲线Ⅰ, Ⅱ, Ⅲ的挠度为 (39.6, 47.4, 55.3)mm. 在各自相同的埋深下岩梁悬端, 曲线 1, 2, 3 的挠度比曲线Ⅰ, Ⅱ, Ⅲ的挠度大出 (21.9, 26.6, 31.1)mm. 这是因为前者煤壁附近的煤层支承压力远小于后者煤壁附近的煤层反力 (见 2.1.5.6 节).

2.1.5.5 弹性、软化地基交界处地基反力连续验证与煤壁处的煤层反力

图 2.13 为用 Matlab 绘得的图 2.12 弹性地基与软化地基交界 ($x=l_3=9$m) 处岩梁挠度曲线的精确放大图. $x=9$m 的竖虚线与曲线 1, 2, 3 交点的纵坐标分别为 (8.9297, 10.7786, 12.6280)mm. 将这三个挠度值分别乘以弹性地基常数 $C=0.8$GPa, 得到 $Cy_{21}(l_3)\approx$(7.14376, 8.6229, 10.1024)MN/m, 十分接近式 (2.1.52) 中相应于曲线 1, 2, 3 的软化地基支承压力峰值 f_{c3} =(7.143746, 8.62306, 10.102365)MN/m, 这验证了由式 (2.1.51) 表示的 $x=9$m 处弹性地基与煤层软化区对岩梁反力保持连续的关系 B.

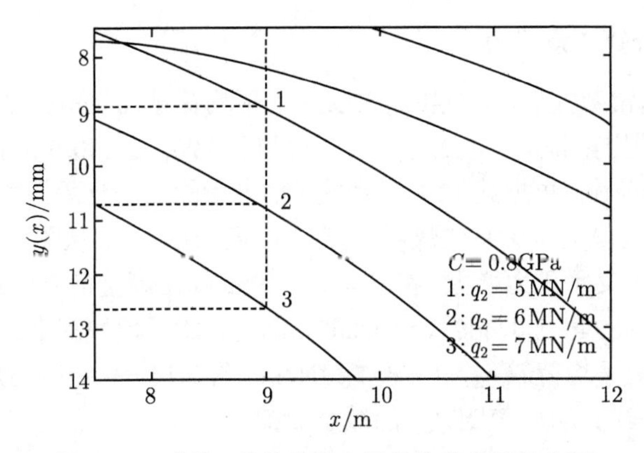

图 2.13 弹性、软化地基交界处挠度曲线放大图

图 2.14 为用 Matlab 绘得的图 2.12 煤壁 ($x = l = 15$m) 附近全弹性地基支承 (假定的) 岩梁挠度曲线 I，II，III的精确放大图. $x = 15$m 的竖虚线与 I，II，III 的交点的纵坐标为 (11.1, 13.4, 15.8)mm. 将这三个挠度值分别乘以弹性地基常数 $C = 0.8$GPa, 得到煤壁处弹性地基对岩梁的反力

$$Cy_2(l) \approx (8.88,\ 10.72,\ 12.64)\text{MN/m} \tag{2.1.53}$$

将式 (2.1.52) 中的三个 f_{c3} 值代入式 (2.1.1), 可算得煤壁处煤层对岩梁的反力

$$f_3(l) = f_3(15) \approx (2.41,\ 2.91,\ 3.40)\text{MN/m} \tag{2.1.54}$$

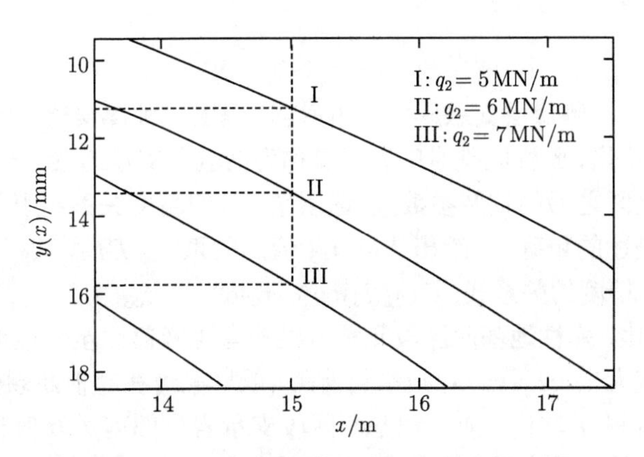

图 2.14 煤壁处全弹性地基挠度曲线放大图

比较式 (2.1.53), (2.1.54) 知, 全弹性地基支承 (假定) 的岩梁在煤壁处受到的反力是软化、弹性地基两区段支承的岩梁在煤壁处所受煤层反力的 (3.68~3.72) 倍, 或软化、弹性地基两区段支承的岩梁在煤壁处所受煤层反力是全弹性地基支承 (假定) 的岩梁在煤壁受到的反力的 (0.269~0.272) 倍.

2.1.6 煤层的计算支承压力

将弹性地基常数 $C = 0.8\text{GPa}$ 乘以梁上平均荷载 $q_2 = (5,\ 6,\ 7)\text{MN/m}$ 时式 (2.1.3), (2.1.5) 的岩梁挠度 $y_2(x)$, $y_{21}(x)$, 可得到 $[-20, 0]\text{m}$, $[0, 9]\text{m}$ 区段的弹性地基反力 $Cy_2(x)$, $Cy_{21}(x)$, 再据式 (2.1.1) 和式 (2.1.52) 的三个支承压力峰值, 可绘出软化、弹性地基两区段支承关系的煤层计算支承压力图 2.15. 从图 2.15 看到, 随埋深增大, 煤层软化区支承压力增大, 在 $x = l_3 = 9\text{m}$ 或在煤壁前方 6m 处达到支承压力峰值 $f_{c3} = (7.143746, 8.62306, 10.102365)\text{MN/m}$, 然后较快减小. 在 $x = -20\text{m}$ 前方, 逐渐趋于梁上平均荷载 $q_2 = (5,\ 6,\ 7)\text{MN/m}$. 图 2.15 中 $f_3(l)$ 为煤壁处煤层的残余强度, 相应曲线的 $f_3(l)$ 值随 f_{c3} 的减小而减小.

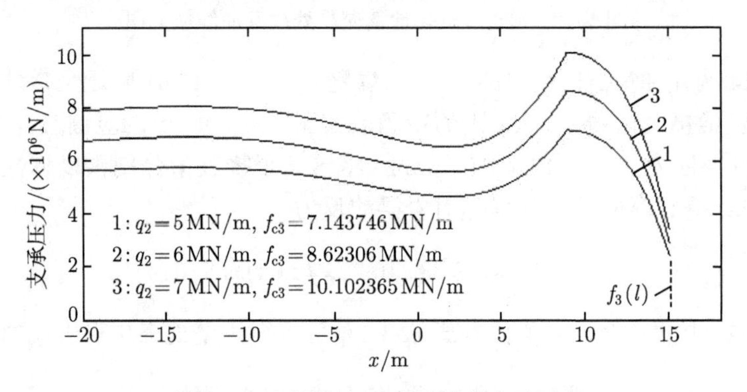

图 2.15 不同埋深的煤层计算支承压力

2.1.7 小结

(1) 据图 2.1 实测煤层支承压力分布形态, 提出一种煤层软化区支承压力表达式, 将基于煤层软化、弹性区支承的岩梁简称为两区段支承岩梁. 支承压力峰值 f_{c3} 是引入煤层软化区之后的重要参数, 所选用 f_{c3} 值的精度关系到引入煤层软化区对顶板力学特性描述的精确性; 给出选取 f_{c3} 值的关系式: $EIy_{21}^{(4)}(l_3) = EIy_{22}^{(4)}(l_3)$ 和验证所选取 f_{c3} 精度的关系式: $Cy_{21}(l_3) = k_3 x_{c3} \mathrm{e}^{-1} = f_{c3}$.

(2) 基于软化、弹性地基两区段支承岩梁的弯矩峰值比全弹性地基支承 (假定) 的岩梁弯矩峰值大出 22%强, 弯矩峰超前距 (或岩梁潜在超前断裂位置) 前者比后者大出约 2.22m 基于软化、弹性地基两区段支承岩梁的剪力峰值和剪力峰超前位置明显大于全弹性地基支承 (假定) 的岩梁剪力峰值和剪力峰超前位置; 基于软化、弹性地基两区段支承岩梁的挠度比全弹性地基支承 (假定) 的岩梁挠度有全面和较大幅度的增加. 这些变化均与两区段支承的岩梁在煤壁附近受到的煤层反力远小于全弹性地基支承 (假定) 的岩梁在煤壁附近受到弹性地基反力有关, 前者仅为后者的 (0.269~0.272) 倍.

2.2 初次来压前基于弹性地基和软化地基的坚硬顶板力学特性分析

2.1 节对基于软化地基, 弹性地基两区段支承的周期来压期间未破断坚硬顶板的力学特性进行了分析. 本节将在 1.3 节的基础上, 对初次破断前工作面推进、采空区悬顶距离增大的某阶段软化地基, 弹性地基两区段支承坚硬顶板的力学特性进行分析 [34], 分析对于 $[l_3, l]$ 煤层软化区段的岩梁挠度方程 $y_{22}(x)$ 采用不同方法求解, 用 Matlab 给出算例, 并将所得结果与同一推进阶段全弹性地基支承 (假定) 的坚硬顶板力学特性进行比较.

2.2.1 分析模型

参照图 1.9, 可绘出软化地基, 弹性地基两区段支承初次破断前推进某阶段坚硬顶板半结构模型——岩梁模型, 如图 2.16 所示, 图中岩梁右端为定向支承, 对应的力和位移边界条件为 $Q(l+L)=0$, $y'(L+l)=0$. 图 2.16 中原点到软化地基的距离为 l_3, 到煤壁的距离为 l. 在图 2.16 的坐标下煤层软化区支承压力 $f_3(x)$ 的表达式如式 (2.1.1), (2.1.2), 煤层软化区岩梁上覆荷载为 $F_1(x)=f_1(x)+q_1$. 图 2.16 其余区段的荷载、支承状况如 1.3 节, 此处不再赘述.

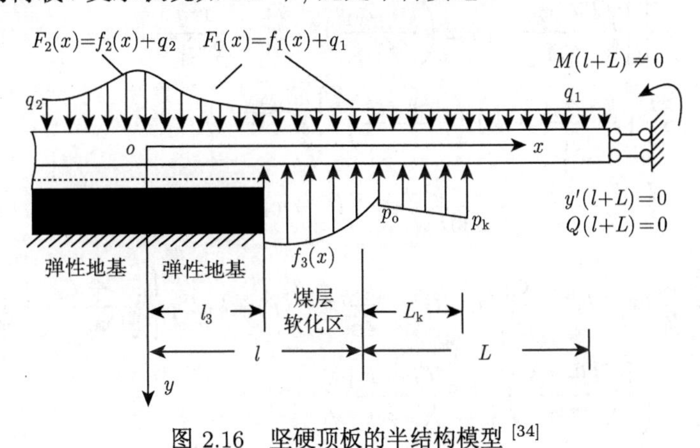

图 2.16 坚硬顶板的半结构模型 [34]

2.2.2 岩梁各区段的挠度方程、边界条件和连续条件

2.2.2.1 弹性地基区段和悬顶区段的岩梁挠度方程

将图 2.16 中 $[-\infty, 0]$, $[0, l_3]$, $[l, l+L_k]$ 和 $[l+L_k, l+L]$ 区段岩梁的挠度方程分别记为 $y_2(x)$, $y_{21}(x)$, $y_{11}(x)$, $y_{12}(x)$. 参照 1.3 节, 受 $F_2(x)$ 作用的 $[-\infty, 0]$ 区段半

无限长弹性地基梁的挠度方程解的形式为

$$\begin{aligned} y_2(x) =& \mathrm{e}^{\beta x}(d_1 \cos \beta x + d_2 \sin \beta x) + \frac{q_2}{4\beta^4 EI} + \frac{k_2}{EI} \frac{x_{\mathrm{c2}}^4}{1 + 4\beta^4 x_{\mathrm{c2}}^4} \\ & \cdot \left[(x_{\mathrm{c2}} - x) + \frac{4x_{\mathrm{c2}}}{1 + 4\beta^4 x_{\mathrm{c2}}^4} \right] \mathrm{e}^{\frac{x - x_{\mathrm{c2}}}{x_{\mathrm{c2}}}} \quad (-\infty < x \leqslant 0) \end{aligned} \tag{2.2.1}$$

图 2.16 中 $[0, l_3]$ 区段弹性地基梁上作用分布荷载 $F_1(x) = q_1 + k_1(x + x_{\mathrm{c1}}) \exp[-(x + x_{\mathrm{c1}})/x_{\mathrm{c1}}]$, 与 1.3 节相同, $[0, l_3]$ 区段任一微段 $\mathrm{d}x$ 的挠度微分方程为

$$y_{21}^{(4)}(x) + 4\beta^4 y_{21}(x) = \frac{q_1}{EI} + \frac{k_1}{EI}(x + x_{\mathrm{c1}})\mathrm{e}^{-\frac{x + x_{\mathrm{c1}}}{x_{\mathrm{c1}}}} \quad (0 \leqslant x \leqslant l_3) \tag{2.2.2}$$

相应的 $[0, l_3]$ 区段有限长岩梁挠度方程解的形式为

$$\begin{aligned} y_{21}(x) =& d_3 \sin \beta x \sinh \beta x + d_4 \sin \beta x \cosh \beta x + d_5 \cos \beta x \sinh \beta x \\ & + d_6 \cos \beta x \cosh \beta x + \frac{q_1}{4\beta^4 EI} + \frac{k_1}{EI} \frac{x_{\mathrm{c1}}^4}{1 + 4\beta^4 x_{\mathrm{c1}}^4} \\ & \cdot \left[(x + x_{\mathrm{c1}}) + \frac{4x_{\mathrm{c1}}}{1 + 4\beta^4 x_{\mathrm{c1}}^4} \right] \mathrm{e}^{-\frac{x + x_{\mathrm{c1}}}{x_{\mathrm{c1}}}} \quad (0 \leqslant x \leqslant l_3) \end{aligned} \tag{2.2.3}$$

$[l, l + L_{\mathrm{k}}]$ 和 $[l + L_{\mathrm{k}}, l + L]$ 区段悬臂梁的挠度方程形式同 1.3 节, 为

$$\begin{aligned} EIy_{11}(x) =& \frac{M_l}{2}(x - l)^2 - \frac{Q_l}{6}(x - l)^3 + \frac{q_1}{24}(x - l)^4 + k_1 x_{\mathrm{c1}}^5 \left\{ \left[\frac{x + x_{\mathrm{c1}}}{x_{\mathrm{c1}}} + 4 \right] \mathrm{e}^{-\frac{x + x_{\mathrm{c1}}}{x_{\mathrm{c1}}}} \right. \\ & - \left\{ \left[\left(\frac{l + x_{\mathrm{c1}}}{x_{\mathrm{c1}}} \right)^2 + 2 \left(\frac{l + x_{\mathrm{c1}}}{x_{\mathrm{c1}}} \right) + 2 \right] \times \frac{x^2}{2x_{\mathrm{c1}}^2} \right. \\ & \left. \left. - \frac{1}{6} \left(\frac{l + x_{\mathrm{c1}}}{x_{\mathrm{c1}}} + 1 \right) \left(\frac{x + x_{\mathrm{c1}}}{x_{\mathrm{c1}}} \right)^3 \right\} \mathrm{e}^{-\frac{l + x_{\mathrm{c1}}}{x_{\mathrm{c1}}}} \right\} \\ & - \frac{p_{\mathrm{o}}(x - l)^4}{24} - \frac{(p_{\mathrm{k}} - p_{\mathrm{o}})}{120L_{\mathrm{k}}}(x - l)^5 + c_1 x + c_2 \quad (l \leqslant x \leqslant l + L_{\mathrm{k}}) \end{aligned} \tag{2.2.4}$$

$$\begin{aligned} EIy_{12}(x) =& \frac{M_l}{2}(x - l)^2 - \frac{Q_l}{6}(x - l)^3 + \frac{q_1}{24}(x - l)^4 + k_1 x_{\mathrm{c1}}^5 \left\{ \left[\frac{x + x_{\mathrm{c1}}}{x_{\mathrm{c1}}} + 4 \right] \mathrm{e}^{-\frac{x + x_{\mathrm{c1}}}{x_{\mathrm{c1}}}} \right. \\ & - \left\{ \left[\left(\frac{l + x_{\mathrm{c1}}}{x_{\mathrm{c1}}} \right)^2 + 2 \left(\frac{l + x_{\mathrm{c1}}}{x_{\mathrm{c1}}} \right) + 2 \right] \times \frac{x^2}{2x_{\mathrm{c1}}^2} \right. \\ & \left. \left. - \frac{1}{6} \left(\frac{l + x_{\mathrm{c1}}}{x_{\mathrm{c1}}} + 1 \right) \left(\frac{x + x_{\mathrm{c1}}}{x_{\mathrm{c1}}} \right)^3 \right\} \mathrm{e}^{-\frac{l + x_{\mathrm{c1}}}{x_{\mathrm{c1}}}} \right\} - p_{\mathrm{o}} L_{\mathrm{k}} \\ & \times \left[\frac{(x - l)^3}{6} - \frac{L_{\mathrm{k}}}{4}(x - l)^2 \right] - \frac{(p_{\mathrm{k}} - p_{\mathrm{o}})L_{\mathrm{k}}}{2} \left[\frac{(x - l)^3}{6} - \frac{L_{\mathrm{k}}(x - l)^2}{3} \right] \\ & + c_3 x + c_4 \quad (l + L_{\mathrm{k}} \leqslant x \leqslant l + L) \end{aligned} \tag{2.2.5}$$

图 2.16 和式 (2.2.1)~(2.2.5) 中所有其他符号意义同 1.3 节.

2.2.2.2 煤层软化区段的岩梁挠度方程

将图 2.16 中 $[l_3,l]$ 区段岩梁的挠度方程记为 $y_{22}(x)$. 图 2.17 为 $[l_3,l]$ 区段岩梁的隔离体图, 图中该区段岩梁上方作用分布荷载 $F_1(x)$, 下方为煤层软化区支承压力 $f_3(x)$, 据此可写出软化地基区段岩梁任一微段 $\mathrm{d}x$ 的挠度微分方程

$$y_{22}^{(4)}(x)=\frac{q_1}{EI}+\frac{k_1}{EI}(x+x_{c1})\mathrm{e}^{-\frac{x+x_{c1}}{x_{c1}}}-\frac{k_3}{EI}[(l_3+x_{c3})-x]\mathrm{e}^{\frac{x-l_3-x_{c3}}{x_{c3}}}\quad(l_3\leqslant x\leqslant l)\quad(2.2.6)$$

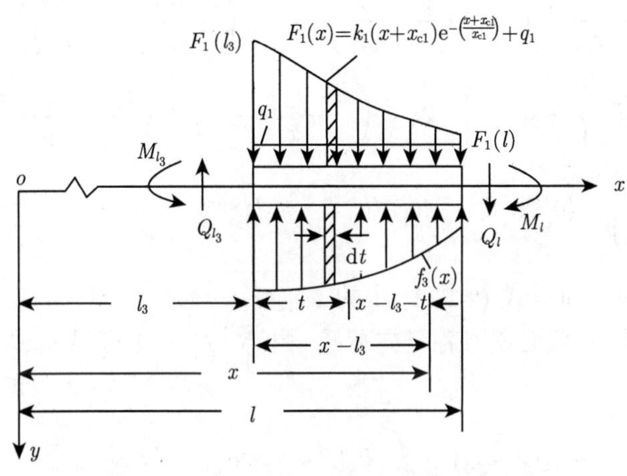

图 2.17 初次来压前岩梁的隔离体图 [34]

与 2.1 节中相同, 可以通过对式 (2.2.6) 积四次分来得到 $[l_3,l]$ 区段软化地基梁含 4 个积分常数的挠度方程, 但为了后文推导、运算简便, 在可以写出图 2.17 中 M_{l_3}, Q_{l_3} 表达式的情况下, 可通过写出 $[l_3,l]$ 区段岩梁的弯矩方程, 再对弯矩方程积两次分, 来得到软化地基区段岩梁含两个积分常数的挠度方程.

采用含参变量积分法, 以 t 为参变量, 注意到图 2.17 微段 $\mathrm{d}t$ 上的力为

$$\mathrm{d}f_1(t)=k_1(l_3+t+x_{c1})\exp[-(l_3+t+x_{c1})/x_{c1}]\mathrm{d}t\qquad(2.2.7)$$

$$\mathrm{d}f_3(t)=k_3[(l_3+x_{c3})-(l_3+t)]\mathrm{e}[(l_3+t)-(l_3+x_{c3})/x_{c3}]\mathrm{d}t\qquad(2.2.8)$$

对 x 截面取矩的写法, 图 2.17 中 x 截面左方各荷载对 x 截面取矩, 可得 $[l_3,l]$ 软化地基区段岩梁弯矩方程

$$\begin{aligned}EIy_{22}''(x)=&M_{22}(x)=M_{l_3}-Q_{l_3}(x-l_3)+\frac{q_1}{2}(x-l_3)^2\\&+\int_0^{x-l_3}k_1(l_3+t+x_{c1})\mathrm{e}^{-\frac{l_3+t+x_{c1}}{x_{c1}}}(x-l_3-t)\mathrm{d}t\\&-\int_0^{x-l_3}k_3[(l_3+x_{c3})-(l_3+t)]\mathrm{e}^{\frac{(l_3+t)-(l_3+x_{c3})}{x_{c3}}}\end{aligned}$$

$$\cdot (x - l_3 - t)\mathrm{d}t \quad (0 \leqslant t \leqslant x - l_3)\ (l_3 \leqslant x \leqslant l) \tag{2.2.9}$$

将式 (2.2.9) 中两个积分求出后, 可写出 $[l_3, l]$ 软化地基区段岩梁弯矩方程显式

$$\begin{aligned}M_{22}(x) =& M_{l_3} - Q_{l_3}(x - l_3) + \frac{q_1}{2}(x - l_3)^2 + k_1 x_{\mathrm{c}1}^3 \Bigg\{ \left[\frac{x + x_{\mathrm{c}1}}{x_{\mathrm{c}1}} + 2\right] \mathrm{e}^{-\frac{x + x_{\mathrm{c}1}}{x_{\mathrm{c}1}}} \\ & - \left\{ \left(\frac{l_3 + x_{\mathrm{c}1}}{x_{\mathrm{c}1}}\right)^2 + 2\left(\frac{l_3 + x_{\mathrm{c}1}}{x_{\mathrm{c}1}}\right) + 2 - \left(\frac{l_3 + x_{\mathrm{c}1}}{x_{\mathrm{c}1}} + 1\right)\left(\frac{x + x_{\mathrm{c}1}}{x_{\mathrm{c}1}}\right) \right\} \\ & \cdot \mathrm{e}^{-\frac{l_3 + x_{\mathrm{c}1}}{x_{\mathrm{c}1}}} \Bigg\} - k_3 x_{\mathrm{c}3}^3 \Bigg\{ -2\mathrm{e}^{-1} \left(\frac{x - l_3 - x_{\mathrm{c}3}}{x_{\mathrm{c}3}}\right) + \left(\frac{l_3 + x_{\mathrm{c}3} - x}{x_{\mathrm{c}3}} + 2\right) \mathrm{e}^{\frac{x - l_3 - x_{\mathrm{c}3}}{x_{\mathrm{c}3}}} \\ & - 5\mathrm{e}^{-1} \Bigg\} \quad (0 \leqslant t \leqslant x - l_3)\ (l_3 \leqslant x \leqslant l)\end{aligned} \tag{2.2.10}$$

容易验证, 当 $x = l_3$ 时, 式 (2.1.11) 中的 $M_{22}(x) = M_{l_3}$.

对图 2.17 中 x 截面左方各竖向荷载, 由 $\sum F_y = 0$ 可得 $[l_3, l]$ 区段岩梁剪力方程

$$\begin{aligned}Q_{22}(x) =& - Q_{l_3} + q_1(x - l_3) + \int_{l_3}^{x} k_1(x + x_{\mathrm{c}1})\mathrm{e}^{-\frac{x + x_{\mathrm{c}1}}{x_{\mathrm{c}1}}}\mathrm{d}x \\ & - \int_{l_3}^{x} k_3[l_3 + x_{\mathrm{c}3} - x]\mathrm{e}^{\frac{x - l_3 - x_{\mathrm{c}3}}{x_{\mathrm{c}3}}}\mathrm{d}x = -Q_{l3} + q_1(x - l_3) \\ & + k_1 x_{\mathrm{c}1}^2 \left\{ -\left[\frac{x + x_{\mathrm{c}1}}{x_{\mathrm{c}1}} + 1\right]\mathrm{e}^{-\frac{x + x_{\mathrm{c}1}}{x_{\mathrm{c}1}}} + \left(\frac{l_3 + x_{\mathrm{c}1}}{x_{\mathrm{c}1}} + 1\right)\mathrm{e}^{-\frac{l_3 + x_{\mathrm{c}1}}{x_{\mathrm{c}1}}} \right\} \\ & - k_3 x_{\mathrm{c}3}^2 \left[\left(\frac{l_3 + x_{\mathrm{c}3} - x}{x_{\mathrm{c}3}} + 1\right)\mathrm{e}^{\frac{x - l_3 - x_{\mathrm{c}1}}{x_{\mathrm{c}1}}} - 2\mathrm{e}^{-1} \right] \quad (l_3 \leqslant x \leqslant l)\end{aligned} \tag{2.2.11}$$

容易验证, 当 $x = l_3$ 时, 式 (2.2.11) 中的 $Q_{22}(x) = -Q_{l_3}$; 由弯矩–剪力关系 $Q(x) = \mathrm{d}M(x)/\mathrm{d}x$, 通过对式 (2.2.10) 求一次导数, 可直接得到剪力方程式 (2.2.11).

对图 2.17 整个隔离体的竖向荷载, 由 $\sum F_y = 0$, 可得岩梁左端截面的剪力

$$\begin{aligned}Q_{l_3} =& Q_l + q_1(l - l_3) + \int_{l_3}^{l} k_1(x + x_{\mathrm{c}1})\mathrm{e}^{-\frac{x + x_{\mathrm{c}1}}{x_{\mathrm{c}1}}}\mathrm{d}x - \int_{l_3}^{l} k_3(l_3 + x_{\mathrm{c}3} - x)\mathrm{e}^{\frac{x - l_3 - x_{\mathrm{c}3}}{x_{\mathrm{c}3}}}\mathrm{d}x \\ =& Q_l + q_1(l - l_3) + k_1 x_{\mathrm{c}1}^2 \left[\left(\frac{l_3 + x_{\mathrm{c}1}}{x_{\mathrm{c}1}} + 1\right)\mathrm{e}^{-\frac{l_3 + x_{\mathrm{c}1}}{x_{\mathrm{c}1}}} - \left(\frac{l + x_{\mathrm{c}1}}{x_{\mathrm{c}1}} + 1\right)\mathrm{e}^{-\frac{l + x_{\mathrm{c}1}}{x_{\mathrm{c}1}}} \right] \\ & - k_3 x_{\mathrm{c}3}^2 \left[\left(\frac{l_3 + x_{\mathrm{c}3} - l}{x_{\mathrm{c}3}} + 1\right)\mathrm{e}^{\frac{l - l_3 - x_{\mathrm{c}1}}{x_{\mathrm{c}1}}} - 2\mathrm{e}^{-1} \right]\end{aligned} \tag{2.2.12}$$

当 $l_3 = l$ 时, 式 (2.2.12) 中的 $Q_{l3} = Q_l$. 式 (2.2.12) 中的 Q_l 同 1.2 节.

图 2.17 整个隔离体荷载对岩梁左端截面求矩, 即由 $\sum M_{l_3}=0$, 可得岩梁左端截面的弯矩

$$
\begin{aligned}
M_{l_3} =& M_l+Q_l(l-l_3)+\frac{q_1}{2}(l-l_3)+\int_{l_3}^{l} k_1(x+x_{c1})\mathrm{e}^{-\frac{x+x_{c1}}{x_{c1}}}(x-l)\mathrm{d}x \\
&-\int_{l_3}^{l} k_3(l_3+x_{c3}-x)\mathrm{e}^{\frac{x-l_3-x_{c3}}{x_{c3}}}(x-l)\mathrm{d}x-M_l+Q_l(l-l_3)+\frac{q_1}{2}(l-l_3)^2 \\
&+k_1x_{c1}^3\left\{\left[\frac{l_3+x_{c1}}{x_{c1}}+2\right]\mathrm{e}^{-\frac{l_3+x_{c1}}{x_{c1}}}-\left\{\left[\left(\frac{l+x_{c1}}{x_{c1}}\right)^2+2\left(\frac{l+x_{c1}}{x_{c1}}\right)+2\right]\right.\right. \\
&\left.\left.-\left(\frac{l+x_{c1}}{x_{c1}}+1\right)\times\left(\frac{l_3+x_{c1}}{x_{c1}}\right)\right\}\mathrm{e}^{-\frac{l+x_{c1}}{x_{c1}}}\right\}-k_3x_{c3}^3\left\{3\mathrm{e}^{-1}-\left[\left(\frac{l-l_3-x_{c3}}{x_{c3}}\right)^2\right.\right. \\
&\left.\left.-\left(\frac{l-l_3-x_{c3}}{x_{c3}}\right)+1\right]\mathrm{e}^{\frac{l-l_3-x_{c3}}{x_{c3}}}\right\}
\end{aligned}
\tag{2.2.13}
$$

当 $l_3=l$ 时, 式 (2.2.13) 中的 $M_{l_3}=M_l$.

有了以上准备, 对式 (2.2.10) 积两次分, 可得软化地基区段上的岩梁挠度方程

$$
\begin{aligned}
EIy_{22}(x)=&\frac{M_{l_3}}{2}(x-l_3)^2-\frac{Q_{l_3}}{6}(x-l_3)^3+\frac{q_1}{24}(x-l_3)^4+k_1x_{c1}^5\left(\frac{x+x_{c1}}{x_{c1}}+4\right)\mathrm{e}^{-\frac{x+x_{c1}}{x_{c1}}} \\
&-\left\{\left\{\frac{1}{2}\left[\left(\frac{l_3+x_{c1}}{x_{c1}}\right)^2+2\left(\frac{l_3+x_{c1}}{x_{c1}}\right)+2\right]\left(\frac{x+x_{c1}}{x_{c1}}\right)^2\right.\right. \\
&\left.\left.-\frac{1}{6}\left(\frac{l_3+x_{c1}}{x_{c1}}+1\right)\left(\frac{x+x_{c1}}{x_{c1}}\right)^3\right\}\mathrm{e}^{-\frac{l_3+x_{c1}}{x_{c1}}}\right\} \\
&-k_3x_{c3}^5\left[\left(\frac{l_3+x_{c3}-x}{x_{c3}}+4\right)\mathrm{e}^{\frac{x-l_3-x_{c3}}{x_{c3}}}+\frac{\mathrm{e}^{-1}}{3}\left(\frac{l_3+x_{c3}-x}{x_{c3}}\right)^3\right. \\
&\left.-\frac{5}{2}\mathrm{e}^{-1}\left(\frac{l_3+x_{c3}-x}{x_{c3}}\right)^2\right]+g_1(x-l_3)+g_2\quad(l_3\leqslant x\leqslant l)
\end{aligned}
\tag{2.2.14}
$$

与 2.1 节 4 个积分常数的软化地基区段岩梁挠度方程式 (2.1.7) 相比较, 式 (2.2.14) 为两个积分常数的软化地基区段岩梁挠度方程, 式中 g_1, g_2 为积分常数, 须由连续条件确定.

2.2.2.3　各区段岩梁的边界条件和连续条件

图 2.16 分析模型中的自然边界条件及连续条件从左到右全部列出为

$$
y_2(-\infty)=q_2/C,\quad y_2'(-\infty)=0 \tag{2.2.15a}
$$

$$
y_2(0)=y_{21}(0), y_2'(0)=y_{21}'(0),\quad y_2''(0)=y_{21}''(0),\quad y_2'''(0)=y_{21}'''(0) \tag{2.2.15b}
$$

$$
\begin{aligned}
& y_{21}(l_3)=y_{22}(l_3), \quad y_{21}'(l_3)=y_{22}'(l_3), \quad y_{21}''(l_3)=M_{l_3}/EI, \\
& y_{21}'''(l_3)=-Q_{l_3}/EI, \quad EIy_{21}^{(4)}(l_3)=EIy_{22}^{(4)}(l_3)
\end{aligned} \tag{2.2.15c}
$$

$$
y_{22}(l)=y_{11}(l), \quad y_{22}'(l)=y_{11}'(l), \quad y_{22}''(l)=M_l/EI, \quad y_{22}'''(l)=-Q_l/EI \tag{2.2.15d}
$$

$$
y_{1左}(l+L_{\mathrm{k}})=y_{1右}(l+L_{\mathrm{k}}), \quad y_{1左}'(l+L_{\mathrm{k}})=y_{1右}'(l+L_{\mathrm{k}}) \tag{2.2.15e}
$$

$$
Q(l+L)=0, \quad y'(l+L)=0 \tag{2.2.15f}
$$

式 (2.2.15c), (2.2.15d) 中 Q_{l_3}, Q_l 前的负号是因为: 本书规定岩梁上侧纤维受拉的弯矩为正, 相应剪力逆时针为正. 故图 2.17 力 Q_{l_3}, Q_l 顺时针为负.

可以通过满足条件式 (2.2.15) 来确定式 (2.2.1), (2.2.3)~(2.2.5) 中的 12 个常数, 由于引入煤层软化区, 岩梁挠度方程比 1.3 节多了一个式 (2.2.14), 积分常数中增加了 g_1, g_2, 并且连续条件中多了 (2.2.15c), 故积分常数中的 $d_1\sim d_6$、$c_1\sim c_4$ 与 1.3 节中对应关系式中的积分常数值已完全不同了.

2.2.3 挠度方程中积分常数的确定

2.2.3.1 积分常数 $c_1\sim c_4$, g_1, g_2 与 M_l 之间的关系

通过式 (2.2.15f) 中 $y_{11}'(l+L)=0$ 条件, 可得到式 (2.2.5) 中 c_3 与 Q_l, M_l 的关系

$$
c_3=\frac{Q_lL^2}{2}-M_lL-D_1 \tag{2.2.16}
$$

式 (2.2.16) 形式同 1.3 节, 其中 Q_l 同 1.3 节, M_l 为不同于 1.3 节的 M_l 的待求未知量, 而

$$
\begin{aligned}
D_1=&\frac{q_1L^3}{6}+k_1x_{\mathrm{c1}}^4\left\{\left\{\frac{1}{2}\left(\frac{l+x_{\mathrm{c1}}}{x_{\mathrm{c1}}}+1\right)\left(\frac{L+l+x_{\mathrm{c1}}}{x_{\mathrm{c1}}}\right)^2-\left(\frac{L+l+x_{\mathrm{c1}}}{x_{\mathrm{c1}}}\right)\right.\right.\\
&\left.\left.\cdot\left[\left(\frac{l+x_{\mathrm{c1}}}{x_{\mathrm{c1}}}\right)^2+2\left(\frac{l+x_{\mathrm{c1}}}{x_{\mathrm{c1}}}\right)+2\right]\right\}\mathrm{e}^{-\frac{l+x_{\mathrm{c1}}}{x_{\mathrm{c1}}}}-\left(\frac{L+l+x_{\mathrm{c1}}}{x_{\mathrm{c1}}}+3\right)\mathrm{e}^{-\frac{L+l+x_{\mathrm{c1}}}{x_{\mathrm{c1}}}}\right\}\\
&-p_{\mathrm{o}}L_{\mathrm{k}}\left[\frac{L^2}{2}-\frac{L_{\mathrm{k}}L}{2}\right]-\frac{(p_{\mathrm{k}}-p_{\mathrm{o}})L_{\mathrm{k}}}{2}\left[\frac{L^2}{2}-\frac{2L_{\mathrm{k}}L}{3}\right]
\end{aligned} \tag{2.2.17}
$$

对式 (2.2.4), (2.2.5) 求一阶导数, 并据式 (2.2.15e) 中 $y_{11}'(l+L_{\mathrm{k}})=y_{12}'(l+L_{\mathrm{k}})$ 条件, 可得

$$
c_1=c_3+\frac{p_{\mathrm{o}}L_{\mathrm{k}}^3}{6}+\frac{(p_{\mathrm{k}}-p_{\mathrm{o}})L_{\mathrm{k}}^3}{8} \tag{2.2.18}
$$

对式 (2.2.4), (2.2.5), 并据式 (2.2.15e) 中 $y_{11}(l+L_{\mathrm{k}})=y_{12}(l+L_{\mathrm{k}})$ 条件, 可得

$$
c_4=(c_1-c_3)(l+L_{\mathrm{k}})+c_2-\frac{p_{\mathrm{o}}L_{\mathrm{k}}^4}{8}-\frac{11(p_{\mathrm{k}}-p_{\mathrm{o}})L_{\mathrm{k}}^4}{120} \tag{2.2.19}
$$

将式 (2.2.14), (2.2.4) 代入式 (2.2.15d) 中的 $y_{22}(l) = y_{11}(l)$, $y'_{22}(l) = y'_{11}(l)$ 条件, 可得

$$\frac{M_{l_3}}{2}(l-l_3)^2 + D_2 + g_1(l-l_3) + g_2 = c_1 l + c_2 + D_3 \tag{2.2.20}$$

$$M_{l_3}(l-l_3) + D_4 + g_1 = c_1 + D_5 \tag{2.2.21}$$

式中

$$\begin{aligned} D_2 = &-\frac{Q_{l_3}}{6}(l-l_3)^3 + \frac{q_1}{24}(l-l_3)^4 + k_1 x_{c1}^5\left\{\frac{1}{6}\left(\frac{l+x_{c1}}{x_{c1}}\right)^3\left(\frac{l_3+x_{c1}}{x_{c1}}+1\right)\right. \\ &\left.-\frac{1}{2}\left(\frac{l+x_{c1}}{x_{c1}}\right)^2\left[\left(\frac{l_3+x_{c1}}{x_{c1}}\right)^2+2\left(\frac{l_3+x_{c1}}{x_{c1}}\right)+2\right]\right\}e^{-\frac{l_3+x_{c1}}{x_{c1}}} \\ &-k_3 x_{c3}^5\left[\left(\frac{l_3+x_{c3}-l}{x_{c3}}+4\right)e^{\frac{l-l_3-x_{c3}}{x_{c3}}}+\frac{e^{-1}}{3}\left(\frac{l_3+x_{c3}-l}{x_{c3}}\right)^3\right. \\ &\left.-\frac{5}{2}e^{-1}\left(\frac{l_3+x_{c3}-l}{x_{c3}}\right)^2\right] \end{aligned} \tag{2.2.22}$$

$$D_3 = -k_1 x_{c1}^5\left[\frac{1}{3}\left(\frac{l+x_{c1}}{x_{c1}}\right)^4+\frac{5}{6}\left(\frac{l+x_{c1}}{x_{c1}}\right)^3+\left(\frac{l+x_{c1}}{x_{c1}}\right)^2\right]e^{-\frac{l+x_{c1}}{x_{c1}}} \tag{2.2.23}$$

$$\begin{aligned} D_4 = &-\frac{Q_{l_3}}{2}(l-l_3)^2 + \frac{q_1}{6}(l-l_3)^3 + k_1 x_{c1}^4\left\{\frac{1}{2}\left(\frac{l+x_{c1}}{x_{c1}}\right)^2\left(\frac{l_3+x_{c1}}{x_{c1}}+1\right)\right. \\ &\left.-\left(\frac{l+x_{c1}}{x_{c1}}\right)\left[\left(\frac{l_3+x_{c1}}{x_{c1}}\right)^2+2\left(\frac{l_3+x_{c1}}{x_{c1}}\right)+2\right]\right\}e^{-\frac{l_3+x_{c1}}{x_{c1}}} \\ &-k_3 x_{c3}^4\left[\left(\frac{l_3+x_{c1}-l}{x_{c1}}+3\right)e^{\frac{l-l_3-x_{c3}}{x_{c3}}}-e^{-1}\left(\frac{l_3+x_{c3}-l}{x_{c3}}\right)^2\right. \\ &\left.+5e^{-1}\left(\frac{l_3+x_{c3}-l}{x_{c3}}\right)\right] \end{aligned} \tag{2.2.24}$$

$$D_5 = -k_1 x_{c1}^4\left[\frac{1}{2}\left(\frac{l+x_{c1}}{x_{c1}}\right)^3+\frac{3}{2}\left(\frac{l+x_{c1}}{x_{c1}}\right)^2+2\left(\frac{l+x_{c1}}{x_{c1}}\right)\right]e^{-\frac{l+x_{c1}}{x_{c1}}} \tag{2.2.25}$$

将式 (2.2.13) 写成

$$M_{l_3} = M_l + D_6 \tag{2.2.26}$$

的形式, 其中

$$D_6 = Q_l(l-l_3) + \frac{q_1}{2}(l-l_3)^2 + k_1 x_{c1}^3\left\{\left[\frac{l_3+x_{c1}}{x_{c1}}+2\right]e^{-\frac{l_3+x_{c1}}{x_{c1}}} - \left\{\left[\left(\frac{l+x_{c1}}{x_{c1}}\right)^2\right.\right.\right.$$

$$+2\left(\frac{l+x_{c1}}{x_{c1}}\right)+2\Bigg]-\left(\frac{l+x_{c1}}{x_{c1}}+1\right)\times\left(\frac{l_3+x_{c1}}{x_{c1}}\right)\Bigg\}e^{-\frac{l+x_{c1}}{x_{c1}}}\Bigg\}$$

$$-k_3x_{c3}^3\left\{3e^{-1}-\left[\left(\frac{l-l_3-x_{c3}}{x_{c3}}\right)^2-\left(\frac{l-l_3-x_{c3}}{x_{c3}}\right)+1\right]e^{\frac{l-l_3-x_{c3}}{x_{c3}}}\right\}\tag{2.2.27}$$

利用式 (2.2.16), (2.2.18), 由 (2.2.21) 可以写出

$$g_1=-M_l(l-l_3+L)+D_7\tag{2.2.28}$$

式中

$$D_7=\left[\frac{Q_lL^2}{2}-D_1+\frac{p_oL_k^3}{6}+\frac{(p_k-p_o)L_k^3}{8}\right]-D_4+D_5-D_6(l-l_3)\tag{2.2.29}$$

2.2.3.2　积分常数 $d_1\sim d_6$, g_1, g_2 之间的关系

对式 (2.2.1), (2.2.3) 及其 1 ～ 3 阶导数, 据式 (2.2.15b) 的挠度、倾角、弯矩和剪力连续条件, 可写出 $x=0$ 时关于 $d_1\sim d_6$ 的 4 个代数方程. 解方程组可得

$$d_1=d_6+\frac{q_1-q_2}{4\beta^4EI}+A_1x_{c1}^3(B_1+1)-A_2x_{c2}^3(B_2+1)\tag{2.2.30}$$

$$d_2=d_3+\frac{A_1x_{c1}(B_1-1)-A_2x_{c2}(B_2-1)}{2\beta^2}\tag{2.2.31}$$

$$d_4=d_3+D_8\tag{2.2.32}$$

$$d_5=d_6+D_9\tag{2.2.33}$$

式 (2.2.30)~(2.2.33) 中

$$B_1=\frac{4}{1+4\beta^4x_{c1}^4},\quad B_2=\frac{4}{1+4\beta^4x_{c2}^4},\quad A_1=\frac{k_1}{EI}\frac{x_{c1}^2e^{-1}}{1+4\beta^4x_{c1}^4},\quad A_2=\frac{k_2}{EI}\frac{x_{c2}^2e^{-1}}{1+4\beta^4x_{c2}^4}\tag{2.2.34}$$

$$D_8=\frac{A_1x_{c1}^2B_1+A_2x_{c2}^2B_2}{2\beta}+\frac{A_1x_{c1}(B_1-1)-A_2x_{c2}(B_2-1)}{2\beta^2}+\frac{A_1(B_1-2)+A_2(B_2-2)}{4\beta^3}\tag{2.2.35}$$

$$D_9=\frac{q_1-q_2}{4\beta^4EI}+A_1x_{c1}^3(B_1+1)-A_2x_{c2}^3(B_2+1)+\frac{A_1x_{c1}^2B_1+A_2x_{c2}^2B_2}{2\beta}-\frac{A_1(B_1-2)+A_2(B_2-2)}{4\beta^3}\tag{2.2.36}$$

对式 (2.2.3), (2.2.14) 求 1~3 阶导数, 据式 (2.2.15c) 的前 4 个连续条件, 可写出 $x = l_3$ 时 $d_3 \sim d_6$, g_1, g_2 与 $M_{l_3} = M_l + D_6$, Q_{l_3} 的 4 个代数方程:

$$\begin{aligned}&(d_3 \sin\beta l_3 \sinh\beta l_3 + d_4 \sin\beta l_3 \cosh\beta l_3 + d_5 \cos\beta l_3 \sinh\beta l_3 + d_6 \cos\beta l_3 \cosh\beta l_3)\\&+ D_{10} = g_2/EI + D_{11}\end{aligned} \tag{2.2.37}$$

$$\begin{aligned}&\beta[(\cos\beta l_3 \sinh\beta l_3 + \sin\beta l_3 \cosh\beta l_3)d_3 + (\cos\beta l_3 \cosh\beta l_3 + \sin\beta l_3 \sinh\beta l_3)d_4\\&+ (\cos\beta l_3 \cosh\beta l_3 - \sin\beta l_3 \sinh\beta l_3)d_5 + (\cos\beta l_3 \sinh\beta l_3 - \sin\beta l_3 \cosh\beta l_3)d_6]\\&- D_{12} = g_1/EI + D_{13}\end{aligned} \tag{2.2.38}$$

$$\begin{aligned}&2\beta^2(d_3 \cos\beta l_3 \cosh\beta l_3 + d_4 \cos\beta l_3 \sinh\beta l_3 - d_5 \sin\beta l_3 \cosh\beta l_3 - d_6 \sin\beta l_3 \sinh\beta l_3)\\&+ D_{14} = M_l/EI + D_6/EI\end{aligned} \tag{2.2.39}$$

$$\begin{aligned}&2\beta^3[(\cos\beta l_3 \sinh\beta l_3 - \sin\beta l_3 \cosh\beta l_3)d_3 + (\cos\beta l_3 \cosh\beta l_3 - \sin\beta l_3 \sinh\beta l_3)d_4\\&- (\cos\beta l_3 \cosh\beta l_3 + \sin\beta l_3 \sinh\beta l_3)d_5 - (\cos\beta l_3 \sinh\beta l_3 + \sin\beta l_3 \cosh\beta l_3)d_6]\\&- D_{15} = -Q_{l_3}/EI\end{aligned} \tag{2.2.40}$$

式 (2.2.37)~(2.2.40) 中

$$D_{10} = \frac{q_1}{4\beta^4 EI} + A_{1l_3} x_{c1}^3 \left[B_1 + \frac{l_3}{x_{c1}} + 1\right] \tag{2.2.41}$$

$$\begin{aligned}D_{11} =& \frac{k_1 x_{c1}^5}{EI}\left[-\frac{1}{3}\left(\frac{l_3 + x_{c1}}{x_{c1}}\right)^4 - \frac{5}{6}\left(\frac{l_3 + x_{c1}}{x_{c1}}\right)^3 - \left(\frac{l_3 + x_{c1}}{x_{c1}}\right)^2\right.\\&\left.+\frac{l_3 + x_{c1}}{x_{c1}} + 4\right]\mathrm{e}^{-\frac{l_3 + x_{c1}}{x_{c1}}} - \frac{17}{6}\frac{k_3 x_{c3}^5 \mathrm{e}^{-1}}{EI}\end{aligned} \tag{2.2.42}$$

$$D_{12} = A_{1l_3} x_{c1}^2 \left[B_1 + \frac{l_3}{x_{c1}}\right] \tag{2.2.43}$$

$$\begin{aligned}D_{13} =& -\frac{k_1 x_{c1}^4}{EI}\left[\frac{1}{2}\left(\frac{l_3 + x_{c1}}{x_{c1}}\right)^3 + \frac{3}{2}\left(\frac{l_3 + x_{c1}}{x_{c1}}\right)^2\right.\\&\left.+3\left(\frac{l_3 + x_{c1}}{x_{c1}}\right) + 3\right]\mathrm{e}^{-\frac{l_3 + x_{c1}}{x_{c1}}} - 8\frac{k_3 x_{c3}^4 \mathrm{e}^{-1}}{EI}\end{aligned} \tag{2.2.44}$$

$$D_{14} = A_{1l_3} x_{c1} \left[B_1 + \frac{l_3}{x_{c1}} - 1\right] \tag{2.2.45}$$

$$D_{15} = A_{1l_3}\left[B_1 + \frac{l_3}{x_{c1}} - 2\right] \tag{2.2.46}$$

$$A_{1l_3} = \frac{k_1}{EI}\frac{x_{c1}^2}{1+4\beta^4 x_{c1}^4}\mathrm{e}^{-\frac{l_3+x_{c1}}{x_{c1}}} \tag{2.2.47}$$

2.2.3.3 积分常数 $c_1 \sim c_4$, $d_1 \sim d_6$, g_1, g_2 与 M_l 的确定

将式 (2.2.28) 中 $g_1 = -M_l(l - l_3 + L) + D_7$ 代入式 (2.2.38), 再与式 (2.2.39) 相加消去 M_l, 可得

$$\begin{aligned}&[\cos\beta l_3 \sinh\beta l_3 + \sin\beta l_3 \cosh\beta l_3 + 2\beta(l-l_3+L)\cos\beta l_3 \cosh\beta l_3]d_3 + [\cos\beta l_3 \cosh\beta l_3 \\ &+ \sin\beta l_3 \sinh\beta l_3 + 2\beta(l-l_3+L)\cos\beta l_3 \sinh\beta l_3]d_4 + [\cos\beta l_3 \cosh\beta l_3 \\ &- \sin\beta l_3 \sinh\beta l_3 - 2\beta(l-l_3+L)\sin\beta l_3 \cosh\beta l_3]d_5 + [\cos\beta l_3 \sinh\beta l_3 \\ &- \sin\beta l_3 \cosh\beta l_3 - 2\beta(l-l_3+L)\sin\beta l_3 \sinh\beta l_3]d_6 = D_{16}\end{aligned} \tag{2.2.48}$$

式中

$$D_{16} = \frac{(l-l_3+L)D_6 + D_7}{\beta EI} + \frac{D_{12}+D_{13}}{\beta} - \frac{(l-l_3+L)}{\beta}D_{14} \tag{2.2.49}$$

由于 Q_{l_3} 与 D_{16} 已知, 由式 (2.2.32), (2.2.33), d_4, d_5 又可用 d_3, d_6 表示, 则式 (2.2.48), (2.2.40) 是关于 d_3, d_6 的二元一次方程组, 从而可解得 d_3, d_6 为

$$d_3 = \frac{b_1 a_{22} - b_2 a_{12}}{a_{11}a_{22} - a_{12}a_{21}}, \quad d_6 = \frac{a_{11}b_2 - a_{21}b_1}{a_{11}a_{22} - a_{12}a_{21}} \tag{2.2.50}$$

其中

$$a_{11} = \mathrm{e}^{\beta l_3}[\cos\beta l_3 + \sin\beta l_3 + 2\beta(l-l_3+L)\cos\beta l_3] \tag{2.2.51}$$

$$a_{12} = \mathrm{e}^{\beta l_3}[\cos\beta l_3 - \sin\beta l_3 - 2\beta(l-l_3+L)\sin\beta l_3] \tag{2.2.52}$$

$$a_{21} = \mathrm{e}^{\beta l_3}(\cos\beta l_3 - \sin\beta l_3) \tag{2.2.53}$$

$$a_{22} = -\mathrm{e}^{\beta l_3}(\cos\beta l_3 + \sin\beta l_3) \tag{2.2.54}$$

$$\begin{aligned}b_1 =& D_{16} - [\cos\beta l_3 \cosh\beta l_3 + \sin\beta l_3 \sinh\beta l_3 + 2\beta(l-l_3+L)\cos\beta l_3 \sinh\beta l_3]D_8 \\ &+ [\sin\beta l_3 \sinh\beta l_3 - \cos\beta l_3 \cosh\beta l_3 + 2\beta(l-l_3+L)\sin\beta l_3 \cosh\beta l_3]D_9\end{aligned} \tag{2.2.55}$$

$$\begin{aligned}b_2 =& \frac{D_{15}EI - Q_{l_3}}{2\beta^3 EI} + (\sin\beta l_3 \sinh\beta l_3 - \cos\beta l_3 \cosh\beta l_3)D_8 + (\sin\beta l_3 \sinh\beta l_3 \\ &+ \cos\beta l_3 \cosh\beta l_3)D_9\end{aligned} \tag{2.2.56}$$

式 (2.2.51)$\sim$ (2.2.56) 的右端均为已知量, 故由式 (2.2.50), (2.2.30)$\sim$(2.2.33) 知, $d_1 \sim d_6$ 已全部确定. 将 $d_3 \sim d_6$ 代入式 (2.2.37)$\sim$(2.2.39) 可确定 g_1, g_2, M_l, 再通过式 (2.2.16), (2.2.18) 可确定 c_3, c_1, 最后由式 (2.2.20), (2.2.19) 可确定 c_2, c_4. 这就最终确定了弹性地基梁挠度方程式 (2.2.1)、(2.2.2), 煤层软化区岩梁挠度方程式 (2.2.14) 和采空区岩梁挠度方程式 (2.2.4), (2.2.5).

2.2.4 工作面推进某阶段坚硬顶板的力学特性

2.2.4.1 *岩梁上覆荷载与煤层软化区支承压力*

本节中的岩梁上覆荷载与 2.1 节岩梁上覆荷载 (图 2.6) 很一致, 例如, 对平均荷载 q_2 =6MN/m, $f_{c2} = 0.22q_2$, $q_1 = 0.15$MN/m, $x_{c1} = 6.5$m, $x_{c2} = 12$m, $l = 15$m, 由于 2.1 节中悬顶岩梁长 $L = 14$m, 而本节中岩梁悬顶部分长 L =(20, 22, 24)m, 在 $x \leqslant (15 + 14)$m = 29m 区段岩梁荷载同 2.1 节, 但在 $(l + L)$ =(35, 37, 37)m 岩梁跨中, 本节上覆荷载集度 $F_1(l + L) \approx$(2.4, 2.08, 1.83)q_1 要小于 2.1 节中的悬臂梁端的荷载集度 $F_1(l + L) \approx 3.96q_1$. 有此说明, 这里便不再绘出岩梁上覆荷载图.

工作面推进或顶板悬顶距离增大会引起煤层软化区支承压力参数发生变化. 例如, 在工作面推进某阶段随顶板悬顶距离增大, 煤层软化区支承压力峰值 f_{c3} 逐渐增大, 煤壁处煤体残余强度 $f_3(l)$ 会有所减小. 煤层软化区支承压力参数变化会引起顶板力学特性变化. 根据煤层支承压力参数的这种变化, 对图 2.16 中平均荷载 q_2 = 6MN/m, 采空区半跨长 L = 20m 的岩梁, 煤层软化区支承压力峰值位置 l_3 = 9m, 顶板增压荷载峰到煤壁的距离 l = 15m, 顶板厚 h = 6m, 顶板弹模 $E = 25$GPa, 支护阻力 $p_{\rm o} = 0.9$MN/m, $p_{\rm k} = 1.2p_{\rm o}$, 弹性地基常数 $C = 0.8$GPa, 假定工作面每推进 2m, 式 (2.1.1) 中的尺度参数 x_{c3} 从 7m 减小 0.1m(可使支承压力峰值 f_{c3} 有所增大和煤壁处煤体残余强度 $f_3(l)$ 有所减小), 软化区深度 $(l - l_3) = 6$m 与煤壁位置 $l = 15$m 保持不变. 采用 2.2.2 节方程和 2.2.3 节的积分常数, 对采空区半跨长 L =(20, 22, 24)m 的岩梁, 尺度参数 x_{c3} =(7, 6.9, 6.8)m, 据式 (2.2.2), (2.2.3), (2.2.6), (2.2.14), 按 2.1 节中的确定方法 A, 采用 Matlab 得到相应的煤层软化区支承压力峰值

$$f_{c3} = (8.5198,\ 8.84138,\ 9.154285)\text{MN/m} \tag{2.2.57}$$

并可绘得 $[0, l_3]$ 弹性区段与 $[l_3, l]$ 软化区段上 $EIy^{(4)}(x)$ 分布曲线图 2.18. 从图 2.18 看到, 当取 f_{c3} =(8.5198, 8.84138, 9.154285)MN/m 时, $EIy^{(4)}(x)$ 分布曲线 1, 2, 3 在 $x = 9$m 的弹性, 软化区交界处连续.

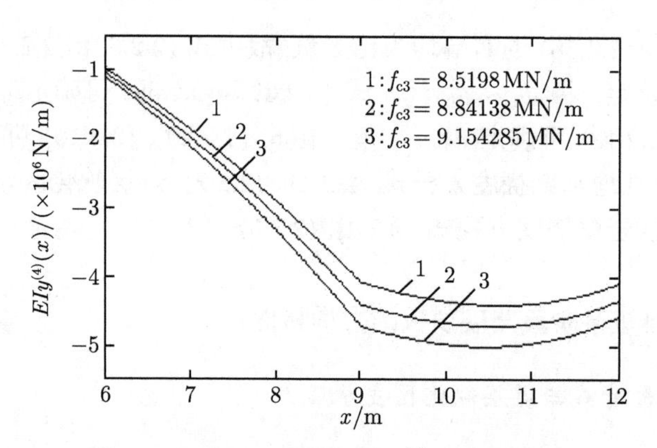

图 2.18　不同 f_{c3} 值的 $EIy^{(4)}(x)$ 分布曲线

图 2.19 为据式 (2.2.57) 的煤层软化区支承压力峰值、x_{c3} =(7, 6.9, 6.8)m 和式 (2.1.1) 绘出的 $[l_3, l]$ 煤层软化区段上支承压力曲线图, 图中 f_{c3} 为煤层软化区支承压力峰值, $f_3(l)$ 为煤壁处煤层的残余强度. 从图 2.19 中看到, 随 $f_3(x)$ 中尺度参数 x_{c3} 的减小, 曲线 1, 2, 3 在 $x = 14.27$m 附近发生交叉, 在 $l = 15$m 的煤壁处, 原本支承压力峰值 f_{c3} 值高的曲线 3 于煤壁处的煤层残强 $f_3(l)$ 值小于支承压力峰值低的曲线 2 和曲线 1 的 $f_3(l)$ 值, 图中右下角为 $x = 14.27$m 后方曲线的放大图. 图 2.19 中曲线 1, 2, 3 于煤壁处值为

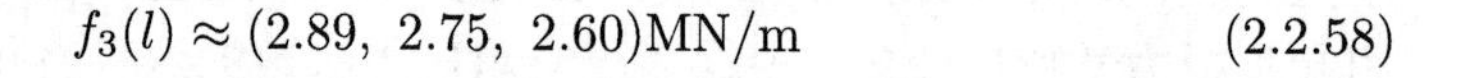

$$f_3(l) \approx (2.89,\ 2.75,\ 2.60)\text{MN/m} \tag{2.2.58}$$

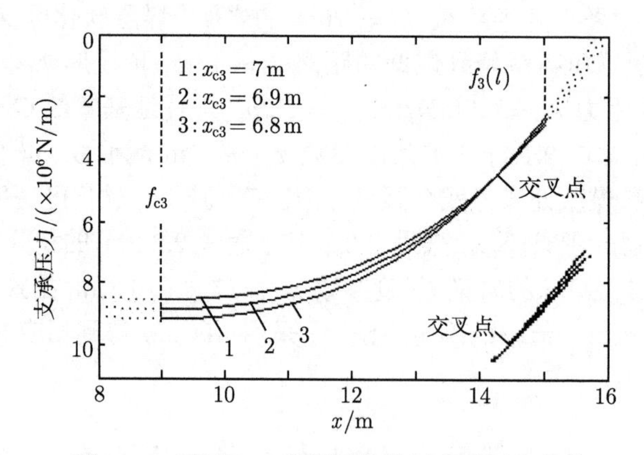

图 2.19　不同 x_{c3} 的煤层软化区支承压力曲线

2.2.4.2~2.2.4.6 节将据 2.2.2 节, 2.2.3 节表达式和 2.2.4.1 节所给诸参数值, 对工作面推进、悬顶距离增大 L =(20, 22, 24)m 时的岩梁剪力、弯矩和挠度进行分析, 并将所得结果与下部全为弹性地基支承假定, 其他参数值相同时的岩梁剪力、弯矩和挠度进行比较.

2.2.4.2 悬顶距离 $L=(20\sim24)$m 阶段的岩梁剪力

图 2.20 中曲线 1, 2, 3 为 q_2 =6MN/m, 岩梁悬顶距离 L =(20, 22, 24)m 时用 Matlab 绘得的岩梁剪力曲线. 为便于比较, 在图 2.20 中已将三条曲线 $x=0$ 的原点位置绘于一处. 曲线 1, 2, 3 在 $x=-30$m 前方岩梁剪力值均趋于 0, 在煤层弹性, 软化区交界处 ($x=9$m) 光滑连续, 这表明式 (2.2.57) 中煤层软化区支承压力峰值选取正确; 在 $(L+l)$ =(35, 37, 39)m 跨中位置的剪力值均为 0. 煤壁 ($x=15$m) 处剪力的绝对值为全梁最大.

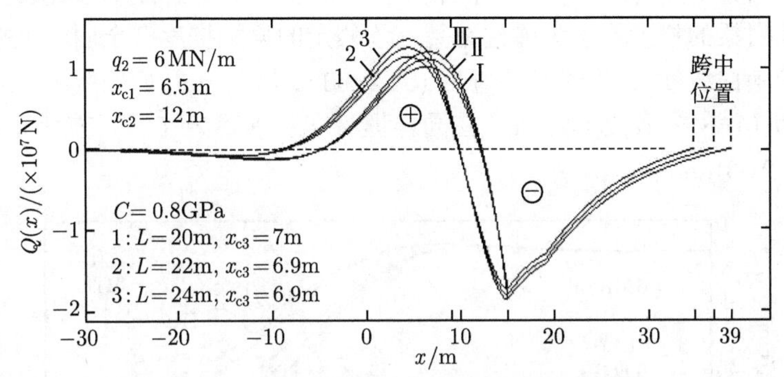

图 2.20 不同悬顶距离的岩梁剪力曲线

图 2.21 为图 2.20 中曲线 1, 2, 3 峰值部位的放大图. 从图 2.21 看到, 岩梁剪力随岩梁悬顶距离增大而增大, 且在 $\tilde{x}\approx$(4.59, 4.61, 4.63)m 处取得峰值. 由 $(l-\tilde{x})=(15-\tilde{x})\approx$(10.41, 10.39, 10.37)m 知, 曲线 1, 2, 3 在煤壁前方煤层弹性区段取得剪力峰值. 图 2.20, 图 2.21 中曲线 Ⅰ, Ⅱ, Ⅲ全为弹性地基支承假定而其他参数值相同时的岩梁剪力曲线. 曲线 Ⅰ, Ⅱ, Ⅲ的峰值比曲线 1, 2, 3 的峰值减小约 $(1.25\sim1.56)\times10^6$N, 在 $\tilde{x}\approx$(6.52, 6.63, 6.74)m 取得峰值, 即其剪力峰比曲线 1, 2, 3 的剪力峰接近煤壁约 (1.92~2.11)m; 曲线 Ⅰ, Ⅱ, Ⅲ在煤壁 ($x=15$m) 后方与曲线 1, 2, 3 相重合, 因为两者在各采空区半跨长岩梁上的竖向荷载完全相同.

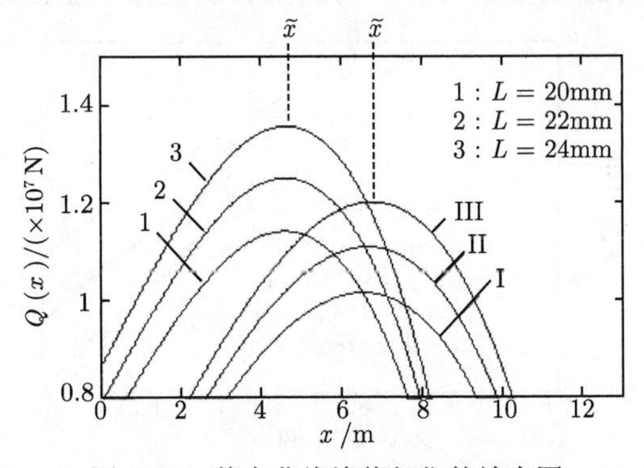

图 2.21 剪力曲线峰值部位的放大图

2.2.4.3 悬顶距离 $L = (20 \sim 24)\text{m}$ 阶段的岩梁挠度

图 2.22 中曲线为与图 2.20 剪力曲线对应的悬顶距离长 $L = (20, 22, 24)\text{m}$ 的岩梁挠度曲线. 在 $x = -20\text{m}$ 前方曲线 1, 2, 3, Ⅰ, Ⅱ, Ⅲ均趋于 8mm, 已近似满足式 (2.2.15a) 中的 $y(-\infty) = q_2/C = 7.5\text{mm}$ 条件, 这是因为 $y(-\infty)$ 仅与 q_2 和前远方弹性地基常数 C 有关, 而与悬顶距离 L 的大小无关, 与煤壁附近煤层是处于软化还是弹性状态无关; 在 $(l + L) = (35, 37, 39)\text{m}$ 的跨中位置岩梁挠度曲线有水平切线, 符合 (2.2.15f) 中的 $y'(l + L) = 0$ 条件; 图 2.22 中 $x = 4\text{m}$ 后方, 软化、弹性地基两区段支承岩梁的挠度比全为弹性地基支承假定的岩梁挠度有全面的大幅度增加, 在采空区跨中曲线 1, 2, 3 的挠度值为 (53.2, 63.5, 74.7)mm, 而曲线Ⅰ, Ⅱ, Ⅲ的跨中挠度值为 (37.8, 45.2, 53.4)mm. 在同样埋深和悬顶距离 L 下, 前者比后者大出 (15.4, 18.3, 21.3)mm.

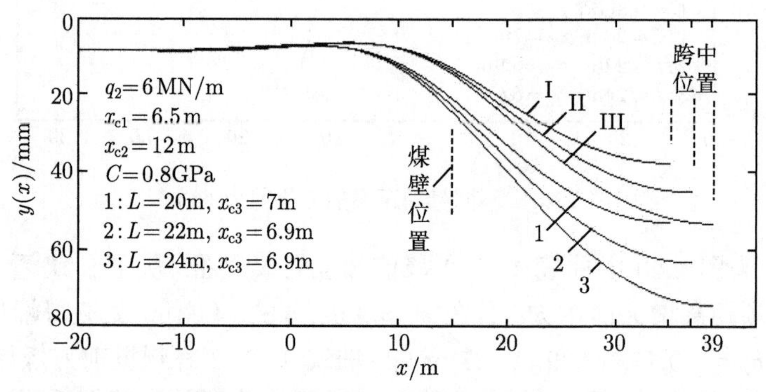

图 2.22 不同悬顶距离的岩梁挠度曲线

2.2.4.4 弹性、软化地基交界处区煤层连续验证与煤壁处的煤层反力

图 2.23 为图 2.22 中煤层弹性、软化区交界面附近岩梁度挠度曲线 1, 2, 3 的精确放大图, $x = 9\text{m}$ 的竖虚线支承与三条曲线交点的纵坐标为 (10.65, 11.052,

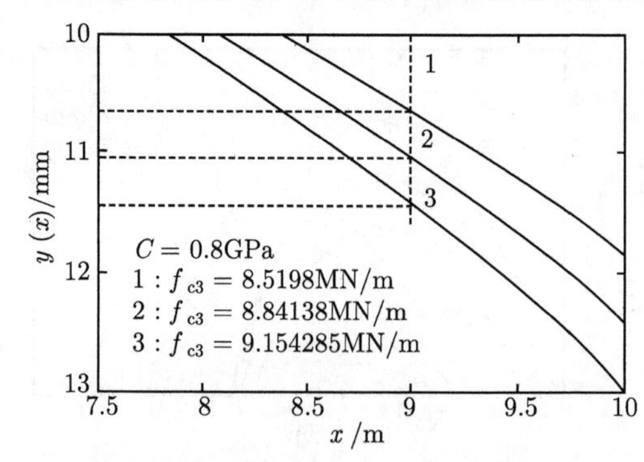

图 2.23 弹性、软化地基交界处岩梁挠度曲线放大图

11.441)mm, 将这三个挠度值分别乘以弹性地基常数 $C=0.8\text{GPa}$ 得到的 $Cy_{21}(9)\approx(8.520, 8.842, 9.153)\text{MN/m}$, 已十分接近式 (2.2.57) 中曲线 1, 2, 3 的软化地基支承力峰值 $f_{c3}=(8.5198, 8.84138, 9.154285)\text{MN/m}$. 这验证了煤层弹性区与煤层软化区交界面 ($x=9\text{m}$) 两侧煤层对岩梁反力保持连续.

图 2.24 为图 2.22 中煤壁 ($x=15\text{m}$) 附近全弹性地基支承 (假定) 的岩梁挠度曲线 I, II, III的精确放大图. $x=15\text{m}$ 的竖虚线与三条曲线交点的纵坐标分别为 (13.08, 13.84, 14.60)mm. 将这三个挠度值乘以弹性地基常数 $C=0.8\text{GPa}$, 得到全弹性地基支承 (假定) 的岩梁在煤壁处所受到的地基反力 $Cy(l)\approx(10.464, 11.072, 11.680)\text{MN/m}$, 这组反力值是式 (2.2.58) 煤壁处煤层软化区支承压力 (或煤壁处煤层对岩梁的反力) $f_3(l)\approx(2.89, 2.75, 2.60)\text{MN/m}$ 的 (3.62, 4.03, 4.49) 倍.

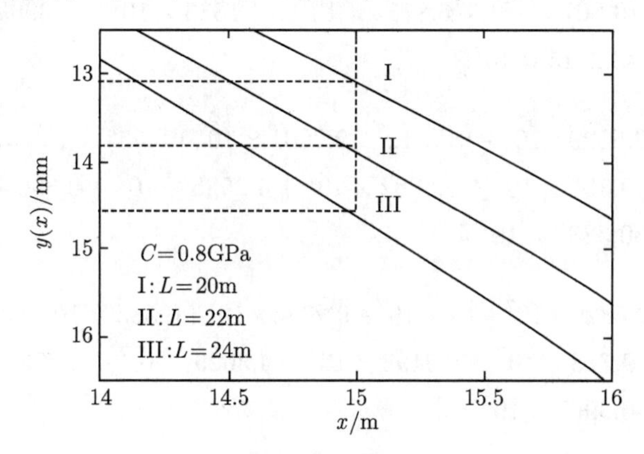

图 2.24 弹性地基梁煤壁附近挠度曲线放大图

2.2.4.5 煤层软化区支承压力峰值 f_{c3} 的另一验证法

图 2.20 表明, 图 2.16 中增压荷载峰、岩梁悬空部分和支护阻力对 $x=-30\text{m}$ 前方岩梁剪力的影响已很微小, 即若以 $x=-30\text{m}$ 的截面为界, 截面后方或者截面前方的岩层体系为了维持各自 y 方向的力平衡, 而必须传递到截面另一侧岩层体系的剪力 $Q(-30)\approx 0$. 因此图 2.16 中 $x=-30\text{m}$ 截面后方岩层体系隔离体沿 y 方向的竖向荷载之间有如下关系:

$$\sum F_y\approx 0 \quad \text{或者} \quad \sum F_{y\text{上方}}\approx\sum F_{y\text{下方}} \tag{2.2.59}$$

其中

$$\sum F_{y\text{上方}}=\int_{-30}^{0} f_2(x)\mathrm{d}x+q_2\times 30+\int_{0}^{l+L} f_1(x)\mathrm{d}x+q_1\times(l+L) \tag{2.2.60}$$

与 2.2.4.4 节的做法类似, 图 2.16 任一微元 $\mathrm{d}x$ 的弹性地基对岩梁的反力为 $C\times y(x)\mathrm{d}x$, 将其在某区段积分可得该区段弹性地基对岩梁的反力总和. 据此, 可将

式 (2.2.59) 中下方合力 $\sum F_{y下方}$ 写出为

$$\sum F_{y下方}=\int_{-30}^{0}Cy_2(x)\mathrm{d}x+\int_{0}^{l_3}Cy_{21}(x)\mathrm{d}x+\int_{l_3}^{l}f_3(x)\mathrm{d}x+p_{\mathrm{o}}\times L_{\mathrm{k}}+(p_{\mathrm{k}}-p_{\mathrm{o}})L_{\mathrm{k}}/2 \tag{2.2.61}$$

将相应于埋深为 300m 的梁上荷载 q_2 =6MPa, $f_{\mathrm{c2}}=0.22\times q_2$, q_1 =0.15MPa, $f_{\mathrm{c1}}=q_2+f_{\mathrm{c2}}-q_1, p_{\mathrm{o}}=0.9\mathrm{MN/m}$, $p_{\mathrm{k}}=1.2p_{\mathrm{o}}$, $L_{\mathrm{k}}=4\mathrm{m}$, $l_3=9\mathrm{m}$, $l=15\mathrm{m}$, x_{c3} =(7, 6.9, 6.8)m, L =(20, 22, 24)m 和式 (2.1.1), 分别代入式 (2.2.60), (2.2.61), 采用 Matlab 进行计算后得到

$$\left\{\begin{array}{l}\sum F_{y上方}^{L=20}\approx 2.5829\times10^7+18\times10^7+9.1631\times10^7+0.525\times10^7=30.271\times0^7\mathrm{N}\\ \sum F_{y下方}^{L=20}\approx 19.867\times10^7+5.8752\times10^7+4.1333\times10^7+0.396\times10^7\\ \qquad\qquad =30.2715\times10^7\mathrm{N}\end{array}\right. \tag{2.2.62}$$

$$\left\{\begin{array}{l}\sum F_{y上方}^{L=22}\approx 2.5829\times10^7+18\times10^7+9.2001\times10^7+0.555\times10^7=30.338\times10^7\mathrm{N}\\ \sum F_{y下方}^{L=22}\approx 19.792\times10^7+5.8982\times10^7+4.2525\times10^7+0.396\times10^7\\ \qquad\qquad =30.3387\times10^7\mathrm{N}\end{array}\right. \tag{2.2.63}$$

$$\left\{\begin{array}{l}\sum F_{y上方}^{L=24}\approx 2.5829\times10^7+18\times10^7+9.2286\times10^7+0.585\times10^7=30.3935\times10^7\mathrm{N}\\ \sum F_{y下方}^{L=24}\approx 19.718\times10^7+5.9198\times10^7+4.3629\times10^7+0.396\times10^7\\ \qquad\qquad =30.3967\times10^7\mathrm{N}\end{array}\right. \tag{2.2.64}$$

式 (2.2.62)~(2.2.64) 中 $\sum F_{y上方}$ 与 $\sum F_{y下方}$ 的相对误差均小于万分之 2, 这再次验证了梁上平均荷载 q_2 =6MPa, L =(20, 22, 24)m, x_{c3} =(7, 6.9, 6.8)m 时, 选取式 (2.2.57) 中煤层软化区支承压力峰值 f_{c3} =(8.5198, 8.84138, 9.154285)MN/m 有着很高的精度.

2.2.4.6　悬顶距离 $L=(20\sim24)\mathrm{m}$ 阶段的岩梁弯矩

图 2.25 中曲线为与图 2.20 剪力曲线、图 2.22 挠度曲线对应的岩梁弯矩曲线. 曲线在 $x=-25\mathrm{m}$ 前方均趋于 0; 在采空区跨中均有水平切线即 $M'(l+L)=0$, 这表明跨中截面岩梁剪力 $Q(l+L)=0$, 符合式 (2.2.15f) 中第 1 个边界条件.

图 2.26, 图 2.27 为图 2.25 中曲线 1, 2, 3 峰值部位与跨中部位岩梁弯矩的放大图. 从图 2.25, 图 2.26 看到, 岩梁弯矩随岩梁悬顶距离增大而增大, 曲线 1, 2, 3 在 $\hat{x}\approx$(9.83, 9.87, 9.93)m 取得弯矩峰值 $M(\hat{x})\approx$(10.20, 11.40, 12.50)$\times10^7\mathrm{N\cdot m}$, 且在采空区跨中 $l+L$ =(35, 37, 39)m 处取到负弯矩峰值 $M(L+l)=(-9.02, -9.46, -9.85)\times10^7\mathrm{N\cdot m}$. 这表明煤壁前方和采空区跨中岩梁弯矩均随工作面推进而增大, 并且煤壁前方的弯矩峰值始终大于采空区跨中弯矩的绝对值, 也就是说初次来压前, 随工作

面推进顶板会因弯矩过大而发生断裂, 断裂线位置将在煤壁前方, 随后采空区跨中位置顶板发生断裂. 将煤壁位置 l = 15m 减去正弯矩峰值位置 $\hat{x}$ ≈(9.83, 9.87, 9.93)m, 可得到岩梁潜在断裂线在煤壁前方的 $\hat{l} = l - \hat{x}$ ≈(5.17~5.07)m 的煤层软化区段范围.

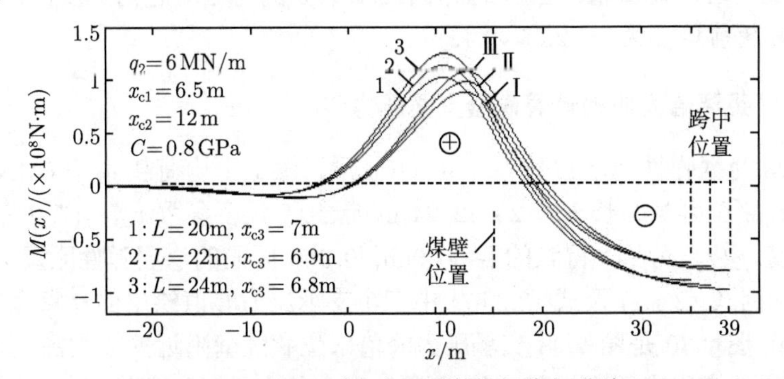

图 2.25 不同采空步距时的岩梁弯矩曲线

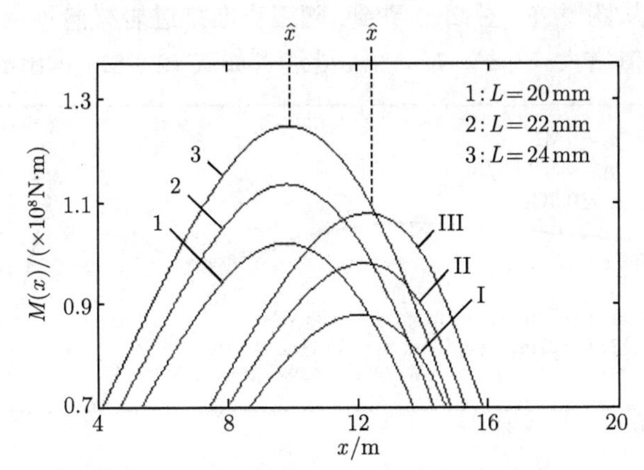

图 2.26 峰值部位岩梁弯矩曲线放大图

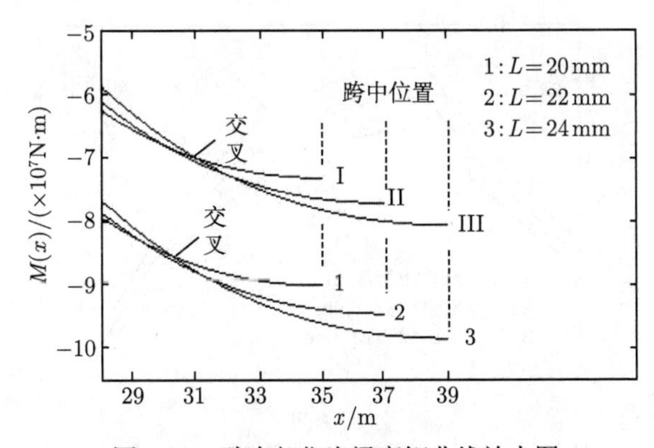

图 2.27 跨中部位岩梁弯矩曲线放大图

图 2.25~ 图 2.27 中曲线 I, II, III为全弹性地基支承 (假定) 岩梁的弯矩曲线. 曲线 I, II, III在 $\hat{x}$ ≈(12.11, 12.23, 12.35)m 或在煤壁前方 $\hat{l}=l-\hat{x}$ ≈(2.89, 2.77, 2.65)m 取得弯矩峰值 $M(\hat{x})$, 其正弯矩峰值和跨中部位的负弯矩峰值均显著小于曲线 1, 2, 3 的对应弯矩峰值. 经比较知, 曲线 1, 2, 3 的弯矩峰超前距要比曲线 I, II, III的弯矩峰超前矩要大出 (2.28~2.42)m.

2.2.5　悬顶距离增大时的计算煤层支承压力

图 2.28 为据弹性地基常数 $C=0.8$GPa 乘以梁上平均荷载 $q_2=6$MN/m, $q_1=0.15$MN/m, 采空区半跨长 $L=$(20, 22, 24)m 的岩梁, 尺度参数 $x_{c3}=$(7, 6.9, 6.8)m 时的岩梁挠度 $y_2(x)$, $y_{21}(x)$ 得到的 $[-30,0]$m, $[0,9]$m 区段的煤层弹性区反力 $Cy_2(x)$, $Cy_{21}(x)$, 和据式 (2.1.1) 及式 (2.2.57) 中三个支承压力峰值绘出的计算煤层支承压力. 图 2.29, 图 2.30 是图 2.28 支承压力峰值部位和煤壁附近的放大图. 图 2.28 中 [9,15]m 区段的煤层支承压力部分就是图 2.19 中的支承压力曲线绕 ox 水平轴旋转 180° 后的图形. 从图 2.28, 图 2.29 看到, 随工作面推进岩梁悬顶距离增大, 煤层软化区支承压力峰值增大, 在 $x=l_3=9$m 处达到如式 (2.2.57) 示出的支承压力峰值,

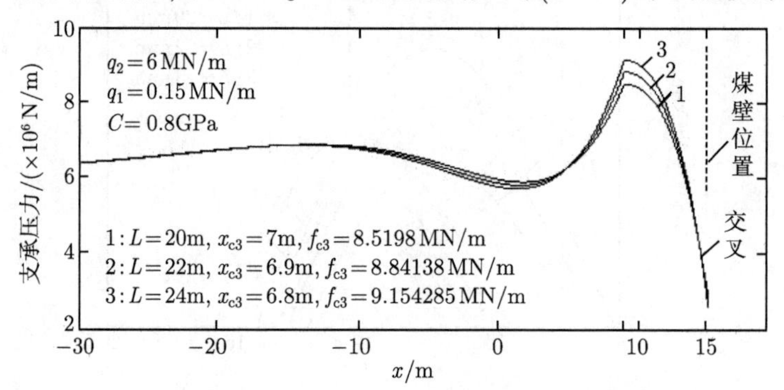

图 2.28　悬顶距离增大时的计算煤层支承压力曲线

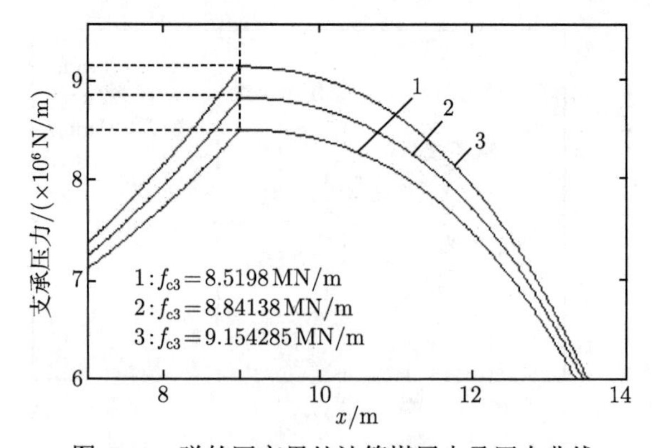

图 2.29　弹软区交界处计算煤层支承压力曲线

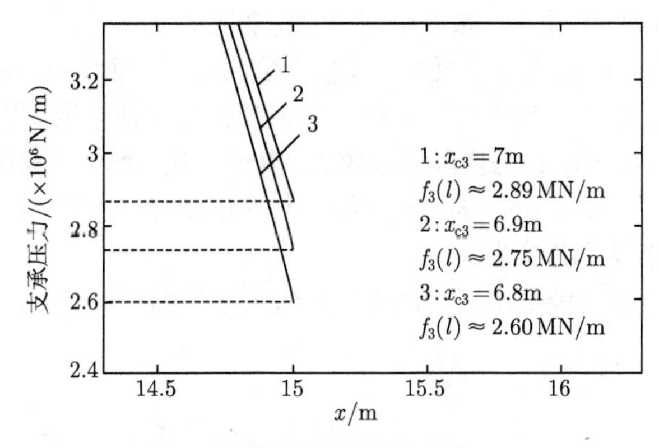

图 2.30 煤壁处煤层残余强度 $f_3(l)$

然后较快减小; 在 $x=-30$m 前方, 逐渐趋于梁上平均荷载 q_2 =6MN/m. 这是因为在前远方, 煤层支承压力仅与埋深 q_2 有关, 而与煤层软化区参数及岩梁悬顶距离无关; 图 2.28 中支承压力在 14.27m 附近发生交叉, 而使原本支承压力峰值 f_{c3} 较高的曲线 3 在煤壁处的煤体残余强度 $f_3(l)$ 值小于支承压力峰值较低的曲线 2 和曲线 1 在煤壁处的 $f_3(l)$ 值. 从图 2.30 看到, 曲线 1, 2, 3 的 $f_3(l)\approx$(2.89, 2.75, 2.60)MN/m, 正等于式 (2.2.58) 中 $f_3(l)$ 的计算值.

2.2.6 小结

(1) 通过算例用 2.1 节的方法 A 确定工作面推进岩梁悬顶距离 $2L=(40\sim48)$m 阶段煤层软化区对岩梁反力 (支承压力) 的一组峰值, 用两种方法验证这组峰值具有高精确度.

(2) 算例中随悬顶距离增大, 在煤层软化区支承压力峰值逐渐增大和煤壁处煤层支承压力逐步减小的条件下, 煤壁前方和采空区跨中的岩梁弯矩均随之增大, 但在悬顶距离 $2L=(40\sim48)$m 阶段煤壁前方的岩梁弯矩峰值始终大于采空区跨中弯矩值. 如在此阶段顶板因弯矩过大发生断裂, 断裂线将位于煤壁前方的煤层软化区段; 随悬顶距离增大, 岩梁下沉量和煤壁前方岩梁剪力亦不断增大.

(3) 全弹性地基支承假定的岩梁在煤壁处所受到的地基反力为煤层软化区支承岩梁在煤壁处煤层反力的 (3.62~4.49) 倍. 煤壁附近强大反力使全为弹性地基支承 (假定) 的岩梁弯曲程度小 (相应弯矩峰值小), 弯曲范围小 (相应弯矩峰位置靠近煤壁), 煤壁前方剪力峰值小, 相应剪力峰位置靠近煤壁. 顶板与煤层是承受顶板上覆荷载的共同体, 煤层软化区支承的岩梁在煤壁处受到煤层反力仅为前者的 (0.22~0.28) 倍, 煤壁附近煤层反力小迫使岩梁通过加大弯曲变形和弯曲范围去抵抗顶板上覆荷载, 这使得顶板弯矩峰加大, 弯矩峰超前距有较大增加, 剪力峰位置也前移. 煤壁附近煤层支承压力减小和弯曲变形增大使岩梁挠度比全为全弹性地基支承假定的岩梁挠度或下沉量有全面、大幅度增加.

(4) 顶板弯矩峰超前距与顶板潜在超前断裂距相关, 现场报道的坚硬顶板的超前断裂距多在 4m 以上, 有的达到 8~9m. 基于全弹性地基支承 (假定) 的岩梁弯矩峰超前距为 (2.65~2.89)m, 与实际差别较大. 煤层软化、弹性两段区支承岩梁的弯矩峰超前距为 (5.07~5.17)m, 与实际较为一致, 相应后者对坚硬顶板内力和挠度特性描述也应比前者更贴近实际.

(5) 图 2.28 中某区段支承压力曲线与 0 值水平轴围成的面积, 便是该区段的支承压力总和.

第 3 章　煤层软化、硬化区对坚硬顶板力学特性影响分析

3.1　周期来压期间煤层软化、硬化区对坚硬顶板弯矩特性影响分析

3.1.1　煤层兼具软化、硬化和弹性状态概念的提出

在煤层支承压力的文献中通常认为从煤壁到支承压力峰区段煤层处于软化屈服状态, 支承压力峰前方煤层处于弹性状态 [31,32]. 第 2 章对软化、弹性地基两区段支承顶板的力学特性进行了分析, 在 2.1 节中导得弯矩峰超前距为 (4.42~4.50)m, 在 2.2 节中导得弯矩峰超前距为 (5.07~5.17)m. 由最大拉应力强度条件, 坚硬顶板的超前断裂距与弯矩峰超前距有关. 邵国柱 [18] 列举新邱矿顶板超前断裂距 6.3m, 8m; 吴兴荣等 [15] 列举徐州三河尖矿顶板超前断裂距约 10m; 谭云亮等 [20,21] 列举木城涧矿等超前断裂距 8m, 9.9m. 对这种坚硬顶板 “大长” 型超前断裂距的工程实例, 非煤层软化、弹性两区段支承顶板的弯矩分析所能阐述.

因为煤层力学性质的不同, 煤层支承压力分布形态也会有所不同. 图 3.1 为邵广印等 [35] 给出的实测煤层支承压力分布图, 图 3.2 为闵长江等 [27] 给出的支承压力示意图. 图 3.1 和图 3.2 支承压力曲线上有明显拐点, 图 3.2 中支承压力曲线从凸变化到下凹, 从凸到下凹的中介点即为拐点, 应认为这两幅图中从曲线峰到曲线拐点区段煤层处于硬化状态, 曲线拐点前方煤层处于弹性状态; 图 2.2 中对顶板的支承压力曲线上也有个拐点, 压力峰到支承压力曲线拐点区段煤层处于硬化状态, 曲线拐点前方区段煤层处于弹性状态.

参照图 3.1 和图 3.2, 将煤层状态和煤层对顶板的支承关系分为三个区, 即煤壁到支承压力峰为煤层屈服软化区, 压力峰到支承压力曲线拐点为硬化区, 曲线拐点前方为弹性区, 并称基于煤层软化、硬化和弹性区的坚硬顶板为三区段支承顶板. 下文拟在 2.1 节的基础上, 对周期来压期间三区段支承、未破断坚硬顶板的弯矩、挠度进行分析 [33]. 用 Matlab 给出算例, 并将所得结果与煤层软化、弹性两区段支承坚硬顶板的弯矩特性、挠度进行比较.

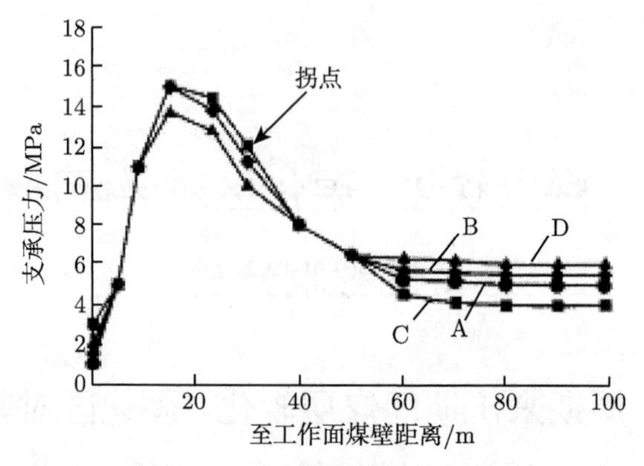

图 3.1　各测点支承压力分布 [35]

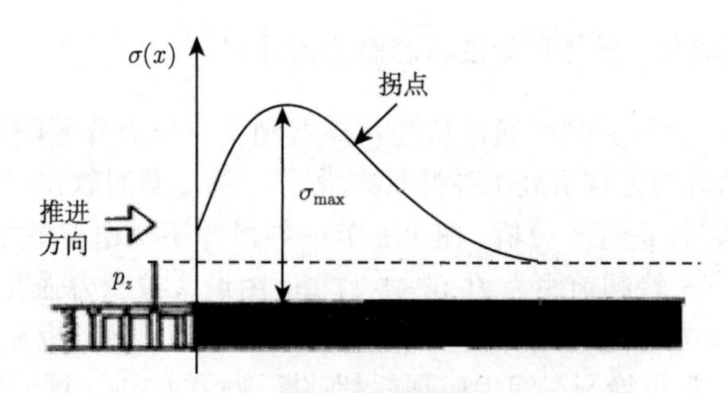

图 3.2　支承压力分布曲线示意图 [28]

3.1.2　分析模型

煤层软化、硬化和弹性三区段支承的单位宽坚硬顶板——岩梁体系的分析模型如图 3.3(a) 所示, 图中岩梁上覆荷载和支护阻力同 2.1 节, 支承关系方面通过在图 2.3 的煤层软化区和弹性区之间增加一个硬化区而得到. 煤层软化、硬化区支承压力的分布形态如图 3.3(b) 所示.

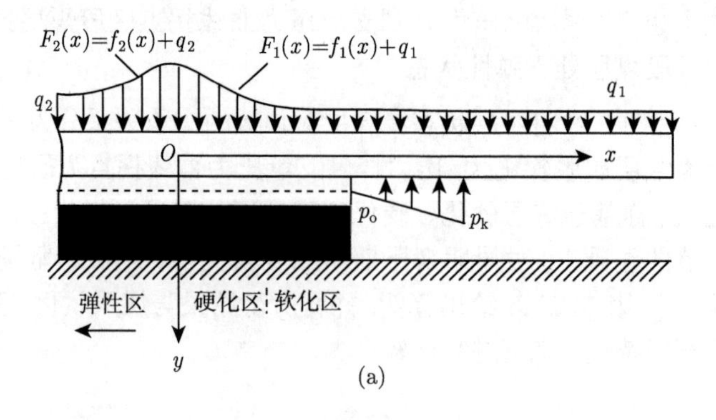

(a)

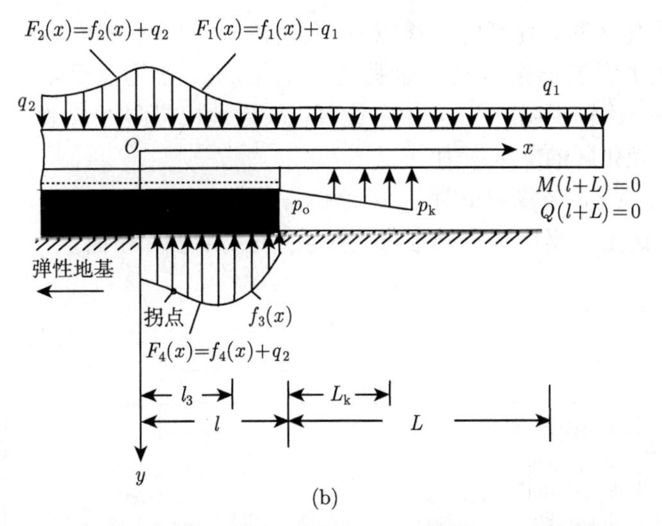

(b)

图 3.3 周期来压期间未断裂坚硬顶板的分析模型

图 3.3(b) 中 $x=l_3$ 截面后方 $[l_3,l]$ 煤层软化区段的支承压力表达式同式 (2.1.1), (2.1.2), 这里不再重复写出. 硬化区段岩梁的支承压力用

$$F_4(x)=q_2+f_4(x)=q_2+k_4[(l_3+x_{c4})-x]\mathrm{e}^{\frac{x-l_3-x_{c4}}{x_{c4}}}\quad(0\leqslant x\leqslant l_3)\tag{3.1.1}$$

表示. 式 (3.1.1) 中 q_2 反映了 $x\to-\infty$ 时 $F_4(x)$ 趋于岩梁上覆平均荷载 q_2 的特性, 式 (3.1.1) 中

$$k_4=f_{c4}\mathrm{e}/x_{c4}\tag{3.1.2}$$

需要说明的是, 图 3.3(b) 中煤层支承压力曲线上的拐点, 一般均在图 3.3(b) 中 y 轴的右侧, 从 y 轴到拐点的弹性区段内煤层是处于弹性状态, 为简化分析, 在这不宽的弹性区段内煤层反力仍用硬化区支承压力 $F_4(x)=q_2+f_4(x)$ 曲线的延伸段去表示, 依然有很高精度. 为行文方便, 将支承压力用 $F_4(x)=q_2+f_4(x)$ 表示的 $[0,l_3]$ 区段统称为煤层硬化区.

当 $x=l_3$ 时, 式 (3.1.1) 中 $F_4(l_3)=q_2+f_{c4}$, 并且 $F_4'(l_3)=0$ ($F_4(x)$ 在 $x=l_3$ 处有水平切线). 如此, 为使煤层软化区与硬化区支承压力曲线 $x=l_3$ 光滑连接, 只要令 $F_4(l_3)=f_{c3}$, 从而得到式 (3.1.2) 中的 f_{c4} 与支承压力峰值 f_{c3} 关系为

$$f_{c4}=f_{c3}-q_2\tag{3.1.3}$$

对于 $q_2=6\mathrm{MN/m}$, $x_{c3}=(7,8,9)\mathrm{m}$, $x_{c4}=(1,2,3)\mathrm{m}$, $l_3=9\mathrm{m}$, $l=16\mathrm{m}$(煤层软化区深度 $l-l_3=7\mathrm{m}$; 假定 $f_{c3}=10\mathrm{MN/m}$, 由式 (3.1.3) 可得 $f_{c4}=4\mathrm{MN/m}$. 再据式 (3.1.1) 用 Matlab 绘出图 3.4. 图 3.4 曲线的 $[0,l_3]$ 与 $[l_3,l]$ 实线部分 $F_4(x)$, $f_3(x)$

分别为煤层硬化区和软化区的支承压力, 曲线在 $x = l_3$ 处光滑连接. 图 3.4 中 x_{c3} 小表明煤壁处的煤层 (煤体) 的残余强度 $f_3(l)$ 低, x_{c4} 小则表明煤层支承压力硬化区影响范围小. 比较表明, 图 3.4 中曲线可以较好地模拟图 3.1、图 3.2 和图 3.3(b) 中煤层软化、硬化区的支承压力.

这里指出, 3.1.6 节算例将对 $q_2 = 6\text{MN/m}$, x_{c3}, x_{c4} 变化如图 3.4, 具体 f_{c3} 值在算例之前 "选定", 采用本节符号与数据系列进行计算、绘图.

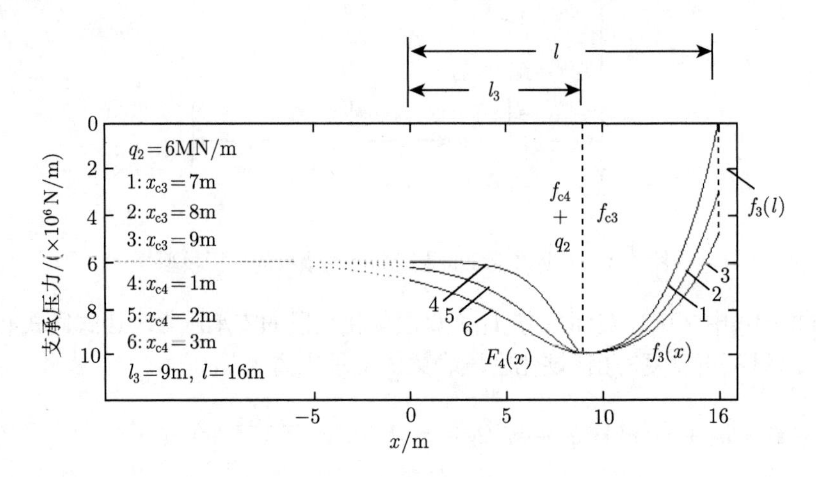

图 3.4 煤层软化与硬化区支承压力示意图

3.1.3 岩梁各区段的挠度方程、边界条件和连续条件

3.1.3.1 $(-\infty, 0]$ 区段弹性地基梁的挠度方程

图 3.5 为 $(-\infty, 0]$, $[0, l_3]$ 和 $[l_3, l]$ 区段上的岩梁分离体图, 其中图 3.5(a) 为上方作用分布荷载 $F_2(x) = f_2(x) + q_2$ 的半无限长弹性地基梁, 图 3.5(b), (c) 为上方作用分布荷载 $F_1(x)$, 下方分别为煤层硬化、软化区支承压力的有限长梁.

记 $(-\infty, 0]$ 区段岩梁挠度为 $y_2(x)$, 该区段弹性地基梁任一微段 $\mathrm{d}x$ 的挠度微分方程为

$$y_2^{(4)}(x) + 4\beta^4 y_2(x) = \frac{q_2}{EI} + \frac{k_2}{EI}(x_{c2} - x)\mathrm{e}^{\frac{x - x_{c2}}{x_{c2}}} \text{[15]} \quad (x \leqslant 0) \tag{3.1.4}$$

式中 $\beta = [C/(4EI)]^{1/4}$, $(-\infty, 0]$ 区段弹性地基梁挠度方程的形式同 2.1 节, 为

$$\begin{aligned} y_2(x) =& \mathrm{e}^{\beta x}(d_1 \cos\beta x + d_2 \sin\beta x) + \frac{q_2}{4\beta^4 EI} \\ &+ \frac{k_2}{EI} \cdot \frac{x_{c2}^5}{1 + 4\beta^4 x_{c2}^4}\left[\frac{x_{c2} - x}{x_{c2}} + \frac{4}{1 + 4\beta^4 x_{c2}^4}\right]\mathrm{e}^{\frac{x - x_{c2}}{x_{c2}}} \quad (x \leqslant 0) \end{aligned} \tag{3.1.5}$$

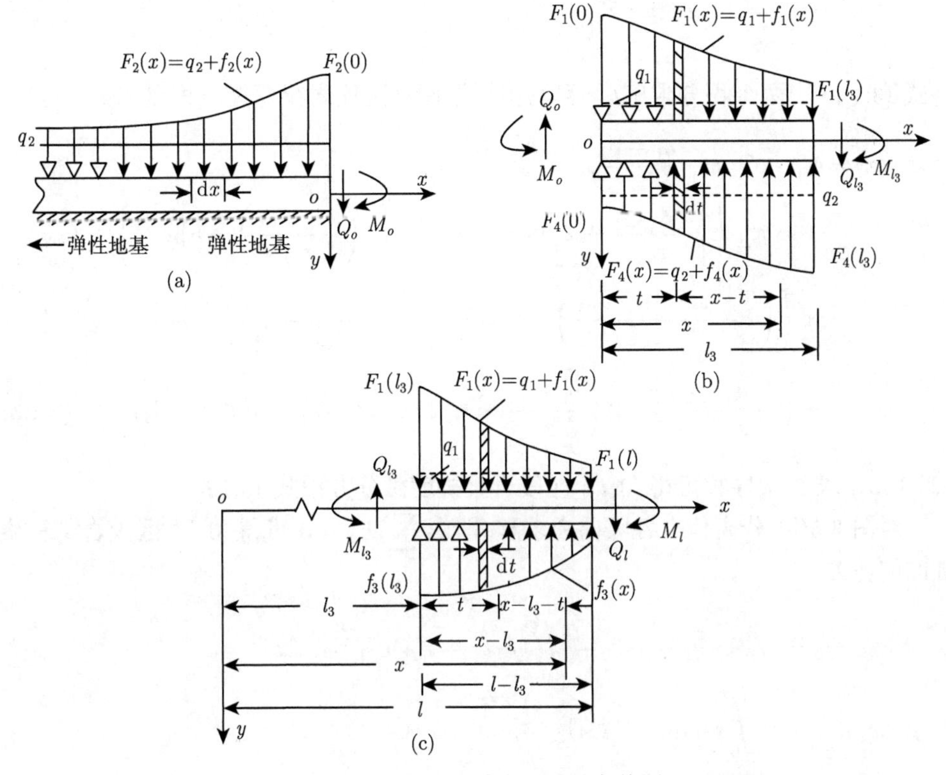

图 3.5　初次来压前岩梁的隔离体图

3.1.3.2　$[0,l_3]$ 煤层硬化区段岩梁的挠度方程

图 3.5(b)$[0,l_3]$ 区段岩梁上方作用分布荷载 $F_1(x)=q_1+k_1(x+x_{c1})\exp[-(x+x_{c1})/x_{c1}]$, 下方为硬化区支承压力 $q_2+f_4(x)$. 记 $[0,l_3]$ 区段的岩梁挠度为 $y_{22}(x)$, 类似于式 (3.1.4), 可写出 $[0,l_3]$ 区段上岩梁任一微段 $\mathrm{d}x$ 的挠度微分方程

$$
\begin{aligned}
y_{22}^{(4)}(x)=&\frac{q_1}{EI}+\frac{k_1}{EI}(x+x_{c1})\mathrm{e}^{-\frac{x+x_{c1}}{x_{c1}}}\\
&-\frac{q_2}{EI}-\frac{k_4}{EI}[(l_3+x_{c4})-x]\mathrm{e}^{\frac{x-l_3-x_{c4}}{x_{c4}}}\quad(0\leqslant x\leqslant l_3)
\end{aligned}
\tag{3.1.6}
$$

采用含参变量积分法, 以 t 为参变量, 图 3.5(b) 中 x 截面左方各力对 x 截面求矩, 可得到 $[0,l_3]$ 层硬化区段上的岩梁弯矩方程

$$
\begin{aligned}
EIy''_{22}(x)=&M_{22}(x)\\
=&M_{\mathrm{o}}-Q_{\mathrm{o}}x+\frac{(q_1-q_2)}{2}x^2\\
&+\int_0^x k_1(t+x_{c1})\mathrm{e}^{-\frac{t+x_{c1}}{x_{c1}}}(x-t)\mathrm{d}t-\int_0^{x-l_4}k_4[(l_3+x_{c4})-t]
\end{aligned}
$$

$$\times \mathrm{e}^{\frac{t-(l_3+x_{c4})}{x_{c4}}}(x-t)\mathrm{d}t \quad (0 \leqslant t \leqslant x)\ (0 \leqslant x \leqslant l_3) \tag{3.1.7}$$

将式 (3.1.7) 中两个积分求出后, 可写出煤层硬化区段岩梁弯矩方程显式

$$\begin{aligned} M_{22}(x) =& M_\mathrm{o} - Q_\mathrm{o}x + \frac{q_1-q_2}{2}x^2 \\ & + k_1x_{c1}^3\left\{\left[\frac{x+x_{c1}}{x_{c1}}+2\right]\times \mathrm{e}^{-\frac{x+x_{c1}}{x_{c1}}} + \left[2\left(\frac{x+x_{c1}}{x_{c1}}\right)-5\right]\mathrm{e}^{-1}\right\} - k_4x_{c4}^3 \\ & \times\left\{\left(2-\frac{x-l_3-x_{c4}}{x_{c4}}\right)\mathrm{e}^{\frac{x-l_3-x_{c4}}{x_{c4}}} - \left\{\left(\frac{l_3+x_{c4}}{x_{c4}}+1\right)\left(\frac{x-l_3-x_{c4}}{x_{c4}}\right)\right.\right. \\ & \left.\left. + \left(\frac{l_3+x_{c4}}{x_{c4}}\right)^2 + 2\left(\frac{l_3+x_{c4}}{x_{c4}}\right)+2\right\}\mathrm{e}^{-\frac{l_3+x_{c4}}{x_{c4}}}\right\} \quad (0 \leqslant x \leqslant l_3) \end{aligned} \tag{3.1.8}$$

式 (3.1.8) 求 2 次导数可得 $[0, l_3]$ 区段岩梁挠度微分方程式 (3.1.6).

对图 3.5(b) 分离体上各竖向力求和, 即由 $\sum F_y = 0$ 可得 $[0, l_3]$ 区段岩梁左端截面的剪力

$$\begin{aligned} Q_\mathrm{o} =& Q_{l_3} + (q_1-q_2)l_3 + \int_0^{l_3} k_1(x+x_{c1})\mathrm{e}^{-\frac{x+x_{c1}}{x_{c1}}}\mathrm{d}x \\ & - \int_0^{l_3} k_4[(l_3+x_{c4})-x]\mathrm{e}^{\frac{x-l_3-x_{c4}}{x_{c4}}}\mathrm{d}x \\ =& Q_{l_3} + (q_1-q_2)l_3 + k_1x_{c1}^2\left[2\mathrm{e}^{-1} - \left(\frac{l_3+x_{c1}}{x_{c1}}+1\right)\mathrm{e}^{-\frac{l_3+x_{c1}}{x_{c1}}}\right] \\ & - k_4x_{c4}^2\left[2\mathrm{e}^{-1} - \left(\frac{l_3+x_{c4}}{x_{c4}}+1\right)\mathrm{e}^{-\frac{l_3+x_{c4}}{x_{c4}}}\right] \end{aligned} \tag{3.1.9}$$

图 3.5(b) 分离体各力对梁左端 $x = 0$ 截面求矩, 即由 $\sum M_\mathrm{o} = 0$, 可得 $[0, l_3]$ 区段岩梁左端截面的弯矩

$$\begin{aligned} M_\mathrm{o} =& M_{l_3} + Q_{l_3}l_3 + \frac{q_1-q_2}{2}l_3^2 + \int_0^{l_3} k_1(x+x_{c1})\mathrm{e}^{-\frac{x+x_{c1}}{x_{c1}}}x\mathrm{d}x \\ & - \int_0^{l_3} k_4[(l_3+x_{c4})-x]\mathrm{e}^{\frac{x-l_3-x_{c4}}{x_{c4}}}x\mathrm{d}x \\ =& M_{l_3} + Q_{l_3}l_3 + \frac{(q_1-q_2)}{2}l_3^2 \\ & + k_1x_{c1}^3\left\{3\mathrm{e}^{-1} - \left[\left(\frac{l_3+x_{c1}}{x_{c1}}\right)^2 + 2\left(\frac{l_3+x_{c1}}{x_{c1}}\right) + 2 - \left(\frac{l_3+x_{c1}}{x_{c1}}+1\right)\right]\mathrm{e}^{-\frac{l_3+x_{c1}}{x_{c1}}}\right\} \\ & + k_4x_{c4}^3\left\{\mathrm{e}^{-1}\left(5-2\frac{l_3+x_{c4}}{x_{c4}}\right) - \left(2+\frac{l_3+x_{c4}}{x_{c4}}\right)\mathrm{e}^{-1\frac{l_3+x_{c4}}{x_{c4}}}\right\} \end{aligned} \tag{3.1.10}$$

式 (3.1.9), (3.1.10) 中的 Q_{l_3}, M_{l_3} 为图 3.5(b) 分离体右端或者图 3.5(c) 分离体左端截面的剪力和弯矩, 如式 (2.2.12), (2.2.13).

有了以上准备, 对式 (3.1.8) 积两次分, 可得 $[0,l_3]$ 煤层硬化区段的岩梁挠度方程

$$
\begin{aligned}
EIy_{22}(x) =& \frac{M_{\rm o}}{2}x^2 - \frac{Q_{\rm o}}{6}x^3 + \frac{q_1-q_2}{24}x^4 \\
&+ k_1x_{\rm c1}^5\left\{\left[\frac{x+x_{\rm c1}}{x_{\rm c1}}+4\right]{\rm e}^{-\frac{x+x_{\rm c1}}{x_{\rm c1}}} + \left[\frac{1}{3}\left(\frac{x+x_{\rm c1}}{x_{\rm c1}}\right)^3\right.\right. \\
&\left.\left. - \frac{5}{2}\left(\frac{x+x_{\rm c1}}{x_{\rm c1}}\right)^2\right]{\rm e}^{-1}\right\} - k_4x_{\rm c4}^5\left\{\left(4-\frac{x-l_3-x_{\rm c4}}{x_{\rm c4}}\right){\rm e}^{\frac{x-l_3-x_{\rm c4}}{x_{\rm c4}}}\right. \\
&- \left\{\frac{1}{6}\left(\frac{l_3+x_{\rm c4}}{x_{\rm c4}}+1\right)\left(\frac{x-l_3-x_{\rm c4}}{x_{\rm c4}}\right)^3\right. \\
&+ \frac{1}{2}\left[\left(\frac{l_3+x_{\rm c4}}{x_{\rm c4}}\right)^2 + 2\left(\frac{l_3+x_{\rm c4}}{x_{\rm c4}}\right)+2\right] \\
&\left.\left.\times\left(\frac{x-l_3-x_{\rm c4}}{x_{\rm c4}}\right)^2\right\}{\rm e}^{-\frac{l_3+x_{\rm c4}}{x_{\rm c4}}}\right\} + j_1x + j_2 \quad (0 \leqslant x \leqslant l_3)
\end{aligned} \tag{3.1.11}
$$

式 (3.1.11) 中 j_1, j_2 为积分常数, 须由连续条件确定.

3.1.3.3 $[l_3,l]$ 煤层软化区段和 $[l,l+L_{\rm k}]$, $[l+L_{\rm k},l+L]$ 悬空区段岩梁的挠度方程

$[l_3,l]$ 煤层软化区段的岩梁挠度方程同式 (2.2.14), 为

$$
\begin{aligned}
EIy_{23}(x) =& \frac{M_{l_3}}{2}(x-l_3)^2 - \frac{Q_{l_3}}{6}(x-l_3)^3 \\
&+ \frac{q_1}{24}(x-l_3)^4 + k_1x_{\rm c1}^5\left[\frac{x+x_{\rm c1}}{x_{\rm c1}}+4\right]{\rm e}^{-\frac{x+x_{\rm c1}}{x_{\rm c1}}} \\
&- \left\{\left\{\frac{1}{2}\left[\left(\frac{l_3+x_{\rm c1}}{x_{\rm c1}}\right)^2 + 2\left(\frac{l_3+x_{\rm c1}}{x_{\rm c1}}\right)+2\right]\left(\frac{x+x_{\rm c1}}{x_{\rm c1}}\right)^2\right.\right. \\
&\left.\left. - \frac{1}{6}\left(\frac{l_3+x_{\rm c1}}{x_{\rm c1}}+1\right)\left(\frac{x+x_{\rm c1}}{x_{\rm c1}}\right)^3\right\}{\rm e}^{-\frac{l_3+x_{\rm c1}}{x_{\rm c1}}}\right\} \\
&- k_3x_{\rm c3}^5\left[\left(\frac{l_3+x_{\rm c3}-x}{x_{\rm c3}}+4\right){\rm e}^{\frac{x-l_3-x_{\rm c3}}{x_{\rm c3}}}\right. \\
&\left. + \frac{{\rm e}^{-1}}{3}\left(\frac{l_3+x_{\rm c3}-x}{x_{\rm c3}}\right)^3 - \frac{5}{2}{\rm e}^{-1}\left(\frac{l_3+x_{\rm c3}-x}{x_{\rm c3}}\right)^2\right] \\
&+ g_1(x-l_3) + g_2 \quad (l_3 \leqslant x \leqslant l)
\end{aligned} \tag{3.1.12}
$$

式 (3.1.12) 中 Q_{l_3}, M_{l_3} 同式 (2.2.12), (2.2.13), 积分常数 g_1, g_2 由连续条件确定.

$[l, l+L_{\mathrm{k}}]$ 和 $[l+L_{\mathrm{k}}, l+L]$ 区段悬空区段的挠度方程的形式同 2.1 节, 为

$$\begin{aligned}EIy_{11}(x) =&\frac{M_l}{2}(x-l)^2-\frac{Q_l}{6}(x-l)^3+\frac{q_1}{24}(x-l)^4+k_1x_{\mathrm{c1}}^5\left\{\left[\frac{x+x_{\mathrm{c1}}}{x_{\mathrm{c1}}}+4\right]\mathrm{e}^{-\frac{x+x_{\mathrm{c1}}}{x_{\mathrm{c1}}}}\right.\\&-\left\{\left[\left(\frac{l+x_{\mathrm{c1}}}{x_{\mathrm{c1}}}\right)^2+2\left(\frac{l+x_{\mathrm{c1}}}{x_{\mathrm{c1}}}\right)+2\right]\times\frac{x^2}{2x_{\mathrm{c1}}^2}\right.\\&\left.\left.-\frac{1}{6}\left(\frac{l+x_{\mathrm{c1}}}{x_{\mathrm{c1}}}+1\right)\left(\frac{x+x_{\mathrm{c1}}}{x_{\mathrm{c1}}}\right)^3\right\}\mathrm{e}^{-\frac{l+x_{\mathrm{c1}}}{x_{\mathrm{c1}}}}\right\}\\&-\frac{p_{\mathrm{o}}(x-l)^4}{24}-\frac{(p_{\mathrm{k}}-p_{\mathrm{o}})}{120L_{\mathrm{k}}}(x-l)^5+c_1x+c_2\quad(l\leqslant x\leqslant l+L_{\mathrm{k}})\end{aligned}\tag{3.1.13}$$

$$\begin{aligned}EIy_{12}(x) =&\frac{M_l}{2}(x-l)^2-\frac{Q_l}{6}(x-l)^3+\frac{q_1}{24}(x-l)^4+k_1x_{\mathrm{c1}}^5\left\{\left[\frac{x+x_{\mathrm{c1}}}{x_{\mathrm{c1}}}+4\right]\mathrm{e}^{-\frac{x+x_{\mathrm{c1}}}{x_{\mathrm{c1}}}}\right.\\&-\left\{\left[\left(\frac{l+x_{\mathrm{c1}}}{x_{\mathrm{c1}}}\right)^2+2\left(\frac{l+x_{\mathrm{c1}}}{x_{\mathrm{c1}}}\right)+2\right]\right.\\&\left.\left.\times\frac{x^2}{2x_{\mathrm{c1}}^2}-\frac{1}{6}\left(\frac{l+x_{\mathrm{c1}}}{x_{\mathrm{c1}}}+1\right)\left(\frac{x+x_{\mathrm{c1}}}{x_{\mathrm{c1}}}\right)^3\right\}\mathrm{e}^{-\frac{l+x_{\mathrm{c1}}}{x_{\mathrm{c1}}}}\right\}-p_{\mathrm{o}}L_{\mathrm{k}}\\&\times\left[\frac{(x-l)^3}{6}-\frac{L_{\mathrm{k}}}{4}(x-l)^2\right]-\frac{(p_{\mathrm{k}}-p_{\mathrm{o}})L_{\mathrm{k}}}{2}\left[\frac{(x-l)^3}{6}-\frac{L_{\mathrm{k}}(x-l)^2}{3}\right]\\&+c_3x+c_4\quad(l+L_{\mathrm{k}}\leqslant x\leqslant l+L)\end{aligned}\tag{3.1.14}$$

式 (3.1.13), (3.1.14) 中 Q_l, M_l 和其他符号意义同 2.1 节.

3.1.3.4　各区段岩梁的边界条件和连续条件

图 3.3 模型中的自然边界条件及连续条件从左到右全部列出为

$$y_2(-\infty)=q_2/C,\quad y_2'(-\infty)=0\tag{3.1.15a}$$

$$\begin{aligned}&y_2(0)=y_{22}(0),\quad y_2'(0)=y_{22}'(0),\quad y_2''(0)=M_{\mathrm{o}},\\&y_2'''(0)=-Q_{\mathrm{o}},\quad EIy_2^{(4)}(0)=EIy_{22}^{(4)}(0)\end{aligned}\tag{3.1.15b}$$

$$y_{22}(l_3)=y_{23}(l_3),\quad y_{22}'(l_3)=y_{23}'(l_3),\quad y_{21}''(l_3)=M_{l_3},\quad y_{21}'''(0)=-Q_{l_3}\tag{3.1.15c}$$

$$y_{23}(l)=y_{11}(l),\quad y_{23}'(l)=y_{11}'(l),\quad y_{23}''(l)=M_l,\quad y_{21}'''(0)=-Q_l\tag{3.1.15d}$$

$$y_{11}(l+L_\mathrm{k})=y_{12}(l+L_\mathrm{k}),\quad y'_{11}(l+L_\mathrm{k})=y'_{12}(l+L_\mathrm{k}) \tag{3.1.15e}$$

$$M(l+L)=0,\quad Q(l+L)/(EI)=0 \tag{3.1.15f}$$

可以通过满足条件式 (3.1.15) 来确定式 (3.1.4), (3.1.6), (3.1.12)~(3.1.14) 中的 10 个积分常数, 由于引入煤层硬化区, 增加了一个硬化区挠度方程式 (3.1.6), 积分常数中增加了 j_1, j_2, 连续条件增加了 (3.1.15b), 故积分常数中的 d_1, d_2, $c_1\sim c_4$ 与 2.1 节中对应关系式中的积分常数值完全不同.

3.1.4 挠度方程中积分常数的确定

3.1.4.1 积分常数 $c_1\sim c_4$, g_1, g_2 间的关系

对式 (3.1.13), (3.1.14) 的一阶导数, 据式 (3.1.15e) 中的 $y'_{11}(l+L_\mathrm{k})=y'_{12}(l+L_\mathrm{k})$ 条件, 可得

$$c_1=c_3+\frac{p_\mathrm{o}L_\mathrm{k}^3}{6}+\frac{(p_\mathrm{k}-p_\mathrm{o})L_\mathrm{k}^3}{8} \tag{3.1.16}$$

对式 (3.1.13), (3.1.14), 并据式 (3.1.15e) 中的 $y_{11}(l+L_\mathrm{k})=y_{12}(l+L_\mathrm{k})$ 条件, 可得

$$c_4=(c_1-c_3)(l+L_\mathrm{k})+c_2-\frac{p_\mathrm{o}L_\mathrm{k}^4}{8}-\frac{11(p_\mathrm{k}-p_\mathrm{o})L_\mathrm{k}^4}{120} \tag{3.1.17}$$

将式 (3.1.12), (3.1.13) 代入式 (3.1.15d) 中的 $y_{23}(l)=y_{11}(l)$, $y'_{23}(l)=y'_{11}(l)$ 条件, 可得

$$\frac{M_{l_3}}{2}(l-l_3)^2+D_1+g_1(l-l_3)+g_2=c_1l+c_2+D_2 \tag{3.1.18}$$

$$M_{l_3}(l-l_3)+D_3+g_1=c_1+D_4 \tag{3.1.19}$$

式中

$$\begin{aligned}D_1=&-\frac{Q_{l_3}}{6}(l-l_3)^3+\frac{q_1}{24}(l-l_3)^4+k_1x_{\mathrm{c1}}^5\\&\left\{\frac{1}{6}\left(\frac{l+x_{\mathrm{c1}}}{x_{\mathrm{c1}}}\right)^3\left(\frac{l_3+x_{\mathrm{c1}}}{x_{\mathrm{c1}}}+1\right)-\frac{1}{2}\left(\frac{l+x_{\mathrm{c1}}}{x_{\mathrm{c1}}}\right)^2\left(\frac{l_3+x_{\mathrm{c1}}}{x_{\mathrm{c1}}}\right)^2\right.\\&\left.+2\left(\frac{l_3+x_{\mathrm{c1}}}{x_{\mathrm{c1}}}\right)+2\right\}\mathrm{e}^{-\frac{l_3+x_{\mathrm{c1}}}{x_{\mathrm{c1}}}}-k_3x_{\mathrm{c3}}^5\left[\left(\frac{l_3+x_{\mathrm{c1}}-l}{x_{\mathrm{c1}}}+4\right)\mathrm{e}^{\frac{l-l_3-x_{\mathrm{c1}}}{x_{\mathrm{c1}}}}\right.\\&\left.+\frac{\mathrm{e}^{-1}}{3}\left(\frac{l_3+x_{\mathrm{c1}}-l}{x_{\mathrm{c1}}}\right)^3-\frac{5}{2}\mathrm{e}^{-1}\left(\frac{l_3+x_{\mathrm{c1}}-l}{x_{\mathrm{c1}}}\right)^2\right]\end{aligned} \tag{3.1.20}$$

$$D_2=-k_1x_{\mathrm{c1}}^5\left[\frac{1}{3}\left(\frac{l+x_{\mathrm{c1}}}{x_{\mathrm{c1}}}\right)^4+\frac{5}{6}\left(\frac{l+x_{\mathrm{c1}}}{x_{\mathrm{c1}}}\right)^3+\left(\frac{l+x_{\mathrm{c1}}}{x_{\mathrm{c1}}}\right)^2\right]\mathrm{e}^{-\frac{l+x_{\mathrm{c1}}}{x_{\mathrm{c1}}}} \tag{3.1.21}$$

$$D_3=-\frac{Q_{l_3}}{2}(l-l_3)^2+\frac{q_1}{6}(l-l_3)^3+k_1x_{\mathrm{c1}}^4$$

$$
\left\{\frac{1}{2}\left(\frac{l+x_{c1}}{x_{c1}}\right)^2\left(\frac{l_3+x_{c1}}{x_{c1}}+1\right)-\left(\frac{l+x_{c1}}{x_{c1}}\right)\left[\left(\frac{l_3+x_{c1}}{x_{c1}}\right)^2 + 2\left(\frac{l_3+x_{c1}}{x_{c1}}\right)+2\right]\right\}e^{-\frac{l_3+x_{c1}}{x_{c1}}}
- k_3x_{c3}^4\left[\left(\frac{l_3+x_{c1}-l}{x_{c1}}+3\right)e^{\frac{l-l_3-x_{c3}}{x_{c3}}} - e^{-1}\left(\frac{l_3+x_{c3}-l}{x_{c3}}\right)^2+5e^{-1}\left(\frac{l_3+x_{c3}-l}{x_{c3}}\right)\right] \tag{3.1.22}
$$

$$
D_4=-k_1x_{c1}^4\left[\frac{1}{2}\left(\frac{l+x_{c1}}{x_{c1}}\right)^3+\frac{3}{2}\left(\frac{l+x_{c1}}{x_{c1}}\right)^2+2\left(\frac{l+x_{c1}}{x_{c1}}\right)\right]e^{-\frac{l+x_{c1}}{x_{c1}}} \tag{3.1.23}
$$

3.1.4.2 积分常数 g_1, g_2, j_1, j_2 间的关系

将式 (3.1.11), (3.1.12) 代入式 (3.1.15c) 中的 $y_{22}(l_3)=y_{23}(l_3)$, $y'_{22}(l_3)=y'_{23}(l_3)$ 条件, 可得

$$
\frac{M_o}{2}l_3^2+D_5+j_1l_3+j_2=g_2+D_6 \tag{3.1.24}
$$

$$
M_ol_3+D_7+j_1=g_1+D_8 \tag{3.1.25}
$$

式中

$$
D_5=-\frac{Q_o}{6}l_3^3+\frac{q_1-q_2}{24}l_3^4-k_1x_{c1}^5\left\{\frac{5}{2}\left(\frac{l_3+x_{c1}}{x_{c1}}\right)^2-\frac{1}{3}\left(\frac{l_3+x_{c1}}{x_{c1}}\right)^3\right\}e^{-1}
- k_4x_{c4}^5\left\{5e^{-1}-\frac{1}{2}\left[\left(\frac{l_3+x_{c4}}{x_{c4}}\right)^2+\frac{5}{3}\left(\frac{l_3+x_{c4}}{x_{c4}}\right)+\frac{5}{3}\right]e^{-\frac{l_3+x_{c4}}{x_{c4}}}\right\} \tag{3.1.26}
$$

$$
D_6=-k_1x_{c1}^5\left[\frac{1}{3}\left(\frac{l_3+x_{c1}}{x_{c1}}\right)^4+\frac{5}{6}\left(\frac{l_3+x_{c1}}{x_{c1}}\right)^3 + \left(\frac{l_3+x_{c1}}{x_{c1}}\right)^2\right]e^{-\frac{l_3+x_{c1}}{x_{c1}}}-\frac{17}{6}k_3x_{c3}^5e^{-1} \tag{3.1.27}
$$

$$
D_7=-\frac{Q_o}{2}l_3^2+\frac{q_1-q_2}{6}l_3^3+k_1x_{c1}^4\left[\left(\frac{l_3+x_{c1}}{x_{c1}}\right)^2-5\left(\frac{l_3+x_{c1}}{x_{c1}}\right)\right]e^{-1}
- k_4x_{c4}^4\left\{4e^{-1}+\left[\left(\frac{l_3+x_{c4}}{x_{c4}}\right)^2+\frac{3}{2}\left(\frac{l_3+x_{c4}}{x_{c4}}\right)+\frac{3}{2}\right]e^{-\frac{l_3+x_{c4}}{x_{c4}}}\right\} \tag{3.1.28}
$$

$$
D_8=-k_1x_{c1}^4\left[\frac{1}{2}\left(\frac{l_3+x_{c1}}{x_{c1}}\right)^3+\frac{3}{2}\left(\frac{l_3+x_{c1}}{x_{c1}}\right)^2 + 2\left(\frac{l_3+x_{c1}}{x_{c1}}\right)\right]e^{-\frac{l_3+x_{c1}}{x_{c1}}}-8k_3x_{c3}^4e^{-1} \tag{3.1.29}
$$

3.1.4.3 积分常数 $c_1 \sim c_4, d_1, d_2, g_1, g_2, j_1, j_2$ 的确定

据式 (3.1.5), (3.1.11), 由式 (3.1.15b) 中 $x=0$ 时的挠度、转角、弯矩和剪力连续条件, 可得到

$$EId_1 + D_9 = j_2 + D_{10} \tag{3.1.30}$$

$$EI\beta(d_1 + d_2) + D_{11} = j_1 + D_{12} \tag{3.1.31}$$

$$2EI\beta^2 d_2 + EIA_2 x_{c2}(B_2 - 1) = M_o \tag{3.1.32}$$

$$2EI\beta^3(-d_1 + d_2) + EIA_2(B_2 - 2) = -Q_o \tag{3.1.33}$$

其中

$$D_9 = \frac{q_2}{4\beta^4} + \frac{k_2 e^{-1} x_{c2}^5}{1 + 4\beta^4 x_{c2}^4}[B_2 + 1] \tag{3.1.34}$$

$$\begin{aligned} D_{10} =& \frac{17}{6} e^{-1} k_1 x_{c1}^5 - k_4 x_{c4}^5 \\ & \left[-\frac{1}{3}\left(\frac{l_3 + x_{c4}}{x_{c4}}\right)^4 - \frac{5}{6}\left(\frac{l_3 + x_{c4}}{x_{c4}}\right)^3 - \left(\frac{l_3 + x_{c4}}{x_{c4}}\right)^2 \right. \\ & \left. + \frac{l_3 + x_{c4}}{x_{c4}} + 4 \right] e^{-\frac{l_3 + x_{c4}}{x_{c4}}} \end{aligned} \tag{3.1.35}$$

$$D_{11} = \frac{k_2 e^{-1} x_{c2}^4}{1 + 4\beta^4 x_{c2}^4} B_2 \tag{3.1.36}$$

$$\begin{aligned} D_{12} =& -8e^{-1} k_1 x_{c1}^4 - k_4 x_{c4}^4 \\ & \left[\frac{1}{2}\left(\frac{l_3 + x_{c4}}{x_{c4}}\right)^3 + \frac{3}{2}\left(\frac{l_3 + x_{c4}}{x_{c4}}\right)^2 + 3\left(\frac{l_3 + x_{c4}}{x_{c4}}\right) + 3 \right] e^{-\frac{l_3 + x_{c4}}{x_{c4}}} \end{aligned} \tag{3.1.37}$$

$$A_2 = \frac{k_2}{EI} \frac{x_{c2}^2 e^{-1}}{1 + 4\beta^4 x_{c2}^4}, \quad B_2 = \frac{4}{1 + 4\beta^4 x_{c2}^4} \tag{3.1.38}$$

由式 (3.1.32), (3.1.33) 可解得

$$d_1 = \frac{Q_o + EIA_2(B_2 - 2) + \beta[M_o - EIA_2 x_{c2}(B_2 - 1)]}{2EI\beta^3} \tag{3.1.39}$$

$$d_2 = \frac{M_o - EIA_2 x_{c2}(B_2 - 1)}{2EI\beta^2} \tag{3.1.40}$$

由于 Q_l, M_l 为已知量, 由 2.2 节式 (2.2.12) , (2.2.13) 知 Q_{l_3}, M_{l_3} 也为已知量, 再由式 (3.1.9), (3.1.10) 知 Q_o, M_o 也为已知量, 故由式 (3.1.39), (3.1.40) 知 d_1, d_2 已确定. 由于 $D_1 \sim D_{12}$ 均为已知量, 将 d_1, d_2 代入式 (3.1.30), (3.1.31) 可确定 j_1, j_2. 将 j_1, j_2 代入式 (3.1.24), (3.1.25) 可确定 g_1, g_2. 再通过式 (3.1.16)~(3.1.19) 可确定 $c_1 \sim c_4$. 这就最终确定了图 3.3 中各区段岩梁的挠度方程解.

3.1.5 煤层弹性、硬化区的反力连续和煤层支承压力峰值 f_{c3} 的确定、验证法

f_{c3} 与 f_{c4} 值是引入煤层软化区和硬化区后的重要参数, 式 (3.1.3) 中 $f_{c4}=f_{c3}-q_2$ 给定了两者间的关系 (知道了 f_{c3}, 也就确定了 f_{c4}), 且保证了硬、软化区交界 ($x=l_3$) 处煤层支承压力光滑、连续. 在 3.1.4 节分析中总认为 k_3 中的 f_{c3} 是正确的. 在具体计算时 f_{c3} 值是根据以下介绍的方法确定的, 确定原则是要保证弹性, 硬化区交界 ($x=0$) 处煤层对岩梁反力或支承压力连续. 本节给出一个验证所确定 f_{c3} 正确性的关系和另一个精确确定 f_{c3} 的关系.

式 (3.1.15b) 中第 5 个关系式为

$$\text{A: } EIy_2^{(4)}(0)=EIy_{22}^{(4)}(0) \tag{3.1.41}$$

比较式 (3.1.4), (3.1.6) 知, 式 (3.1.41) 是指图 3.3 的煤层弹性、硬化区交界 ($x=0$) 处, 作用在岩梁上包括煤层反力在内的所有竖向分布力之和为连续. 注意到式 (3.1.4) 中的 $\beta=[C/(4EI)]^{1/4}$, 将式 (3.1.4), (3.1.6) 代入式 (3.1.41), 再由式 (3.1.1), 可得到如下关系式:

$$\text{B: } Cy_2(0)=F_4(0)=q_2+f_4(0) \tag{3.1.42}$$

式 (3.1.42) 左端是 $x=0$ 截面左侧煤层弹性区对岩梁的反力, 右端则是 $x=0$ 截面右侧煤层硬化区对岩梁的支承压力. 由式 (3.1.1), 并将式 (3.1.2) 中 $k_4=f_{c4}\mathrm{e}/x_{c4}$ 和式 (3.1.42) 代入式 (3.1.42), 可得用 f_{c3} 表示的关系式 B 的形式为

$$\text{B: } Cy_2(0)=q_2+(f_{c3}-q_2)\frac{(l_3+x_{c4})}{x_{c4}}\mathrm{e}^{-\frac{l_3}{x_{c4}}} \tag{3.1.43}$$

式 (3.1.43) 表明: 在 q_2, l_3 和 x_{c4} 给定的条件下, 弹性、硬化区交界处煤层对岩梁反力的连续条件式 (3.1.42), 可以用煤层支承压力峰值 f_{c3} 来表示. 关系式 B 也是所 "选用" 的 f_{c3} 值正确与否的验证法.

现将 $EIy^{(4)}(x)$ 的图形称为梁上竖向分布力曲线, 既然弹性, 硬化区交界 ($x=0$) 处煤层反力的连续条件可用过煤层支承压力峰值 f_{c3} 表示, 那么可得到通过 f_{c3} 阐述式 (3.1.41) 的意义: 凡是使 $x=0$ 处 $EIy^{(4)}(x)$ 曲线连续, 即满足式 (3.1.41) 的 f_{c3} 值, 就是弹性、硬化区交界 ($x=0$) 处煤层对岩梁反力连续的精确值——此为计算中 f_{c3} 精确值的确定法.

3.1.6 岩梁上覆荷载、煤层支承压力峰值

为了使煤层支承压力峰值大于 1.5 倍的梁上平均荷载, 本节对平均荷载 $q_2=6\text{MN/m}$, $q_1=0.15\text{MN/m}$, $f_{c2}=0.22q_2$, $f_{c1}=q_2+f_{c2}-q_1$, $x_{c1}=8\text{m}$, $x_{c2}=12\text{m}$, $l=16\text{m}$, $L=14\text{m}$, $(l+L)=30\text{m}$ 的岩梁上方荷载绘制如图 3.6, 图中 [0, 30]m

相应区段上岩梁分布荷载远大于图 2.5 中 [0, 29]m 区段上岩梁分布荷载 (2.1 节中 $x_{c1} = 6.5$m, $l = 15$m), 其中悬臂梁端荷载集度 $F_{1\min} = F_1(30) \approx 6.34q_1$, 而图 2.5 中的梁端荷载集度 $F_{1\min} = F_1(29) \approx 4.01q_1$.

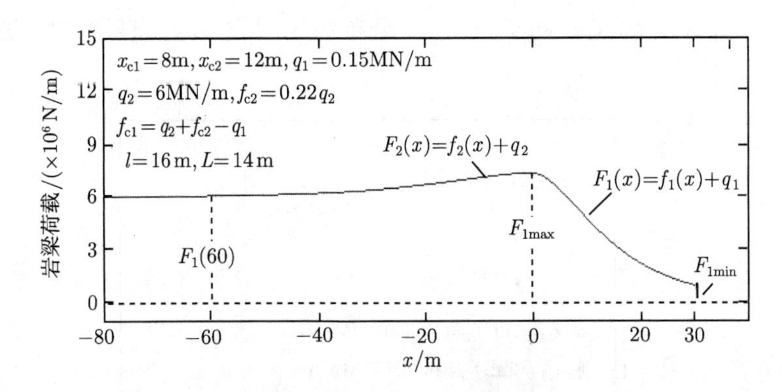

图 3.6 算例中岩梁上覆荷载

对 $x_{c4} = 2$m, x_{c3} =(7, 8, 9)m, 取弹性地基常数 $C = 0.8$GPa, 顶板厚 $h = 6$m, 顶板弹模 $E = 25$GPa, $p_o = 0.9$MN/m, $p_k = 1.2p_o$, $L_k = 4$m 和图 3.6 上方所列参数值, 以及 3.1.3 和 3.1.4 节所给关系式, 将式 (3.1.5), (3.1.11) 分别代入式 (3.1.4), (3.1.6), 用 Matlab 编程可绘得煤层弹性、硬化区交界处 ($x = 0$) 附近区段的 $EIy^{(4)}(x)$ 分布曲线图 3.7. 图 3.7 中当煤层支承压力峰值

$$f_{c3} = (10.499726, 9.702078, 9.260573)\text{MN/m} \tag{3.1.44}$$

时, 相应于 x_{c3} =(7, 8, 9)m 的 $EIy^{(4)}(x)$ 分布曲线, 1, 2, 3 在煤层弹性、硬化区交界处 ($x = 0$) 处连续.

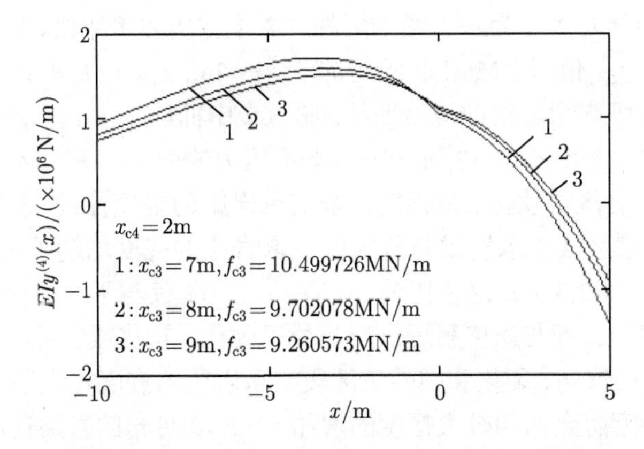

图 3.7 不同 x_{c3}, f_{c3} 值的 $EIy^{(4)}(x)$ 分布曲线

同理, 图 3.8 中对 x_{c3} =8m, x_{c4} =(1, 2, 3)m, 当煤层支承压力峰值

$$f_{c3} = (10.350102, 9.702078, 9.3187)\mathrm{MN/m} \tag{3.1.45}$$

时, 相应于 x_{c4} =(1, 2, 3)m 的 $EIy^{(4)}(x)$ 分布曲线, 4, 5, 6 在煤层弹性、硬化区交界处 ($x = 0$) 连续.

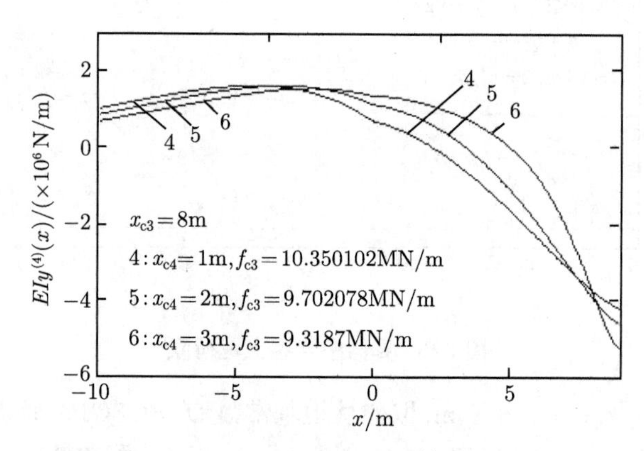

图 3.8 不同 x_{c4}, f_{c3} 值的 $EIy^{(4)}(x)$ 分布曲线

由确定关系式 (3.1.41), 以下各小节中将用式 (3.1.44), (3.1.45) 中的 f_{c3} 值绘出基于煤层软化、硬化和弹性三区段支承的岩梁剪力、弯矩和挠度曲线, 考察岩梁潜在断裂位置, 并将所得结果与相同参数值的煤层软化、弹性两区段支承的岩梁剪力、弯矩、挠度和潜在断裂位置进行比较.

3.1.7 煤层软化区支承压力尺度参数 x_{c3} 变动时的岩梁力学特性

3.1.7.1 $x_{c4} = 2\mathrm{m}$, x_{c3} =(7, 8, 9)m 时的岩梁挠度

图 3.9 中曲线 1, 2, 3 为基于图 3.6, 图 3.7 上方所述参数值、3.1.3 节的表达式和式 (3.1.44) 的 f_{c3} 值, 用 Matlab 绘得的 $x_{c4} = 2\mathrm{m}$, x_{c3} =(7, 8, 9)m 时煤层软化、硬化和弹性三区段支承岩梁的挠度曲线. 图 3.9 中曲线 I, II, III为相同参数值下由 2.1 节关系式, 绘得 x_{c3} =(7, 8, 9)m、支承压力峰值 f_{c3} =(10.499726, 9.702078, 9.260573)MN/m 时煤层软化、弹性两区段支承岩梁的挠度曲线. 从图 3.9 看到, 在 $x = -20\mathrm{m}$ 前方三区段支承岩梁与两区段支承岩梁的挠度均趋于 8.04mm, 已接近于 $y(-\infty) = q_2/C$ =7.5mm, 这是因为 $y(-\infty) = q_2/C$ 仅与平均荷载 q_2 和前远方弹性地基常数 C 有关, 而与煤壁附近煤层是处于硬化、软化或仅处于软化状态无关; 在 $x > 0$ 之后煤层软化、硬化和弹性三区段支承岩梁的挠度比煤层弹性、软化两区段支承岩梁的挠度有全面和较大幅度的增加; 在 $x = 30\mathrm{m}$ 的岩梁自由端, 曲线 1, 2, 3 的挠度为 (176, 161, 153)mm, 曲线 I, II, III的挠度为 (135, 124, 118)mm. 在同一

埋深下, 三区段支承岩梁自由端挠度比两区段支承岩梁自由端挠度大出约 (41, 37, 35)mm.

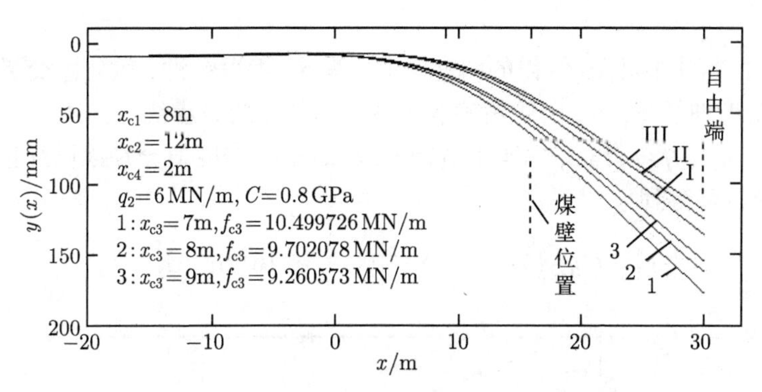

图 3.9 不同 x_{c3} 值时的岩梁挠度曲线

3.1.7.2 弹性、硬化区交界处煤层反力连续验证

图 3.10 为用 Matlab 绘得图 3.9 中 $x = 0$ 附近煤层弹性、硬化区交界处三区段支承岩梁挠度曲线 1, 2, 3 的精确放大图. $x = 0$ 的竖虚线与曲线 1, 2, 3 交点的纵坐标为 $y_2(0) \approx$(7.8436, 7.7828, 7.7490)mm, 将这三个挠度值分别乘以弹性地基常数 $C = 0.8$GPa, 可得到式 (3.1.43) 的左端

$$Cy_2(0) \approx (6.27488, 6.22624, 6.1992)\text{MN/m} \tag{3.1.46}$$

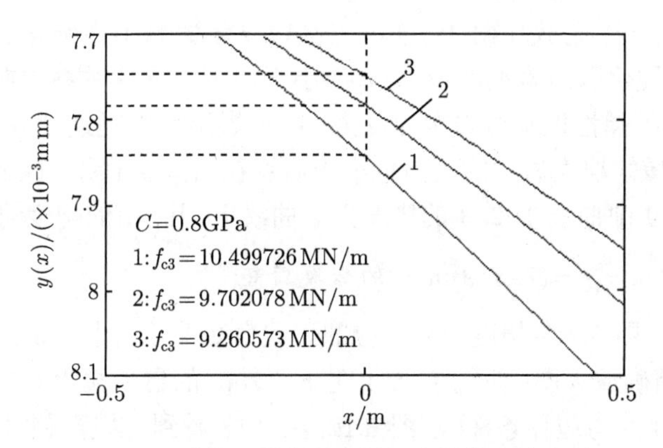

图 3.10 弹性、硬化区交界处岩梁挠度放大图

再将 $q_2 = 6$MN/m, $x_{c4} = 2$m, $l_3 = 9$m 和式 (3.1.44) 中三个 f_{c3} 值代入式 (3.1.43) 的右端, 得到

$$F_4(0) = (6.2749, 6.2262, 6.1992)\text{MN/m} \tag{3.1.47}$$

式 (3.1.46), (3.1.47) 中三对数值的相对误差均小于 7/1000000, 这验证了 3.1.5 节 $x = 0$ 的煤层弹性、硬化区交界面两侧煤层对岩梁反力保持连续的关系式 B:$Cy_2(0) = F_4(0)$.

图 3.11 为用 Matlab 绘得的图 3.9 中 x =9m 附近弹性、软化区交界处两区段支承岩梁挠度曲线 I , II, III的精确放大图. x =9m 的竖虚线与曲线 I , II, III交点的纵坐标为 $y_{21}(0) \approx (14.8, 13.4, 12.7)$mm, 将这三个挠度值分别乘以弹性地基常数 $C = 0.8$GPa, 可得到

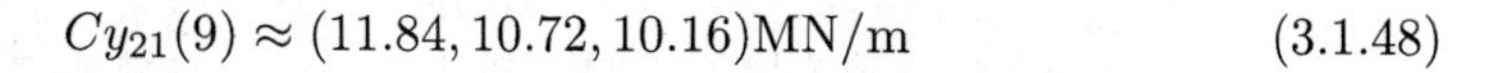

$$Cy_{21}(9) \approx (11.84, 10.72, 10.16)\text{MN/m} \tag{3.1.48}$$

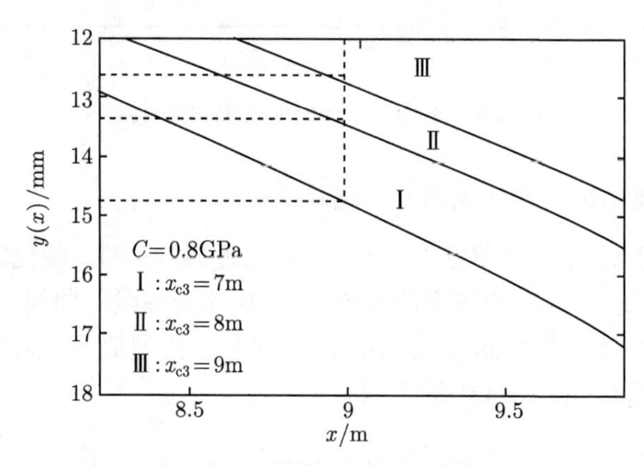

图 3.11 弹性、软化区交界处岩梁挠度放大图

比较式 (3.1.44) 与式 (3.1.48) 知, 三区段支承关系中在硬化、软化区交界处 ($x = 9$m) 煤层硬化区对岩梁的反力 f_{c3}, 小于两区段支承关系中在弹性、软化区交界处 ($x = 9$m) 弹性地基对岩梁的反力. 由于煤层反力是连续分布的, 故前者在 $x = 9$m 附近区域煤层对岩梁的反力也小于后者在 $x = 9$m 附近区域煤层对岩梁的反力. 这是图 3.9 中曲线 1, 2, 3 的挠度大于曲线 I , II, III的挠度的原因.

3.1.7.3 $x_{c4} = 2$m, x_{c3} =(7, 8, 9)m 时的岩梁弯矩

图 3.12 为与图 3.9 各挠度曲线对应的岩梁弯矩曲线, 图 3.13 为图 3.12 弯矩曲线峰值部位的精确放大图. 曲线 1, 2, 3 在 $x = 30$m 的自由端为 0, 符合式 (3.1.15f) 中 $M(l + L) = 0$ 的力边界条件; 从图 3.12, 图 3.13 看到, 随煤层软化区参数 x_{c3} 减小 (相应煤壁煤体残强 $f_3(l)$ 减小, 见 3.1.7.4 节), 岩梁弯矩增大, 在 $\hat{x} \approx$(9.62, 10.02, 10.30)m 或者煤壁前方 $\hat{l} = l - \hat{x} = 16 - \hat{x} \approx$ (6.38, 5.98, 5.70)m 的煤层软化区范围内达到弯矩峰值 $M(\hat{x}) \approx$(2.30, 2.12, 2.03)$\times 10^8$N·m.

图 3.13 中曲线 I , II, III为与图 3.9 挠度曲线 I , II, III对应的煤层软化、弹性两区段支承岩梁的弯矩曲线. 图 3.12、图 3.13 中曲线 I , II, III在 $\hat{x} \approx$(10.45, 10.84,

11.10)m 或者煤壁前方 $\hat{l} = l - \hat{x} = 16 - \hat{x} \approx$(5.55, 5.16, 4.90)m 达到各自 x_{c3} 值下的弯矩峰值 $M(\hat{x}) \approx$(2.18, 2.02, 1.94)$\times 10^8$N·m. 在 $x = 16$m 的煤壁处, 曲线 I, II, III 以精确方式与曲线 1, 2, 3 相切、相交; 在煤壁后方曲线 I, II, III分别与曲线 1, 2, 3 相重合, 因为图 3.3 中悬空区段的岩梁荷载完全相同 (与 x_{c3} 无关), 产生弯矩也完全相同.

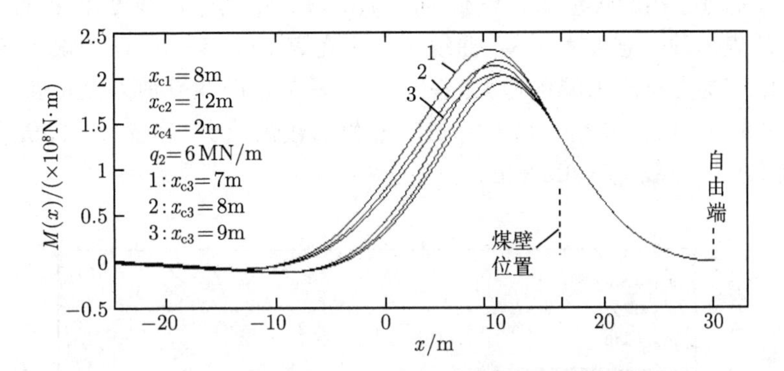

图 3.12 不同 x_{c3} 值时的岩梁弯矩曲线

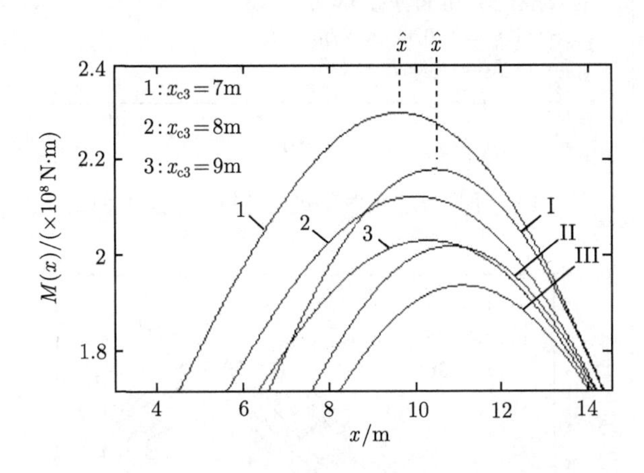

图 3.13 峰值部位岩梁弯矩放大图

曲线 1, 2, 3 的弯矩峰值大于曲线 I, II, III的弯矩峰值, 并且前者的弯矩峰超前距大出后者约 (0.83, 0.82, 0.8)m(原因见 3.1.9 节).

3.1.7.4 $x_{c4} = 2$m, $x_{c3} =$(7, 8, 9)m 时的计算煤层支承压力

图 3.14 为据弹性地基常数 $C = 0.8$GPa 乘以 3.1.3 节岩梁挠度 $y_2(x)$ 得到的 $[-25, 0]$m 区段的弹性地基反力 $Cy_2(x)$, 和据式 (2.1.1), (3.1.1) 及式 (3.1.44) 中三个支承压力峰值用 Matlab 绘得的计算煤层支承压力曲线, 图 3.15 为图 3.14 中支承

压力峰值部位的精确放大图, 图中曲线 I , II, III为两区段支承 (与 x_{c4} 无关) 而其他参数值相同时, 据 2.1 节关系式绘得的计算煤层支承压力曲线.

从图 3.15 看到, 煤层硬化区支承压力尺度参数 $x_{c4} = 2$m 的曲线 1, 2, 3 在 $x = 9$m 的硬化区、软化区交界处光滑连接, 在 $x = 0$ 的弹性、硬化区交界处非光滑连接. 曲线 I , II, III在 $x = 9$m 的弹性、软化区交界处非光滑连接; 随煤层软化区参数 x_{c3} 减小 (相应煤壁煤体残余强度 $f_3(l)$ 减小, 其中曲线 2, 3 和曲线 II, III 在煤壁处的煤体残余强度大于零; 曲线 1 和 I 在煤壁处 (l =15m) 的煤体残余强度 $f_3(l) = 0$), 煤层支承压力幅度增大, 在 $x = l_3 = 9$m, 即煤壁前方 7m 处达到峰值 f_{c3} =(10.499726, 9.702078, 9.260573)MN/m, 然后较快减小. 在 $x = -25$m 前方, 逐渐趋于梁上平均荷载 q_2 =6MN/m.

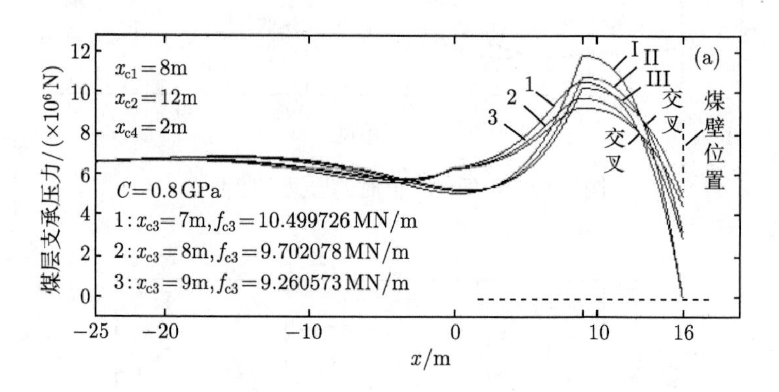

图 3.14 不同 x_{c3} 值时的煤层计算支承压力曲线

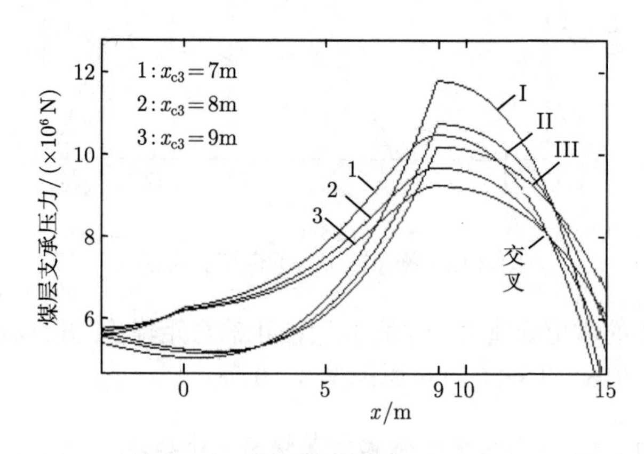

图 3.15 峰值部位支承压力放大图

图 3.14 和图 3.15 中曲线 1, 2, 3 的支承压力峰值明显小于曲线 I , II, III, 但由于前者压力峰前方为上凸, 所以其峰前影响范围要明显大于后者.

3.1.8　煤层硬化区支承压力尺度参数 x_{c4} 变动时的岩梁力学特性

3.1.8.1　$x_{c3}=8\text{m}$, $x_{c4}=(1, 2, 3)\text{m}$ 时的岩梁挠度

图 3.16 中曲线 1, 2, 3 为基于图 3.6 和图 3.7 上方所述参数值及 3.1.3 节的表达式和式 (3.1.45) 的 f_{c3} 值, 用 Matlab 绘得的 $x_{c3}=8\text{m}$, $x_{c4}=(1, 2, 3)\text{m}$ 时煤层软化、硬化和弹性三区段支承岩梁的挠度曲线. 图 3.16 中曲线 II 为相同参数值下由 2.1 节关系式, 用 Matlab 绘得 $x_{c3}=8\text{m}$ 时相应支承压力峰值: $f_{c3}=10.767767\text{MN/m}$ 时煤层软化、弹性区两区段支承岩梁的挠度曲线, 此曲线 II 同图 3.9 中的挠度曲线 II. 从图 3.16 看到, 在 $x=-20\text{m}$ 前方三区段支承岩梁的挠度曲线值与两区段支承岩梁的挠度曲线值均趋于 8.04mm, 已接近于 $y(-\infty)=q_2/C=7.5\text{mm}$, 其原因同 3.1.7.1, 这里不再赘述.

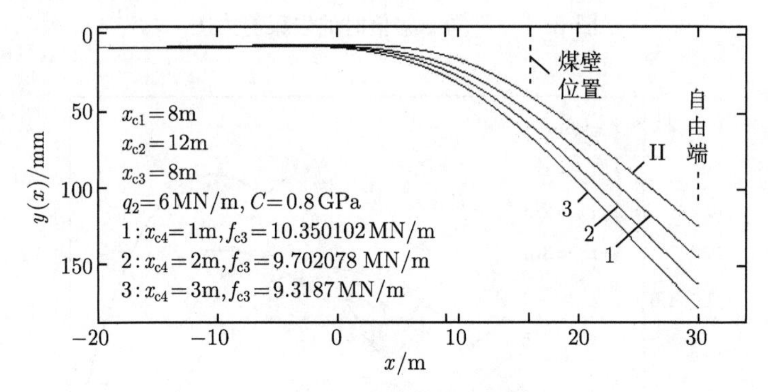

图 3.16　不同 x_{c4} 值时的岩梁挠度曲线

在 $x>0$ 之后三区段支承岩梁的挠度比两区段支承岩梁的挠度有全面和较大幅度的增加; 在 $x=30\text{m}$ 的悬臂梁自由端, 曲线 1, 2, 3 的挠度为 (144, 161, 177)mm, 曲线 II 的挠度为 124mm. 在同一埋深下, 硬化区参数 $x_{c4}=(1, 2, 3)\text{m}$ 时的三区段支承的悬臂梁自由端挠度比两区段支承 (与 x_{c4} 无关) 的悬臂梁自由端挠度大出 (20, 37, 36)mm.

同 3.1.7.2 节, 可通过图 3.16 挠度曲线的精确放大图, 验证煤层弹性、硬化区交界处 $x=0$ 截面两侧煤层对岩梁反力保持连续的 $Cy_2(0)=F_4(0)$ 关系, 这里予以省略.

3.1.8.2　岩梁剪力与煤层支承压力峰值精度的另一验证法

图 3.17 为与图 3.16 各挠度曲线对应的岩梁剪力曲线, 图 3.18 为图 3.17 剪力曲线峰值部位的放大图. 从图 3.17 和图 3.18 看到, 剪力曲线 II 的峰值最大, $x_{c4}=1\text{m}$ 的软化、硬化和弹性三区段支承岩梁的剪力曲线 1 与软化、弹性两区段支承岩梁

的剪力曲线 II 在大小与分布形态较为接近; 随煤层硬化区参数 x_{c4} 增大剪力曲线峰值减小, 同时剪力峰超前距增大.

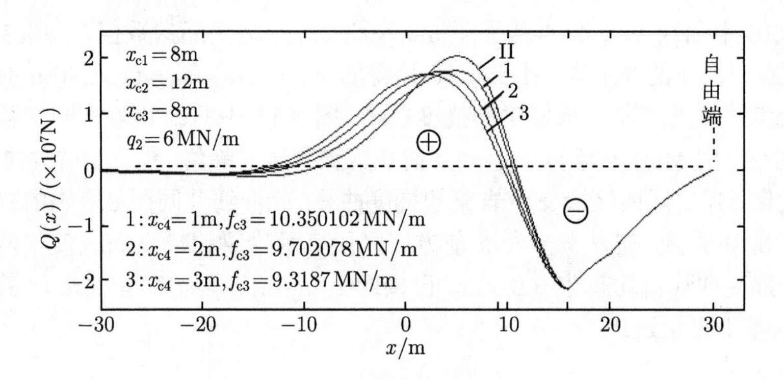

图 3.17　不同 x_{c4} 值时的岩梁剪力图

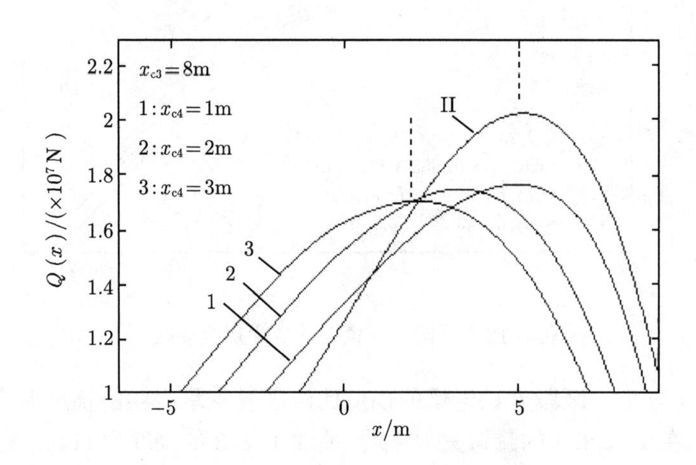

图 3.18　峰值部位剪力曲线放大图

3.1.8.3　x_{c3} =8m, x_{c4} =(1, 2, 3)m 时的煤层支承压力总和计算

图 3.17 中 $x=-30$m 前方各剪力曲线均趋于 0, 这表明, 图 3.3 中增压荷载峰、支护阻力和岩梁悬空部分对 $x=-30$m 前方岩梁剪力的影响已很微小. 也即若以 $x=-30$m 的截面为界, 截面后方或者截面前方的岩层体系为了维持各自 y 方向的力平衡而必须传递到截面另一侧岩层体系的剪力 $Q(-30)\approx 0$. 因此图 3.3 中 $x=-30$m 截面后方岩层体系隔离体沿 y 方向的竖向荷载之间有如下关系:

$$\sum F_y \approx 0 \text{ 或者 } \sum F_{y\text{上方}} \approx \sum F_{y\text{下方}} \tag{3.1.49}$$

其中上方荷载之和

$$\sum F_{y上方}=\int_{-30}^{0} f_2(x)\mathrm{d}x+q_2\times 30+\int_{0}^{l+L} f_1(x)\mathrm{d}x+q_1\times(l+L) \tag{3.1.50}$$

与 2.2.4.5 节中式 (2.2.60) 的形式相同, 而下方煤层支承压力与支护阻力之和的形式为

$$\begin{aligned}\sum F_{y下方}=&\int_{-30}^{0} Cy_2(x)\mathrm{d}x+\int_{0}^{l_3} F_4(x)\mathrm{d}x\\&+\int_{l_3}^{l} f_3(x)\mathrm{d}x+p_{\mathrm{o}}\times L_{\mathrm{k}}+(p_{\mathrm{k}}-p_{\mathrm{o}})L_{\mathrm{k}}/2\end{aligned} \tag{3.1.51}$$

与式 (2.2.61) 相比, 式 (2.2.51) 等号右端多了反映煤层硬化区支承压力的第 2 项.

将梁上平均荷载 q_2 =6MPa, $f_{\mathrm{c2}}=0.22q_2$, q_1 =0.15MPa, $f_{\mathrm{c1}}=q_2+f_{\mathrm{c2}}-q_1$, $p_{\mathrm{o}}=0.9\mathrm{MN/m}$, $p_{\mathrm{k}}=1.2p_{\mathrm{o}}$, $L_{\mathrm{k}}=4\mathrm{m}$ 和 $l_3=9\mathrm{m}$, $l=16\mathrm{m}$, $L=14\mathrm{m}$, $x_{\mathrm{c3}}=8\mathrm{m}$, x_{c4} =(1, 2, 3)m 和式 (2.1.1), (3.1.1) 分别代入式 (3.1.50), (3.1.51), 采用 Matlab 进行计算后得到

$$\sum F_{y上方}\approx 2.5827\times10^7+18\times10^7+10.696\times10^7+0.45\times10^7=31.7287\times0^7\mathrm{N} \tag{3.1.52}$$

$$\begin{aligned}\sum F_{y下方}^{x_{\mathrm{c4}}=1}\approx&19.245\times10^7+6.2694\times10^7\\&+5.7856\times10^7+0.396\times10^7=31.696\times10^7\mathrm{N}\end{aligned} \tag{3.1.53}$$

$$\begin{aligned}\sum F_{y下方}^{x_{\mathrm{c4}}=2}\approx&18.457\times10^7+7.0772\times10^7\\&+5.7856\times10^7+0.396\times10^7=31.7158\times10^7\mathrm{N}\end{aligned} \tag{3.1.54}$$

$$\begin{aligned}\sum F_{y下方}^{x_{\mathrm{c4}}=3}\approx&18.937\times10^7+7.1434\times10^7\\&+5.2090\times10^7+0.396\times10^7=31.6854\times10^7\mathrm{N}\end{aligned} \tag{3.1.55}$$

由于是在图 3.6 中同一岩梁分布荷载作用下, 式 (3.1.53)~(3.1.55) 中各 $\sum F_{y下方}$ 值十分接近, 且式 (3.1.53)~(3.1.55) 中各 $\sum F_{y下方}$ 与式 (3.1.52) 中 $\sum F_{y上方}$ 的相对误差均小于 1.4/1000. 这再次验证了梁上平均荷载 q_2 =6MPa, L =14m, x_{c3} =8m, x_{c4} =(1, 2, 3)m 时, 选取式 (3.1.44) 中煤层支承压力峰值 f_{c3} =(10.499726, 9.702078, 9.260573)MN/m 有着很高的精度.

为了进一步阐明问题, 下面再对图 3.14 中曲线 II 对应的煤层支承压力与支护阻力之和进行计算. 由 2.1 节可写出煤层软化、弹性两区段支承岩梁的下方合力

$$\sum F_{y下方}=\int_{-30}^{0} Cy_2(x)\mathrm{d}x+\int_{0}^{l_3} Cy_{21}(x)\mathrm{d}x$$

$$+\int_{l_3}^{l} f_3(x)\mathrm{d}x + p_\mathrm{o}\times L_\mathrm{k} + (p_\mathrm{k}-p_\mathrm{o})L_\mathrm{k}/2 \tag{3.1.56}$$

将 $x_{\mathrm{c}3}$ =8m 和相应的煤层支承压力峰值 $f_{\mathrm{c}3}$ =10.767767MN/m 及 2.1 节有关表达式代入式 (3.1.56), 采用 Matlab 进行计算后得到

$$\begin{aligned}\sum F_{y\text{下方}}^{x_{\mathrm{c}3}=8} \approx & 19.316\times10^7 + 5.9721\times10^7 \\ & + 6.0191\times10^7 + 0.396\times10^7 = 31.7032\times10^7(\mathrm{N})\end{aligned} \tag{3.1.57}$$

式 (3.1.57) 的 $\sum F_{y\text{下方}}$ 与式 (3.1.52) 的 $\sum F_{y\text{上方}}$ 十分接近, 相对误差小于 9/10000. 这表明, 不论是软化、硬化、弹性三区段支承关系, 还是软化、弹性两区段支承关系, 只要煤层支承压力峰值 $f_{\mathrm{c}3}$"选取" 精确, 所计算得到的煤层对岩梁的支承压力总和应该是相等的.

3.1.8.4　$x_{\mathrm{c}3}$ = 8m, $x_{\mathrm{c}4}$ =(1, 2, 3)m 时的岩梁弯矩

图 3.19 中曲线为与 3.14 挠度曲线, 图 3.17 剪力曲线对应的岩梁弯矩曲线, 图 3.20 为图 3.19 弯矩峰值部位的精确放大图, 从图 3.20 中曲线 1, 2, 3 看到, 三区段支承岩梁的弯矩随硬化区参数增大而增大; 在 $\hat{x}$ ≈(10.56, 10.02, 9.54)m 或者煤壁前方 $\hat{l} = l - \hat{x} = 16 - \hat{x}$ ≈(5.44, 5.98, 6.36)m 的煤层软化区内达到的弯矩峰值 $M(\hat{x})$ ≈(2.06, 2.12, 2.17)×10⁸N·m.

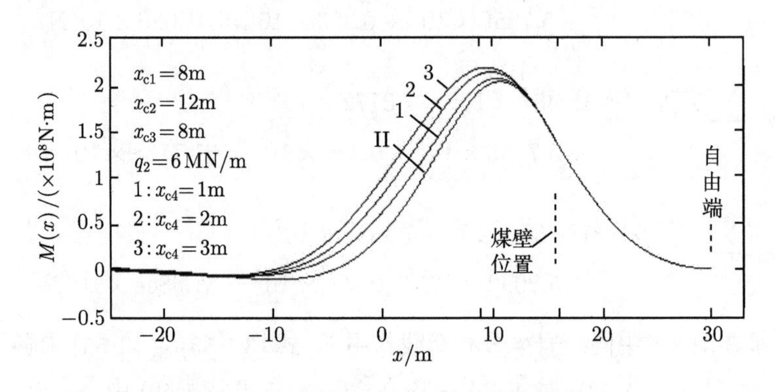

图 3.19　不同 $x_{\mathrm{c}4}$ 值时的岩梁弯矩曲线

$x_{\mathrm{c}3}$ = 8m 的两区段支承岩梁的弯矩曲线 II 的峰值小于曲线 1 的峰值, 在 $\hat{x}$ ≈ 10.84m 或者煤壁前方 $\hat{l} = l - \hat{x}$ ≈5.16m 达到弯矩峰值 $M(\hat{x})$ ≈2.02×10⁸N·m. 在 x = 16m 的煤壁处, 曲线 II 以精确方式与曲线 1, 2, 3 相切、相交; 在煤壁后方曲线 II 与曲线 1, 2, 3 相重合.

从图 3.20 看到, 曲线 1, 2, 3 的弯矩峰超前于曲线 II 的弯矩峰约 (0.28, 0.82, 1.2)m.

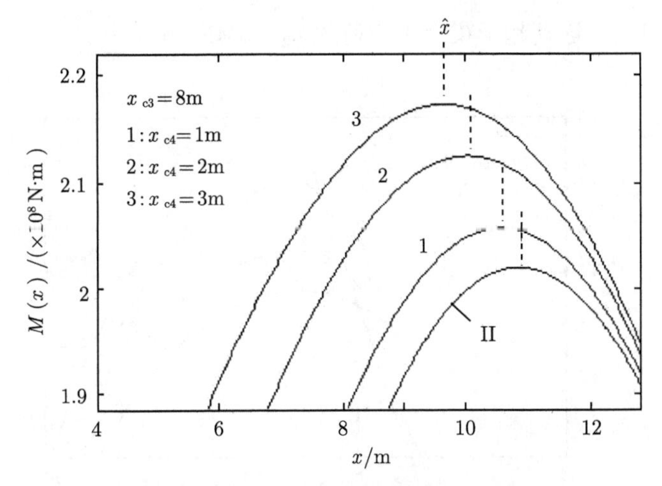

图 3.20 峰值部位岩梁弯矩放大图

3.1.8.5 $x_{c4}=2$m, $x_{c3}=$(7, 8, 9)m 时的计算煤层支承压力

图 3.21 为据弹性地常数 C = 0.8GPa 乘以 3.1.3 节岩梁挠度 $y_2(x)$ 得到的 $[-30,0]$m 区段的弹性地基反力 $Cy_2(x)$, 和据式 (2.1.1), (3.1.1) 及式 (3.1.45) 中三个支承压力峰值用 Matlab 绘得的软化、硬化和弹性三区段计算煤层支承压力曲线, 曲线 II 为软化、弹性两区段支承 (与 x_{c4} 无关) 而其他参数值相同时, 据 2.1 节关系式绘得的计算煤层支承压力曲线. 图 3.22 为图 3.21 支承压力峰值部位的精确放大图.

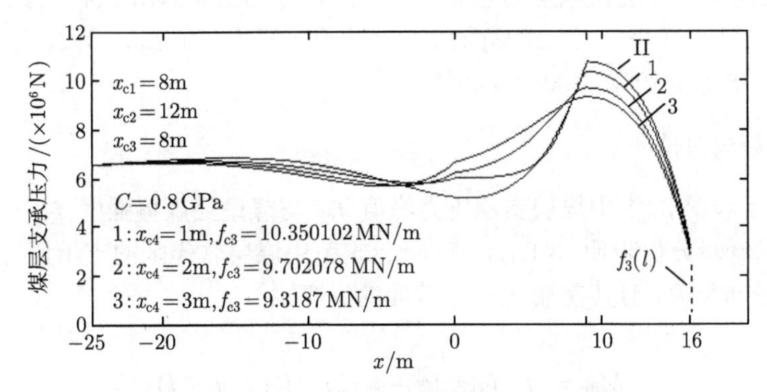

图 3.21 不同 x_{c4} 值时的煤层计算支承压力

图 3.21 中曲线 1, 2, 3 在 $x=9$m 的硬化、软化区交界处光滑连接, 在 $x=0$ 的弹性、硬化区交界处非光滑连接. 曲线 II 在 $x=9$m 的弹性、软化区交界处非光滑连接; 随煤层软化区参数 x_{c4} 减小煤层支承压力幅度增大较快, 在 $x=l_3=9$m 即煤壁前方 7m 处达到峰值 $f_{c3}=$(10.350102, 9.702078, 9.3187)MN/m, 然后逐渐减小;

在 $x=-25\text{m}$ 前方, 逐渐趋于梁上平均荷载 $q_2=6\text{MN/m}$.

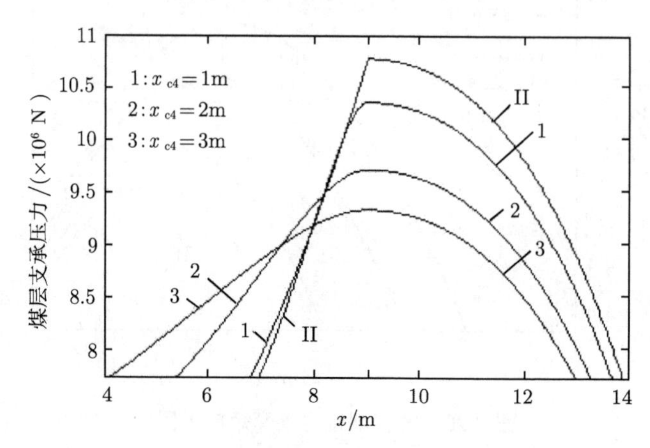

图 3.22 峰值部位支承压力放大图

图 3.21 和图 3.22 中 $x_{c4}=1\text{m}$ 的曲线 1 的支承压力形态接近曲线 II 或陈青峰 [30] 的实测支承压力曲线图 2.1, 故 $0<x_{c4}\leqslant 1\text{m}$ 适合于描述煤层与顶板为软化、弹性两区段支承关系的坚硬顶板的力学特性. 图 3.21 和图 3.22 中的曲线 2, 3 的支承压力的形态接近部广印等 [35] 的实测支承压力曲线图 3.1, 故 $x_{c4}=(2,3)\text{m}$ 适合于描述煤层与顶板为软化、硬化和弹性三区段支承关系的坚硬顶板的力学特性.

这里指出, 图 3.21 中 $[-30,16]$m 区段支承压力曲线 1, 2, 3, II 与 0 水平轴围成的面积, 便是该区段的支承压力总和, 它们等于式 (3.1.53)~(3.1.55), (3.1.57) 中的 $(31.696, 31.7158, 31.6854, 31.7023)\times 10^7\text{N}$ 减去支护阻力和 $0.396\times 10^7\text{N}$ 之后的余值: $(31.3, 31.3198, 31.2894, 31.3063)\times 10^7\text{N}$.

3.1.9 分析与讨论

图 3.14 和图 3.21 中煤层支承压力峰值 f_{c3} 与煤壁处煤体强度 $f_3(l)$ 值有高有低. 然而深一步分析表明, 3.1.7.4 节, 3.1.8.5 节中煤层软化区的支承压力 (或称煤层软化区分布反力) 对其左端 $x=l_3$ 截面的反弯矩

$$M_{3\text{s}}=\int_{l_3}^{l} f_3(x)(x-l_3)\text{d}x \quad (l_3\leqslant x\leqslant l) \tag{3.1.58}$$

与相应的岩梁弯矩峰超前距 $\hat{l}$ 及弯矩峰值 $M(\hat{x})$ 有很强的倒相关性. 表 3.1 和表 3.2 分别列出 3.1.7 节和 3.1.8 节参数值下的 $\hat{l}$、$M(\hat{x})$ 值和 $M_{3\text{s}}$ 的计算值.

从表 3.1 第 2~4 行看到, 3 列数据中后一列煤层软化区支承压力形成的反弯矩 $M_{3\text{s}}$, 均比前一列的 $M_{3\text{s}}$ 要小, 但后一列的岩梁弯矩峰超前距 $\hat{l}$ 和弯矩峰值 $M(\hat{x})$

均比前一列的 $\hat{l}$ 和弯矩峰值 $M(\hat{x})$ 要大; 表 3.2 第 2~4 行的 3 列 M_{3s}, $\hat{l}$ 和 $M(\hat{x})$ 数据, 在量值大小走向上与表 3.1 第 2~4 行量值的大小走向关系上完全相同.

表 3.1 不同软化区参数 x_{c3} 的 M_{3s}, $\hat{l}$ 和 $M(\hat{x})$ 值

煤层软化、硬化区参数	x_3=9m,x_4=2m	x_3=8m,x_4=2m	x_3=7m,x_4=2m
煤层软化区反力形成的反弯矩 $M_{3s}=\int_{l_3}^{l} f_3(x)(x-l_3)\mathrm{d}x$	1.742×10^8N·m	1.638×10^8N·m	1.449×10^8N·m
弯矩峰超前距 $\hat{l}$	5.70m	5.98m	6.38m
煤壁前方峰值弯矩 $M(\hat{x})$	2.033×10^8N·m	2.124×10^8N·m	2.298×10^8N·m

表 3.2 不同硬化区参数 x_{c4} 的 M_{3s}, $\hat{l}$ 和 $M(\hat{x})$ 值

煤层软化、硬化区参数	x_3=8m,x_4=1m	x_3=8m,x_4=2m	x_3=8m,x_4=3m
煤层软化区反力形成的反弯矩 $M_{3s}=\int_{l_3}^{l} f_3(x)(x-l_3)\mathrm{d}x$	1.747×10^8N·m	1.638×10^8N·m	1.573×10^8N·m
弯矩峰超前距 $\hat{l}$	5.44m	5.98m	6.36m
煤壁前方峰值弯矩 $M(\hat{x})$	2.056×10^8N·m	2.124×10^8N·m	2.172×10^8N·m

按最大拉应力强度条件, 顶板弯矩峰位置指示顶板潜在断裂位置. 由此得到如下认识: "煤层软化区支承压力或软化区分布反力形成的反弯矩 M_{3s} 小, 相应坚硬顶板的弯矩峰值 $M(\hat{x})$ 大, 弯矩峰超前距或顶板超前断裂距 $\hat{l}$ 也大." 其原因是: 顶板与煤层是承受上覆荷载作用的共同体, 煤层软化区支承压力形成的反弯矩 M_{3s} 值小, 顶板便通过加大弯曲变形和弯曲范围去抵抗其上覆荷载, 这使得顶板的弯矩峰值 $M(\hat{x})$ 增大、超前断裂距 $\hat{l}$ 增大.

3.1.10 小结

(1) 据图 3.1 实测煤层支承压力分布形态, 提出一种煤层硬化区支承压力表达式, 将基于煤层软化、硬化和弹性区支承的岩梁简称为三区段支承岩梁. 通过方法 A 确定煤层软化区支承压力峰值 f_{c3}, 用两种方法验证所确定的两组煤层支承压力峰值具有高精度.

(2) 随煤层软化区支承压力尺度参数 x_{c3} 减小 (如 x_{c3} =(9, 8, 7)m), 岩梁的挠度、弯矩峰值 $M(\hat{x})$、弯矩峰超前距 $\hat{l}$ 和计算煤层支承压力峰值 f_{c3} 明显增大, 煤壁处煤层残强 $f_3(l)$ 明显减小.

(3) 在同一软化区参数 (x_{c3} =8m) 情况下, 三区段支承岩梁的挠度随煤层硬化区参数增大 (如 x_{c4} =(1, 2, 3)m) 而增大, 其中岩梁自由端挠度比仅有软化和弹性两区段支承岩梁的岩梁自由端挠度大出约 (20, 37, 36)mm; 三区段支承岩梁的弯矩峰值和弯矩峰超前距亦随煤层硬化区参数 x_{c4} 增大而增大, 且明显大于两区段支承岩梁的对应量值, 其中弯矩峰超前距 $\hat{l}=l-\hat{x}=$(5.44, 5.98, 6.36)m , 比两区段支承的岩梁的弯矩峰超前距要大出约 (0.28, 0.82, 1.2)m.

(4) 在同一软化区参数 (x_{c3} =8m) 情况下, 计算煤层支承压力峰值随煤层硬化区参数增大 (如 x_{c4} =(1, 2, 3)m) 而减小. 其中尺度参数 x_{c4} =1m 的计算煤层支承压力曲线 1 的峰值最大, 其形态接近陈青峰 [30] 的实测支承压力曲线图 2.1, 故 $0 < x_{c4} \leqslant$ 1m 适合于描述煤层与顶板为软化、弹性两区段支承关系的坚硬顶板的力学特性; x_{c4} =(2, 3)m 的计算煤层支承压力曲线形态, 接近邵广印等 [35] 的实测支承压力曲线图 3.1, 故 x_{c4} =(2, 3)m 适合于描述煤层与顶板为软化、硬化和弹性三区段支承关系的坚硬顶板的力学特性.

(5) 图 3.19 中岩梁弯矩峰值 $M(\hat{x})$ 随硬化区参数 x_{c4} 增大而增大, 与相应软化区支承压力形成的反弯矩 M_{3s} 减小有关. 其原因是: 顶板与煤层是承受上覆荷载的共同体, 煤层软化区支承压力形成的反弯矩值小, 顶板便通过加大弯曲变形和弯曲范围去抵抗其上覆荷载, 这使得顶板的弯矩峰值 $M(\hat{x})$ 增大、弯矩峰超前距 $\hat{l}$ 增大.

(6) 同是平均荷载 q_2 =6MN/m, x_{c1} = 8m, x_{c2} = 12m, x_{c3} = 8m , L = 14m, 图 3.12 和图 3.13 中两区段支承岩梁的曲线 2 的弯矩峰值 $M(\hat{x})$、弯矩峰超前断裂距 $\hat{l}$, 比 2.1 节图 2.10 中两区段支承岩梁的曲线 2 的岩梁弯矩峰值 $M(\hat{x})$、梁弯矩峰超前断裂距 $\hat{l}$ 大若干. 其原因与引入煤层硬化区有关; 另外, 本节中 l = 16m, 支承压力峰超前量或煤层软化区深度 $(l-l_3)=(16-9)$ =7m. 2.1 节中 l = 15m, 煤层软化区深度 $l-l_3$ = 6m. 这表明, 煤层软化区深度是影响岩梁弯矩峰值 $M(\hat{x})$、弯矩峰超前断裂距的重要因素.

3.2 支承压力分布差异对坚硬顶板超前断裂距的影响分析

本节拟对初次来压前软化、硬化和弹性三区段支承坚硬顶板的弯矩峰超前距或潜在超前断裂距进行分析. 对于超前断裂的坚硬顶板, 工作面接近断裂线下方且当支护力、岩层间摩擦力不足时, 会发生顶板台阶式下沉, 或压、推垮事故, 现场技术人员十分重视坚硬顶板超前断裂线位置的预报. 断裂时顶板挠度发生回弹或反弹, 不少坚硬顶板采场利用顶板挠度反弹信息准确预测顶板断裂位置 [1,4–6]. 表 3.3 列出 7 个据顶板反弹信息预报超前断裂距后经开采暴露证实的工程实例.

表 3.3 中的超前断裂距有较大的分布范围, 从聚类分析来看, 如果将 $\hat{l}$ =(5~8)m 划为 "中长" 型超前断裂距, $\hat{l}$ =8m 以上应划为 "长" 型超前断裂距. 造成顶板超前断裂距具有较大分布范围的因素较多, 在荷载、作用力方面则与坚硬顶板上覆荷

载分布形态有关, 与煤层支承压力分布形态及煤层软化区深度 (支承压力峰超前距离) 有关.

表 3.3 坚硬顶板超前断裂距工程实例

坚硬顶板采场	预测的超前断裂距
宝源煤矿 2126 工作面顶板	3.56m[21]
徐州西部煤矿老顶	一般 4m 左右 [24]
木城涧矿千军台坑 741003 工作面顶板	(5~8)m[20], 6m 左右 [37]
北京矿务局二槽煤顶板	6m 左右 [38]
新邱矿最下煤层 3 区老顶	6.3m, 8m[18]
大封煤矿 8320 采面	9.98m[21]
徐州三河尖矿老顶	10m 左右 [15]

因为煤层–直接顶介质力学性质不同, 煤层支承压力分布形态也会有所不同. 图 2.1 为陈青峰 [30] 得到的淮北袁店一井煤矿 1021 工作面实测超前支承压力分布图, 图中支承压力峰距煤壁约 9m, 压力峰后方煤层处于屈服软化状态, 压力峰前方支承压力缓慢减小. 由于支承压力峰前方曲线凹性不变, 可认为压力峰前方煤层主要处在弹性状态. 袁店一井煤矿 1021 工作面煤层以支承压力峰为界, 主要表现为对顶板的软化、弹性两区段的支承关系.

图 3.1 为邵广印等 [35] 得到的淮南谢桥煤矿西翼三采区实测超前支承压力分布图, 支承压力峰距煤壁约 15m, 压力峰前方支承压力曲线由凸变化到凹, 从凸到下凹的中介点为拐点. 应认为支承压力曲线拐点前方煤层处于弹性状态, 而压力峰到曲线拐点的上凸小区段煤层处于 (异于弹性性质的) 硬化状态. 淮南谢桥煤矿西翼三采区煤层主要表现为对顶板的软化、硬化和弹性三区段支承关系.

3.2.1 分析模型

参照图 2.2, 图 3.1 和图 3.2, 绘出初次来压前未断裂坚硬顶板半结构模型如图 3.23 所示, 图中支承压力曲线的拐点前方 $[0, l_4]$ 区段煤层处于弹性状态. 3.1 节为了简化分析, 将包含 $[0, l_4]$ 区段的 $[0, l_3]$ 大区段的支承压力用一个表达式 $F_4(x) = q_2 + f_4(x)$ 表示. 考虑到实际中 $[0, l_4]$ 的尺度一般要大于 $[l_4, l_3]$ 的尺度, 本节不采用 3.1 节的简化措施, 对 $[l_4, l_3]$ 区段的支承压力用 $F_4(x) = q_2 + f_4(x)$ 表示, 在 $[0, l_4]$ 区段上则严格按弹性地基处理. 如此, 在 2.2 节基础上按图 3.23 将煤层状态和对顶板的支承关系分为三个区, 即煤壁到支承压力峰为煤层软化区, 支承压力峰到曲线拐点为硬化区, 拐点前方的 $[0, l_4]$, $(-\infty, l_4]$ 为两个弹性区 (行文时统称为弹性区), 对初次来压前未破断三区段支承坚硬顶板的弯矩峰超前距和煤层支承压力进行分析, 考察煤层软化区深度对超前断裂距的影响, 并将所得结果与初次来压前软化、弹性两区段支承坚硬顶板的有关特性进行比较.

在图 3.23 中 $x = l_3$ 截面后方 $[l_3, l]$ 煤层软化区段的支承压力表达式同式 (2.1.1), (2.1.2), 这里不再重复写出.

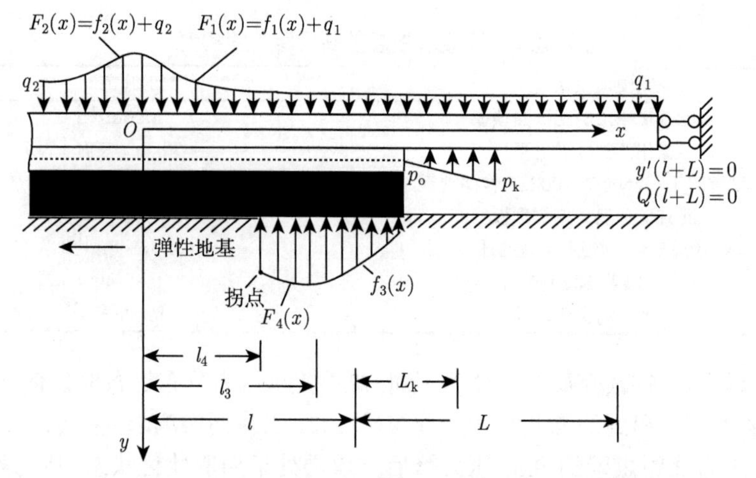

图 3.23　初次来压前未断裂坚硬顶板半结构分析模型

图 3.23 煤层支承压力峰到其前方拐点硬化区段的煤层支承压力用

$$F_4(x) = q_2 + f_4(x) = q_2 + k_4[(l_3 + x_{c4}) - x]e^{\frac{x-l_3-x_{c4}}{x_{c4}}} \quad (0 < l_4 \leqslant x \leqslant l_3) \tag{3.2.1}$$

表示, x_{c4} 为 $f_4(x)$ 的尺度参数, 其中的

$$k_4 = f_{c4}e/x_{c4} \tag{3.2.2}$$

对式 (3.2.1) 求二次导并令其为零, 可得支承压力曲线上拐点位置 l_4 与 l_3, x_{c4} 的关系为

$$l_4 = l_3 - x_{c4} \tag{3.2.3}$$

式 (2.1.1) 中支承压力峰值 f_{c3} 与式 (3.2.1) 中 f_{c4} 的关系为

$$f_{c4} = f_{c3} - q_2 \tag{3.2.4}$$

对 q_2 = 6MN/m, x_{c3} =8m, x_{c4} =(1, 2, 3)m, l =16m, 支承压力峰位置 $x = l_3$ =9m(煤层软化区深度 $l - l_3$ =7m), 在假定 f_{c3} =10MN/m 情况下, 由式 (3.2.3) 可得支承压力曲线拐点位置 $x = l_4$ =(8, 7, 6)m, 由式 (3.2.4) 得 f_{c4} = 4MN/m, 据式 (2.1.1), (3.2.1) 用 Matlab 绘出煤层支承压力曲线示意图 3.24, 曲线在 $x = l_3$ 处光滑连接, 图中 $[l_4, l_3]$ 和 $[l_3, l]$ 区段的实线部分 $F_4(x)$, $f_3(x)$ 分别为煤层硬化区和软化区的支承压力, $f_3(l)$ 为煤壁处煤层残余强度. 图 3.24 中 x_{c4} 小表明曲线拐点离支承压力峰距离近或硬化区范围 $[l_4, l_3]$ 小. 在 3.1 节中提到 $0 < x_{c4} \leqslant$ 1m 的计算煤层支承压力曲线接近图 2.1 实测支承压力分布曲线 [30], 适合描述煤层与顶板为软化、弹性两区段支承关系; 而 x_{c4} =(2, 3)m 的计算煤层支承压力曲线接近图 3.2

实测支承压力分布曲线 [35], 适合描述煤层与顶板为软化、硬化和弹性三区段支承关系.

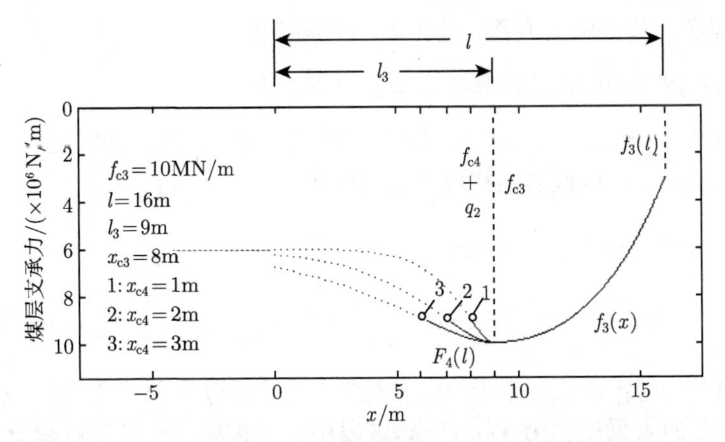

图 3.24 不同 x_{c4} 的煤层软化与硬化区支承力示意图

对 $q_2 = 6\text{MN/m}$, $x_{c3} = 8\text{m}$, $x_{c4} = 2\text{m}$, $l = 16\text{m}$, 支承压力峰位置 $l_3 = (10, 9, 8)\text{m}$, 从而煤层软化区深度 $l - l_3 = (6, 7, 8)\text{m}$, 在假定 $f_{c3} = 10\text{MN/m}$ 情况下, 据式 (2.1.1), (3.2.1) 用 Matlab 可绘出软化区深度 $(l - l_3)$ 变化时的煤层支承压力曲线示意图 3.25, 图中上升和下降区段的实线部分 $F_4(x)$, $f_3(x)$ 分别为煤层硬化区和软化区的支承压力, 曲线在 $x = l_3$ 处光滑连接. 由于煤层软化区 $f_3(x)$ 的尺度参数 x_{c3} 相同, 故图 3.25 中软化区深度 $l - l_3$ 大者, 煤壁处煤层残余强度 $f_3(l)$ 低; 由于硬化区尺度参数 x_{c4} 相同, 故硬化区范围相同.

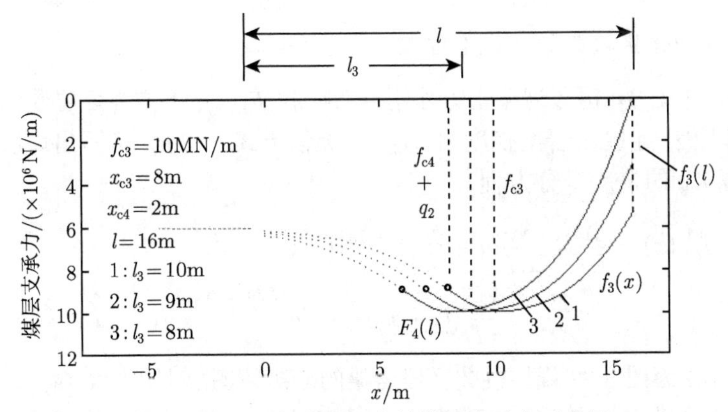

图 3.25 不同软化区深度的煤层支承力示意图

这里指出, 3.2.5 节和 3.2.6 节中分别对 x_{c4}, 软化区深度 $(l - l_3)$ 变化如图 3.24 和图 3.25 所示.

采用本节符号、数据进行计算、绘图. 算例中 f_{c3} 值将据 3.2.4 节介绍的方法精确“选定”.

3.2.2 岩梁各区段的挠度方程、边界条件和连续条件

3.2.2.1 $(-\infty,0]$ 和 $[0,l_3]$ 区段弹性地基梁的挠度方程

图 3.23 中 $(-\infty,0]$ 和 $[0,l_4]$ 区段岩梁为半无限长弹性地基梁, 记 $(-\infty,0]$ 区段岩梁挠度为 $y_2(x)$, 该区段岩梁挠度方程的形式同 2.1 节, 为

$$\begin{aligned}y_2(x)=&\mathrm{e}^{\beta x}(d_1\cos\beta x+d_2\sin\beta x)+\frac{q_2}{4\beta^4EI}\\&+\frac{k_2}{EI}\cdot\frac{x_{c2}^5}{1+4\beta^4x_{c2}^4}\left[\frac{x_{c2}-x}{x_{c2}}+\frac{4}{1+4\beta^4x_{c2}^4}\right]\mathrm{e}^{\frac{x-x_{c2}}{x_{c2}}}\quad(x\leqslant 0)\end{aligned}\tag{3.2.5}$$

图 3.23 中 $[0,l_4]$ 区段有限长弹性地基梁上方作用分布荷载 $F_1(x)=q_1+f_1(x)$, 记 $[0,l_4]$ 区段的岩梁挠度为 $y_{21}(x)$, 该区段中任一微段 $\mathrm{d}x$ 的挠度微分方程同式 (2.2.2), 为

$$y_{21}^{(4)}(x)+4\beta^4y_{21}(x)=\frac{q_1}{EI}+\frac{k_1}{EI}(x+x_{c1})\mathrm{e}^{-\frac{x+x_{c1}}{x_{c1}}}\quad(0\leqslant x\leqslant l_4)\tag{3.2.6}$$

$[0,l_4]$ 区段岩梁的挠度方程的形式同式 (2.2.3), 为

$$\begin{aligned}y_{21}(x)=&d_3\sin\beta x\sinh\beta x+d_4\sin\beta x\cosh\beta x+d_5\cos\beta x\sinh\beta x\\&+d_6\cos\beta x\cosh\beta x+\frac{q_1}{4\beta^4EI}\\&+\frac{k_1}{EI}\frac{x_{c1}^5}{1+4\beta^4x_{c1}^4}\left[\frac{x+x_{c1}}{x_{c1}}+\frac{4}{1+4\beta^4x_{c1}^4}\right]\mathrm{e}^{-\frac{x+x_{c1}}{x_{c1}}}\quad(0\leqslant x\leqslant l_4)\end{aligned}\tag{3.2.7}$$

3.2.2.2 煤层硬化区段岩梁的挠度方程

图 3.23 中 $[l_4,l_3]$ 区段岩梁上方作用分布荷载 $F_1(x)$, 下方为煤层硬化区支承压力 $F_4(x)$. 记 $[l_4,l_3]$ 区段岩梁挠度为 $y_{22}(x)$, 类似于式 (3.2.6), 可写出煤层硬化区岩梁任一微段 $\mathrm{d}x$ 的挠度微分方程

$$\begin{aligned}y_{22}^{(4)}(x)=&\frac{q_1}{EI}+\frac{k_1}{EI}(x+x_{c1})\mathrm{e}^{-\frac{x+x_{c1}}{x_{c1}}}\\&-\frac{q_2}{EI}-\frac{k_4}{EI}[(l_3+x_{c4})-x]\mathrm{e}^{\frac{x-l_3-x_{c4}}{x_{c4}}}\quad(l_4\leqslant x\leqslant l_3)\end{aligned}\tag{3.2.8}$$

图 3.26(a) 为图 3.23 煤层硬化区段岩梁的分离体图, 对图 3.26 (a), 采用含参变量积分法, 以 t 为参变量, 注意到微段 $\mathrm{d}t$ 上的力对 x 截面取矩的写法, 图 3.26(a) 的 x 截面左方各力对 x 截面求矩, 可得煤层硬化区段岩梁弯矩方程

$$EI{y''}_{22}(x)=M_{22}(x)=M_{l_4}-Q_{l_4}(x-l_4)+\frac{(q_1-q_2)}{2}(x-l_4)^2$$

$$+\int_0^{x-l_4} k_1(l_4+t+x_{c1})\mathrm{e}^{-\frac{l_4+t+x_{c1}}{x_{c1}}}(x-l_4-t)\mathrm{d}t$$
$$-\int_0^{x-l_4} k_4[(l_3+x_{c4})-(l_4+t)]\mathrm{e}^{\frac{(l_4+t)-(l_3+x_{c4})}{x_{c4}}}$$
$$\times(x-l_4-t)\mathrm{d}t \quad (0\leqslant t\leqslant x-l_4)\ (l_4\leqslant x\leqslant l_3) \tag{3.2.9}$$

将式 (3.2.9) 中两个积分求出后, 可写出 $[l_4, l_3]$ 硬化区段岩梁弯矩方程显式

$$\begin{aligned}M_{22}(x)=&M_{l_4}-Q_{l_4}(x-l_4)+\frac{q_1-q_2}{2}(x-l_4)^2\\&+k_1x_{c1}^3\left\{\left[\frac{x+x_{c1}}{x_{c1}}+2\right]\mathrm{e}^{-\frac{x+x_{c1}}{x_{c1}}}-\left[\left(\frac{l_4+x_{c1}}{x_{c1}}\right)^2\right.\right.\\&\left.\left.+2\left(\frac{l_4+x_{c1}}{x_{c1}}\right)+2-\left(\frac{l_4+x_{c1}}{x_{c1}}+1\right)\left(\frac{x+x_{c1}}{x_{c1}}\right)\right]\mathrm{e}^{-\frac{l_4+x_{c1}}{x_{c1}}}\right\}\\&-k_4x_{c4}^3\left\{\left[2-\frac{x-l_3-x_{c4}}{x_{c4}}\right]\mathrm{e}^{\frac{x-l_3-x_{c4}}{x_{c4}}}\right.\\&-\left[\left(\frac{l_4-l_3-x_{c4}}{x_{c4}}\right)^2-2\left(\frac{l_4-l_3-x_{c4}}{x_{c4}}\right)\right.\\&\left.\left.+2-\left(\frac{l_4-l_3-x_{c4}}{x_{c4}}-1\right)\left(\frac{x-l_3-x_{c4}}{x_{c4}}\right)\right]\mathrm{e}^{\frac{l_4-l_3-x_{c4}}{x_{c4}}}\right\}\\&(l_4\leqslant x\leqslant l_3)\end{aligned} \tag{3.2.10}$$

对式 (3.2.10) 求导 2 次可得 $[l_4, l_3]$ 区段挠度微分方程式 (3.2.8).

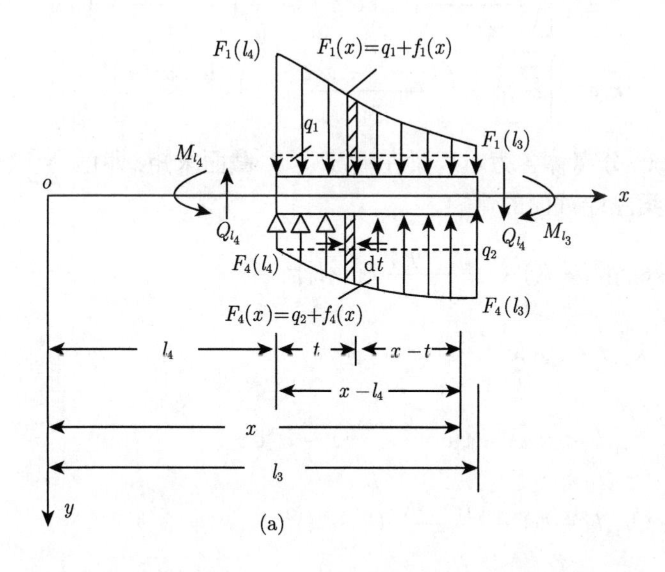

(a)

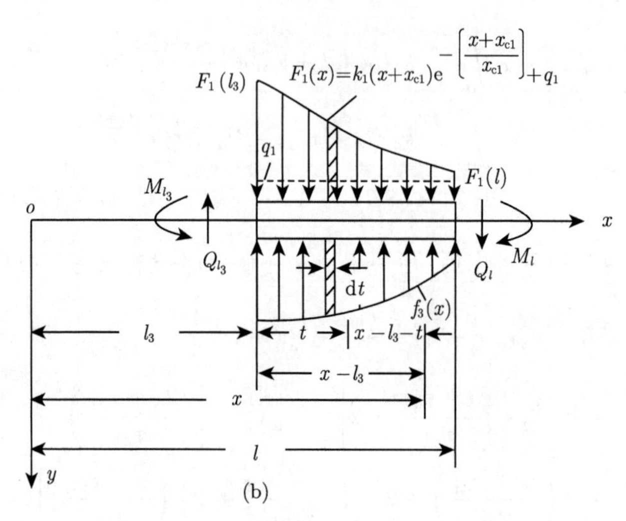

(b)

图 3.26　初次破断前岩梁的分离体图

对图 3.26(a) 分离体上各竖向力求和, 即由 $\sum F_y=0$ 可得 $[l_4,l_3]$ 区段岩梁左端截面的剪力

$$
\begin{aligned}
Q_{l_4}=&Q_{l_3}+(q_1-q_2)(l_3-l_4)+\int_{l4}^{l_3}k_1(x+x_{c1})e^{-\frac{x+x_{c1}}{x_{c1}}}dx\\
&-\int_{l_4}^{l_3}k_4[(l_3+x_{c4})-x]e^{\frac{x-l_3-x_{c4}}{x_{c4}}}dx\\
=&Q_{l_3}+(q_1-q_2)(l_3-l_4)\\
&+k_1x_{c1}^2\left[\left(\frac{l_4+x_{c1}}{x_{c1}}+1\right)e^{-\frac{l4+x_{c1}}{x_{c1}}}-\left(\frac{l_3+x_{c1}}{x_{c1}}+1\right)e^{-\frac{l_3+x_{c1}}{x_{c1}}}\right]\\
&-k_4x_{c4}^2\left[2e^{-1}+\left(\frac{l_4-l_3-x_{c4}}{x_{c4}}-1\right)e^{\frac{l_4-l_3-x_{c4}}{x_{c4}}}\right]
\end{aligned}\tag{3.2.11}
$$

图 3.26 (a) 分离体各力对岩梁左端 $x=l_4$ 截面求矩, 即由 $\sum M_{l4}=0$, 可得 $[l_4,l_3]$ 区段岩梁左端截面的弯矩

$$
\begin{aligned}
M_{l_4}=&M_{l_3}+Q_{l_3}(l_3-l_4)+\frac{(q_1-q_2)}{2}(l_3-l_4)^2\\
&+\int_{l_4}^{l_3}k_1(x+x_{c1})e^{-\frac{x+x_{c1}}{x_{c1}}}(x-l_4)dx\\
&-\int_{l_4}^{l_3}k_4[(l_3+x_{c4})-x]e^{\frac{x-l_3-x_{c4}}{x_{c4}}}(x-l_4)dx\\
=&M_{l_3}+Q_{l_3}(l_3-l_4)+\frac{(q_1-q_2)}{2}(l_3-l_4)^2
\end{aligned}
$$

$$
\begin{aligned}
&+k_1x_{\mathrm{c}1}^3\left\{\left[\frac{l_4+x_{\mathrm{c}1}}{x_{\mathrm{c}1}}+2\right]\mathrm{e}^{-\frac{l_4+x_{\mathrm{c}1}}{x_{\mathrm{c}1}}}-\left[\left(\frac{l_3+x_{\mathrm{c}1}}{x_{\mathrm{c}1}}\right)^2+2\left(\frac{l_3+x_{\mathrm{c}1}}{x_{\mathrm{c}1}}\right)\right.\right.\\
&\left.\left.+2-\left(\frac{l_3+x_{\mathrm{c}1}}{x_{\mathrm{c}1}}+1\right)\left(\frac{l_4+x_{\mathrm{c}1}}{x_{\mathrm{c}1}}\right)\right]\mathrm{e}^{-\frac{l_3+x_{\mathrm{c}1}}{x_{\mathrm{c}1}}}\right\}\\
&+k_4x_{\mathrm{c}4}^3\left\{\mathrm{e}^{-1}\left(5+2\frac{l_4-l_3-x_{\mathrm{c}4}}{x_{\mathrm{c}4}}\right)-\left(2-\frac{l_4-l_3-x_{\mathrm{c}4}}{x_{\mathrm{c}4}}\right)\mathrm{e}^{\frac{l_4-l_3-x_{\mathrm{c}4}}{x_{\mathrm{c}4}}}\right\}
\end{aligned}
\tag{3.2.12}
$$

式 (3.2.11), (3.2.12) 中的 Q_{l_3}, M_{l_3} 为图 3.26(a) 分离体右端或者图 3.26(b) 分离体左端截面的剪力和弯矩.

有了以上准备, 对式 (3.2.10) 积两次分, 可得 $[l_4,l_3]$ 煤层硬化区段上岩梁挠度方程

$$
\begin{aligned}
EIy_{22}(x)=&\frac{M_{l_4}}{2}(x-l_4)^2-\frac{Q_{l_4}}{6}(x-l_4)^3+\frac{q_1-q_2}{24}(x-l_4)^4\\
&+k_1x_{\mathrm{c}1}^5\left\{\left[\frac{x+x_{\mathrm{c}1}}{x_{\mathrm{c}1}}+4\right]\mathrm{e}^{-\frac{x+x_{\mathrm{c}1}}{x_{\mathrm{c}1}}}-\left\{\frac{1}{2}\left[\left(\frac{l_4+x_{\mathrm{c}1}}{x_{\mathrm{c}1}}\right)^2\right.\right.\right.\\
&\left.\left.\left.+2\left(\frac{l_4+x_{\mathrm{c}1}}{x_{\mathrm{c}1}}\right)+2\right]\left(\frac{x+x_{\mathrm{c}1}}{x_{\mathrm{c}1}}\right)^2-\frac{1}{6}\left(\frac{l_4+x_{\mathrm{c}1}}{x_{\mathrm{c}1}}+1\right)\left(\frac{x+x_{\mathrm{c}1}}{x_{\mathrm{c}1}}\right)^3\right\}\mathrm{e}^{-\frac{l_4+x_{\mathrm{c}1}}{x_{\mathrm{c}1}}}\right\}\\
&-k_4x_{\mathrm{c}4}^5\left\{\left(4-\frac{x-l_3-x_{\mathrm{c}4}}{x_{\mathrm{c}4}}\right)\mathrm{e}^{\frac{x-l_3-x_{\mathrm{c}4}}{x_{\mathrm{c}4}}}\right.\\
&-\left\{\frac{1}{2}\left[\left(\frac{l_4-l_3-x_{\mathrm{c}4}}{x_{\mathrm{c}4}}\right)^2-2\left(\frac{l_4-l_3-x_{\mathrm{c}4}}{x_{\mathrm{c}4}}\right)+2\right]\right.\\
&\left.\left.\times\left(\frac{x-l_3-x_{\mathrm{c}4}}{x_{\mathrm{c}4}}\right)^2-\frac{1}{6}\left(\frac{l_4-l_3-x_{\mathrm{c}4}}{x_{\mathrm{c}4}}-1\right)\left(\frac{x-l_3-x_{\mathrm{c}4}}{x_{\mathrm{c}4}}\right)^3\right\}\mathrm{e}^{\frac{l_4-l_3-x_{\mathrm{c}4}}{x_{\mathrm{c}4}}}\right\}\\
&+j_1(x-l_4)+j_2\quad(l_4\leqslant x\leqslant l_3)
\end{aligned}
\tag{3.2.13}
$$

式 (3.2.13) 中 j_1, j_2 为积分常数.

3.2.2.3 煤层软化区段和采空区岩梁的挠度方程

图 3.23 中 $[l_3,l]$ 区段岩梁上方作用分布荷载 $F_1(x)$, 下方为煤层软化区支承压力 $f_3(x)$, 记 $[l_3,l]$ 段的岩梁挠度为 $y_{23}(x)$. $[l_3,l]$ 区段岩梁挠度方程的形式同 2.2 节式 (2.2.14), 为

$$
\begin{aligned}
EIy_{23}(x)=&\frac{M_{l_3}}{2}(x-l_3)^2-\frac{Q_{l_3}}{6}(x-l_3)^3\\
&+\frac{q_1}{24}(x-l_3)^4+k_1x_{\mathrm{c}1}^5\left[\frac{x+x_{\mathrm{c}1}}{x_{\mathrm{c}1}}+4\right]\mathrm{e}^{-\frac{x+x_{\mathrm{c}1}}{x_{\mathrm{c}1}}}
\end{aligned}
$$

$$
\begin{aligned}
&-\left\{\left\{\frac{1}{2}\left[\left(\frac{l_3+x_{c1}}{x_{c1}}\right)^2+2\left(\frac{l_3+x_{c1}}{x_{c1}}\right)+2\right]\left(\frac{x+x_{c1}}{x_{c1}}\right)^2\right.\right.\\
&\left.\left.-\frac{1}{6}\left(\frac{l_3+x_{c1}}{x_{c1}}+1\right)\left(\frac{x+x_{c1}}{x_{c1}}\right)^3\right\}e^{-\frac{l_3+x_{c1}}{x_{c1}}}\right\}\\
&-k_3x_{c3}^5\left[\left(\frac{l_3+x_{c3}-x}{x_{c3}}+4\right)e^{\frac{x-l_3-x_{c3}}{x_{c3}}}+\frac{e^{-1}}{3}\left(\frac{l_3+x_{c3}-x}{x_{c3}}\right)^3\right.\\
&\left.-\frac{5}{2}e^{-1}\left(\frac{l_3+x_{c3}-x}{x_{c3}}\right)^2\right]+g_1(x-l_3)+g_2\quad(l_3\leqslant x\leqslant l)\quad(3.2.14)
\end{aligned}
$$

式 (3.2.14) 中 Q_{l_3}, M_{l_3} 同式 (2.2.12), (2.2.13), g_1, g_2 为积分常数.

记 $[l,l+L_\mathrm{k}]$ 和 $[l+L_\mathrm{k},l+L]$ 区段悬臂梁的挠度为 $y_{11}(x)$, $y_{12}(x)$, 这两个区段岩梁的挠度方程的形式同 2.2 节, 为

$$
\begin{aligned}
EIy_{11}(x)=&\frac{M_l}{2}(x-l)^2-\frac{Q_l}{6}(x-l)^3+\frac{q_1}{24}(x-l)^4\\
&+k_1x_{c1}^5\left\{\left[\frac{x+x_{c1}}{x_{c1}}+4\right]e^{-\frac{x+x_{c1}}{x_{c1}}}-\left\{\left[\left(\frac{l+x_{c1}}{x_{c1}}\right)^2+2\left(\frac{l+x_{c1}}{x_{c1}}\right)+2\right]\right.\right.\\
&\left.\left.\times\frac{x^2}{2x_{c1}^2}-\frac{1}{6}\left(\frac{l+x_{c1}}{x_{c1}}+1\right)\left(\frac{x+x_{c1}}{x_{c1}}\right)^3\right\}e^{-\frac{l+x_{c1}}{x_{c1}}}\right\}\\
&-\frac{p_\mathrm{o}(x-l)^4}{24}-\frac{(p_\mathrm{k}-p_\mathrm{o})}{120L_\mathrm{k}}(x-l)^5+c_1x+c_2\quad(l\leqslant x\leqslant l+L_\mathrm{k})\quad(3.2.15)
\end{aligned}
$$

$$
\begin{aligned}
EIy_{12}(x)=&\frac{M_l}{2}(x-l)^2-\frac{Q_l}{6}(x-l)^3+\frac{q_1}{24}(x-l)^4\\
&+k_1x_{c1}^5\left\{\left[\frac{x+x_{c1}}{x_{c1}}+4\right]e^{-\frac{x+x_{c1}}{x_{c1}}}-\left\{\left[\left(\frac{l+x_{c1}}{x_{c1}}\right)^2+2\left(\frac{l+x_{c1}}{x_{c1}}\right)+2\right]\right.\right.\\
&\left.\left.\times\frac{x^2}{2x_{c1}^2}-\frac{1}{6}\left(\frac{l+x_{c1}}{x_{c1}}+1\right)\left(\frac{x+x_{c1}}{x_{c1}}\right)^3\right\}e^{-\frac{l+x_{c1}}{x_{c1}}}\right\}-p_\mathrm{o}L_\mathrm{k}\\
&\times\left[\frac{(x-l)^3}{6}-\frac{L_\mathrm{k}}{4}(x-l)^2\right]-\frac{(p_\mathrm{k}-p_\mathrm{o})L_\mathrm{k}}{2}\left[\frac{(x-l)^3}{6}-\frac{L_\mathrm{k}(x-l)^2}{3}\right]\\
&+c_3x+c_4\quad(l+L_\mathrm{k}\leqslant x\leqslant l+L)\qquad(3.2.16)
\end{aligned}
$$

式 (3.2.15), (3.2.16) 中 Q_l, M_l 和其他符号意义同 2.2 节.

3.2.2.4 各区段岩梁挠度的边界条件和连续条件

图 3.23 岩梁模型中的边界条件及连续条件从左到右全部列出为

$$y_2(-\infty)=q_2/C,\quad y_2'(-\infty)=0 \tag{3.2.17a}$$

$$y_2(0)=y_{21}(0),\quad y_2'(0)=y_{21}'(0),\quad y''_2(0)=y''_{21}(0),\quad y'''_2(0)=y'''_{21}(0) \tag{3.2.17b}$$

$$\begin{aligned}&y_{21}(l_4)=y_{22}(l_4),\quad y_{21}'(l_4)=y_{22}'(l_4),\quad y''_{21}(l_4)=M_{l_4}/EI,\\&y'''_{21}(l_4)=-Q_{l_4}/EI,\quad EIy_{21}^{(4)}(l_4)=EIy_{22}^{(4)}(l_4)\end{aligned} \tag{3.2.17c}$$

$$\begin{aligned}&y_{22}(l_3)=y_{23}(l_3),\quad y_{22}'(l_3)=y_{23}'(l_3),\\&y''_{21}(l_3)=M_{l_3}/EI,\quad y'''_{21}(l_3)=-Q_{l_3}/EI\end{aligned} \tag{3.2.17d}$$

$$y_{23}(l)=y_{11}(l),\quad y_{23}'(l)=y_{11}'(l),\quad y''_{23}(l)=M_l/EI,\quad y'''_{23}(l)=-Q_l/EI \tag{3.2.17e}$$

$$y_{11}(l+L_{\rm k})=y_{12}(l+L_{\rm k}),\quad y_{11}'(l+L_{\rm k})=y_{12}'(l+L_{\rm k}) \tag{3.2.17f}$$

$$Q_{12}(l+L)=0,\quad y_{12}'(l+L)=0 \tag{3.2.17g}$$

式 (3.2.17) 中 Q_{l_4}, Q_{l_3}, Q_l 前的负号原因同 2.2 节.

可以通过满足条件式 (3.2.17) 来确定式 (3.2.5), (3.2.7), (3.2.13)~(3.2.16) 中的 14 个积分常数, 由于引入煤层硬化区, 增加了一个硬化区挠度方程式 (3.2.7), 积分常数中增加了 j_1, j_2, 连续条件中增加了 (2.2.17c), 故积分常数中的 $d_1\sim d_6$, g_1, g_2, $c_1\sim c_4$ 与 2.2 节中对应关系式中的常数值已完全不同了.

3.2.3 挠度方程中积分常数的确定

3.2.3.1 积分常数 $c_1\sim c_4$, M_l, g_1, g_2, j_1, j_2 之间的关系

图 3.23 岩梁模型为超静定, 须通过式 (3.2.17g) 中 $y_{12}'(l+L)=0$ 的几何条件建立补充方程

$$c_3=\frac{Q_lL^2}{2}-M_lL-D_1 \tag{3.2.18}$$

来确定 $y_{12}(x)$ 中 c_3 与图 3.23 右端弯矩 M_l 的关系 (为不同于 2.2 节 M_l 的未知量). 式 (3.2.18) 中的

$$\begin{aligned}D_1=&\frac{q_1L^3}{6}+k_1x_{\rm c1}^4\left\{\left\{\frac{1}{2}\left(\frac{l+x_{\rm c1}}{x_{\rm c1}}+1\right)\left(\frac{L+l+x_{\rm c1}}{x_{\rm c1}}\right)^2\right.\right.\\&\left.-\left(\frac{L+l+x_{\rm c1}}{x_{\rm c1}}\right)\left[\left(\frac{l+x_{\rm c1}}{x_{\rm c1}}\right)^2+2\left(\frac{l+x_{\rm c1}}{x_{\rm c1}}\right)+2\right]\right\}{\rm e}^{-\frac{l+x_{\rm c1}}{x_{\rm c1}}}\Bigg\}\\&-\left(\frac{L+l+x_{\rm c1}}{x_{\rm c1}}+3\right){\rm e}^{-\frac{L+l+x_{\rm c1}}{x_{\rm c1}}}\\&-p_{\rm o}L_{\rm k}\left[\frac{L^2}{2}-\frac{L_{\rm k}L}{2}\right]-\frac{(p_{\rm k}-p_{\rm o})L_{\rm k}}{2}\left[\frac{L^2}{2}-\frac{2L_{\rm k}L}{3}\right]\end{aligned} \tag{3.2.19}$$

据式 (3.2.17g) 中 $Q(l+L)/(EI)=0$ 条件, 再由 $\sum F_y=0$, 可得图 3.26(b) 右端即式 (3.2.18) 中的剪力

$$\begin{aligned}Q_l =&q_1L+k_1x_{\mathrm{c1}}^2\left[\left(\frac{l+x_{\mathrm{c1}}}{x_{\mathrm{c1}}}+1\right)\mathrm{e}^{-\frac{l+x_{\mathrm{c1}}}{x_{\mathrm{c1}}}}\right.\\&\left.-\left(\frac{L+l+x_{\mathrm{c1}}}{x_{\mathrm{c1}}}+1\right)\mathrm{e}^{-\frac{L+l+x_{\mathrm{c1}}}{x_{\mathrm{c1}}}}\right]-p_{\mathrm{o}}L_{\mathrm{k}}-\frac{(p_{\mathrm{k}}-p_{\mathrm{o}})L_{\mathrm{k}}}{2}\end{aligned} \tag{3.2.20}$$

对式 (3.1.17), (3.1.18) 的一阶导数, 据式 (3.2.17f) 中的 $y'_{11}(l+L_{\mathrm{k}})=y'_{12}(l+L_{\mathrm{k}})$ 条件, 可得

$$c_1=c_3+\frac{p_{\mathrm{o}}L_{\mathrm{k}}^3}{6}+\frac{(p_{\mathrm{k}}-p_{\mathrm{o}})L_{\mathrm{k}}^3}{8} \tag{3.2.21}$$

对式 (3.1.17), (3.1.18), 并据式 (3.2.17f) 中的 $y_{1左}(l+L_{\mathrm{k}})=y_{1右}(l+L_{\mathrm{k}})$ 条件, 可得

$$c_4=(c_1-c_3)(l+L_{\mathrm{k}})+c_2-\frac{p_{\mathrm{o}}L_{\mathrm{k}}^4}{8}-\frac{11(p_{\mathrm{k}}-p_{\mathrm{o}})L_{\mathrm{k}}^4}{120} \tag{3.2.22}$$

将式 (3.1.14), (3.1.15) 代入式 (3.2.17e) 中的 $y_{23}(l)=y_{11}(l)$, $y'_{23}(l)=y'_{11}(l)$ 条件, 可得

$$\frac{M_{l_3}}{2}(l-l_3)^2+D_2+g_1(l-l_3)+g_2=c_1l+c_2+D_3 \tag{3.2.23}$$

$$M_{l_3}(l-l_3)+D_4+g_1=c_1+D_5 \tag{3.2.24}$$

式中

$$\begin{aligned}D_2=&-\frac{Q_{l_3}}{6}(l-l_3)^3+\frac{q_1}{24}(l-l_3)^4\\&+k_1x_{\mathrm{c1}}^5\left\{\frac{1}{6}\left(\frac{l+x_{\mathrm{c1}}}{x_{\mathrm{c1}}}\right)^3\left(\frac{l_3+x_{\mathrm{c1}}}{x_{\mathrm{c1}}}+1\right)-\frac{1}{2}\left(\frac{l+x_{\mathrm{c1}}}{x_{\mathrm{c1}}}\right)^2\left(\frac{l_3+x_{\mathrm{c1}}}{x_{\mathrm{c1}}}\right)^2\right.\\&\left.+2\left(\frac{l_3+x_{\mathrm{c1}}}{x_{\mathrm{c1}}}\right)+2\right\}\mathrm{e}^{-\frac{l_3+x_{\mathrm{c1}}}{x_{\mathrm{c1}}}}-k_3x_{\mathrm{c3}}^5\left[\left(\frac{l_3+x_{\mathrm{c3}}-l}{x_{\mathrm{c3}}}+4\right)\mathrm{e}^{\frac{l-l_3-x_{\mathrm{c3}}}{x_{\mathrm{c3}}}}\right.\\&\left.+\frac{\mathrm{e}^{-1}}{3}\left(\frac{l_3+x_{\mathrm{c3}}-l}{x_{\mathrm{c3}}}\right)^3-\frac{5}{2}\mathrm{e}^{-1}\left(\frac{l_3+x_{\mathrm{c3}}-l}{x_{\mathrm{c3}}}\right)^2\right]\end{aligned} \tag{3.2.25}$$

$$D_3=-k_1x_{\mathrm{c1}}^5\left[\frac{1}{3}\left(\frac{l+x_{\mathrm{c1}}}{x_{\mathrm{c1}}}\right)^4+\frac{5}{6}\left(\frac{l+x_{\mathrm{c1}}}{x_{\mathrm{c1}}}\right)^3+\left(\frac{l+x_{\mathrm{c1}}}{x_{\mathrm{c1}}}\right)^2\right]\mathrm{e}^{-\frac{l+x_{\mathrm{c1}}}{x_{\mathrm{c1}}}} \tag{3.2.26}$$

$$\begin{aligned}D_4=&-\frac{Q_{l_3}}{2}(l-l_3)^2+\frac{q_1}{6}(l-l_3)^3\\&+k_1x_{\mathrm{c1}}^4\left\{\frac{1}{2}\left(\frac{l+x_{\mathrm{c1}}}{x_{\mathrm{c1}}}\right)^2\left(\frac{l_3+x_{\mathrm{c1}}}{x_{\mathrm{c1}}}+1\right)-\left(\frac{l+x_{\mathrm{c1}}}{x_{\mathrm{c1}}}\right)\left[\left(\frac{l_3+x_{\mathrm{c1}}}{x_{\mathrm{c1}}}\right)^2\right.\right.\end{aligned}$$

$$
+2\left(\frac{l_3+x_{c1}}{x_{c1}}\right)+2\Bigg]\Bigg\}e^{-\frac{l_3+x_{c1}}{x_{c1}}}-k_3x_{c3}^4\left[\left(\frac{l_3+x_{c1}-l}{x_{c1}}+3\right)e^{\frac{l-l_3-x_{c3}}{x_{c3}}}\right.
$$

$$
\left.-e^{-1}\left(\frac{l_3+x_{c3}-l}{x_{c3}}\right)^2+5e^{-1}\left(\frac{l_3+x_{c3}-l}{x_{c3}}\right)\right] \tag{3.2.27}
$$

$$
D_5=-k_1x_{c1}^4\left[\frac{1}{2}\left(\frac{l+x_{c1}}{x_{c1}}\right)^3+\frac{3}{2}\left(\frac{l+x_{c1}}{x_{c1}}\right)^2+2\left(\frac{l+x_{c1}}{x_{c1}}\right)\right]e^{-\frac{l+x_{c1}}{x_{c1}}} \tag{3.2.28}
$$

将式 (3.2.12) 写成

$$
M_{l_3}=M_l+D_6 \tag{3.2.29}
$$

的形式, 其中

$$
\begin{aligned}
D_6 =&Q_l(l-l_3)+\frac{q_1}{2}(l-l_3)^2\\
&+k_1x_{c1}^3\left\{\left[\frac{l_3+x_{c1}}{x_{c1}}+2\right]e^{-\frac{l_3+x_{c1}}{x_{c1}}}-\left\{\left[\left(\frac{l+x_{c1}}{x_{c1}}\right)^2+2\left(\frac{l+x_{c1}}{x_{c1}}\right)+2\right]\right.\right.\\
&\left.\left.-\left(\frac{l+x_{c1}}{x_{c1}}+1\right)\times\left(\frac{l_3+x_{c1}}{x_{c1}}\right)\right\}e^{-\frac{l+x_{c1}}{x_{c1}}}\right\}\\
&-k_3x_{c3}^3\left\{3e^{-1}-\left[\left(\frac{l-l_3-x_{c3}}{x_{c3}}\right)^2-\left(\frac{l-l_3-x_{c3}}{x_{c3}}\right)+1\right]e^{\frac{l-l_3-x_{c3}}{x_{c3}}}\right\}
\end{aligned} \tag{3.2.30}
$$

利用式 (3.2.18), (3.2.21), 由式 (3.2.24), 可以写出

$$
g_1=-M_l(l-l_3+L)+D_7 \tag{3.2.31}
$$

式中

$$
D_7=\left[\frac{Q_lL^2}{2}-D_1+\frac{p_oL_k^3}{6}+\frac{(p_k-p_o)L_k^3}{8}\right]-D_4+D_5-D_6(l-l_3) \tag{3.2.32}
$$

将式 (3.2.13), (3.2.14) 代入式 (3.2.17d) 中 $y_{22}(l_3)=y_{23}(l_3)$, $y_{22}'(l_3)=y_{23}'(l_3)$ 条件, 可得

$$
\frac{M_{l_4}}{2}(l_3-l_4)^2+D_8+j_1(l_3-l_4)+j_2=g_2+D_9 \tag{3.2.33}
$$

$$
M_{l_4}(l_3-l_4)+D_{10}+j_1=g_1+D_{11} \tag{3.2.34}
$$

式中

$$
\begin{aligned}
D_8 =&-\frac{Q_{l_4}}{6}(l_3-l_4)^3+\frac{q_1-q_2}{24}(l_3-l_4)^4\\
&-k_1x_{c1}^5\left\{\frac{1}{2}\left[\left(\frac{l_4+x_{c1}}{x_{c1}}\right)^2+2\left(\frac{l_4+x_{c1}}{x_{c1}}\right)+2\right]\left(\frac{l_3+x_{c1}}{x_{c1}}\right)^2\right.
\end{aligned}
$$

$$-\frac{1}{6}\left(\frac{l_4+x_{c1}}{x_{c1}}+1\right)\left(\frac{l_3+x_{c1}}{x_{c1}}\right)^3\Bigg\}e^{-\frac{l_4+x_{c1}}{x_{c1}}}-k_4x_{c4}^5$$

$$\times\left\{5e^{-1}-\frac{1}{2}\left[\left(\frac{l_4-l_3-x_{c4}}{x_{c4}}\right)^2-\frac{5}{3}\left(\frac{l_4-l_3-x_{c4}}{x_{c4}}\right)+\frac{5}{3}\right]e^{\frac{l_4-l_3-x_{c4}}{x_{c4}}}\right\} \quad (3.2.35)$$

$$D_9=-k_1x_{c1}^5\left[\frac{1}{3}\left(\frac{l_3+x_{c1}}{x_{c1}}\right)^4+\frac{5}{6}\left(\frac{l_3+x_{c1}}{x_{c1}}\right)^3\right.$$

$$\left.+\left(\frac{l_3+x_{c1}}{x_{c1}}\right)^2\right]e^{-\frac{l_3+x_{c1}}{x_{c1}}}-\frac{17}{6}k_3x_{c3}^5e^{-1} \quad (3.2.36)$$

$$D_{10}=-\frac{Q_{l_4}}{2}(l_3-l_4)^2+\frac{q_1-q_2}{6}(l_3-l_4)^3$$

$$-k_1x_{c1}^4\left\{\left[\left(\frac{l_4+x_{c1}}{x_{c1}}\right)^2+2\left(\frac{l_4+x_{c1}}{x_{c1}}\right)+2\right]\left(\frac{l_3+x_{c1}}{x_{c1}}\right)\right.$$

$$\left.-\frac{1}{2}\left(\frac{l_4+x_{c1}}{x_{c1}}+1\right)\left(\frac{l_3+x_{c1}}{x_{c1}}\right)^2\right\}e^{-\frac{l_4+x_{c1}}{x_{c1}}}$$

$$-k_4x_{c4}^4\left\{4e^{-1}+\left[\left(\frac{l_4-l_3-x_{c4}}{x_{c4}}\right)^2\right.\right.$$

$$\left.\left.-\frac{3}{2}\left(\frac{l_4-l_3-x_{c4}}{x_{c4}}\right)+\frac{3}{2}\right]e^{\frac{l_4-l_3-x_{c4}}{x_{c4}}}\right\} \quad (3.2.37)$$

$$D_{11}=-k_1x_{c1}^4\left[\frac{1}{2}\left(\frac{l_3+x_{c1}}{x_{c1}}\right)^3+\frac{3}{2}\left(\frac{l_3+x_{c1}}{x_{c1}}\right)^2+2\left(\frac{l_3+x_{c1}}{x_{c1}}\right)\right]e^{-\frac{l_3+x_{c1}}{x_{c1}}}$$

$$-8k_3x_{c3}^4e^{-1} \quad (3.2.38)$$

由式 (3.2.29), 可将式 (3.2.12) 写成

$$M_{l_4}=M_{l_3}+D_{12}=M_l+D_6+D_{12} \quad (3.2.39)$$

的形式, 其中

$$D_{12}=Q_{l_3}(l_3-l_4)+\frac{(q_1-q_2)}{2}(l_3-l_4)^2+k_1x_{c1}^3\left\{\left[\frac{l_4+x_{c1}}{x_{c1}}+2\right]e^{-\frac{l_4+x_{c1}}{x_{c1}}}\right.$$

$$-\left\{\left[\left(\frac{l_3+x_{c1}}{x_{c1}}\right)^2+2\left(\frac{l_3+x_{c1}}{x_{c1}}\right)+2\right]\right.$$

$$-\left(\frac{l_3+x_{c1}}{x_{c1}}+1\right)\left(\frac{l_4+x_{c1}}{x_{c1}}\right)\Bigg\}e^{-\frac{l_3+x_{c1}}{x_{c1}}}\Bigg\}$$

$$+k_4x_{c4}^3\left\{e^{-1}\left(5+2\frac{l_4-l_3-x_{c4}}{x_{c4}}\right)-\left(2-\frac{l_4-l_3-x_{c4}}{x_{c4}}\right)e^{\frac{l_4-l_3-x_{c4}}{x_{c4}}}\right\}$$

由式 (3.2.31), (3.2.34), (3.2.39), 可以写出

$$j_1=-M_l(l-l_4+L)+D_{13} \tag{3.2.40}$$

式中

$$D_{13}=D_7-D_{10}+D_{11}-(l_3-l_4)(D_6+D_{12}) \tag{3.2.41}$$

3.2.3.2 积分常数 $d_1\sim d_6$, j_1, j_2 之间的关系

对式 (3.2.5), (3.2.6) 及其 1~3 阶导数, 据式 (3.2.17b) 中的挠度、倾角、弯矩和剪力连续条件, 可写出 $x=0$ 时关于 $d_1\sim d_6$ 的 4 个代数方程. 解方程组可得

$$d_1=d_6+\frac{q_1-q_2}{4\beta^4EI}+A_1x_{c1}^3(B_1+1)-A_2x_{c2}^3(B_2+1) \tag{3.2.42}$$

$$d_2=d_3+\frac{A_1x_{c1}(B_1-1)-A_2x_{c2}(B_2-1)}{2\beta^2} \tag{3.2.43}$$

$$d_4=d_3+D_{14} \tag{3.2.44}$$

$$d_5=d_6+D_{15} \tag{3.2.45}$$

式 (3.2.42)~(3.2.45) 中

$$B_1=\frac{4}{1+4\beta^4x_{c1}^4},\quad B_2=\frac{4}{1+4\beta^4x_{c2}^4},$$
$$A_1=\frac{k_1}{EI}\frac{x_{c1}^2e^{-1}}{1+4\beta^4x_{c1}^4},\quad A_2=\frac{k_2}{EI}\frac{x_{c2}^2e^{-1}}{1+4\beta^4x_{c2}^4} \tag{3.2.46}$$

$$D_{14}=\frac{A_1x_{c1}^2B_1+A_2x_{c2}^2B_2}{2\beta}+\frac{A_1x_{c1}(B_1-1)-A_2x_{c2}(B_2-1)}{2\beta^2}+\frac{A_1(B_1-2)+A_2(B_2-2)}{4\beta^3} \tag{3.2.47}$$

$$D_{15}=\frac{q_1-q_2}{4\beta^4EI}+A_1x_{c1}^3(B_1+1)-A_2x_{c2}^3(B_2+1)+\frac{A_1x_{c1}^2B_1+A_2x_{c2}^2B_2}{2\beta}-\frac{A_1(B_1-2)+A_2(B_2-2)}{4\beta^3} \tag{3.2.48}$$

对式 (3.2.7), (3.2.13) 求 1~3 阶导数, 据式 (3.2.17c) 中的挠度、倾角、弯矩和剪力连续条件, 可写出 $x=l_4$ 时 $d_3\sim d_6$, j_1, j_2 与 $M_{l_4}=M_l+D_6+D_{12}$, Q_{l_4} 的 4 个代数方程

$$(d_3 \sin\beta l_4 \sinh\beta l_4 + d_4 \sin\beta l_4 \cosh\beta l_4 + d_5 \cos\beta l_4 \sinh\beta l_4 \\ + d_6 \cos\beta l_4 \cosh\beta l_4) + D_{16} = j_2/EI + D_{17} \tag{3.2.49}$$

$$\beta[(\cos\beta l_4 \sinh\beta l_4 + \sin\beta l_4 \cosh\beta l_4)d_3 + (\cos\beta l_4 \cosh\beta l_4 + \sin\beta l_4 \sinh\beta l_4)d_4 \\ + (\cos\beta l_4 \cosh\beta l_4 - \sin\beta l_4 \sinh\beta l_4)d_5 + (\cos\beta l_3 \sinh\beta l_3 \\ - \sin\beta l_3 \cosh\beta l_3)d_6] - D_{18} = j_1/EI + D_{19} \tag{3.2.50}$$

$$2\beta^2(d_3 \cos\beta l_4 \cosh\beta l_4 + d_4 \cos\beta l_4 \sinh\beta l_4 - d_5 \sin\beta l_4 \cosh\beta l_4 \\ - d_6 \sin\beta l_4 \sinh\beta l_4) + D_{20} = M_l/EI + D_6/EI + D_{12}/EI \tag{3.2.51}$$

$$2\beta^3[(\cos\beta l_4 \sinh\beta l_4 - \sin\beta l_4 \cosh\beta l_4)d_3 + (\cos\beta l_4 \cosh\beta l_4 - \sin\beta l_4 \sinh\beta l_4)d_4 \\ - (\cos\beta l_4 \cosh\beta l_4 + \sin\beta l_4 \sinh\beta l_4)d_5 - (\cos\beta l_4 \sinh\beta l_4 \\ + \sin\beta l_4 \cosh\beta l_4)d_6] - D_{21} = -Q_{l_4}/EI \tag{3.2.52}$$

式 (3.2.49)~(3.2.52) 中

$$D_{16} = \frac{q_1}{4\beta^4 EI} + A_{1l_4} x_{c1}^3 \left[B_1 + \frac{l_4}{x_{c1}} + 1\right] \tag{3.2.53}$$

$$D_{17} = \frac{k_1 x_{c1}^5}{EI}\left[-\frac{1}{3}\left(\frac{l_4 + x_{c1}}{x_{c1}}\right)^4 - \frac{5}{6}\left(\frac{l_4 + x_{c1}}{x_{c1}}\right)^3 - \left(\frac{l_4 + x_{c1}}{x_{c1}}\right)^2 \right. \\ \left. + \frac{l_4 + x_{c1}}{x_{c1}} + 4\right] e^{-\frac{l_3 + x_{c1}}{x_{c1}}} - \frac{k_4 x_{c4}^5}{EI}\left[-\frac{1}{3}\left(\frac{l_4 - l_3 - x_{c4}}{x_{c4}}\right)^4 + \frac{5}{6}\left(\frac{l_4 - l_3 - x_{c4}}{x_{c4}}\right)^3 \right. \\ \left. - \left(\frac{l_4 - l_3 - x_{c4}}{x_{c4}}\right)^2 - \left(\frac{l_4 - l_3 - x_{c4}}{x_{c4}}\right) + 4\right] e^{\frac{l_4 - l_3 - x_{c4}}{x_{c4}}} \tag{3.2.54}$$

$$D_{18} = A_{1l_4} x_{c1}^2 \left[B_1 + \frac{l_4}{x_{c1}}\right] \tag{3.2.55}$$

$$D_{19} = -\frac{k_1 x_{c1}^4}{EI}\left[\frac{1}{2}\left(\frac{l_4 + x_{c1}}{x_{c1}}\right)^3 + \frac{3}{2}\left(\frac{l_4 + x_{c1}}{x_{c1}}\right)^2 \right. \\ \left. + 3\left(\frac{l_4 + x_{c1}}{x_{c1}}\right) + 3\right] e^{-\frac{l_4 + x_{c1}}{x_{c1}}} - \frac{k_4 x_{c4}^4}{EI}\left[-\frac{1}{2}\left(\frac{l_4 - l_3 - x_{c4}}{x_{c4}}\right)^3 \right. \\ \left. + \frac{3}{2}\left(\frac{l_4 - l_3 - x_{c4}}{x_{c4}}\right)^2 - 3\left(\frac{l_4 - l_3 - x_{c4}}{x_{c4}}\right) + 3\right] e^{\frac{l_4 - l_3 - x_{c4}}{x_{c4}}} \tag{3.2.56}$$

$$D_{20} = A_{1l_4} x_{c1} \left[B_1 + \frac{l_4}{x_{c1}} - 1\right] \tag{3.2.57}$$

$$D_{21} = A_{1l_4}\left[B_1 + \frac{l_4}{x_{c1}} - 2\right] \tag{3.2.58}$$

$$A_{1l_4} = \frac{k_1}{EI}\frac{x_{c1}^2}{1+4\beta^4 x_{c1}^4}\mathrm{e}^{-\frac{l_4+x_{c1}}{x_{c1}}} \tag{3.2.59}$$

3.2.3.3 积分常数 $c_1 \sim c_4$, $d_1 \sim d_6$, g_1, g_2, j_1, j_2 及 M_l 的确定

将式 (3.2.40) 中 $j_1 = -M_l(l - l_4 + L) + D_{13}$ 代入式 (3.2.50), 再与式 (3.2.51) 相加消去 M_l, 可得

$$\begin{aligned}
&[\cos\beta l_4 \sinh\beta l_{34} + \sin\beta l_4 \cosh\beta l_{34} + 2\beta(l - l_4 + L)\cos\beta l_4 \cosh\beta l_4]d_3 \\
&+ [\cos\beta l_4 \cosh\beta l_4 + \sin\beta l_4 \sinh\beta l_4 + 2\beta(l - l_4 + L)\cos\beta l_4 \sinh\beta l_4]d_4 \\
&+ [\cos\beta l_4 \cosh\beta l_4 - \sin\beta l_4 \sinh\beta l_4 - 2\beta(l - l_4 + L)\sin\beta l_4 \cosh\beta l_4]d_5 \\
&+ [\cos\beta l_4 \sinh\beta l_4 - \sin\beta l_4 \cosh\beta l_4 - 2\beta(l - l_4 + L)\sin\beta l_4 \sinh\beta l_4]d_6 = D_{22}
\end{aligned} \tag{3.2.60}$$

式中

$$D_{22} = \frac{(l - l_4 + L)(D_6 + D_{12}) + D_{13}}{\beta EI} + \frac{D_{18} + D_{19}}{\beta} - \frac{(l - l_4 + L)}{\beta}D_{20} \tag{3.2.61}$$

由于 Q_{l_4} 与 D_{22} 已知, 由式 (3.2.44), (3.2.45), d_4, d_5 又可用 d_3, d_6 表示, 故式 (3.2.60), (3.2.52) 是关于 d_3, d_6 的二元一次方程组, 从而可从中解得 d_3, d_6 为

$$d_3 = \frac{b_1 a_{22} - b_2 a_{12}}{a_{11}a_{22} - a_{12}a_{21}}, \quad d_6 = \frac{a_{11}b_2 - a_{21}b_1}{a_{11}a_{22} - a_{12}a_{21}} \tag{3.2.62}$$

其中

$$a_{11} = \mathrm{e}^{\beta l_4}[\cos\beta l_4 + \sin\beta l_4 + 2\beta(l - l_4 + L)\cos\beta l_4] \tag{3.2.63}$$

$$a_{12} = \mathrm{e}^{\beta l_4}[\cos\beta l_4 - \sin\beta l_4 - 2\beta(l - l_4 + L)\sin\beta l_4] \tag{3.2.64}$$

$$a_{21} = \mathrm{e}^{\beta l_4}[\cos\beta l_4 - \sin\beta l_4] \tag{3.2.65}$$

$$a_{22} = -\mathrm{e}^{\beta l_4}[\cos\beta l_4 + \sin\beta l_4] \tag{3.2.66}$$

$$\begin{aligned}
b_1 =& D_{22} - [\cos\beta l_4 \cosh\beta l_4 + \sin\beta l_4 \sinh\beta l_4 \\
&+ 2\beta(l - l_4 + L)\cos\beta l_4 \sinh\beta l_4]D_{14} + [\sin\beta l_4 \sinh\beta l_4 - \cos\beta l_4 \cosh\beta l_4 \\
&+ 2\beta(l - l_4 + L)\sin\beta l_4 \cosh\beta l_4]D_{15}
\end{aligned} \tag{3.2.67}$$

$$b_2 = \frac{D_{21}EI - Q_{l_4}}{2\beta^3 EI} + (\sin\beta l_4 \sinh\beta l_4 - \cos\beta l_4 \cosh\beta l_4)D_{14} + (\sin\beta l_4 \sinh\beta l_4 + \cos\beta l_4 \cosh\beta l_4)D_{15} \tag{3.2.68}$$

式 (3.2.63)~(3.2.68) 的右端均为已知量, 故由式 (3.2.62), (3.2.42)~(3.2.45) 知, $d_1 \sim d_6$ 已全部确定. 将 $d_3 \sim d_6$ 代入式 (3.2.49)~(3.2.51) 可确定 j_1, j_2, M_l; 再由式 (3.2.39), (3.2.33), (3.2.34), (3.2.29) 可确定 M_{l_4}, g_1, g_2, M_{l_3}; 进而通过式 (3.2.18), (3.2.21) 可确定 c_3, c_1; 再由式 (3.2.23) , (3.2.22) 可确定 c_2, c_4. 这就最终确定了弹性地基梁挠度方程式 (3.2.5), (3.2.7) 及煤层硬化、软化区梁挠度方程式 (3.2.13), (3.2.14) 和采空区岩梁挠度方程式 (3.2.15), (3.2.16).

3.2.4 煤层弹性、硬化区反力连续和煤层支承压力峰值 f_{c3} 的确定、验证法

与 3.1 节以 $x = 0$ 点为连接点不同, 本节严格地以支承压力曲线上拐点 $(x = l_4)$ 为弹性、硬化区连接点. 式 (3.2.17c) 中第 5 个关系式为

$$\text{A: } EIy_{21}^{(4)}(l_4) = EIy_{22}^{(4)}(l_4) \tag{3.2.69}$$

比较式 (3.2.6), (3.2.8) 知, 式 (3.2.69) 是指图 3.23 煤层弹性、硬化区交界 ($x = l_4$ 的拐点) 处, 作用在岩梁上包括煤层反力在内的所有竖向分布力之和为连续. 注意到式 (3.2.7) 中 $\beta = [C/(4EI)]^{1/4}$, 将式 (3.2.6), (3.2.8) 代入式 (3.2.69) 后, 可得到关于如下的关系:

$$\text{B: } Cy_{21}(l_4) = F_4(l_4) = q_2 + f_4(l_4) \tag{3.2.70}$$

式 (3.2.70) 左端是 $x = l_4$ 截面左侧煤层弹性区对岩梁的反力, 右端是 $x = l_4$ 截面右侧煤层硬化区对岩梁的支承压力. 式 (3.2.70) 指明了以严格方式引入煤层硬化区的计算中要解决的弹性、硬化区交界处煤层对岩梁反力保持连续的问题. 将式 (3.2.7), (3.2.1) 代入式 (3.2.70), 再利用支承压力曲线上拐点位置的关系式 (3.2.3), 可得到式 (3.2.70) 的用 f_{c3} 表示的关系式

$$\text{B: } Cy_{21}(l_4) = q_2 + (f_{c3} - q_2)\frac{[(l_3 - l_4) + x_{c4}]}{x_{c4}}\mathrm{e}^{\frac{l_4 - l_3}{x_{c4}}} = q_2 + 2\mathrm{e}^{-1}(f_{c3} - q_2) \tag{3.2.71}$$

式 (3.2.71) 表明, 式 (3.2.70) 中的 $f_4(l_4)$ 可通过 $x = l_3$ 处的煤层支承压力峰值 f_{c3} 和岩梁平均荷载 q_2 来表示. 因此, 式 (3.2.71) 是验证所确定的 f_{c3} 值正确与否的方法.

由此可得到用 f_{c3} 值阐述煤层弹性、硬化区交界 $(x = l_4)$ 处作用在岩梁上所有竖向分布力之和连续的关系 A: 凡是使 $x = l_4$ 处 $EIy^{(4)}(x)$ 分布曲线连续的 f_{c3} 值, 就是弹性区与硬化区交界 $(x = l_4)$ 处煤层对岩梁反力连续的精确值 f_{c3}——此为计算中 f_{c3} 精确值的确定法.

对 x_{c4} =(1, 2, 3)m, 由式 (3.2.3) 可得支承压力曲线上拐点位置 l_4 =(8, 7, 6)m. 对图 3.23 上平均荷载 q_2 =6MN/m, q_1 =0.15MN/m, $f_{c2}=0.22q_2$, $f_{c1}=q_2+f_{c2}-q_1$, x_{c1} =8m, x_{c2} =12m, x_{c3} =8m, x_{c4} =(1, 2, 3)m, l_4 =(8, 7, 6)m, 取弹性地基常数 $C=0.8$GPa, 顶板厚 $h=6$m, 顶板弹模 $E=25$GPa, $l=16$m, $l_3=9$m, $L=24$m, $p_o=0.9$MN/m, $p_k=1.2p_o$, $L_k=4$m, 将式 (3.2.7), (3.2.13) 代入式 (3.2.6), (3.2.8), 用 Matlab 编程可绘得煤层弹性、硬化区交界处 ($x=l_4$) 附近区段的 $EIy^{(4)}(x)$ 分布曲线, 如图 3.27 所示. 图 3.27 中当煤层支承压力峰值

$$f_{c3}=(11.352948, 10.855946, 10.448488)\text{MN/m} \tag{3.2.72}$$

时, 相应于 x_{c4} =(1, 2, 3)m 的 $EIy^{(4)}(x)$ 分布曲线 1, 2, 3 在煤层弹性、硬化区交界处或支承压力曲线上拐点位置 ($x=l_4$ =(8, 7, 6)m) 处连续.

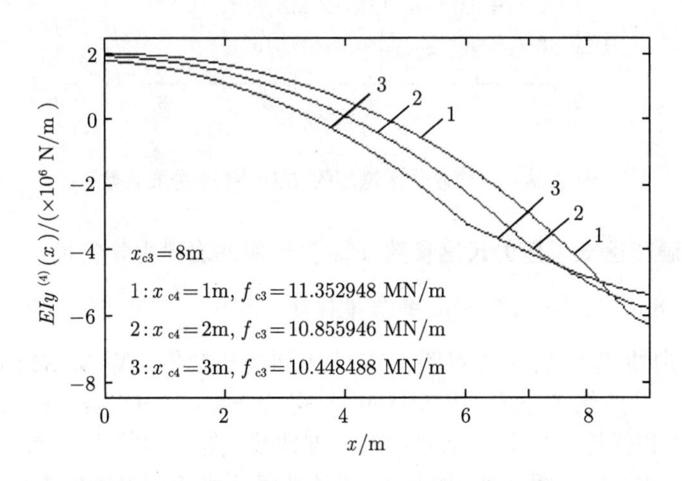

图 3.27 不同硬化区参数 x_{c4} 的 $EIy^{(4)}(x)$ 分布曲线

由 $l=16$m 和 l_3 =(10, 9, 8)m, 可得煤层软化区深度 $l-l_3$ =(6, 7, 8)m; 再对 x_{c4} =2m, 由式 (3.2.3) 可得支承压力分布曲线上拐点位置 l_4 =(8, 7, 6)m; 再对 x_{c3} =8m, x_{c4} =2m 及式 (3.2.72) 上方其他参数值, 将式 (3.2.7), (3.2.13) 代入式 (3.2.6), (3.2.8), 用 Matlab 编程可绘得 $EIy^{(4)}(x)$ 分布曲线, 如图 3.28 所示, 图中当煤层支承压力峰值

$$f_{c3}=(10.524645, 10.855946, 11.604382)\text{MN/m} \tag{3.2.73}$$

时, 相应于相应煤层软化区深度 $l-l_3$ =(6, 7, 8)m 的 $EIy^{(4)}(x)$ 分布曲线 1, 2, 3 在煤层弹性, 硬化区交界处 (l_4 =(8, 7, 6)m) 连续. 需要说明, 式 (3.2.72), (3.2.73) 中的 f_{c3} 值是经过多次试算确定的.

以下算例中将分别用式 (3.2.72), (3.2.73) 中的 f_{c3} 值, 绘出煤层软化、硬化和弹性三区段支承岩梁的挠度、弯矩曲线和计算煤层支承压力曲线, 考察岩梁潜在断裂位置, 并将所得结果与包括上覆荷载在内的相同参数值的煤层软化、弹性两区段 (不计 x_{c4}) 支承岩梁的对应量值进行比较.

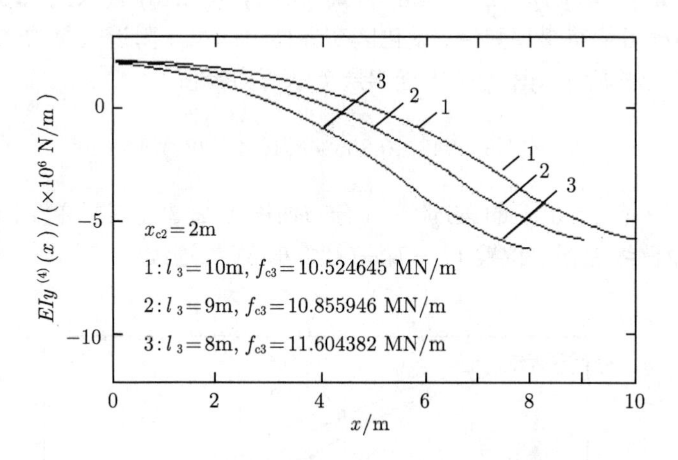

图 3.28 不同软化区深度的 $EIy^{(4)}(x)$ 分布曲线

3.2.5 煤层硬化区支承压力尺度参数 x_{c4} 变动时的岩梁力学特性

3.2.5.1 x_{c3} =8m , x_{c4} =(1, 2, 3)m 的岩梁挠度

图 3.29 中曲线 1, 2, 3 为对图 3.27 上方所述参数值, 式 (3.2.72) 的 f_{c3} 值和 3.2.2 节, 3.2.3 节所给关系式, 用 Matlab 绘得的 $x_{c3}=8$m, x_{c4} =(1, 2, 3)m 时煤层软化、硬化和弹性三区段支承岩梁的挠度曲线, 图 3.30 是图 3.29 跨中部位的岩梁挠度曲线放大图. 图 3.29, 图 3.30 中的曲线Ⅱ为相同参数值下据 2.2 节关系式绘得的 x_{c3} =8m, 相应支承压力峰值 f_{c3} =11.4444MN/m 时煤层软化、弹性两区段支承 (不计 x_{c4}) 岩梁的挠度曲线. 从图 3.29 看到, 在 $x=-20$m 前方三区段支承的岩梁挠度曲线值与两区段支承的岩梁挠度曲线值均趋于 8.04mm, 已接近于 $y(-\infty)=q_2/C$ =7.5mm, 其原理同 2.2.4.3 节中图 2.22, 这里不再赘述; 在图 3.29 和图 3.30 中 $x=0$ 的后方, 随硬化区尺度参数 x_{c4} 增大, 岩梁挠度一致性增大, 在跨中位置曲线 1, 2, 3 的挠度值为 (124, 131, 138)mm, 曲线Ⅱ的跨中挠度为 123mm, 由此看到三区段支承 x_{c4} =1m 的曲线 1 与两区段支承 (不计 x_{c4}) 的岩梁挠度曲线Ⅱ极为接近, 但曲线 1 各处的挠度值总是大于曲线Ⅱ对应位置的挠度值. 除图 3.29 中 $L=24$m, 图 3.16 中 $L=14$m 的差别外, 包括上覆荷载在内的所有其他参数值, 在两图中全部相同, 但图 3.29 中曲线 1, 2, 3, Ⅱ之间的差别明显小于图 3.16 中曲线 1, 2, 3, Ⅱ之间的差别, 这是由图 3.29 对应的图 3.23 模型是超静定结构, 而图 3.16

对应的图 3.4 模型是静定结构这个基本差别所决定的.

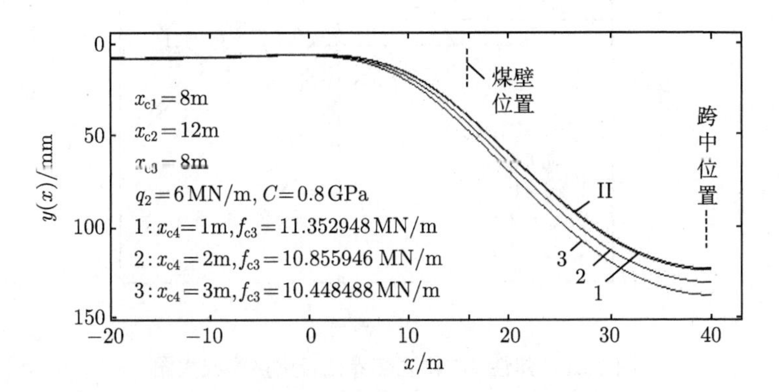

图 3.29 不同 x_{c4} 值时的岩梁挠度曲线

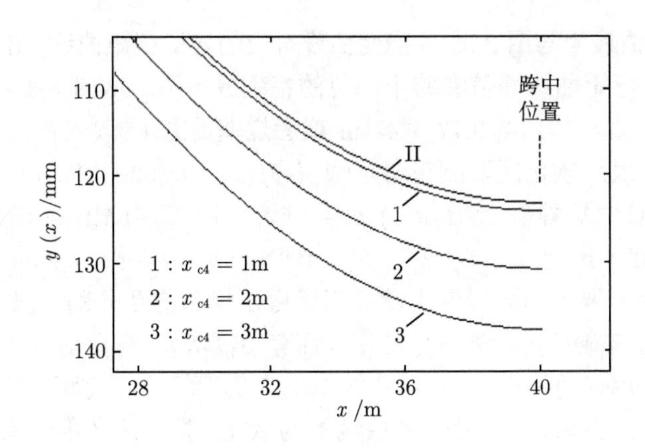

图 3.30 跨中部位岩梁挠度放大图

对于 x_{c4} =(1, 2, 3)m, 由式 (3.2.3) 的 $l_4 = l_3 - x_{c4}$, 与图 3.29 中曲线 1, 2, 3 对应的支承压力曲线上拐点或煤层弹性、硬化区交界处位置 l_4 =(8, 7, 6)m. 图 3.31 为图 3.29 中 l_4 =(8, 7, 6)m 煤层弹性、硬化区交界处的岩梁挠度放大图, 图中 y =(8, 7, 6)m 的三条竖虚线与曲线 1, 2, 3 交点的横坐标为 (12.42, 11.97, 11.59)mm, 将这三个值分别乘以弹性地基常数 C = 0.8GPa 得到的 l_4 =(8, 7, 6)m 截面左侧的煤层弹性区支承力: $C \cdot y(l_3) \approx$(9.936, 9.576, 9.272)MN/m. 将图 3.29 中的 q_2, f_{c3} 代入式 (3.2.71) 的右端, 可得 l_4 =(8, 7, 6)m 截面右侧的煤层硬化区支承压力: $F_4(l_4) \approx$(9.938, 9.573, 9.273)MN/m, 它们正等于截面左侧的煤层弹性区支承压力, 这表明 3.2.4 节煤层弹性、硬化区交界处两侧煤层对岩梁反力连续的关系式 (3.2.71) 成立.

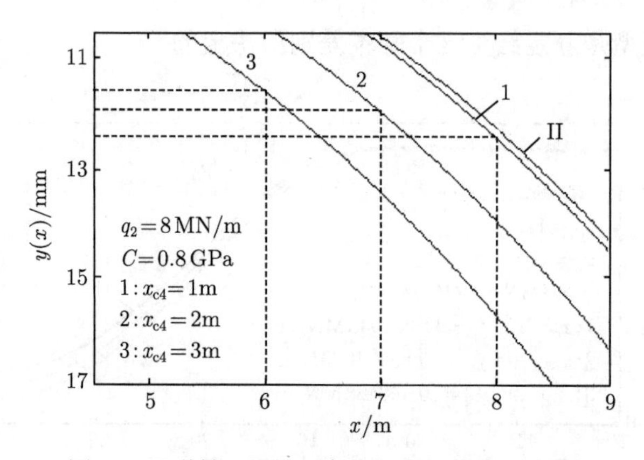

图 3.31　弹性、硬化区交界处岩梁挠度放大图

3.2.5.2　x_{c3} =8m , x_{c4} =(1, 2, 3)m 的岩梁弯矩

图 3.32 中曲线为与图 3.29 各挠度曲线对应的岩梁弯矩曲线, 图 3.33 和图 3.34 分别为图 3.32 弯矩曲线峰值和跨中部位的精确放大图. 从图 3.32~图 3.34 看到, 曲线 1, 2, 3 在 $\hat{x} \approx$ (10.14, 9.77, 9.47)m 或者煤壁前方 $\hat{l} = l - \hat{x} = 16 - \hat{x} \approx$(5.86, 6.23, 6.59)m 的煤层软化区取到正弯矩峰值 $M(\hat{x}) \approx$(1.92, 1.94, 1.95)$\times10^8$N·m; 在岩梁跨中取到负弯矩峰值 $M(l + L) \approx$(−1.62, −1.67, −1.72)$\times10^8$N·m, 曲线 II 的 $M(\hat{x}) \approx 1.91\times10^8$N·m, $M(l+L) \approx -1.61 \times 10^8$N·m, $\hat{l} = l - \hat{x} \approx$5.80m. 三区段支承岩梁弯矩峰超前距, 要比两区段区支承的岩梁弯矩峰超前距分别大出 (6, 43, 79)cm, 即岩梁弯矩幅值随硬化区参数 x_{c4} 的增大而有小幅增大, 煤壁前方弯矩峰值总大于岩梁跨中弯矩的绝对值. 需要指出, 曲线 1, 2, 3 的弯矩峰超前距 $\hat{l}$ 随 x_{c4} 的增大有显著增加; 三区段支承、x_{c4} =1m 的曲线 1 与软化、弹性两区段支承的弯矩曲线 II 十分接近, 但其弯矩幅值和弯矩峰超前距总是大于后者.

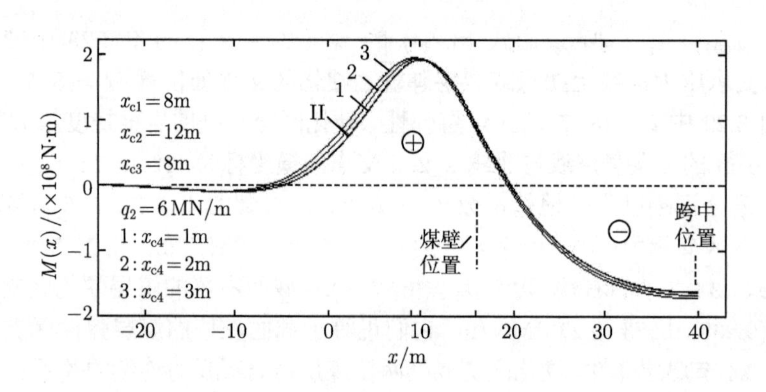

图 3.32　不同 x_{c4} 值时的岩梁弯矩曲线

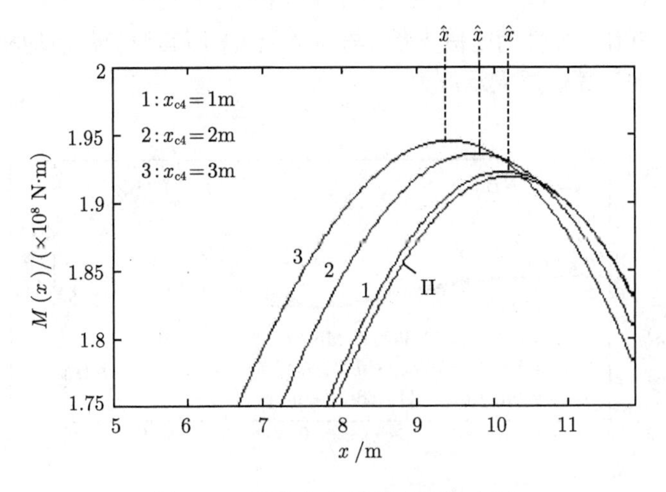

图 3.33 峰值部位岩梁弯矩放大图

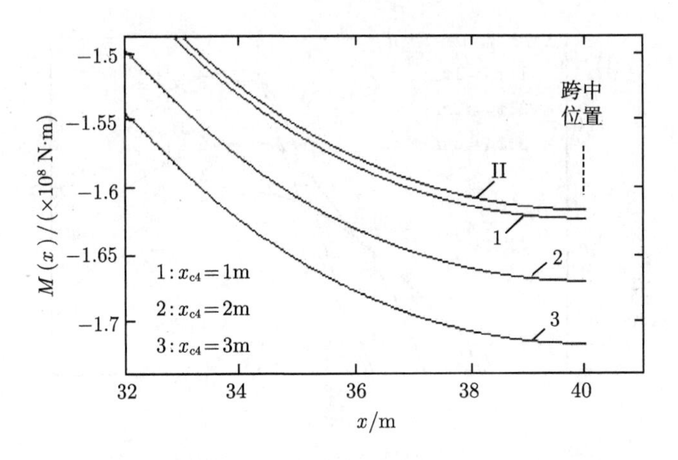

图 3.34 跨中部位岩梁弯矩放大图

经对比容易看到, 图 3.32~图 3.34 中曲线 1, 2, 3, II 之间的差别明显小于图 3.19 和图 3.20 中曲线 1, 2, 3, II 之间的差别, 其原理同图 3.29 与图 3.16 间的差别关系.

3.2.5.3 x_{c3} =8m , x_{c4} =(1, 2, 3)m 的计算煤层支承压力

图 3.35 中曲线为与图 3.29 挠度曲线、图 3.32 弯矩曲线对应的计算煤层支承压力曲线. 用将弹性地基常数 C = 0.8GPa 乘以 3.2.2 节岩梁挠度 $y_2(x)$, $y_{21}(x)$ 得到的 $[-20,0]$m, $[0,l_4]$m 区段 ($l_4 = l_3 - x_{c4}$=(8, 7, 6)m) 的煤层弹性区支承压力 $Cy_2(x)$, $Cy_{21}(x)$ 和据式 (3.2.72) 三个支承压力峰值, 式 (2.1.1), (3.1.1), 用 Matlab 绘得的煤层软化区、硬化区计算煤层支承压力. 图 3.36 为图 3.35 中峰值部位的精确放大图,

曲线Ⅱ为仅有软化、弹性两区段支承 (与 x_{c4} 无关) 而其他参数值均相同时, 据 2.2 节关系式绘得的计算煤层支承压力.

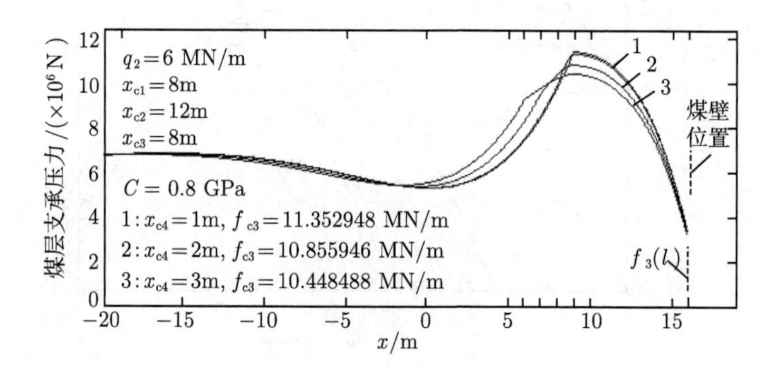

图 3.35　不同 x_{c4} 值时的煤层计算支承压力

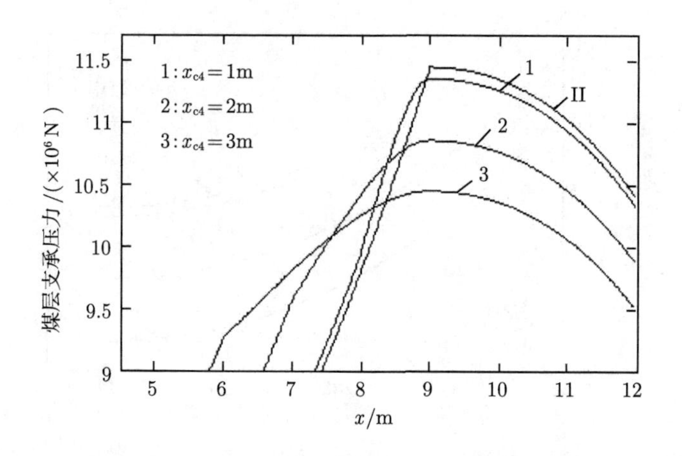

图 3.36　峰值部位支承压力放大图

图 3.36 中曲线 1, 2, 3 在 $x = 9$m 的硬化、软化区交界处光滑连接, 曲线Ⅱ在 $x = 9$m 的弹性、软化区交界处非光滑连接; 曲线 1 在 $l_4 = l_3 - x_{c4}$ =8m 的弹性、硬化区交界处近似光滑连接, 曲线 2, 3 在 $l_4 = l_3 - x_{c4}$ =(7, 6)m 的弹性、硬化区交界处非光滑连接. 从图 3.35 和图 3.36 看到, 随煤层软化区参数 x_{c4} 减小支承压力较快增大, 在 $l_3 = 9$m 即煤壁前方 7m 处达到峰值 f_{c3} =(11.352948, 10.855946, 10.448488)MN/m, 然后逐渐减小. 在 $x = -20$m 前方, 逐渐趋于梁上平均荷载 q_2 =6MN/m. 曲线Ⅱ的支承压力峰值 f_{c3} =11.4444MN/m, 略大于曲线 1 的支承压力峰值, 两者相对差值为 8/1000. 曲线 1, 2, 3, Ⅱ在煤壁处的残余强度 $f_3(l) > 0$, 但均小于岩梁前远方平均荷载 q_2 =6MN/m. 图 3.35 中煤层计算支承压力曲线 2, 3 颇似图 3.1 中实测煤层支承压力分布曲线.

如 3.1.9 节所述, 图 3.35 中 [9, 16]m 软化区段煤层支承压力 $f_3(x)$ 对其左端 $x = l_3 = 9\text{m}$ 截面的反弯矩

$$M_{3\text{s}} = \int_{l_3}^{l} f_3(x)(x - l_3)\text{d}x \quad (l_3 \leqslant x \leqslant l) \tag{3.2.74}$$

与相应的弯矩峰超前距 $\hat{l}$ 及相应的弯矩峰值 $M(\hat{x})$ 有很强的倒相关性.

表 3.4 列出图 3.35 参数值下的 $M_{3\text{s}}$、$\hat{l}$ 和 $M(\hat{x})$ 值的计算值. 在表 3.4 的 3 列数据中, 后一列煤层软化区支承压力对左端 $x = l_3$ 位置的反弯矩 $M_{3\text{s}}$ 均比前一列的 $M_{3\text{s}}$ 要小, 但后一列的岩梁弯矩峰超前距 $\hat{l}$ 和弯矩峰值 $M(\hat{x})$ 均比前一列的 $\hat{l}$ 和弯矩峰值 $M(\hat{x})$ 要大. 这是因为顶板与煤层是承受上覆荷载作用的共同体, 煤层软化区支承压力形成的反弯矩 $M_{3\text{s}}$ 值小, 顶板便通过加大弯曲变形和弯曲范围去抵抗其上覆荷载, 这使得顶板的弯矩峰值 $M(\hat{x})$ 增大, 超前断裂距 $\hat{l}$ 增大. 对于两区段支承关系的曲线 II, 经计算其 $M_{3\text{s}} \approx 1.9321 \times 10^8\text{N·m}$, 由 3.2.5.2 节, 其 $\hat{l} \approx 5.98\text{m}$, $M(\hat{x}) \approx 1.91 \times 10^8\text{N·m}$, 同样符合上述规则, 如列出应排在表 3.4 的首列.

表 3.4 不同硬软化区参数 x_{c4} 的 $M_{3\text{s}}$, $\hat{l}$ 和 $M(\hat{x})$ 值

煤层软化、硬化区参数	x_3=8m, x_4=1m	x_3=8m, x_4=2m	x_3=8m, x_4=3m
煤层软化区反力形成的反弯矩 $M_{3\text{s}} = \int_{l_3}^{l} f_3(x)(x - l_3)\text{d}x$	$1.9166 \times 10^8\text{N·m}$	$1.8237 \times 10^8\text{N·m}$	$1.7639 \times 10^8\text{N·m}$
弯矩峰超前距 $\hat{l}$	5.86m	6.23m	6.59m
煤壁前方峰值弯矩 $M(\hat{x})$	$1.922 \times 10^8\text{N·m}$	$1.936 \times 10^8\text{N·m}$	$1.945 \times 10^8\text{N·m}$

按最大拉应力强度条件, 顶板弯矩峰位置指示顶板潜在断裂位置. 由此得到如下认识: 煤层软化区支承压力或煤层软化区分布反力形成的反弯矩 $M_{3\text{s}}$ 小, 相应坚硬顶板的弯矩峰值 $M(\hat{x})$ 大, 弯矩峰超前距或顶板超前断裂距 $\hat{l}$ 也大.

3.2.6 煤层软化区深度 $(l - l_3)$ 变化时的岩梁力学特性

煤层软化区深度或支承压力峰深度对岩梁挠度、弯矩和支承压力峰值 f_{c3} 有显著影响. 图 3.1 中煤层支承压力峰深度在 9m 左右, 本节将对支承压力峰位置 $x = l_3$ =(10, 9, 8)m 或支承压力峰深度 $(l - l_3) = 16 - l_3$ =(6, 7, 8)m 时的岩梁力学特性等进行分析.

3.2.6.1 煤层软化区深度 $(l - l_3)$ =(6, 7, 8)m 的岩梁挠度

图 3.37 中曲线 1, 2, 3 为 x_{c3} =8m , x_{c4} =2m, 支承压力峰位置 l_3 =(10, 9, 8)m(煤层软化区深度 $(l - l_3) = 16 - l_3$ =(6, 7, 8)m), 其他参数值同 3.2.5 节的煤层软化、硬化和弹性三区段支承岩梁挠度曲线, 图中曲线 2 同图 3.29 中的曲线 2. 图

3.37 中曲线 I，II，III为与曲线 1, 2, 3 有相同参数值和软化区深度的支承压力峰值, 为

$$f_{c3} = (11.1351, 11.4444, 12.2303)\text{NM/m} \tag{3.2.75}$$

据 2.2 节关系式绘得的软化、弹性两区段支承 (不计 x_{c4}) 的岩梁挠度曲线, 其中曲线 II 同图 3.29 中的曲线 II.

从图 3.37 看到, 在 $x = -20$m 前方三区段支承的岩梁挠度曲线值和两区段支承的岩梁挠曲线值均趋于 8.04mm, 其原理同 2.2.5.3 节中图 2.22. 在图 3.37 中 $x = 0$ 的后方, 随煤层软化区深度增大, 岩梁挠度一致性增大, 在跨中位置曲线 1, 2, 3 的挠度值为 (118, 131, 150)mm, 曲线 I，II，III的跨中挠度值为 (111, 123, 141)mm. 不同于图 3.29 中三区段支承的岩梁挠度均大于两区段支承的岩梁挠度, 图 3.37 中曲线 1, 2, 3 与曲线 I，II，III互相间隔存在, 这表明煤层软化区深度变动对岩梁挠度的影响大于煤层硬化区尺度参数 x_{c4} 变动对岩梁挠度的影响.

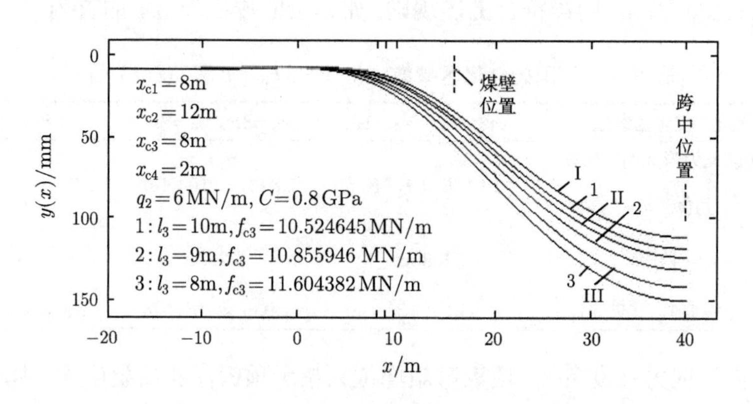

图 3.37　不同软化区深度的岩梁挠度曲线

对式 (3.2.3) 的 $l_4 = l_3 - x_{c4}$, 将 l_3 =(10, 9, 8)m 减去 x_{c4} =2m, 可得相应于图 3.37 的支承压力曲线上拐点或煤层弹性、硬化区交界处位置 $x = l_4$ =(8, 7, 6)m. 图 3.38 为图 3.37 中煤层弹性、硬化区交界处挠度曲线放大图, 图 3.38 中 y =(8, 7, 6)m 的三条竖虚线与曲线 1, 2, 3 交点的横坐标为 (11.66, 11.97, 12.65)mm, 将这三个值分别乘以弹性地基常数 C = 0.8GPa 得到的 l_4 =(8, 7, 6)m 截面左侧煤层弹性区的反力或支承压力为 $C \cdot y(l_3)$ ≈(9.328, 9.576, 10.12)MN/m. 将图 3.37 中的 q_2, f_{c3} 代入式 (3.2.71) 的右端, 可得 l_4 =(8, 7, 6)m 截面右侧煤层硬化区支承压力: $F_4(l_4)$ ≈(9.329, 9.573, 10.123)MN/m, 它们正等于截面左侧煤层弹性区反力或支承压力. 这表明 3.2.4 节煤层弹性、硬化区交界线两侧煤层对岩梁反力连续的关系式 (3.2.71) 成立.

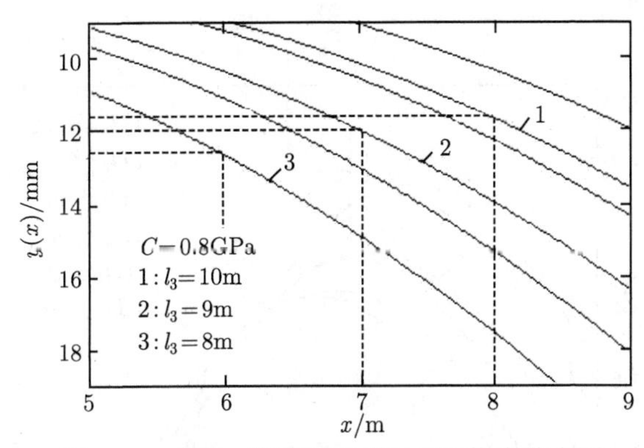

图 3.38 弹性、硬化区交界处岩梁挠度放大图

3.2.6.2 煤层软化区深度 $(l-l_3)$ =(6, 7, 8)m 的岩梁弯矩

图 3.39 中曲线为与图 3.37 各挠度曲线对应的岩梁弯矩曲线, 图 3.40 和图 3.41 分别为图 3.39 弯矩曲线峰值和跨中部位的精确放大图. 从图 3.39~图 3.41 看到, 曲线 1, 2, 3 在 $\hat{x} \approx (10.55, 9.77, 8.83)$m 或者煤壁前方 $\hat{l} = l - \hat{x} = 16 - \hat{x} \approx$(5.45, 6.23, 7.17)m 的煤层软化区内取到正弯矩峰值 $M(\hat{x}) \approx$(1.83, 1.94, 2.13)$\times 10^8$N·m; 在岩梁跨中取到负弯矩峰值 $M(l+L) \approx$(−1.57, −1.67, −1.81)$\times 10^8$N·m. 曲线 Ⅰ, Ⅱ, Ⅲ 的弯矩峰超前距 $\hat{l} = l - \hat{x} \approx$(5.02, 5.80, 6.73)m, $M(\hat{x}) \approx$(1.82, 1.91, 2.11)$\times 10^8$N·m, $M(l+L) \approx$(−1.56, −1.61, −1.76)$\times 10^8$N·m.

三区段支承岩梁的弯矩峰超前距比两区段支承岩梁的弯矩峰超前距分别大出 (43, 43, 44) cm; 煤壁前方岩梁弯矩峰值随煤层软化区深度 $(l-l_3)$ 的增大有明显增大. 此外, 煤壁前方弯矩峰值明显大于岩梁跨中弯矩的绝对值. 不同于图 3.32 中三区段支承的岩梁弯矩均大于两区段支承的岩梁弯矩, 图 3.39 中曲线 1, 2, 3 与曲线 Ⅰ, Ⅱ, Ⅲ互相间隔存赋, 这表明煤层软化区深度变动对岩梁弯矩的影响大于煤层硬化区尺度参数 x_{c4} 变动对岩梁弯矩的影响.

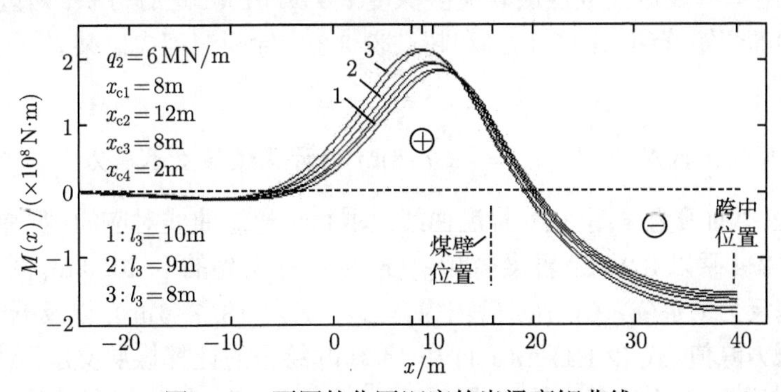

图 3.39 不同软化区深度的岩梁弯矩曲线

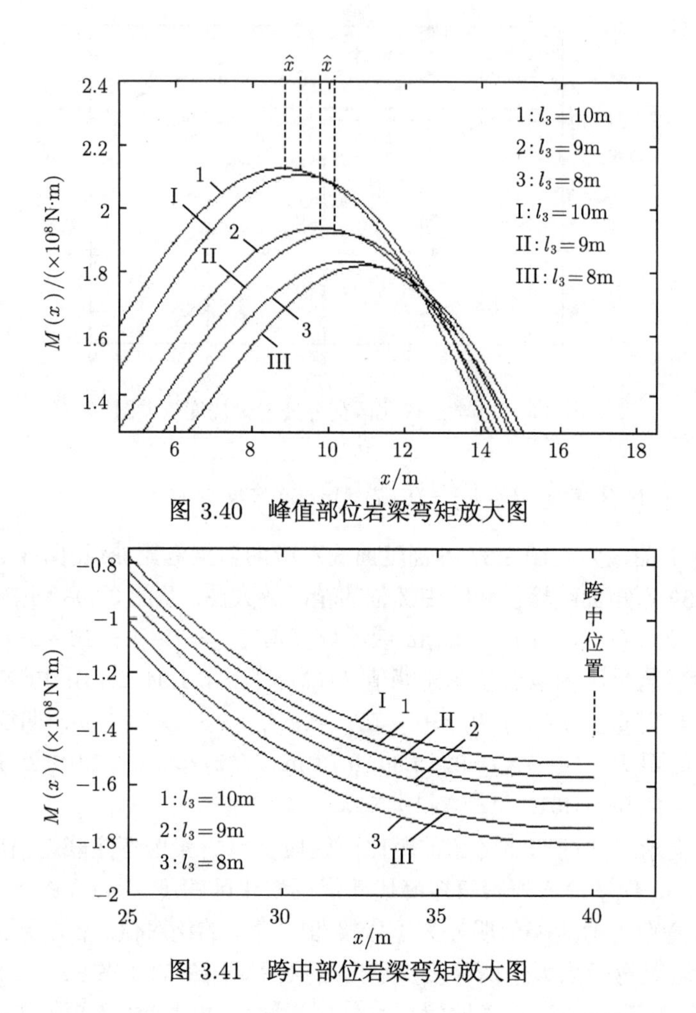

图 3.40　峰值部位岩梁弯矩放大图

图 3.41　跨中部位岩梁弯矩放大图

图 3.1 淮南谢桥煤矿西翼三采区支承压力分布图中煤层软化区深度为 15m. 可以推断, 采用本节表达式取煤层软化区深度 $l-l_3$ =15m 进行分析, 两区段或三区段支承岩梁的弯矩峰超前距会达到和超过表 3.3 中徐州三河尖矿某老顶 10 m 的超前断裂距.

3.2.6.3　煤层软化区深度 $(l-l_3)$ =(6, 7, 8)m 的计算煤层支承压力

图 3.42 中曲线为与图 3.37 挠度曲线, 图 3.39 弯矩曲线对应的, 据弹性地基常数 $C=0.8\mathrm{GPa}$ 乘以 3.2.2 节岩梁挠度 $y_2(x)$, $y_{22}(x)$ 得到的 $[-20,0]$m, $[0,l_4]$m 区段的弹性地基反力 $Cy_2(x)$, $Cy_{21}(x)$(其中 $l_4=l_3-x_{c4}$ =(8, 7, 6)m), 以及据式 (3.2.73) 三个支承压力峰值, 式 (2.1.1), (3.1.1) 用 Matlab 绘得的计算煤层支承压力. 图 3.43 为图 3.42 支承压力峰值部位的精确放大图, 曲线 I, II, III为仅有软化、弹性两区

段支承而其他参数值均相同时, 据 2.2 节关系式绘得的煤层支承压力曲线.

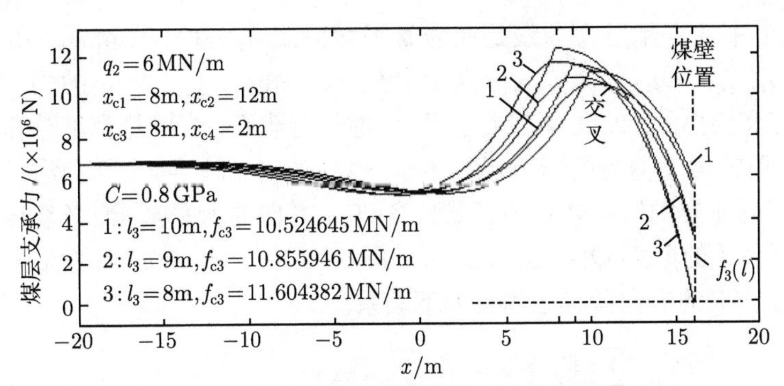

图 3.42 不同软化区深度的煤层计算支承压力

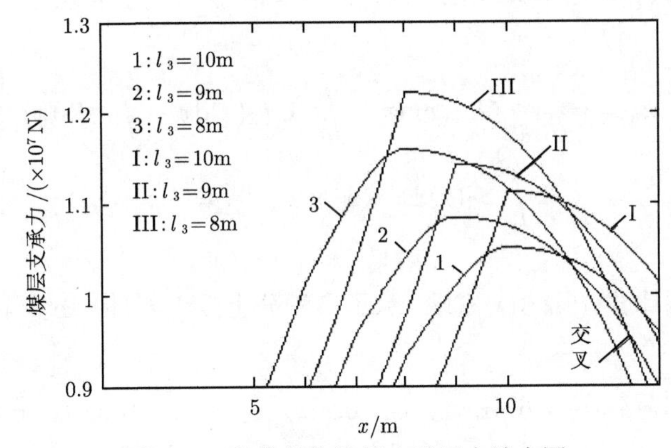

图 3.43 峰值部位计算支承压力放大图

图 3.42 中曲线 1, 2, 3 在 $x=l_3=(10,\ 9,\ 8)\mathrm{m}$ 的硬化、软化区交界处光滑连接, 曲线 Ⅰ, Ⅱ, Ⅲ在 $x=l_3=(10,\ 9,\ 8)\mathrm{m}$ 的弹性、软化区交界处非光滑连接; 曲线 1, 2, 3 在 $x=l_4=(8,\ 7,\ 6)\mathrm{m}$ 的弹性、硬化区交界处非光滑连接. 从图 3.42 和图 3.43 看到, 随煤层软化区深度 $(l-l_3)$ 增大, 煤层区支承压力峰值较快增大, 在 $l_3=(10,\ 9,\ 8)\mathrm{m}$ 即煤壁前方 $(l-l_3)=(6,\ 7,\ 8)\mathrm{m}$ 处达到峰值 $f_{c3}=(10.524645,\ 10.855946,\ 11.604382)\mathrm{MN/m}$, 然后逐渐减小. 在 $x=-20\mathrm{m}$ 前方, 逐渐趋于梁上平均荷载 $q_2=6\mathrm{MN/m}$. 曲线 Ⅰ, Ⅱ, Ⅲ的支承压力峰值 $f_{c3}=(11.1351,\ 11.4444,\ 12.2303)\mathrm{MN/m}$ 均明显大于各对应三区段支承关系的支承压力峰值.

曲线 1, 2, 3 的软化区支承压力表达式 (2.1.1) 中的尺度参数 $x_{c3}=8\mathrm{m}$ 都相同, 由式 (2.1.1), 煤层软化区深度小者在煤壁处的 $f_3(l)$ 值大 (图 3.42), 如曲线 1 和 Ⅰ; 而煤层软化区深度大者在煤壁处的 $f_3(l)$ 值小, 如曲线 3 和Ⅲ. 通过改变 x_{c3} 值可调整 $f_3(l)$ 的大小, 去描述煤壁处具有不同残余强度 $f_3(l)$ 的煤层.

3.2.6.4 软化区深度 $(l-l_3)$ =(6, 7, 8)m 的煤层支承压力总和计算

图 3.42 中各支承压力曲线是在岩梁平均荷载 q_2 =6MN/m, q_1 =0.15MN/m, $f_{c2}=0.22q_2$, $f_{c1}=q_2+f_{c2}-q_1$, 尺度参数 x_{c1} =8m, x_{c2} =12m 的同一分布荷载作用下计算和绘出的. 2.2.5.5 节中曾阐明, 增压荷载峰、岩梁悬空部分和支护力对 $x=-30$m 前方岩梁剪力的影响已很微小, 也即若以 $x=-30$m 的截面为界, 截面后方或者截面前方的岩层体系为了维持各自 y 方向的力平衡, 而必须传递到截面另一侧岩层体系的剪力 $Q(-30)\approx 0$. 因此图 3.23 中 $x=-30$m 截面后方岩层体系隔离体沿 y 方向的竖向荷载之间有如下关系:

$$\sum F_y \approx 0 \text{ 或者 } \sum F_{y\text{上方}} \approx \sum F_{y\text{下方}} \tag{3.2.76}$$

此结论对本节分析模型图 3.23 也成立. 在本节中 $\sum F_{y\text{上方}}$ 同式 (2.2.60), $\sum F_{y\text{下方}}$ 如下:

$$\begin{aligned}\sum F_{y\text{下方}} =& \int_{-30}^{0} Cy_2(x)\mathrm{d}x + \int_{0}^{l_4} Cy_2(x)\mathrm{d}x + \int_{l_4}^{l_3} F_4(x)\mathrm{d}x \\ &+ \int_{l_3}^{l} f_3(x)\mathrm{d}x + p_\mathrm{o} \times L_\mathrm{k} + (p_\mathrm{k}-p_\mathrm{o})L_\mathrm{k}/2\end{aligned} \tag{3.2.77}$$

式 (3.2.77) 右端比式 (2.2.61) 右端, 除了有积分上限不同外, 还多了 $\int_{l_4}^{l_3} F_4(x)\mathrm{d}x$ 一项.

将梁上平均荷载 q_2 =6MPa, $f_{c2}=0.22q_2$, q_1 =0.15MPa, $f_{c1}=q_2+f_{c2}-q_1$, p_o =0.9MN/m, $p_\mathrm{k}=1.2p_\mathrm{o}$, $L_\mathrm{k}=4$m 和 l_3 =(10, 9, 8)m, $l=16$m, L =24m, x_{c3} =8m, x_{c4} =2m 和式 (3.2.5) 的 $y_2(x)$, 式 (3.2.7) 的 $y_{21}(x)$, 式 (2.1.1) 的 $f_3(x)$, 式 (3.1.1) 的 $F_4(x)$ 和式 (3.2.73) 的 f_{c3} 值分别代入式 (2.2.60), (3.2.77), 采用 Matlab 进行计算后得到

$$\sum F_{y\text{上方}} = (2.5829+18+11.201+0.6)\times 10^7 = 32.3839\times 10^7\mathrm{N} \tag{3.2.78}$$

$$\begin{aligned}\sum F_{y\text{下方}}^{l_3=10} =&(19.388+5.1459+2.0111+5.4412+0.396) \\ &\times 10^7\mathrm{N} = 32.3822\times 10^7\mathrm{N}\end{aligned} \tag{3.2.79}$$

$$\begin{aligned}\sum F_{y\text{下方}}^{l_3=9} =&(19.168+4.6758+2.0705+6.0683+0.396) \\ &\times 10^7\mathrm{N} = 32.3786\times 10^7\mathrm{N}\end{aligned} \tag{3.2.80}$$

$$\begin{aligned}\sum F_{y\text{下方}}^{l_3=8} =&(18.855+4.2497+2.2047+6.6682+0.396) \\ &\times 10^7\mathrm{N} = 32.3736\times 10^7\mathrm{N}\end{aligned} \tag{3.2.81}$$

由于图 3.23 岩梁是在同一分布荷载作用下, 式 (3.2.79)~(3.2.81) 中各 $\sum F_{y下方}$ 值十分接近, 且式 (3.2.79)~(3.2.81) 中的 $\sum F_{y下方}$ 与式 (3.2.78) 中 $\sum F_{y上方}$ 的相对误差均小于 4/10000. $\sum F_{y上方}$ 是图 3.23 中 $[-30, l+L]$ 区段岩梁上覆荷载 $F_2(x) = q_2 + f_2(x)$ 和 $F_1(x) = q_1 + f_1(x)$ 曲线与 0 水平轴围成的面积, 为该区段岩梁分布荷载的总和. 式 (3.2.79)~(3.2.81) 中 $\sum F_{y下方}$ 为图 3.42 中 $[-30, l+L]$ 区段煤层支承压力 (或煤层反力) 与 $[l, l+L_{\mathrm{k}}]$ 区段支护阻力的总和. 由于 $[-30, l+L]$ 区段岩梁分布荷载不变, 虽然煤层软化区深度 $(l-l_3)$ 有所不同, 但同一岩梁荷载下煤层支承压力 (或煤层反力) 与支护阻力的和总是相同的, 故式 (3.2.79)~(3.2.81) 的和应当相同, 且近似等于 $[-30, l+L]$ 区段岩梁分布荷载的总和. 从另一方面, $\sum F_{y上方}$ 值与 $\sum F_{y下方}$ 值十分接近, 再次验证了 l_3 =(10, 9, 8)m 时, 选取式 (3.2.73) 中煤层支承压力峰值 $f_{\mathrm{c}3}$ =(10.524645, 10.855946, 11.604382)MN/m 有着很高的精度.

3.2.7 小结

(1) 支承压力分布曲线上拐点前方区段煤层处于弹性状态, 给出此拐点位置 l_4 与支承压力峰位置 l_3 和煤层硬化区支承压力尺度参数 $x_{\mathrm{c}4}$ 的关系式. 在 $[0, l_4]$ 区段上严格按弹性地基处理, 导得满足全部连续和边界条件的初次破断前三区段支承、六段式岩梁挠度表达式. 给出用支承压力峰值 $f_{\mathrm{c}3}$ 值阐述煤层弹性、硬化区交界 $(x = l_4)$ 处作用在岩梁上所有竖向分布力之和连续的关系, 用该关系式确定 $x_{\mathrm{c}4}$ 变动和煤层软化区深度 $(l-l_3)$ 变动时的两组 $f_{\mathrm{c}3}$ 值, 并通过煤层弹性、硬化区交界处支承压力的连续性对这两组 $f_{\mathrm{c}3}$ 值的精度进行验证.

(2) 随煤层硬化区支承压力尺度参数 $x_{\mathrm{c}4}$ 增大, 岩梁挠度、弯矩都有小幅增大 (此过程中煤壁前方弯矩峰值总大于岩梁跨中弯矩值), 弯矩峰超前距 $\hat{l}$ 却有显著增加, 但支承压力峰值 $f_{\mathrm{c}3}$ 持续减小. 软化、硬化和弹性三区段支承、$x_{\mathrm{c}4}$ =1m 的岩梁挠度、弯矩和计算支承压力之曲线 1 与软化、弹性两区段支承的岩梁对应量值之曲线Ⅱ十分接近、相似, 它们计算支承压力形态接近陈青峰 [30] 的实测支承压力曲线, 故 $0 < x_{\mathrm{c}4} \leqslant 1\mathrm{m}$ 的计算支承压力及相应的梁挠度、弯矩适合对两区段支承岩梁的有关量值进行描述; 曲线 2, 3 的计算支承压力的形态接近邵广印等 [35] 的实测支承压力曲线, 故 $x_{\mathrm{c}4}$ =(2, 3)m 的计算支承压力及相应的岩梁挠度、弯矩适合对三区段支承岩梁的有关量值进行描述.

(3) 对于同样的 $x_{\mathrm{c}4}$ 变动, 本节岩梁挠度、弯矩与计算支承压力各曲线之间的差别和变化明显小于 3.1 节中岩梁挠度、弯矩与计算支承压力各曲线之间的差别和变化, 这是由本节模型为超静定结构, 而 3.1 节模型为静定结构这个基本差别所决定的.

(4) 随煤层软化区深度 (或支承压力峰深度)$(l-l_3)$ 增大, 三区段支承岩梁与两区段支承岩梁的挠度、弯矩均较快增大, 弯矩峰超距 $\hat{l}$ 迅速增大, 三区段支承岩梁的挠度、弯矩和弯矩峰超距均明显大于两区段支承岩梁的有关量值, 其中 $(l-l_3)=8\text{m}$ 时三区段支承岩梁弯矩峰超距 $\hat{l}=7.17\text{m}$, 已接近表 3.3 给出的 "长" 型超前断裂距的工程实例. 煤层软化区深度取到如图 2.1 中 9m 时, 岩梁弯矩峰超前距会进一步增大; 煤层软化区深度取到如图 3.1 中 15m 时, 岩梁弯矩峰超前距会达到和超过表 3.3 中大封煤矿 8320 采面顶板 9.98m、徐州三河尖矿老顶 10m 的超前断裂距.

(5) $f_3(l)$ 值为煤壁处煤层的残余强度, 图 3.42 中壁处煤层有不同的残强. 对于给定的煤层软化区深度, 可以通过改变 x_{c3} 值, 达到描述煤壁处煤层有不同残强 $f_3(l)$ 的目的.

3.3 支承压力峰位于煤体本构关系硬化阶段之推断

3.3.1 问题的提出

3.1 节和 3.2 节对煤层软化、硬化和弹性三区段支承岩梁挠度、弯矩和煤层计算支承压力进行了分析. 分析中参照图 3.44 支承压力曲线形状定义煤层所处状态, 即煤壁到支承压力峰为煤层屈服软化区, 支承压力峰到前方曲线拐点为煤层硬化区, 曲线拐点前方为煤层弹性区. 这种划分法是一种直观、简单的划分法, 在这种划分法中, 煤层支承压力峰 (或煤层承载强度) 位于煤层软化区和硬化区交界面.

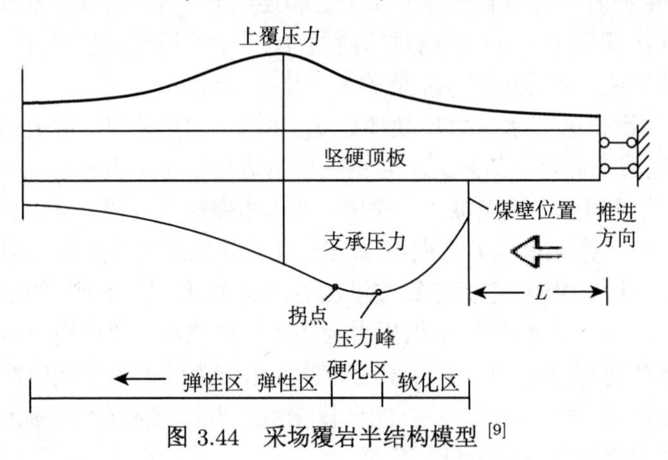

图 3.44 采场覆岩半结构模型 [9]

图 3.45 为一幅描述巷道围岩承载环岩体应力–应变状态的示意图, 图中从巷壁到前远方将围岩岩体状态划分为流动区、软化区、硬化区和弹性区, 这四个区分别与围岩介质的本构模型的流动区、软化区、硬化区和弹性区相对应, 图 3.45 中围岩软化区和硬化区交界处的岩体应力处于围岩介质本构关系的应力峰位置.

对于图 3.45 笔者提出三点: ①巷道围岩是处于三向应力状态而不是处于单向应力状态, 故图 3.45 左方岩石的本构模型 $\sigma-\varepsilon$ 全曲线的横、纵坐标不宜用最大正

应力 σ_1, 最大正应变 ε_1 表示, 而宜用含有三向应力的应力强度 σ_i 和含有三向应变的应变强度 ε_i 表示; ②一般来说, 应对 "围岩软化区和硬化区交界处的岩体应力处于围岩介质本构关系的应力峰位置" 的画法给以一定的证明; ③巷道围岩体上分布有切向应力 σ_θ、径向应力 σ_r 和与巷道中心线平行的轴向应力 σ_z. 岩体力学教材中通常绘出的是 σ_θ-r、σ_r-r 分布应力, 其中最重要的是切向分布应力 σ_θ-r. 而 σ_θ-r 的应力峰 (最大应力) 并不位于围岩软化区和硬化区交界处, 而是位于围岩硬化区内某位置.

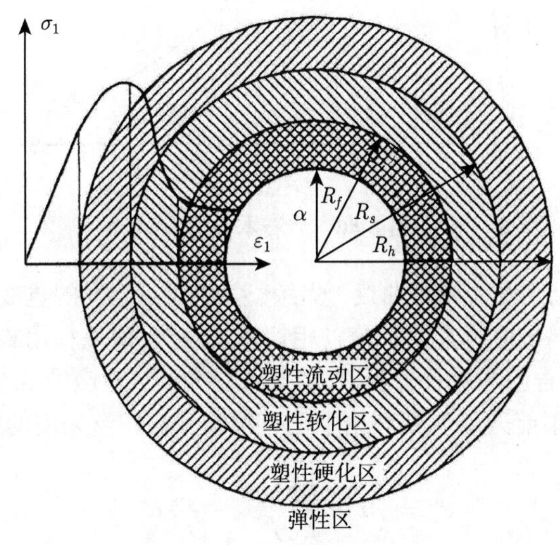

图 3.45 围岩承载环岩体对应的应力–应变状态

图 3.44 中支承压力与煤壁平行, 图 3.45 中的切向应力 σ_θ 处处与圆巷壁的切向平行. 图 3.44 中支承压力在煤层三个主应力中最重要 (第 2 个平行纸面指向煤层前方, 第 3 个垂直于纸面), 其地位与巷道围岩体三个主应力中切向应力 σ_θ 的地位相当.

在 3.3 节笔者对提出的三点予以阐述, 证明了第③点, 再作外推: 图 3.44 和 3.1 节和 3.2 节中的支承压力峰也不是位于煤层软化区和硬化区交界处, 而是位于煤层硬化区内.

研究者常用韦布尔分布

$$\sigma = E_\mathrm{o}\varepsilon \exp\left(-\frac{\varepsilon}{\varepsilon_\mathrm{o}}\right), \quad E_\mathrm{o} = \sigma_\mathrm{c}\mathrm{e}/\varepsilon_\mathrm{o} \tag{3.3.1}$$

作为岩石的本构模型. 式 (3.3.1) 中 σ, ε 分别为岩石试件单轴压缩时的应力、应变, ε_o 为与峰值应力 σ_c 对应的应变值. 据式 (3.3.1) 绘出的 $\sigma-\varepsilon$ 全曲线如图 3.46 所示, 对式 (3.3.1) 求导并令其中 $\varepsilon = 0$, 可知 E_o 为图 3.46 曲线的初始斜率或岩石的

初始弹模；令式 (3.3.1) 中 $\varepsilon=\varepsilon_{\mathrm{o}}$ 时 $\sigma=\sigma_{\mathrm{c}}$ 可得 $E_{\mathrm{o}}=\sigma_{\mathrm{c}}\mathrm{e}/\varepsilon_{\mathrm{o}}$.

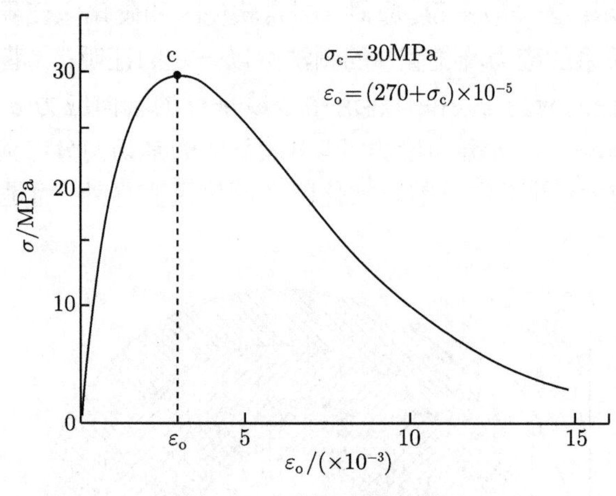

图 3.46　岩石本构关系

由于图 3.46 上升段为微弯曲线, 没有一条从原点出发的直线os能如图 3.45 左方 $\sigma_1-\varepsilon_1$ 曲线那样与曲线其余部分以相切方式连接, 所以如用式 (3.3.1) 为岩石的本构模型对巷道围岩应力进行分析时, 在围岩弹性区 (对应图 3.46 本构曲线 $[0,\varepsilon_{\mathrm{o}}]$ 区段的前半部分) 不能采用弹性理论中已有解答并被广泛采用的应力分布表达式

$$\sigma_\theta^{\mathrm{e}}=\left(1+\frac{R_{\mathrm{s}}^2}{r^2}\right)p_{\mathrm{o}}-\frac{R_{\mathrm{s}}^2}{r^2}\sigma_{R_{\mathrm{s}}} \tag{3.3.2}$$

$$\sigma_r^{\mathrm{e}}=\left(1-\frac{R_{\mathrm{s}}^2}{r^2}\right)p_{\mathrm{o}}+\frac{R_{\mathrm{s}}^2}{r^2}\sigma_{R_{\mathrm{s}}} \tag{3.3.3}$$

为了使所导得的围岩硬化区、软化区的应力分布曲线能与据式 (3.3.2), (3.3.3) 绘出的围岩弹性区切向和径向应力分布曲线光滑连续, 可对式 (3.3.1) 作一微小摄动 [38], 根据摄动后的关系式绘出的 $\sigma-\varepsilon$ 曲线与图 3.46 很接近, 但从原点出发的直线 os 能与曲线其余部分以相切方式连接, 从而可以用经摄动后的关系式作为岩石的本构模型, 既可导得的围岩硬化区、软化区的应力分布表达式, 又可直接采用围岩弹性区应力分布表达式 (3.3.2), (3.3.3), 并且据围岩硬化区表达式绘出的切向和径向应力分布曲线与据式 (3.3.2), (3.3.3) 绘出的围岩弹性区切向和径向应力分布曲线不仅连续, 而且光滑连续.

如此, 可对这一组应力分布表达式及其曲线图形进行分析, 对 “围岩软化区和硬化区交界处的岩体应力状态处于围岩介质本构关系的应力峰位置” 论点给以数学证明；对围岩体切向应力分布曲线峰位置予以阐明, 为 “煤层支承压力峰位于煤层硬化区” 这一论点提供推断依据.

3.3.2 摄动法确定三段式光滑连接的本构模型

为了在围岩弹性区采用切向和径向应力分布表达式 (3.3.2), (3.3.3), 岩石本构模型弹性阶段的表达式应写为

$$\sigma = E\varepsilon, \quad 0 < \varepsilon \leqslant \varepsilon_s \tag{3.3.4}$$

式中 E 为弹模, ε_s 为弹性极限对应的应变. 岩石本构模型硬化和软化阶段的应力-应变关系仍采用类似于式 (3.3.1) 的负指数形式, 但为了使硬化段与弹性段曲线光滑连接, 要对式 (3.3.1) 进行小参数摄动, 摄动后的应力-应变关系为

$$\sigma(\varepsilon) = E_o \left[\varepsilon \cdot \exp\left(-\frac{\varepsilon}{\varepsilon_o}\right) - C\frac{\varepsilon_o}{\varepsilon}\right] \quad \varepsilon_s \leqslant \varepsilon \tag{3.3.5}$$

[38]

摄动项 $\varepsilon_o/\varepsilon$ 是取 $\varepsilon \to \infty$(应变 ε 较大) 时式 (3.3.5) 方括号中第 2 项趋于零, 从而使式 (3.3.5) 的性态同 $\varepsilon \to \infty$ 时的式 (3.3.1), 其性态同 $\varepsilon \to \infty$ 时的式 (1), C 为待定小参数. 这里指出式 (3.3.5) 同时适用于岩石的硬化和软化阶段. 式 (3.3.5) 对 ε 求导得

$$\frac{\mathrm{d}\sigma(\varepsilon)}{\mathrm{d}\varepsilon} = E_o \left[\left(1 - \frac{\varepsilon}{\varepsilon_o}\right)\exp\left(-\frac{\varepsilon}{\varepsilon_o}\right) + C\frac{\varepsilon_o}{\varepsilon^2}\right] \tag{3.3.6}$$

式 (3.3.4) 和式 (3.3.5) 光滑连接的要求是

$$\frac{\mathrm{d}\sigma(\varepsilon_s)}{\mathrm{d}\varepsilon} = \frac{\sigma_s}{\varepsilon_s} = E \tag{3.3.7}$$

在式 (3.3.5), (3.3.6) 中令 $\varepsilon = \varepsilon_s$ 并代入式 (3.3.7), 可解得小参数

$$C = \frac{\varepsilon_s^3}{2\varepsilon_o^2}\exp\left(-\frac{\varepsilon_s}{\varepsilon_o}\right) \tag{3.3.8}$$

[38]

由式 (3.3.6)~(3.3.8), 可得式 (3.3.4) 中岩体的弹模

$$E = E_o\left(1 - \frac{\varepsilon_s}{2\varepsilon_o}\right)\mathrm{e}^{-\frac{\varepsilon_s}{\varepsilon_o}} = \frac{\sigma_c \mathrm{e}}{\varepsilon_o}\left(1 - \frac{\varepsilon_s}{2\varepsilon_o}\right)\mathrm{e}^{-\frac{\varepsilon_s}{\varepsilon_o}} \tag{3.3.9}$$

摄动后的应力–应变关系式 (3.3.5), 在 $\varepsilon \geqslant \varepsilon_s$ 后岩石峰值应力 σ_c 对应的应变 ε_c 处, 有

$$\frac{\mathrm{d}\sigma(\varepsilon_c)}{\mathrm{d}\varepsilon} = E_o\left[\left(1 - \frac{\varepsilon_c}{\varepsilon_o}\right)\exp\left(-\frac{\varepsilon_c}{\varepsilon_o}\right) + C\frac{\varepsilon_o}{\varepsilon_c^2}\right] = 0 \tag{3.3.10}$$

以下计算中暂取 $\varepsilon_s/\varepsilon_o = 1/3$, 代入式 (3.3.8) 可得

$$C = \varepsilon_o/(54 \cdot \sqrt[3]{\mathrm{e}}) \quad \varepsilon_s/\varepsilon_o = 1/3 \tag{3.3.11}$$

将式 (3.3.11) 代入式 (3.3.10), 并记 $x = \varepsilon_c/\varepsilon_o$ 可得

$$x^3 - x^2 = \frac{1}{54 \cdot \sqrt[3]{\mathrm{e}}} \cdot \mathrm{e}^x \tag{3.3.12}$$

式 (3.3.12) 为关于 x 的超越方程. 令 $y_1 = x^3 - x^2$, $y_2 = \mathrm{e}^x/(54 \cdot \sqrt[3]{\mathrm{e}})$, 用数值法和图解法 (图 3.47) 可得 $x \approx 1.03487$, 即

$$\varepsilon_{\mathrm{c}}/\varepsilon_{\mathrm{o}} \approx 1.03487. \tag{3.3.13}$$

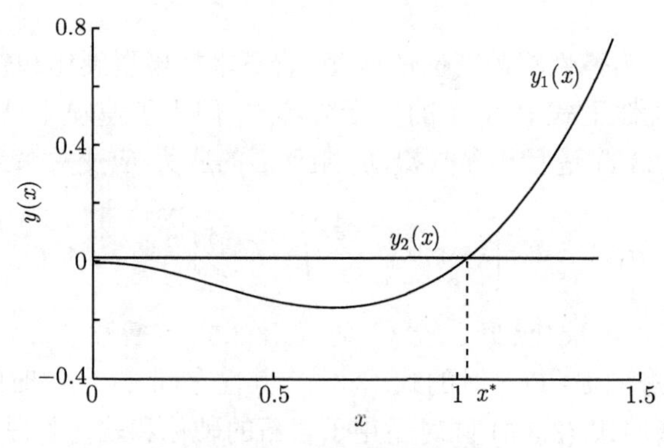

图 3.47　超越方程的解

对于 $\varepsilon_{\mathrm{s}}/\varepsilon_{\mathrm{o}} = 1/3$ 和给定的峰值强度 σ_{c} 及应变 ε_{c}, 由式 (3.3.13) 可得 ε_{o} 和 ε_{s}. ε_{o} 和 ε_{s} 代入式 (3.3.9) 可得弹模 E. 由式 (3.3.11), (3.3.13), 摄动后的小参数 C 和峰值应变右移相对值分别为

$$C = 0.0128\varepsilon_{\mathrm{c}}, \quad \frac{\varepsilon_{\mathrm{c}} - \varepsilon_{\mathrm{o}}}{\varepsilon_{\mathrm{o}}} = 0.03487 \tag{3.3.14}$$

据 $\sigma_{\mathrm{c}} = 30\mathrm{MPa}$, $\sigma_{\mathrm{c}} = 20\mathrm{MPa}$ 及式 (3.3.9), 式 (3.3.4)~(3.3.13) 绘出岩体弹性、非线性硬化和非线性软化且光滑连接的本构模型曲线如图 3.48 所示, 与图 3.46 比较后可以看到, 两图中除曲线初始段有明显区别外, 曲线硬化和软化区段十分相似.

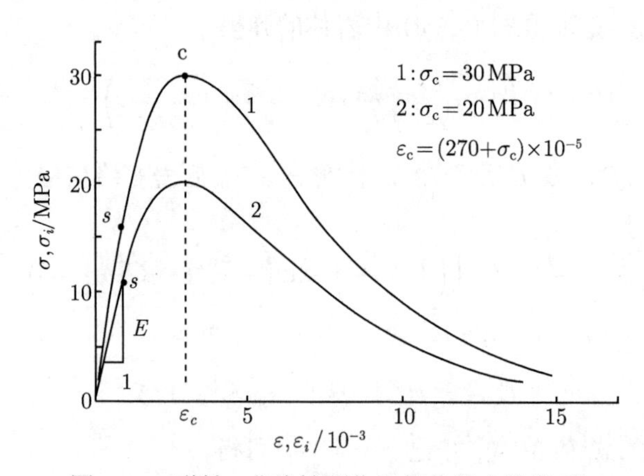

图 3.48　弹性、非线性硬化和软化的本构关系

为了行文方便, 以下将式 (3.3.5) 写为 $\varepsilon/\varepsilon_{\rm c}$ 的形式, 用

$$\left.\begin{aligned}&\sigma = E\varepsilon, \quad \varepsilon \leqslant \varepsilon_{\rm s}\\&\sigma = E_{\rm o}\varepsilon_{\rm c}\left[\frac{\varepsilon}{\varepsilon_{\rm c}}\exp\left(-g\frac{\varepsilon}{\varepsilon_{\rm c}}\right) - h\frac{\varepsilon_{\rm c}}{\varepsilon}\right]^{[38]}, \quad \varepsilon \geqslant \varepsilon_{\rm s}\\&E = E_{\rm o}\left(1 - \frac{\varepsilon_{\rm s}}{2\varepsilon_{\rm o}}\right){\rm e}^{\frac{\varepsilon_{\rm s}}{\varepsilon_{\rm o}}}, \quad E_{\rm o} = \frac{\sigma_{\rm c}{\rm e}}{\varepsilon_{\rm o}}, \quad g = \frac{\varepsilon_{\rm c}}{\varepsilon_{\rm o}}, \quad h = C\frac{\varepsilon_{\rm o}}{\varepsilon_{\rm c}^2} = \frac{\varepsilon_{\rm s}^3}{2\varepsilon_{\rm c}^2\varepsilon_{\rm o}}{\rm e}^{-\frac{\varepsilon_{\rm s}}{\varepsilon_{\rm o}}}\end{aligned}\right\} \tag{3.3.15}$$

来表达岩石的本构模型, 其中第 2 式同时适用于岩石的硬化和软化阶段.

3.3.3 轴对称问题的应力、应变和位移

图 3.49 为圆巷围岩出现硬化和塑性软化区后的分析模型, 图中 a 为挖成后的巷道半径, 地应力为 $p_{\rm o}$, 对于侧压系数为 1, 巷道围岩受静水压力, 属轴对称问题, $\sigma_1 = \sigma_\theta, \sigma_2 = \sigma_z, \sigma_3 = \sigma_r$; $R_{\rm s}$ 为硬化区外半径, R 为软化区外半径; p_a 为 $r = a$ 处的径向应力 (支护阻力). 巷道无限长, 作平面应变问题处理, $\varepsilon_z = \varepsilon_2 = 0$. 设岩体体积应变为零, 因此有

$$\varepsilon_z = 0, \quad \varepsilon_m = \varepsilon_\theta + \varepsilon_r = 0 \tag{3.3.16}$$

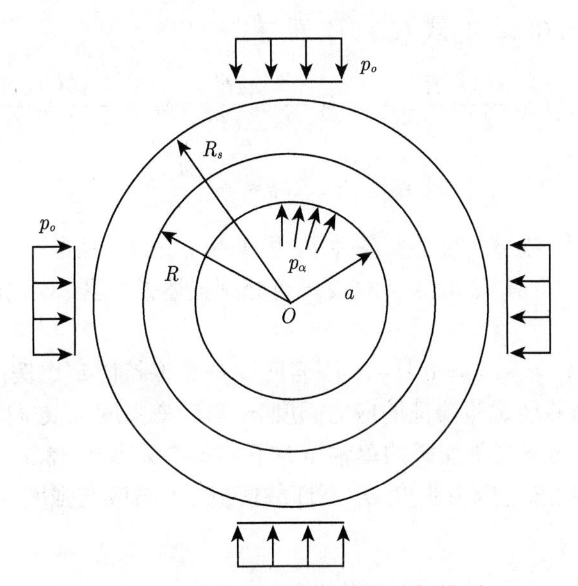

图 3.49 圆形巷道围岩塑性分析模型

在平面应变和体积应变为零的条件下, 与巷道轴线平行的应力 σ_z 与 σ_θ, σ_r 之间有如下关系 [39,40]:

$$\sigma_z = \frac{1}{2}(\sigma_\theta + \sigma_r) \tag{3.3.17}$$

由此可得围岩内应力强度 [39]

$$\sigma_i = \frac{1}{\sqrt{2}}\sqrt{(\sigma_\theta - \sigma_z)^2 + (\sigma_z - \sigma_r)^2 + (\sigma_r - \sigma_\theta)^2} = \frac{\sqrt{3}}{2}(\sigma_\theta - \sigma_r) \tag{3.3.18}$$

轴对称问题几何方程为

$$\varepsilon_\theta = \frac{u}{r}, \quad \varepsilon_r = \frac{\mathrm{d}u}{\mathrm{d}r} \tag{3.3.19}$$

式中 r 为矢径. 式 (3.3.19) 代入式 (3.3.16) 中第二式中作积分, 可得 r 处的位移和应变

$$u(r) = \frac{A}{r}, \quad \varepsilon_\theta(r) = \frac{A}{r^2}, \quad \varepsilon_r(r) = -\frac{A}{r^2} \tag{3.3.20}$$

式中 A 为积分常数. 由式 (3.3.17) 和式 (3.3.19) 可得围岩内应变强度 [39]

$$\varepsilon_i = \frac{\sqrt{2}}{3}\sqrt{(\varepsilon_\theta - \varepsilon_z)^2 + (\varepsilon_z - \varepsilon_r)^2 + (\varepsilon_r - \varepsilon_\theta)^2} = \frac{2}{\sqrt{3}}\frac{A}{r^2} \tag{3.3.21}$$

令 r 等于软化区半径 R 时, $\varepsilon_i = \varepsilon_\mathrm{c}$, 可得积分常数

$$A = \frac{\sqrt{3}}{2}R^2\varepsilon_\mathrm{c} \tag{3.3.22}$$

式 (3.3.22) 代入式 (3.3.20), 式 (3.3.21), 可得

$$u(r) = \frac{\sqrt{3}}{2}\varepsilon_\mathrm{c}\frac{R^2}{r}, \quad \varepsilon_\theta = \frac{\sqrt{3}}{2}\varepsilon_\mathrm{c}\frac{R^2}{r^2}, \quad \varepsilon_r = -\frac{\sqrt{3}}{2}\varepsilon_\mathrm{c}\frac{R^2}{r^2} \tag{3.3.23}$$

$$\varepsilon_i = \varepsilon_\mathrm{c}\frac{R^2}{r^2}, \quad \varepsilon_i = \frac{2}{\sqrt{3}}\frac{u(r)}{r} \tag{3.3.24}$$

这里特别指出, 在式 (3.3.16) 条件下, 当矢径 $r > R_\mathrm{s}$, $R_\mathrm{s} \geqslant r \geqslant R$ 和 $R \geqslant r \geqslant a$ 时, 式 (3.3.17), (3.3.18), (3.3.23), (3.3.24) 可分别描述弹性区、硬化区和软化位移和应变分布状况.

由式 (3.3.16), ε_z:ε_r:ε_θ=0:1:−1, 围岩应变分量保持固定比例, 属于简单加载. 据 Nлющин 提出并经试验验证的应力强度 σ_i 与应变强度 ε_i 之间单一曲线的物理关系 [39,40], 可将同属简单加载的单轴压缩下的本构关系式 (3.3.15) 推广, 而得到岩体在三向应力状态下应力强度 σ_i(不卸载情况下) 与应变强度 ε_i 之间的物理关系式

$$\begin{cases} \sigma_i = E\varepsilon_i, \quad \varepsilon_i \leqslant \varepsilon_\mathrm{s} \\ \sigma_i = E_\mathrm{o}\varepsilon_\mathrm{c}\left[\dfrac{\varepsilon_i}{\varepsilon_\mathrm{c}}\exp\left(-g\dfrac{\varepsilon_i}{\varepsilon_\mathrm{c}}\right) - h\dfrac{\varepsilon_\mathrm{c}}{\varepsilon_i}\right], \quad \varepsilon_i \geqslant \varepsilon_\mathrm{s} \\ E = E_\mathrm{o}\left(1 - \dfrac{\varepsilon_\mathrm{s}}{2\varepsilon_\mathrm{o}}\right)\exp\left(-\dfrac{\varepsilon_\mathrm{s}}{\varepsilon_\mathrm{o}}\right), \quad g = \dfrac{\varepsilon_\mathrm{c}}{\varepsilon_\mathrm{o}}, \quad h = \dfrac{\varepsilon_\mathrm{s}^3}{2\varepsilon_\mathrm{c}^2\varepsilon_\mathrm{o}}\exp\left(-\dfrac{\varepsilon_\mathrm{s}}{\varepsilon_\mathrm{o}}\right) \end{cases} \tag{3.3.25}$$

由式 (3.3.18), 式 (3.3.21) 知, 式 (3.3.25) 中第 2 式实际上是同时关联圆巷围岩硬化、软化区中 (应力强度不卸载情况下) 三向应力 σ_θ, σ_z, σ_r 与三向应变 ε_θ, ε_z, ε_r 之间的加载与变形关系. 式 (3.3.25) 的函数关系与式 (3.3.15) 相同, 其图形与图 3.48 也相同, 将 σ_i, ε_i 符号同时标在图 3.48 上, 即得 $\sigma_i-\varepsilon_i$ 全曲线, 这里不再重复绘出.

3.3 节内容证明了 3.3.1 节 "巷道围岩是处于三向应力状态, 图 3.45 围岩体本构模型宜用含有三向应力的应力强度 σ_i 和含有三向应变的应变强度 ε_i 表示" 的论点①.

3.3.4 围岩应力分布规律

3.3.4.1 围岩弹性区应力布规律

由线弹性关系式 (3.3.4) 或式 (3.3.15), 围岩弹性区的应力分布表达式直接引自弹性理论中的轴对称结果

$$\sigma_\theta^{\mathrm{e}}=\left(1+\frac{R_{\mathrm{s}}^2}{r^2}\right)p_{\mathrm{o}}-\frac{R_{\mathrm{s}}^2}{r^2}\sigma_{R_{\mathrm{s}}} \tag{3.3.26}$$

$$\sigma_r^{\mathrm{e}}=\left(1-\frac{R_{\mathrm{s}}^2}{r^2}\right)p_{\mathrm{o}}+\frac{R_{\mathrm{s}}^2}{r^2}\sigma_{R_{\mathrm{s}}} \tag{3.3.27}$$

3.3.4.2 围岩硬化和软化区应力分布规律

式 (3.3.25) 中令 $\varepsilon_i=\varepsilon_{\mathrm{s}}$, $\varepsilon_i=\varepsilon_{\mathrm{c}}$, 可得

$$\sigma_{\mathrm{s}}=E_{\mathrm{o}}\varepsilon_{\mathrm{c}}\left[\frac{\varepsilon_{\mathrm{s}}}{\varepsilon_{\mathrm{c}}}\exp\left(-g\frac{\varepsilon_{\mathrm{s}}}{\varepsilon_{\mathrm{c}}}\right)-h\frac{\varepsilon_{\mathrm{c}}}{\varepsilon_{\mathrm{s}}}\right],\quad \sigma_{\mathrm{c}}=E_{\mathrm{o}}\varepsilon_{\mathrm{c}}(\mathrm{e}^{-g}-h) \tag{3.3.28}$$

利用式 (3.3.24), 式 (3.3.28), 可将式 (3.3.25) 中的 $\sigma_i(r)$ 写为

$$\sigma_i(r)=\frac{\sigma_{\mathrm{c}}}{(\mathrm{e}^{-g}-h)}\left[\frac{R^2}{r^2}\exp\left(-g\frac{R^2}{r^2}\right)-h\frac{r^2}{R^2}\right] \tag{3.3.29}$$

轴对称问题的平衡方程为

$$\frac{\mathrm{d}\sigma_r}{\mathrm{d}r}=\frac{\sigma_\theta-\sigma_r}{r} \tag{3.3.30}$$

利用 $r=a$ 时 $\sigma_a^P=p_a$(p_a 为 $r=a$ 处的径向应力). 由式 (3.3.18), 并将式 (3.3.29) 代入平衡方程 (3.3.30) 积分, 得到围岩硬化、软化区径向应力

$$\sigma_r^P=p_a+\frac{\sigma_{\mathrm{c}}}{\sqrt{3}(\mathrm{e}^{-g}-h)}\left\{\frac{1}{g}\left[\exp\left(-g\frac{R^2}{r^2}\right)-\exp\left(-g\frac{R^2}{a^2}\right)\right]+h\left(\frac{a^2}{R^2}-\frac{r^2}{R^2}\right)\right\} \tag{3.3.31}$$

再将式 (3.3.29), (3.3.31) 代入式 (3.3.18) 可得围岩硬化、软化区切向应力

$$\sigma_\theta^P = p_a + \frac{\sigma_c}{\sqrt{3}(e^{-g} - h)}\left\{2\frac{R^2}{r^2}\exp\left(-g\frac{R^2}{r^2}\right) + \frac{1}{g}\left[\exp\left(-g\frac{R^2}{r^2}\right) - \exp\left(-g\frac{R^2}{a^2}\right)\right] + h\left(\frac{a^2}{R^2} - \frac{3r^2}{R^2}\right)\right\} \tag{3.3.32}$$

由式 (3.3.26), (3.3.27), 围岩弹性区与硬化区交界处应力连续条件为

$$\sigma_\theta^e(R_s) + \sigma_r^e(R_s) = 2p_o = \sigma_\theta^P(R_s) + \sigma_r^P(R_s) \tag{3.3.33}$$

将式 (3.3.31), (3.3.32) 代入, 再利用式 (3.3.24) 的 $R^2/R_s^2 = \varepsilon_s/\varepsilon_c$, 可得

$$p_o - p_a = \frac{\sigma_c}{\sqrt{3}(e^{-g} - h)}\left[\frac{R^2}{R_s^2}\exp\left(-g\frac{R^2}{R_s^2}\right) + \frac{1}{g}\exp\left(-g\frac{R^2}{R_s^2}\right) - \frac{1}{g}\exp\left(-g\frac{R^2}{a^2}\right) + h\left(\frac{a^2}{R^2} - \frac{2R_s^2}{R^2}\right)\right] \tag{3.3.34}$$

式 (3.1.34) 表明, 软化区半径 R 可由地应力 p_o、$r = a$ 处的径向应力 p_a、岩体强度 σ_c 及比值 $\varepsilon_s/\varepsilon_c$ 确定. 进而由 $R^2/R_s^2 = \varepsilon_s/\varepsilon_c$ 确定硬化区半径 R_s. 由式 (3.3.31) 确定半径 $r = R_s$ 处的径向应力 σ_{R_s}

$$\sigma_{R_s} = p_a + \frac{\sigma_c}{\sqrt{3}(e^{-g} - h)}\cdot\left[\frac{1}{g}\exp\left(-g\frac{R^2}{R_s^2}\right) - \frac{1}{g}\exp\left(-g\frac{R^2}{a^2}\right) + h\left(\frac{a^2}{R^2} - \frac{R_s^2}{R^2}\right)\right] \tag{3.3.35}$$

至此, 通过式 (3.3.26), (3.3.27), (3.3.31)、(3.1.32) 表示的围岩弹性区、硬化和软化区的应力分布规律便完全确定了.

当 $\varepsilon_s/\varepsilon_o = 1/3$, $\sigma_c = 30\text{MPa}$, $\varepsilon_c = (270 + \sigma_c) \times 10^{-5}$, $R/a = \sqrt{2}$, $p_a = 5\text{MPa}$ 时, 由式 (3.3.13) 的 $\varepsilon_c/\varepsilon_o = 1.03487$, $R^2/R_s^2 = \varepsilon_s/\varepsilon_c$, 得 $R_s/a = 2.491$; 经式 (3.1.34) 得 $p_o = 41.9\text{MPa}$; 经式 (3.3.35) 得 $\sigma_{R_s} = 32.18\text{MPa}$; 再据式 (3.3.26), (3.3.27), (3.3.31), (3.1.32), 用 Mtalab 绘出量纲为 1 的巷道开挖后围岩弹性、硬化和软化区的切向和径向应力 $\sigma_\theta/p_o - r/a$, $\sigma_r/p_o - r/a$ 分布曲线如图 3.50 所示, 从图中看到 $\sigma_\theta/p_o - r/a$ 曲线形状与图 3.35, 图 3.42 中的煤层支承压力曲线 1, 2, 3 形状十分相似, 在巷壁 $(r/a = 1)$ 处 σ_θ 最小, 巷壁前方某处有一峰值 $\sigma_\theta(\hat{r})$; 对于 $r/a > 5$ 的再前方 $\sigma_\theta \to$ 平均应力 p_o. 这里将图 3.42 再绘出如图 3.51 所示, 供读者品读.

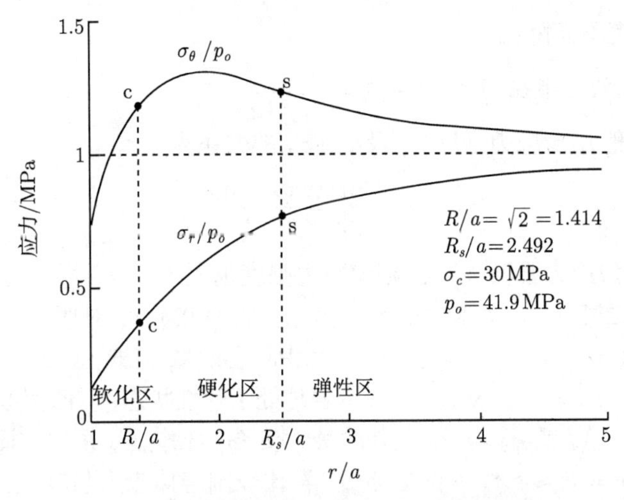

图 3.50 巷道开挖后围岩应力再分布曲线

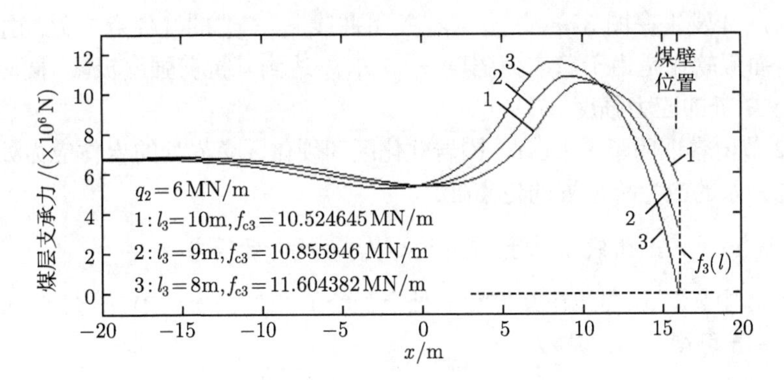

图 3.51 不同软化区深度的煤层计算支承压力

通过对式 (3.3.34) 调整 p_a、p_{o}、岩体强度 σ_{c} 和比值 $\varepsilon_{\mathrm{s}}/\varepsilon_{\mathrm{c}}$, 可使巷壁处的和切向应力 $\sigma_\theta(\hat{r})/p_{\mathrm{o}}$、软化区半径 R/a 和硬化区半径 R_{R_s}/a 有不同量值, 从而出现如同图 3.51 有不同 $f_3(l)$ 和煤层软化区深度的现象.

3.3.5 围岩体软化半径 R 和 σ_θ/p_o 曲线峰位置的分析确定

3.3.5.1 无支护巷壁的岩体强度

对式 (3.3.32), 由 (3.3.24) 中 $R^2/r^2=\varepsilon_i(r)/\varepsilon_{\mathrm{c}}$, 可得无支护巷壁岩体的切向应力

$$\sigma_\theta^P(a)=\frac{2E_{\mathrm{o}}}{\sqrt{3}}\left\{\varepsilon_i(a)\exp\left(\frac{\varepsilon_i(a)}{\varepsilon_{\mathrm{c}}}\right)-h\frac{\varepsilon_{\mathrm{c}}}{\varepsilon_i(a)}\right\} \tag{3.3.36}$$

与式 (3.3.25) 的第 2 式比较后可知晓, 当软化区半径 R 增大, 相应巷道周边岩体应变 $\varepsilon_i(a)$ 增大时, 由式 (3.3.36) 表示的巷壁岩体切向应力 $\sigma_\theta^P(a)$ 不断减小, 即巷道

周边的岩体强度不断降低.

3.3.5.2 围岩体软化半径 R 的分析确定

剪应力强度 τ_i 与应力强度 σ_i 及 σ_θ, σ_r 的关系为

$$\tau_i = \frac{\sigma_i}{\sqrt{3}} = \frac{\sigma_\theta - \sigma_r}{2} \tag{3.3.37}$$

式 (3.3.37) 表明, 应力强度 σ_i 大, 则剪应力强度也大.

对于岩体强度 $\sigma_c = 30\text{MPa}$, 地应力 $p_o = 41.9\text{MPa}$, 对照图 3.50 可以看到, $r > 5a$ 后, 虽然 $\sigma_\theta \approx \sigma_z \approx \sigma_r \approx p_o = 41.9\text{MPa}$ 足够大, 但式 (3.3.25) 中的剪应力强度 $\tau_i = (\sigma_\theta - \sigma_r)/2 = \tau_{\max}$ 却很小, 故围岩体处于弹性状态; 对照图 3.50 知, 剪应力强度 τ_i 极大值 $\tau_{\max}$ 或 σ_θ 与 σ_r 之差的最大值 $(\sigma_\theta - \sigma_r)_{\max}$ 发生在图中 $R/a = \sqrt{2}$ 或软化区半径 $r = R \approx 1.414a$ 的 c 点处. 再比较围岩体应力强度 σ_i 与应变强度 ε_i 之间的关系式 (3.3.25) 及图 3.48 知, 由式 (3.3.37) 表示的剪应力强度 τ_i 的极大值 $\tau_{\max} = \sigma_i/\sqrt{3}$ 发生在图 3.48 中 $\sigma_i - \varepsilon_i$ 关系曲线 $\varepsilon_i = \varepsilon_c$ 的峰值点 c 处. 由此看到, 巷道围岩屈服软化是由于剪应力强度 $\tau_i = \tau_{\max}$ 达到其抗剪强度极限, 同时围岩软化圈半径 R 处的应力强度 $\sigma_i = \sigma_c$.

3.5.2 节内容证明了 3.3.1 节: 围岩软化区和硬化区交界处的岩体应力处于围岩介质本构关系的应力峰位置的论点②.

3.3.5.3 $\sigma_\theta/p_o - r/a$ 曲线峰位于 $R < \hat{r} < R_s$ 的硬化区段内

图 3.50 中 σ_θ^P/p_o 曲线在某位置 $\hat{r}$ 处取到峰值, 对式 (3.3.32) 求导, 令 $\mathrm{d}\sigma_\theta/\mathrm{d}r = 0$, 并令 $r = \hat{r}$ 可得

$$2g\frac{R^6}{\hat{r}^6} - \frac{R^4}{\hat{r}^4} = 3h \cdot \exp\left(g\frac{R^2}{\hat{r}^2}\right) \tag{3.3.38}$$

如式 (3.3.25), 取 $\varepsilon_s/\varepsilon_o = 1/3$, 则有 $g = \varepsilon_c/\varepsilon_o = 1.03487$, $h = 0.01282$, 代入上式, 用 Matlab 解得

$$R^2/\hat{r}^2 \approx 0.75 < 1 \quad \text{或} \quad \hat{r} = 1.155R \approx 1.633a \tag{3.3.39}$$

由图 3.50 可知, 围岩软化区和硬化区交界处 $R/a = \sqrt{2} \approx 1.414$, 硬化区和弹性区交界处 $R_s/a \approx 2.942$, 式 (3.3.39) 表明 σ_θ^p/p_o 曲线的峰值位置满足

$$1.414a \approx R < \hat{r} < R_s \approx 2.4929 \tag{3.3.40}$$

也即 σ_θ^p/p_o 曲线的峰值位置 $\hat{r}/a$ 位于围岩硬化区内.

式 (3.3.49), (3.3.40) 表明, $\sigma_\theta - r$ 切向应力峰 (最大应力) 位于围岩硬化区的论点③; 同时也表明, 煤层支承压力峰附近的煤层介质处在煤体本构模型的硬化阶段, 这表明煤层介质的硬化阶段有大的抗压强度.

3.3.5.4 $\sigma_\theta/p_o, \sigma_r/p_o$ 曲线光滑连接的数学证明

由于围岩软化圈与硬化圈内的分布应力 σ_θ/p_o, σ_r/p_o 表达式均基于本构关系式 (3.3.25) 中第 2 个表达式, 故 σ_θ/p_o, σ_r/p_o 曲线在围岩软化圈半径 R 处自动光滑连接. 但是围岩软–硬化圈与围岩弹性圈的分布应力 σ_θ/p_o, σ_r/p_o 表达式, 分别基于本构关系式 (3.3.25) 中第 1 和第 2 个表达式, 以下只要证明 σ_θ/p_o, σ_r/p_o 曲线在围岩硬化圈半径 R_s 处光滑连接, σ_θ/p_o, σ_r/p_o 曲线便在整个围岩体中光滑连接.

对式 (3.3.31) 软–硬化圈径向应力求导, 可得

$$\frac{d\sigma_r^p}{dr}=\frac{\sigma_c}{\sqrt{3}(e^{-g}-h)}\left[2\frac{R^2}{r^3}\exp\left(-g\frac{R^2}{r^2}\right)-2h\frac{r}{R^2}\right] \tag{3.3.41}$$

将 $\dfrac{R^2}{r^2}=\dfrac{\varepsilon_i}{\varepsilon_c}$, $\sigma_c=E_o\varepsilon_c(e^{-g}-h)$ 和式 (3.3.25) 中 $g=\dfrac{\varepsilon_c}{\varepsilon_o}$, $h=\dfrac{\varepsilon_s^3}{2\varepsilon_c^2\varepsilon_o}\exp\left(-\dfrac{\varepsilon_s}{\varepsilon_o}\right)$ 代入上式, 注意到 R_s 与 ε_s 的对应关系, 令 $r=R_s$, $\varepsilon_i=\varepsilon_s$, 从式 (3.3.41) 可得到图 3.50 中径向应力 σ_r-r 曲线在 $r=R_s$ 左侧的斜率

$$\frac{d\sigma_r^p(R_s)}{dr}=\frac{2E_o\varepsilon_s}{\sqrt{3}R_s}\left(1-\frac{\varepsilon_s}{2\varepsilon_o}\right)e^{-\frac{\varepsilon_s}{\varepsilon_o}}=\frac{2\varepsilon_s}{\sqrt{3}R_s}E \tag{3.3.42}$$

上式中已用式 (3.3.9) 中的 E 代替 E_o.

对式 (3.3.26) 围岩弹性区径向应力求导, 并由式 (3.3.35), 可得

$$\begin{aligned}\frac{d\sigma_r^e}{dr}=&\frac{2R_s^2}{r^3}(p_o-\sigma_{R_s})=\frac{2R_s^2}{r^3}\left\{p_o-p_a-\frac{\sigma_c}{\sqrt{3}(e^{-g}-h)}\right.\\&\left.\times\left[\frac{1}{g}\exp\left(-g\frac{R^2}{R_s^2}\right)-\frac{1}{g}\exp\left(-g\frac{R^2}{a^2}\right)+h\left(\frac{a^2}{R^2}-\frac{R_s^2}{R^2}\right)\right]\right\}\end{aligned} \tag{3.3.43}$$

再将式 (3.1.34) 代入, 令 $r=R_s$ 可得

$$\begin{aligned}\frac{d\sigma_r^e}{dr}=&\frac{2}{R_s}\left\{\frac{\sigma_c}{\sqrt{3}(e^{-g}-h)}\left[\frac{R^2}{R_s^2}\exp\left(-g\frac{R^2}{R_s^2}\right)+\frac{1}{g}\exp\left(-g\frac{R^2}{R_s^2}\right)\right.\right.\\&\left.-\frac{1}{g}\exp\left(-g\frac{R^2}{a^2}\right)+h\left(\frac{a^2}{R^2}-\frac{2R_s^2}{R^2}\right)\right]-\frac{\sigma_c}{\sqrt{3}(e^{-g}-h)}\left[\frac{1}{g}\exp\left(-g\frac{R^2}{R_s^2}\right)\right.\\&\left.\left.-\frac{1}{g}\exp\left(-g\frac{R^2}{a^2}\right)+h\left(\frac{a^2}{R^2}-\frac{R_s^2}{R^2}\right)\right]\right\}\end{aligned} \tag{3.3.44}$$

合并同类项, 并由 $\dfrac{R^2}{r^2}=\dfrac{\varepsilon_i}{\varepsilon_c}$, $\sigma_c=E_o\varepsilon_c(e^{-g}-h)$ 和 (3.3.25) 中 $g=\dfrac{\varepsilon_c}{\varepsilon_o}$, $h=\dfrac{\varepsilon_s^3}{2\varepsilon_c^2\varepsilon_o}\exp\left(-\dfrac{\varepsilon_s}{\varepsilon_o}\right)$, 可得到图 3.50 中径向应力 σ_r-r 曲线在 $r=R_s$ 右侧的斜率

$$\frac{d\sigma_r^e(R_s)}{dr}=\frac{2}{R_s}\frac{\sigma_c}{\sqrt{3}(e^{-g}-h)}\left\{\frac{\varepsilon_s}{\varepsilon_c}\exp\left(-g\frac{\varepsilon_s}{\varepsilon_c}\right)-h\frac{\varepsilon_c}{\varepsilon_s}\right\}$$

$$=\frac{2E_\mathrm{o}\varepsilon_\mathrm{s}}{\sqrt{3}R_\mathrm{s}}\left\{1-\frac{\varepsilon_\mathrm{s}}{2\varepsilon_\mathrm{o}}\right\}\exp\left(-\frac{\varepsilon_\mathrm{s}}{\varepsilon_\mathrm{o}}\right)=\frac{2E\varepsilon_\mathrm{s}}{\sqrt{3}R_\mathrm{s}} \tag{3.3.45}$$

式 (3.3.42), (3.1.45) 表明径向应力的导数 $\mathrm{d}\sigma_r/\mathrm{d}r$ 在 $r=R_\mathrm{s}$ 处连续, 也即图 3.50 中 σ_r/p_o-r/a 曲线为一光滑曲线.

对式 (3.1.32) 软–硬化圈切向应力求导, 可得

$$\frac{\mathrm{d}\sigma_\theta^p}{\mathrm{d}r}=\frac{\sigma_\mathrm{c}}{\sqrt{3}(\mathrm{e}^{-g}-h)}\left[-2\frac{R^2}{r^3}\exp\left(-g\frac{R^2}{r^2}\right)+4g\frac{R^4}{r^5}\exp\left(-g\frac{R^2}{r^2}\right)-6h\frac{r}{R^2}\right] \tag{3.3.46}$$

将 $\dfrac{R^2}{r^2}=\dfrac{\varepsilon_i}{\varepsilon_\mathrm{c}}$, $\sigma_\mathrm{c}=E_\mathrm{o}\varepsilon_\mathrm{c}(\mathrm{e}^{-g}-h)$ 和 (3.3.25) 中 $g=\dfrac{\varepsilon_\mathrm{c}}{\varepsilon_\mathrm{o}}$, $h=\dfrac{\varepsilon_\mathrm{s}^3}{2\varepsilon_\mathrm{c}^2\varepsilon_\mathrm{o}}\exp\left(-\dfrac{\varepsilon_\mathrm{s}}{\varepsilon_\mathrm{o}}\right)$ 代入上式, 注意到 R_s 与 ε_s 的对应关系, 令 $r=R_\mathrm{s}$, $\varepsilon_i=\varepsilon_\mathrm{s}$, 从式 (3.3.46) 可得到图 3.50 中径向应力 $\sigma_\theta-r$ 曲线在 $r=R_\mathrm{s}$ 左侧的斜率

$$\begin{aligned}\frac{\mathrm{d}\sigma_\theta^p(R_\mathrm{s})}{\mathrm{d}r}&=\frac{E_\mathrm{o}\varepsilon_\mathrm{c}}{\sqrt{3}R_\mathrm{s}}\left[-2\frac{\varepsilon_\mathrm{s}}{\varepsilon_\mathrm{c}}+4\frac{\varepsilon_\mathrm{s}^2}{\varepsilon_\mathrm{c}\varepsilon_\mathrm{o}}-6\frac{\varepsilon_\mathrm{s}^3}{2\varepsilon_\mathrm{c}^2\varepsilon_\mathrm{o}}\frac{\varepsilon_\mathrm{c}}{\varepsilon_\mathrm{s}}\right]\exp\left(-\frac{\varepsilon_\mathrm{s}}{\varepsilon_\mathrm{o}}\right)\\&=-\frac{2E_\mathrm{o}\varepsilon_\mathrm{s}}{\sqrt{3}R_\mathrm{s}}\left[1+\frac{\varepsilon_\mathrm{s}}{2\varepsilon_\mathrm{o}}\right]\exp\left(-\frac{\varepsilon_\mathrm{s}}{\varepsilon_\mathrm{o}}\right)=-\frac{2\varepsilon_\mathrm{s}}{\sqrt{3}R_\mathrm{s}}\end{aligned} \tag{3.3.47}$$

对式 (3.3.27) 围岩弹性区切向应力求导, 并由式 (3.3.15), 可得

$$\begin{aligned}\frac{\mathrm{d}\sigma_\theta^\mathrm{e}}{\mathrm{d}r}=&-\frac{2R_\mathrm{s}^2}{r^3}(p_\mathrm{o}-\sigma_{R_s})=-\frac{2R_\mathrm{s}^2}{r^3}\left\{p_\mathrm{o}-p_a-\frac{\sigma_\mathrm{c}}{\sqrt{3}(\mathrm{e}^{-g}-h)}\right.\\&\left.\times\left\{\frac{1}{g}\left[\exp\left(-g\frac{R^2}{R_\mathrm{s}^2}\right)-\exp\left(-g\frac{R^2}{a^2}\right)\right]+h\left(\frac{a^2}{R^2}-\frac{R_\mathrm{s}^2}{R^2}\right)\right\}\right\}\end{aligned} \tag{3.3.48}$$

比较式 (3.3.43), 易得图 3.50 切向应力 $\sigma_\theta-r$ 曲线在 $r=R_\mathrm{s}$ 右侧的斜率

$$\frac{\mathrm{d}\sigma_\theta^\mathrm{e}(R_\mathrm{s})}{\mathrm{d}r}=-\frac{2}{R_\mathrm{s}}\frac{E_\mathrm{o}\varepsilon_\mathrm{s}}{\sqrt{3}}\left\{1-\frac{\varepsilon_\mathrm{s}}{2\varepsilon_\mathrm{o}}\right\}\exp\left(-\frac{\varepsilon_\mathrm{s}}{\varepsilon_\mathrm{o}}\right)=-\frac{2E\varepsilon_\mathrm{s}}{\sqrt{3}R_\mathrm{s}} \tag{3.3.49}$$

式 (3.3.47), (3.3.49) 表明, 切向应力的导数 $\mathrm{d}\sigma_\theta/\mathrm{d}r$ 在硬化圈半径 $r=R_\mathrm{s}$ 处连续, 也即图 3.50 中 $\sigma_\theta/p_\mathrm{o}$-$r/a$ 曲线为一光滑曲线.

3.3.6 小结

(1) 通过摄动法, 确定一个应力–应变全曲线弹性段与非线性硬化、软化段光滑连接的本构模型, 据该模型导得的圆巷围岩硬化、软化区的应力分布表达式, 对于围岩弹性区则可直接采用弹性理论中已有轴对称应力表达式. 据这组表达式, 用 Matlab 绘出的围岩切向和径向应力分布曲线在围岩各区交界处均光滑连续.

(2) 图 3.50 和图 3.51 表明, 圆巷围岩切向应力 $\sigma_\theta/p_\mathrm{o}$-$r/a$ 曲线的分布形态与煤层支承压力的分布形态十分一致. 围岩三个主应力中, 围岩切向应力 σ_θ 的地位与

煤层三个主应力中的支承压力的地位相当. σ_θ/p_o-r/a 曲线的应力峰 (最大应力) 位于围岩硬化区内, 由此作出推断: 煤层支承压力峰位于煤层硬化区内 (支承压力峰附近煤体介质处在其本构关系的硬化阶段); 煤壁前方沿推进方向的应力 σ_l 分布形态应同图 3.50 中的 σ_r/p_o-r/a 曲线, 在煤壁处为 0(同无支护径向应力), 向前逐步增大. 在侧压系数为 1 的假定条件下, 在远前方的煤层弹性区以渐近方式增大但始终小于第 1 和 2 章中的平均应力 q_2.

(3) 由于巷道围岩是处于三向应力状态, 图 3.45 左方岩石的本构模型 σ-ε 全曲线的横、纵坐标应用含有三向应力的应力强度 σ_i 和含有三向应变的应变强度 ε_i 表示.

(4) 对 "围岩软化区和硬化区交界处的岩体应力强度 σ_i(不是最大应力 σ_1) 达到围岩介质本构关系的应力峰值强度 σ_c" 的论点给以数学、力学证明. 同时从图 3.50 看到, 切应力强度 $\tau_i=\tau_{\max}=(\sigma_\theta-\sigma_r)/2$ 达到岩体介质剪切强度 τ_c 是围岩进入屈服软化状态的原因.

附录1　1.2 节表达式计算程序

1.2 节程序符号与本书符号对照如下:

f1$\longleftrightarrow f_{\mathrm{c}1}$; f2$\longleftrightarrow f_{\mathrm{c}2}$; x1$\longleftrightarrow x_{\mathrm{c}1}$; x2$\longleftrightarrow x_{\mathrm{c}2}$; B$\longleftrightarrow \beta$; A1l$\longleftrightarrow A_{1l}$; Mx2$\longleftrightarrow M_2(x)$; Qx2$\longleftrightarrow Q_2(x)$; yx2$\longleftrightarrow y_2(x)$; f1x$\longleftrightarrow f_1(x)$; Ql$\longleftrightarrow Q_l$; Ml$\longleftrightarrow M_l$; Mm$\longleftrightarrow M_m$

图 1.21, 1.22 中假定 Qm=2*10^6; Mm=1*10^7.

%%4 段式周期 _ 弹性地基支承顶板主程序

```
clear;
q1=0.15*10^6;
q2=6*10^6;
f2=0.2*q2;
f1=f2+q2-q1;
x1=5;
x2=12;
k1=f1*exp(1)/x1
k2=f2*exp(1)/x2
h=6;
I=h^3/12;
E=25*10^9;
EI=E*I
C=0.8*10^9;
B=(C/(4*EI))^0.25
l=14;
Lk=4;
L=14;
po=0.9*10^6;
pk=1.2*po;
B1=4/(1+4*B^4*x1^4);
B2=4/(1+4*B^4*x2^4);
A1=(k1/EI)*x1^2*exp(-1)/(1+4*B^4*x1^4);
```

```
A2=(k2/EI)*x2^2*exp(-1)/(1+4*B^4*x2^4);
Qm=0*10^6;
Mm=0*10^7;
Ql=Qm+q1*L+k1*x1^2*(((l+x1)/x1+1)*exp((-l-x1)/x1)-((L+l+x1)/x1+1)*
exp((-L-l-x1)/x1))-po*Lk-(pk-po)*Lk/2;
Ml=Mm+Qm*L+q1*L^2/2+k1*x1^3*(((l+x1)/x1+2)*
exp((-l-x1)/x1)-((L+l+x1)/x1+2+(L/x1)*((L+l+x1)/x1+1))*
exp((-L-l-x1)/x1))-po*Lk^2/2-(pk-po)*Lk^2/3;
A1l=(k1/EI)*x1^2*exp((-l-x1)/x1)/(1+4*B^4*x1^4);
D1=(A1*x1^2*B1+A2*x2^2*B2)/(2*B)+(A1*x1*(B1-1)-A2*x2*
(B2-1))/(2*B^2)+(A1*(B1-2)+A2*(B2-2))/(4*B^3);
D2=(q1-q2)/(4*B^4*EI)+A1*x1^3*(B1+1)-A2*x2^3*(B2+1)+(A1*x1^2*B1+A2*
x2^2*B2)/(2*B)-(A1*(B1-2)+A2*(B2-2))/(4*B^3);
D3=A1l*x1*(B1+l/x1-1);
D4=A1l*(B1+l/x1-2);
a11=cos(B*l)*(sinh(B*l)+cosh(B*l));
a12=-sin(B*l)*(sinh(B*l)+cosh(B*l));
a21=(cos(B*l)-sin(B*l))*(sinh(B*l)+cosh(B*l));
a22=-(cos(B*l)+sin(B*l))*(sinh(B*l)+cosh(B*l));
b1=(Ml-D3*EI)/(2*B^2*EI)-D1*cos(B*l)*sinh(B*l)+D2*sin(B*l)*cosh(B*l);
b2=(D4*EI-Ql)/(2*B^3*EI)+D1*(sin(B*l)*sinh(B*l)-cos(B*l)*
cosh(B*l))+D2*(sin(B*l)*sinh(B*l)+cos(B*l)*cosh(B*l));
d3=(b1*a22-b2*a12)/(a11*a22-a12*a21);
d6=(a11*b2-a21*b1)/(a11*a22-a12*a21);
d1=d6+(q1-q2)/(4*B^4*EI)+A1*x1^3*(B1+1)-A2*x2^3*(B2+1);
d2=d3+(A1*x1*(B1-1)-A2*x2*(B2-1))/(2*B^2);
d4=d3+D1;
d5=d6+D2;
D5=B*(d3*(cos(B*l)*sinh(B*l)+sin(B*l)*cosh(B*l))+d4*(cos(B*l)*
cosh(B*l)+sin(B*l)*sinh(B*l))+d5*(cos(B*l)*cosh(B*l)-sin(B*l)*
sinh(B*l))+d6*(cos(B*l)*sinh(B*l)-sin(B*l)*cosh(B*l)));
D6=(k1*x1^4/EI)*(0.5*((l+x1)/x1+1)*((l+x1)/x1)^2-(l+x1)/x1-3-
(((l+x1)/x1)^2+2*(l+x1)/x1+2)*(l/x1))*exp((-l-x1)/x1);
D7=d3*sin(B*l)*sinh(B*l)+d4*sin(B*l)*cosh(B*l)+d5*cos(B*l)*
sinh(B*l)+d6*cos(B*l)*cosh(B*l)+q1/(4*B^4*EI);
```

```
D8=(k1*x1^5/EI)*((1/6)*((l+x1)/x1+1)*((l+x1)/x1)^3+(l+x1)/x1+
4-((((l+x1)/x1)^2+2*(l+x1)/x1+2)*l^2/(2*x1^2))*exp((-l-x1)/ x1);
c1=EI*(D5-D6-A1l*x1^2*(B1+l/x1));
c2=EI*(D7-D8+A1l*x1^3*(B1+l/x1+1))-c1*l;
c3=c1-po*Lk^3/6-(pk-po)*Lk^3/8;
c4=(c1-c3)*(l+Lk)+c2-po*Lk^4/8-11*(pk-po)*Lk^4/120;
%% 4 段式周期 _ 弹性地基支承顶板弯矩分程序
x=-30:0.5/80:0;
Mx2=2*EI*B^2*exp(B*x).*(-d1*sin(B*x)+d2*cos(B*x))+
(k2*x2^3*B2/4)*(B2-(x+x2)/x2).*exp((x-x2)/x2);
plot(x,Mx2,'b');
hold on;
x=0:0.5/20:l;
Mx21=2*EI*B^2*(d3*cos(B*x).*cosh(B*x)+d4*cos(B*x).*
sinh(B*x)-d5*sin(B*x).*cosh(B*x)-d6*sin(B*x).*sinh(B*x))+
(k1*x1^3*B1/4)*(B1+(x-x1)/x1).*exp((-x-x1)/x1);
plot(x,Mx21,'r');
hold on;
x=l:0.5/30:(l+Lk);
Mx11=Ml-Ql*(x-l)+q1*(x-l).^2/2+k1*x1^3*(((x+x1)/x1+2).*
exp((-x-x1)/x1)-((((l+x1)/x1)^2+2*(l+x1)/x1+2-((l+x1)/x1+1)*
((x+x1)/x1))*exp((-l-x1)/x1))-po*(x-l).^2/2-(pk-po)*(x-l).^3/(6*Lk);
plot(x,Mx11,'b');
hold on;
x=(l+Lk):0.5/30:(l+L);
Mx12=Ml-Ql*(x-l)+q1*(x-l).^2/2+k1*x1^3*(((x+x1)/x1+2).*
exp((-x-x1)/x1)-((((l+x1)/x1)^2+2*(l+x1)/x1+2-((l+x1)/x1+1)*
(x+x1)/x1)*exp((-l-x1)/x1))-po*Lk*
(x-l-Lk/2)-(pk-po)*Lk*(x-l-2*Lk/3)/2;
plot(x,Mx12,'r');
hold on
%% 4 段式周期 _ 弹性地基支承顶板剪力分程序
x=-30:0.5/80:0;
Qx2=2*EI*B^3*exp(B*x).*(-d1*(cos(B*x)+sin(B*x))+d2*
(cos(B*x)+sin(B*x)))+(k2*x2^2*B2/4)*(B2-x/x2-2).*exp((x-x2)/x2);
```

```
plot(x,Qx2,'b');
hold on;
x=0:0.5/30:l;
Qx21=2*EI*B^3*(d3*(-sin(B*x).*cosh(B*x)+cos(B*x).*sinh(B*x))+d4*
(-sin(B*x).*sinh(B*x)+cos(B*x).*cosh(B*x))+d5*(-cos(B*x).*
cosh(B*x)-sin(B*x).*sinh(B*x))+d6*(-cos(B*x).*sinh(B*x)-sin(B*x).
*cosh(B*x)))-(k1*x1^2*B1/4)*(B1+x/x1-2).*exp((-x-x1)/x1);
plot(x,Qx21,'r');
hold on;
x=l:0.5/30:(l+Lk);
Qx11=-Ql+q1*(x-l)-po*(x-l)-(pk-po)*(x-l).^2/(2*Lk)+k1*x1^2*
(-((x+x1)/x1+1).*exp((-x-x1)/x1)+((l+x1)/x1+1)*exp((-l-x1)/x1));
plot(x,Qx11,'b');
hold on;
x=(l+Lk):0.5/30:(l+L);
Qx12=-Ql+q1*(x-l)-po*Lk-(pk-po)*Lk/2+k1*x1^2*(-((x+x1)/x1+1).
*exp((-x-x1)/x1)+((l+x1)/x1+1)*exp((-l-x1)/x1));
plot(x,Qx12,'r');
hold on
%% 4 段式周期 _ 弹性地基支承顶板挠度分程序
x=-30:0.5/80:0;
yx2=exp(B*x).*(d1*cos(B*x)+d2*sin(B*x))+q2/(4*B^4*EI)+
(k2/EI)*(x2^4*B2/4)*(x2-x+x2*B2).*exp((x-x2)/x2);
plot(x,yx2,'b');
hold on;
x=0:0.5/30:l;
yx21=d3*sin(B*x).*sinh(B*x)+d4*sin(B*x).*cosh(B*x)+
d5*cos(B*x).*sinh(B*x)+d6*cos(B*x).*cosh(B*x)+q1/(4*B^4*EI)
+(k1/EI)*(x1^4*B1/4)*(x1+x+x1*B1).*exp((-x-x1)/x1);
plot(x,yx21,'r');
hold on;
x=l:0.5/10:(l+Lk);
yx11=(Ml*(x-l).^2/2-Ql*(x-l).^3/6+q1*(x-l).^4/24+k1*x1^5*
(((x+x1)/x1+4).*exp((-x-x1)/x1)-((((l+x1)/x1)^2+2*(l+x1)/x1+2)
*x.^2/(2*x1^2)-((l+x1)/x1+1)*((x+x1)/x1).^3/6)*exp((-l-x1)/x1))
```

```
-po*(x-l).^4/24-(pk-po)*(x-l).^5/(120*Lk)+c1*x+c2)/EI;
plot(x,yx11,'b');
hold on;
x=(l+Lk):0.5/20:(l+L);
yx12=(Ml*(x-l).^2/2-Ql*(x-l).^3/6+q1*(x-l).^4/24+k1*
x1^5*(((x+x1)/x1+4).*exp((-x-x1)/x1)-((((l+x1)/x1)^2+2*
(l+x1)/x1+2)*x.^2/(2*x1^2)-((l+x1)/x1+1)*((x+x1)/x1).^3/6)*
exp((-l-x1)/x1))-po*Lk*((x-l).^3/6-Lk*(x-l).^2/4)-(pk-po)*
Lk*((x-l).^3/6-Lk*(x-l).^2/3)/2+c3*x+c4)/EI;
plot(x,yx12,'r');
hold on
```

%% 顶板上覆荷载分布曲线 _f1(x) 曲线, f2(x) 曲线程序 (变化参数, 适用于 1.2~3.2 节)

```
clear;
l=14;
L=14;
x2=12;
q2=6*10^6;
f2=q2*0.2;
k2=f2*exp(1)/x2
x=-100:0.5/100:0;
f2x=k2*(x2-x).*exp((x-x2)/x2);
Fx2=(f2x+q2);
plot(x,Fx2,'r');
hold on;
x1=5;
q1=0.15*10^6;
f1=q2+f2-q1
k1=f1*exp(1)/x1;
x=0:0.5/50:(l+L);
f1x=k1*(x+x1).*exp((-x-x1)/x1);
Fx1=(f1x+q1);
plot(x,Fx1,'b');
hold on;
```

附录2　1.3 节表达式计算程序

1.3 节程序符号与本节符号对照同 1.2 节.

%% 4 段式初次 _ 弹性地基支承顶板主程序

```
clear;
q1=0.15*10^6;
q2=6*10^6;
f2=0.2*q2;
f1=f2+q2-q1;
x1=5.2;
x2=12;
k1=f1*exp(1)/x1
k2=f2*exp(1)/x2
h=6;
I=h^3/12;
E=25*10^9;
EI=E*I
C=0.8*10^9;
B=(C/(4*EI))^0.25
l=14;
Lk=4;
L=20;
po=0.9*10^6;
pk=1.2*po;
B1=4/(1+4*B^4*x1^4);
B2=4/(1+4*B^4*x2^4);
A1=(k1/EI)*x1^2*exp(-1)/(1+4*B^4*x1^4);
A2=(k2/EI)*x2^2*exp(-1)/(1+4*B^4*x2^4);
Ql=q1*L+k1*x1^2*(((l+x1)/x1+1)*exp((-l-x1)/x1)-((L+l+x1)/x1+1)*
exp((-L-l-x1)/x1))-po*Lk-(pk-po)*Lk/2;
D1=q1*L^3/6+k1*x1^4*((((l+x1)/x1+1)*((L+l+x1)/x1)^2/2-((L+l)/x1)*
```

```
(((l+x1)/x1)^2+2*(l+x1)/x1+2))*exp((-l-x1)/x1)-((L+l+x1)/x1+3)*
exp((-L-l-x1)/x1))-po*Lk*(L^2/2-Lk*L/2)-
(pk-po)*Lk*(L^2/2-2*Lk*L/3)/2;
D2=(A1*x1^2*B1+A2*x2^2*B2)/(2*B)+(A1*x1*(B1-1)-A2*x2*
(B2-1))/(2*B^2)+(A1*(B1-2)+A2*(B2-2))/(4*B^3);
D3=(q1-q2)/(4*B^4*EI)+A1*x1^3*(B1+1)-A2*x2^3*(B2+1)+
(A1*x1^2*B1+A2*x2^2*B2)/(2*B)-(A1*(B1-2)+A2*(B2-2))/(4*B^3);
A11=(k1/EI)*x1^2*exp((-l-x1)/x1)/(1+4*B^4*x1^4);
D4=A11*x1^3*(B1+l/x1+1)+q1/(4*B^4*EI);
D5=(k1*x1^5/EI)*(((l+x1)/x1+4)+((l+x1)/x1+1)*
((l+x1)/x1)^3/6-((l/x1)^2/2)*(((l+x1)/x1)^2+2*
(l+x1)/x1+2))*exp((-l-x1)/x1);
D6=A11*x1^2*(B1+l/x1);
D7=(k1*x1^4/EI)*(-((l+x1)/x1+3)+((l+x1)/x1+1)*((l+x1)/x1)^2/2-
(l/x1)*(((l+x1)/x1)^2+2*(l+x1)/x1+2))*exp((-l-x1)/x1);
D8=A11*x1*(B1+l/x1-1);
D9=A11*(B1+l/x1-2);
D10=(Q1*L^2/2-D1+po*Lk^3/6+(pk-po)*Lk^3/8)/EI+D6+D7;
a11=(cos(B*l)+sin(B*l))*(sinh(B*l)+cosh(B*l))+2*B*L*cos(B*l)*
(sinh(B*l)+cosh(B*l));
a12=(cos(B*l)-sin(B*l))*(sinh(B*l)+cosh(B*l))-2*B*L*sin(B*l)*
(sinh(B*l)+cosh(B*l));
a21=(cos(B*l)-sin(B*l))*(sinh(B*l)+cosh(B*l));
a22=-(cos(B*l)+sin(B*l))*(sinh(B*l)+cosh(B*l));
b1=D10/B-L*D8/B-D2*(cos(B*l)*cosh(B*l)+sin(B*l)*sinh(B*l)+2*
B*L*cos(B*l)*sinh(B*l))+D3*(sin(B*l)*sinh(B*l)-cos(B*l)*
cosh(B*l)+2*B*L*sin(B*l)*cosh(B*l));
b2=(D9*EI-Q1)/(2*B^3*EI)+D2*(sin(B*l)*
sinh(B*l)-cos(B*l)*cosh(B*l))+D3*(sin(B*l)
*sinh(B*l)+cos(B*l)*cosh(B*l));
d3=(b1*a22-b2*a12)/(a11*a22-a12*a21);
d6=(a11*b2-a21*b1)/(a11*a22-a12*a21);
d1=d6+(q1-q2)/(4*B^4*EI)+A1*x1^3*(B1+1)-A2*x2^3*(B2+1);
d2=d3+(A1*x1*(B1-1)-A2*x2*(B2-1))/(2*B^2);
d4=d3+D2;
```

```
d5=d6+D3;
Ml=2*EI*B^2*(cos(B*l)*(d3*cosh(B*l)+d4*sinh(B*l))
-sin(B*l)*(d5*cosh(B*l)+d6*sinh(B*l)))+EI*D8;
c3=Ql*L^2/2-Ml*L-D1;
c1=c3+po*Lk^3/6+(pk-po)*Lk^3/8
c1=EI*B*(d3*(cos(B*l)*sinh(B*l)+sin(B*l)*cosh(B*l))+d4*
(cos(B*l)*cosh(B*l)+sin(B*l)*sinh(B*l))+d5*(-sin(B*l)*
sinh(B*l)+cos(B*l)*cosh(B*l))+d6*(-sin(B*l)*cosh(B*l)
+cos(B*l)*sinh(B*l)))-EI*(D6+D7)
c2=EI*(d3*sin(B*l)*sinh(B*l)+d4*sin(B*l)*cosh(B*l)+d5*cos
(B*l)*sinh(B*l)+d6*cos(B*l)*cosh(B*l))+EI*(D4-D5)-c1*l
c4=(c1-c3)*(l+Lk)+c2-po*Lk^4/8-11*(pk-po)*Lk^4/120;
%% 4 段式初次 _ 弹性地基支承顶板弯矩分程序
x=-30:0.5/100:0;
Mx2=2*EI*B^2*exp(B*x).*(-d1*sin(B*x)+d2*cos(B*x))+
(k2*x2^3*B2/4)*(B2-(x+x2)/x2).*exp((x-x2)/x2);
plot(x,Mx2,'b');
hold on;
x=0:0.5/30:l;
Mx21=2*EI*B^2*(d3*cos(B*x).*cosh(B*x)+d4*cos(B*x).*
sinh(B*x)-d5*sin(B*x).*cosh(B*x)-d6*sin(B*x).*sinh(B*x))
+(k1*x1^3*B1/4)*(B1+(x-x1)/x1).*exp((-x-x1)/x1);
plot(x,Mx21,'r');
hold on;
x=l:0.5/20:(l+Lk);
Mx11=Ml-Ql*(x-l)+q1*(x-l).^2/2+k1*x1^3*(((x+x1)/x1+2).*
exp((-x-x1)/x1)-(((l+x1)/x1)^2+2*(l+x1)/x1+2-
((l+x1)/x1+1)*((x+x1)/x1))*exp((-l-x1)/x1))-po*
(x-l).^2/2-(pk-po)*(x-l).^3/(6*Lk);
plot(x,Mx11,'b');
hold on;
x=(l+Lk):0.5/30:(l+L);
Mx12=Ml-Ql*(x-l)+q1*(x-l).^2/2+k1*x1^3*(((x+x1)/x1+2).*
exp((-x-x1)/x1)-(((l+x1)/x1)^2+2*(l+x1)/x1+2-((l+x1)/x1+1)*
(x+x1)/x1)*exp((-l-x1)/x1))-po*Lk*(x-l-Lk/2)-
```

```
(pk-po)*Lk*(x-l-2*Lk/3)/2;
plot(x,Mx12,'r');
hold on
%% 4 段式初次 _ 弹性地基支承顶板剪力分程序
x=-30:0.5/80:0;
Qx2=2*EI*B^3*exp(B*x).*(-d1*(cos(B*x)+sin(B*x))+d2*(cos(B*
x)+sin(B*x)))+(k2*x2^2*B2/4)*(B2-x/x2-2).*exp((x-x2)/x2);
plot(x,Qx2,'b');
hold on;
x=0:0.5/30:l;
Qx21=2*EI*B^3*(d3*(-sin(B*x).*cosh(B*x)+cos(B*x).*sinh
(B*x))+d4*(-sin(B*x).*sinh(B*x)+cos(B*x).*cosh(B*x))+d5*
(-cos(B*x).*cosh(B*x)-sin(B*x).*sinh(B*x))+d6*(-cos(B*x).
*sinh(B*x)-sin(B*x).*cosh(B*x)))-(k1*x1^2*B1/4)*(B1+x/x1-2).
*exp((-x-x1)/x1);
plot(x,Qx21,'r');
hold on;
x=l:0.5/30:(l+Lk);
Qx11=-Ql+q1*(x-l)-po*(x-l)-(pk-po)*(x-l).^2/(2*
Lk)+k1*x1^2*(-((x+x1)/x1+1).*exp((-x-x1)/x1)+
((l+x1)/x1+1)*exp((-l-x1)/x1));
plot(x,Qx11,'b');
hold on;
x=(l+Lk):0.5/30:(l+L);
Qx12=-Ql+q1*(x-l)-po*Lk-(pk-po)*Lk/2+k1*x1^2*
(-((x+x1)/x1+1).*exp((-x-x1)/x1)+((l+x1)/x1+1)
*exp((-l-x1)/x1));
plot(x,Qx12,'r');
hold on
%% 4 段式初次 _ 弹性地基支承顶板挠度分程序
x=-30:0.5/80:0;
yx2=exp(B*x).*(d1*cos(B*x)+d2*sin(B*x))+q2/(4*B^4*EI)
+(k2/EI)*(x2^4*B2/4)*(x2-x+x2*B2).*exp((x-x2)/x2);
plot(x,yx2,'b');
hold on;
```

```
x=0:0.5/30:l;
yx21=d3*sin(B*x).*sinh(B*x)+d4*sin(B*x).*cosh(B*x)+d5*
cos(B*x).*sinh(B*x)+d6*cos(B*x).*cosh(B*x)+q1/(4*B^4*EI)
+(k1/EI)*(x1^4*B1/4)*(x1+x+x1*B1).*exp((-x-x1)/x1);
plot(x,yx21,'r');
hold on;
x=l:0.5/20:(l+Lk);
yx11=(Ml*(x-l).^2/2-Ql*(x-l).^3/6+q1*(x-l).^4/24+k1*
x1^5*(((x+x1)/x1+4).*exp((-x-x1)/x1)-((((l+x1)/x1)^2+2*
(l+x1)/x1+2)*x.^2/(2*x1^2)-((l+x1)/x1+1)*((x+x1)/x1).
^3/6)*exp((-l-x1)/x1))-po*(x-l).^4/24-(pk-po)*(x-l).
^5/(120*Lk)+c1*x+c2)/EI;
plot(x,yx11,'b');
hold on;
x=(l+Lk):0.5/30:(l+L);
yx12=(Ml*(x-l).^2/2-Ql*(x-l).^3/6+q1*(x-l).^4/24+k1*
x1^5*(((x+x1)/x1+4).*exp((-x-x1)/x1)-((((l+x1)/x1)^2+2*
(l+x1)/x1+2)*x.^2/(2*x1^2)-((l+x1)/x1+1)*((x+x1)/x1).^3/6)*
exp((-l-x1)/x1))-po*Lk*((x-l).^3/6-Lk*(x-l).^2/4)-(pk-po)*
Lk*((x-l).^3/6-Lk*(x-l).^2/3)/2+c3*x+c4)/EI;
plot(x,yx12,'r');
hold on
```

附录3　1.4 节表达式计算程序

1.4 节程序符号与本书符号对照如下:

x0$\longleftrightarrow$ $\tilde{x}$; Mx0$\longleftrightarrow$ M ($\tilde{x}$); Qx0$\longleftrightarrow$ Q ($\tilde{x}$); z$\longleftrightarrow$ η; B1z$\longleftrightarrow$ $B_1\eta$; k1z$\longleftrightarrow$ $K_1\eta$; A1z$\longleftrightarrow$ $A_{1\eta}$; A10z$\longleftrightarrow$ $\tilde{A}_{1\eta}$; d1$\longleftrightarrow$ $\bar{d}_1$;$\cdots$; d6$\longleftrightarrow$ $\bar{d}_6$; D1$\longleftrightarrow$ $\bar{D}_1$;$\cdots$; D10$\longleftrightarrow$ $\tilde{D}_1$;$\cdots$; D100$\longleftrightarrow$ $\tilde{D}_{10}$; a110$\longleftrightarrow$ a_{11};$\cdots$; a220$\longleftrightarrow$ a_{22}; b10$\longleftrightarrow$ b_1; b20$\longleftrightarrow$ b_2; d30$\longleftrightarrow$ $\tilde{d}_3$;$\cdots$; d60$\longleftrightarrow$ $\tilde{d}_6$; A10$\longleftrightarrow$ $\tilde{A}_1$; A1l$\longleftrightarrow$ A_{1l}; c10$\longleftrightarrow$ c_1;$\cdots$; c40$\longleftrightarrow$ c_4; 其余同 1.2 节.

与最大拉应变位置:x0=11.68 对应的 Mx0=5.6386*10^7;Qx0=6.4397*10^5; k=1 时 z=1; k=0.97 时 z=0.63909; k=0.95; z=0.4353.

%% 5 段式周期 _ 裂纹发生初始阶段弹性地基支承顶板主程序

```
clear;
q1=0.15*10^6;
q2=6*10^6;
f2=0.2*q2;
f1=f2+q2-q1;
x1=5;
x2=12;
k2=f2*exp(1)/x2;
h=6;
I=h^3/12;
E=25*10^9;
EI=E*I;
C=0.8*10^9;
B=(C/(4*EI))^0.25;
l=14;
Lk=4;
L=14;
po=0.9*10^6;
pk=1.2*po;
k=0.95
```

```
z=0.4353
B1z=4/(1+4*B^4*(z*x1)^4);
B2=4/(1+4*B^4*x2^4);
k1z=f1*exp(1)/(z*x1);
A1z=(k1z/EI)*(z*x1)^2*exp(-1)/(1+4*B^4*(z*x1)^4);
A2=(k2/EI)*x2^2*exp(-1)/(1+4*B^4*x2^4);
x0=11.68;
Mx0=5.6386*10^7;
Qx0=6.4397*10^5;
Qm=0*10^6;
Mm=0*10^7;
A10z=(k1z/EI)*(z*x1)^2*exp(-(x0+(z*x1))/(z*x1))/(1+4*B^4*(z*x1)^4);
D1=k*Mx0/(2*B^2*EI)-A10z*(z*x1)*(B1z+x0/(z*x1)-1)/(2*B^2);
D2=k*Qx0/(2*B^3*EI)+A10z*(B1z+x0/(z*x1)-2)/(2*B^3);
D3=(A1z*(z*x1)^2*B1z+A2*x2^2*B2)/(2*B)+(A1z*(z*x1)*(B1z-1)-A2*x2*
(B2-1))/(2*B^2)+(A1z*(B1z-2)+A2*(B2-2))/(4*B^3);
D4=(q1-q2)/(4*B^4*EI)+A1z*(z*x1)^3*(B1z+1)-A2*x2^3*(B2+1)+(A1z*
(z*x1)^2*B1z+A2*x2^2*B2)/(2*B)-(A1z*(B1z-2)+A2*(B2-2))/(4*B^3);
D5=D1*(sin(B*x0)+cos(B*x0))*(sinh(B*x0)+cosh(B*x0))-D2*sin(B*x0)
*(sinh(B*x0)+cosh(B*x0))+D3*(sin(B*x0)*cos(B*x0)+sinh(B*x0)*
cosh(B*x0)+(cosh(B*x0))^2)+D4*(sin(B*x0))^2;
d4=exp(-2*B*x0)*D5;
d3=d4-D3;
d5=(d3*(sin(B*x0)*cos(B*x0)+sinh(B*x0)*cosh(B*x0))+d4*(sinh(B*
x0))^2-D1*(sin(B*x0)*cosh(B*x0)+cos(B*x0)*sinh(B*x0))+D2*sin(B*
x0)*sinh(B*x0))/(sin(B*x0))^2;
d6=(-d3*(cosh(B*x0))^2+d4*(sin(B*x0)*cos(B*x0)-sinh(B*x0)*
cosh(B*x0))+D1*(sin(B*x0)*sinh(B*x0)+cos(B*x0)*cosh(B*x0))
-D2*sin(B*x0)*cosh(B*x0))/(sin(B*x0))^2;
d1=d6+(q1-q2)/(4*B^4*EI)+A1z*(z*x1)^3*(B1z+1)-A2*x2^3*(B2+1);
d2=d3+(A1z*(z*x1)*(B1z-1)-A2*x2*(B2-1))/(2*B^2);
B1=4/(1+4*B^4*x1^4);
k1=f1*exp(1)/x1;
A10=(k1/EI)*x1^2*exp(-(x0+x1)/x1)/(1+4*B^4*x1^4);
D10=k*Mx0/(2*B^2*EI)-A10*x1*(B1+x0/x1-1)/(2*B^2);
```

```
D20=k*Qx0/(2*B^3*EI)+A10*(B1+x0/x1-2)/(2*B^3);
D30=(k1/EI)*x1^3*(B1+l/x1-1)*exp(-(l+x1)/x1)/(1+4*B^4*x1^4);
D40=(k1/EI)*x1^2*(B1+l/x1-2)*exp(-(l+x1)/x1)/(1+4*B^4*x1^4);
D50=(D10*(sin(B*x0)*cosh(B*x0)+cos(B*x0)*sinh(B*x0))-D20*
sin(B*x0)*sinh(B*x0))/(sin(B*x0))^2;
D60=(D10*(sin(B*x0)*sinh(B*x0)+cos(B*x0)*cosh(B*x0))-D20*
sin(B*x0)*cosh(B*x0))/(sin(B*x0))^2;
a110=cos(B*l)*cosh(B*l)-sin(B*l)*cosh(B*l)*(sin(B*x0)*
cos(B*x0)+sinh(B*x0)*cosh(B*x0))/(sin(B*x0))^2+sin(B*l)
*sinh(B*l)*(cosh(B*x0))^2/(sin(B*x0))^2;
a120=cos(B*l)*sinh(B*l)-sin(B*l)*cosh(B*l)*
(sinh(B*x0))^2/(sin(B*x0))^2-sin(B*l)*sinh(B*l)*
(sin(B*x0)*cos(B*x0)-sinh(B*x0)*cosh(B*x0))/(sin(B*x0))^2;
a210=(cos(B*l)*sinh(B*l)-sin(B*l)*cosh(B*l))-(cos(B*l)*
cosh(B*l)+sin(B*l)*sinh(B*l))*(sin(B*x0)*cos(B*x0)+sinh
(B*x0)*cosh(B*x0))/(sin(B*x0))^2+(cos(B*l)*sinh(B*l)+
sin(B*l)*cosh(B*l))*(cosh(B*x0))^2/(sin(B*x0))^2;
a220=(cos(B*l)*cosh(B*l)-sin(B*l)*sinh(B*l))-(cos(B*l)*
cosh(B*l)+sin(B*l)*sinh(B*l))*(sinh(B*x0))^2/
(sin(B*x0))^2-(cos(B*l)*sinh(B*l)+sin(B*l)*cosh(B*l))*
(sin(B*x0)*cos(B*x0)-sinh(B*x0)*cosh(B*x0))/(sin(B*x0))^2;
Ql=Qm+q1*L+k1*x1^2*(((l+x1)/x1+1)*exp((-l-x1)/x1)-
((L+l+x1)/x1+1)*exp((-L-l-x1)/x1))-po*Lk-(pk-po)*Lk/2;
Ml=Mm+Qm*L+q1*L^2/2+k1*x1^3*(((l+x1)/x1+2)*exp((-l-x1)/x1)
-((L+l+x1)/x1+2+(L/x1)*((L+l+x1)/x1+1))*exp((-L-l-x1)/x1))
-po*Lk^2/2-(pk-po)*Lk^2/3;
b10=(Ml-EI*D30)/(2*B^2*EI)-D50*sin(B*l)*cosh(B*l)+D60*
sin(B*l)*sinh(B*l);
b20=(EI*D40-Ql)/(2*B^3*EI)-D50*(cos(B*l)*cosh(B*l)+sin(B*l)
*sinh(B*l))+D60*(cos(B*l)*sinh(B*l)+sin(B*l)*cosh(B*l));
d30=(b10*a220-b20*a120)/(a110*a220-a120*a210);
d40=(a110*b20-a210*b10)/(a110*a220-a120*a210);
d50=(d30*(sin(B*x0)*cos(B*x0)+sinh(B*x0)*cosh(B*x0))+d40*
(sinh(B*x0))^2-D10*(sin(B*x0)*cosh(B*x0)+cos(B*x0)*sinh(B*x0))
+D20*sin(B*x0)*sinh(B*x0))/(sin(B*x0))^2;
```

```
d60=(-d30*(cosh(B*x0))^2+d40*(sin(B*x0)*cos(B*x0)-sinh(B*x0)*
cosh(B*x0))+D10*(sin(B*x0)*sinh(B*x0)+cos(B*x0)*cosh(B*x0))-
D20*sin(B*x0)*cosh(B*x0))/(sin(B*x0))^2;
D70=B*(d30*(cos(B*l)*sinh(B*l)+sin(B*l)*cosh(B*l))+d40*
(cos(B*l)*cosh(B*l)+sin(B*l)*sinh(B*l))+d50*(cos(B*l)*
cosh(B*l)-sin(B*l) *sinh(B*l))+d60*(+cos(B*l)*
sinh(B*l)-sin(B*l)*cosh(B*l)));
D80=(k1*x1^4/EI)*(0.5*((l+x1)/x1+1)*((l+x1)/x1)^2-
(l+x1)/x1-3-((((l+x1)/x1)^2+2*(l+x1)/x1+2)*(l/x1))*exp((-l-x1)/x1);
D90=d30*sin(B*l)*sinh(B*l)+d40*sin(B*l)*cosh(B*l)+d50*
cos(B*l)*sinh(B*l)+d60*cos(B*l)*cosh(B*l)+q1/(4*B^4*EI);
D100=(k1*x1^5/EI)*((1/6)*((l+x1)/x1+1)*((l+x1)/x1)^3+
(l+x1)/x1+4-((((l+x1)/x1)^2+2*(l+x1)/x1+2)*l^2/(2*x1^2))*
exp((-l-x1)/ x1);
A11=(k1/EI)*x1^2*exp(-(l+x1)/x1)/(1+4*B^4*x1^4);
c10=EI*(D70-D80-A11*x1^2*(B1+l/x1));
c20=EI*(D90-D100+A11*x1^3*(B1+l/x1+1))-c10*l;
c30=c10-po*Lk^3/6-(pk-po)*Lk^3/8;
c40=(c10-c30)*(l+Lk)+c20-po*Lk^4/8-11*(pk-po)*Lk^4/120;
%% 5 段式周期 _ 裂纹发生初始阶段弹性地基支承顶板弯矩分程序
x=-30:0.5/120:0;
Mx2=2*EI*B^2*exp(B*x).*(-d1*sin(B*x)+d2*cos(B*x))+(k2*x2^3*B2/4)*
(B2-(x+x2)/x2).*exp((x-x2)/x2);
plot(x,Mx2,'b');
hold on;
x=0:0.5/250:(x0+0.00001);
Mx21=2*EI*B^2*(d3*cos(B*x).*cosh(B*x)+d4*cos(B*x).*sinh(B*x)-d5*sin
(B*x).*cosh(B*x)-d6*sin(B*x).*sinh(B*x))+(k1z*(z*x1)^3*B1z/4)*
(B1z+(x-(z*x1))/(z*x1)).*exp((-x-(z*x1))/(z*x1));
plot(x,Mx21,'r');
hold on;
x=x0:0.5/30:l;
Mx22=2*EI*B^2*(d30*cos(B*x).*cosh(B*x)+d40*cos(B*x).*sinh(B*x)-d50*
sin(B*x).*cosh(B*x)-d60*sin(B*x).*sinh(B*x))+(k1*x1^3*B1/4)*
(B1+(x-x1)/x1).*exp((-x-x1)/x1);
```

```
plot(x,Mx22,'b');
hold on;
x=l:0.5/50:(l+Lk);
Mx11=Ml-Ql*(x-l)+q1*(x-l).^2/2+k1*x1^3*(((x+x1)/x1+2).*exp
((-x-x1)/x1)-(((l+x1)/x1)^2+2*(l+x1)/x1+2-((l+x1)/x1+1)*
((x+x1)/x1))*exp((-l-x1)/x1))-po*(x-l).^2/2-(pk-po)*
(x-l).^3/(6*Lk);
plot(x,Mx11,'r');
hold on;
x=(l+Lk):0.5/80:(l+L);
Mx12=Ml-Ql*(x-l)+q1*(x-l).^2/2+k1*x1^3*(((x+x1)/x1+2).*exp((-x-x1)/x1)
-(((l+x1)/x1)^2+2*(l+x1)/x1+2-((l+x1)/x1+1)*(x+x1)/x1)*exp
((-l-x1)/x1))-po*Lk*(x-l-Lk/2)-(pk-po)*Lk*(x-l-2*Lk/3)/2;
plot(x,Mx12,'b');
hold on
%% 5 段式周期_裂纹发生初始阶段弹性地基支承顶板剪力分程序
x=-30:0.5/100:0;
Qx2=2*EI*B^3*exp(B*x).*(-d1*(cos(B*x)+sin(B*x))+d2*(cos(B*x)-sin
(B*x)))+(k2*x2^2*B2/4)*(B2-x/x2-2).*exp((x-x2)/x2);
plot(x,Qx2,'b');
hold on;
x=0:0.5/80:(x0+0.00001);
Qx21=2*EI*B^3*(d3*(-sin(B*x).*cosh(B*x)+cos(B*x).*sinh(B*x))+d4*(-sin
(B*x).*sinh(B*x)+cos(B*x).*cosh(B*x))+d5*(-cos(B*x).*cosh(B*x)-sin(B*
x).*sinh(B*x))+d6*(-cos(B*x).*sinh(B*x)-sin(B*x).*cosh(B*x)))-(k1z*(z*
x1)^2*B1z/4)*(B1z+x/(z*x1)-2).*exp((-x-(z*x1))/(z*x1));
plot(x,Qx21,'r');
hold on;
x=x0:0.5/100:(l+0.001);
Qx22=2*EI*B^3*(d30*(-sin(B*x).*cosh(B*x)+cos(B*x).*sinh(B*x))+d40*
(-sin(B*x).*sinh(B*x)+cos(B*x).*cosh(B*x))+d50*(-cos(B*x).*cosh(B*x)
-sin(B*x).*sinh(B*x))+d60*(-cos(B*x).*sinh(B*x)-sin(B*x).*cosh(B*x)))
-(k1*x1^2*B1/4)*(B1+x/x1-2).*exp((-x-x1)/x1);
plot(x,Qx22,'b');
hold on;
```

```
x=l:0.5/30:(l+Lk);
Qx11=-Ql+q1*(x-l)-po*(x-l)-(pk-po)*(x-l).^2/(2*Lk)+k1*x1^2*
(-((x+x1)/x1+1).*exp((-x-x1)/x1)+((l+x1)/x1+1)*exp((-l-x1)/x1));
plot(x,Qx11,'r');
hold on;
x=(l+Lk):0.5/50:(l+L);
Qx12=-Ql+q1*(x-l)-po*Lk-(pk-po)*Lk/2+k1*x1^2*(-((x+x1)/x1+1).
*exp((-x-x1)/x1)+((l+x1)/x1+1)*exp((-l-x1)/x1));
plot(x,Qx12,'b');
hold on
%% 5 段式周期_裂纹发生初始阶段弹性地基支承顶板挠度分程序
x=-30:0.5/100:0;
yx2=exp(B*x).*(d1*cos(B*x)+d2*sin(B*x))+q2/(4*B^4*EI)+(k2/EI)*
(x2^4*B2/4)*(x2-x+x2*B2).*exp((x-x2)/x2);
plot(x,yx2,'b');
hold on;
x=0:0.5/500:(x0+0.00001);
yx21=d3*sin(B*x).*sinh(B*x)+d4*sin(B*x).*cosh(B*x)+d5*cos(B*x).*
sinh(B*x)+d6*cos(B*x).*cosh(B*x)+q1/(4*B^4*EI)+(k1z/EI)*
((z*x1)^4*B1z/4)*((z*x1)+x+(z*x1)*B1z).*exp((-x-(z*x1))/(z*x1));
plot(x,yx21,'r');
hold on;
x=x0:0.5/30:l;
yx22=d30*sin(B*x).*sinh(B*x)+d40*sin(B*x).*cosh(B*x)+d50*
cos(B*x).*sinh(B*x)+d60*cos(B*x).*cosh(B*x)+q1/(4*B^4*EI)
+(k1/EI)*(x1^4*B1/4)*(x1+x+x1*B1).*exp((-x-x1)/x1);
plot(x,yx22,'b');
hold on
%% k=0.97;z=0.63909; k=0.95; z=0.4353;
x=l:0.5/20:(l+Lk);
yx11=(Ml*(x-l).^2/2-Ql*(x-l).^3/6+q1*(x-l).^4/24+k1*x1^5*
(((x+x1)/x1+4).*exp((-x-x1)/x1)-((((l+x1)/x1)^2+2*(l+x1)/x1+2)*
x.^2/(2*x1^2)-((l+x1)/x1+1)*((x+x1)/x1).^3/6)*exp((-l-x1)/x1))
-po*(x-l).^4/24-(pk-po)*(x-l).^5/(120*Lk)+c10*x+c20)/EI;
plot(x,yx11,'r');
```

```
hold on;
x=(l+Lk):0.5/60:(l+L);
yx12=(Ml*(x-l).^2/2-Ql*(x-l).^3/6+q1*(x-l).^4/24+k1*x1^5*
(((x+x1)/x1+4).*exp((-x-x1)/x1)-((((l+x1)/x1)^2+2*(l+x1)/x1+2)*
x.^2/(2*x1^2)-((l+x1)/x1+1)*((x+x1)/x1).^3/6)*exp((-l-x1)/x1))
-po*Lk*((x-l).^3/6-Lk*(x-l).^2/4)-(pk-po)*Lk*((x-l).^3/6-Lk*
(x-l).^2/3)/2+c30*x+c40)/EI;
plot(x,yx12,'b');
hold on
```

%% 5 段式周期 _ 裂纹发生初始阶段弹性地基支承顶板挠度斜率 dy/dx 分程序

(适用于 1.4 节,1.5 节)

```
x=0:0.5/250:(x0+0.00001);
dy21=B*(d3*(cos(B*x).*sinh(B*x)+sin(B*x).*cosh(B*x))+d4*(cos(B*x).*
cosh(B*x)+sin(B*x).*sinh(B*x))+d5*(cos(B*x).*cosh(B*x)-sin(B*x).*
sinh(B*x))+d6*(cos(B*x).*sinh(B*x)-sin(B*x).*cosh(B*x)))-
(k1z/EI)*((z*x1)^4*B1z/4)*(B1z+x/(z*x1)).*exp((-x-(z*x1))/(z*x1));
plot(x, dy21,'r');
hold on;
x=x0:0.5/30:l;
dy22=B*(d30*(cos(B*x).*sinh(B*x)+sin(B*x).*cosh(B*x))+d40*
(cos(B*x).*cosh(B*x)+sin(B*x).*sinh(B*x))+d50*(cos(B*x).*cosh
(B*x)-sin(B*x).*sinh(B*x))+d60*(cos(B*x).*sinh(B*x)-sin(B*x).*
cosh(B*x)))-(k1/EI)*(x1^4*B1/4)* (B1+x/x1).*exp((-x-x1)/x1);
plot(x, dy22,'b');
hold
```

%% 5 段式周期 _ 裂纹发生初始阶段弹性地基支承顶板弯曲应变能密度曲线分程序

```
x=-20:0.5/100:0;
Mx2=2*EI*B^2*exp(B*x).*(-d1*sin(B*x)+d2*cos(B*x))+(k2*x2^3*B2/4)*(B2-
(x+x2)/x2).*exp((x-x2)/x2);
dU2=Mx2.*Mx2/(2*EI);
plot(x,dU2,'b');
hold on;
x=0:0.5/50:(x0+0.00001);
Mx21=2*EI*B^2*(d3*cos(B*x).*cosh(B*x)+d4*cos(B*x).*sinh(B*x)-d5*
```

```
sin(B*x).*cosh(B*x)-d6*sin(B*x).*sinh(B*x))+(k1z*(z*x1)^3*B1z/4)*
(B1z+(x-(z*x1))/(z*x1)).*exp((-x-(z*x1))/(z*x1));
dU21=Mx21.*Mx21/(2*EI);
plot(x,dU21,'r');
hold on;
x=x0:0.5/20:1;
Mx22=2*EI*B^2*(d30*cos(B*x).*cosh(B*x)+d40*cos(B*x).*sinh(B*x)-d50*
sin(B*x).*cosh(B*x)-d60*sin(B*x).*sinh(B*x))+(k1*x1^3*B1/4)*
(B1+(x-x1)/x1).*exp((-x-x1)/x1);
dU22=Mx22.*Mx22/(2*EI);
plot(x,dU22,'b');
hold on;
x=l:0.5/20:(l+Lk);
Mx11=Ml-Ql*(x-l)+q1*(x-l).^2/2+k1*x1^3*(((x+x1)/x1+2).*exp((-x-x1)
/x1)-(((l+x1)/x1)^2+2*(l+x1)/x1+2-((l+x1)/x1+1)*((x+x1)/x1))*
exp((-l-x1)/x1))-po*(x-l).^2/2-(pk-po)*(x-l).^3/(6*Lk);
dU11=Mx11.*Mx11/(2*EI);
plot(x,dU11,'r');
hold on;
x=(l+Lk):0.5/50:(l+L);
Mx12=Ml-Ql*(x-l)+q1*(x-l).^2/2+k1*x1^3*(((x+x1)/x1+2).*exp((-x-
x1)/x1)-(((l+x1)/x1)^2+2*(l+x1)/x1+2-((l+x1)/x1+1)*(x+x1)/x1)*
exp((-l-x1)/x1))-po*Lk*(x-l-Lk/2)-(pk-po)*Lk*(x-l-2*Lk/3)/2;
dU12=Mx12.*Mx12/(2*EI);
plot(x,dU12,'b');
hold on
```

%% 5 段式周期 _ 裂纹发生初始阶段顶板上覆 f1(x) 曲线,f2(x) 曲线程序

%% k =0.97;z=0.63909,z*x1=3.19545; k=0.95; z=0.4353;z*x1=2.7165

```
clear;
l=14;
L=14;
x2=12;
q2=6*10^6;
f2=q2*0.2;
k2=f2*exp(1)/x2
```

```
x=-100:0.5/100:0;
f2x=k2*(x2-x).*exp((x-x2)/x2);
Fx2=(f2x+q2);
plot(x,Fx2,'r');
hold on;
x1=3.825325;
q1=0.15*10^6;
f1=q2+f2-q1
k1=f1*exp(1)/x1;
x=0:0.5/50:11.68;
f1x=k1*(x+x1).*exp((-x-x1)/x1);
Fx1=(f1x+q1);
plot(x,Fx1,'b');
hold on;
x=11.680:0.5/50:(l+L);
f1x=k1*(x+x1).*exp((-x-x1)/x1);
Fx1=(f1x+q1);
plot(x,Fx1,'r');
hold on;
%% 最大拉应变曲线程序 (适用于 1.4 节,1.5 节)
x=0:0.5/30:l;
v=0.25
Mx21=2*EI*B^2*(d3*cos(B*x).*cosh(B*x)+d4*cos(B*x).*sinh(B*x)-d5*
sin(B*x).*cosh(B*x)-d6*sin(B*x).*sinh(B*x))+(k1*x1^3*B1/4)*
(B1+(x-x1)/x1).*exp((-x-x1)/x1);
Wx=((1+v)/E)*((1-v)*Mx21/(8^2/6)+v*(q1+k1*(x+x1).*exp(-(x+x1)/x1)));
plot(x,Wx,'r');
hold on;
```

附录4　1.5 节表达式计算程序

1.5 节程序符号与本节符号对照如下:

x0⟷ $\tilde{x}$; Mx0⟷ M ($\tilde{x}$); Qx0⟷ Q ($\tilde{x}$); z⟷ η; B1z⟷ $B_1\eta$; k1z⟷ $K_1\eta$; A1z⟷ $A_{1\eta}$; A10z⟷ $\tilde{A}_{1\eta}$; d1⟷ $\bar{d}_1$;⋯; d6⟷ $\bar{d}_6$; D1⟷ $\bar{D}_1$;⋯; D10⟷ $\tilde{D}_1$;⋯; D100⟷ $\tilde{D}_{10}$; D120⟷ $\tilde{D}_{12}$; a110⟷ a_{11};⋯;a220⟷ a_{22}; b10⟷ b_1; b20⟷ b_2; d30⟷ $\tilde{d}_3$;⋯; d60⟷ $\tilde{d}_6$; A10⟷ $\tilde{A}_1$; A1l⟷ A_{1l}; c10⟷ c_1;⋯; c40⟷ c_4.

与最大拉应变位置 x0=11.045 对应的 Mx0=5.54509*10^7; Qx0=9.139*10^5; k=0.9 时; z=0.969087; k=0.8 时; z=0.939324; k=0.95 时; z=0.984428.

%% 5 段式初次 _ 裂纹发生初始阶段弹性地基支承顶板主程序

```
clear;
q1=0.15*10^6;
q2=6*10^6;
f2=0.2*q2;
f1=f2+q2-q1;
x1=5.2;
x2=12;
h=6;
I=h^3/12;
E=25*10^9;
EI=E*I;
C=0.8*10^9;
B=(C/(4*EI))^0.25;
l=14;
Lk=4;
L=20;
po=0.9*10^6;
pk=1.2*po;
k=0.9
z=0.969087
```

```
k1=f1*exp(1)/x1;
k2=f2*exp(1)/x2;
B1z=4/(1+4*B^4*(z*x1)^4);
B1=4/(1+4*B^4*x1^4);
B2=4/(1+4*B^4*x2^4);
A1=(k1/EI)*x1^2*exp(-1)/(1+4*B^4*x1^4);
x0=11.045;
Mx0=5.54509*10^7;
Qx0=9.1382*10^5;
Ql=q1*L+k1*x1^2*(((l+x1)/x1+1)*exp((-l-x1)/x1)-((L+l+x1)/x1+1)*exp
((-L-l-x1)/x1))-po*Lk-(pk-po)*Lk/2;
k1z=f1*exp(1)/(z*x1);
B1z=4/(1+4*B^4*(z*x1)^4);
A10z=(k1z/EI)*(z*x1)^2*exp(-(x0+(z*x1))/(z*x1))/(1+4*B^4*(z*x1)^4);
A1z=(k1z/EI)*(z*x1)^2*exp(-1)/(1+4*B^4*(z*x1)^4);
A2=(k2/EI)*x2^2*exp(-1)/(1+4*B^4*x2^4);
B2=4/(1+4*B^4*x2^4);
D1=k*Mx0/(2*B^2*EI)-A10z*(z*x1)*(B1z+x0/(z*x1)-1)/(2*B^2);
D2=k*Qx0/(2*B^3*EI)+A10z*(B1z+x0/(z*x1)-2)/(2*B^3);
D4=(A1z*(z*x1)^2*B1z+A2*x2^2*B2)/(2*B)+(A1z*(z*x1)*(B1z-1)-A2*x2*
(B2-1))/(2*B^2)+(A1z*(B1z-2)+A2*(B2-2))/(4*B^3);
D5=(q1-q2)/(4*B^4*EI)+A1z*(z*x1)^3*(B1z+1)-A2*x2^3*(B2+1)+(A1z*
(z*x1)^2*B1z+A2*x2^2*B2)/(2*B)-(A1z*(B1z-2)+A2*(B2-2))/(4*B^3);
D3=D1*(sin(B*x0)+cos(B*x0))*(sinh(B*x0)+cosh(B*x0))-D2*sin(B*x0)
*(sinh(B*x0)+cosh(B*x0))+D4*(sin(B*x0)*cos(B*x0)+sinh(B*x0)*
cosh(B*x0)+(cosh(B*x0))^2)+D5*(sin(B*x0))^2;
d4=(exp(-2*B*x0))*D3;
d3=d4-D4;
d5=(d3*(sin(B*x0)*cos(B*x0)+sinh(B*x0)*cosh(B*x0))+d4*(sinh(B*
x0))^2-D1*(sin(B*x0)*cosh(B*x0)+cos(B*x0)*sinh(B*x0))+D2*
sin(B*x0)*sinh(B*x0))/(sin(B*x0))^2;
d6=(-d3*(cosh(B*x0))^2+d4*(sin(B*x0)*cos(B*x0)-sinh(B*x0)*cosh(B*
x0))+D1*(sin(B*x0)*sinh(B*x0)+cos(B*x0)*cosh(B*x0))-D2*sin(B*
x0)*cosh(B*x0))/(sin(B*x0))^2;
d1=d6+(q1-q2)/(4*B^4*EI)+A1z*(z*x1)^3*(B1z+1)-A2*x2^3*(B2+1);
```

```
d2=d3+(A1z*(z*x1)*(B1z-1)-A2*x2*(B2-1))/(2*B^2);
B1=4/(1+4*B^4*x1^4);
A10=(k1/EI)*x1^2*exp(-(x0+x1)/x1)/(1+4*B^4*x1^4);
A1l=(k1/EI)*x1^2*exp((-l-x1)/x1)/(1+4*B^4*x1^4);
D10=q1*L^3/6+k1*x1^4*((((l+x1)/x1+1)*((L+l+x1)/x1)^2/2-((L+l)/
x1)*(((l+x1)/x1)^2+2*(l+x1)/x1+2))*exp((-l-x1)/x1)-((L+l+x1)/
x1+3)*exp((-L-l-x1)/x1))-po*Lk*(L^2/2-Lk*L/2)-(pk-po)*Lk*
(L^2/2-2*Lk*L/3)/2;
D20=k*Mx0/(2*B^2*EI)-A10*x1*(B1+x0/x1-1)/(2*B^2);
D30=k*Qx0/(2*B^3*EI)+A10*(B1+x0/x1-2)/(2*B^3);
D40=A1l*x1^3*(B1+l/x1+1)+q1/(4*B^4*EI);
D50=(k1*x1^5/EI)*(((l+x1)/x1+4)+((l+x1)/x1+1)*((l+x1)/x1)^3/6-
((l/x1)^2/2)*(((l+x1)/x1)^2+2*(l+x1)/x1+2))*exp((-l-x1)/x1);
D60=A1l*x1^2*(B1+l/x1);
D70=(k1*x1^4/EI)*(-((l+x1)/x1+3)+((l+x1)/x1+1)*((l+x1)/x1)^2/2
-(l/x1)*(((l+x1)/x1)^2+2*(l+x1)/x1+2))*exp((-l-x1)/x1);
D80=A1l*x1*(B1+l/x1-1);
D90=A1l*(B1+l/x1-2);
D100=(Ql*L^2/2-D10+po*Lk^3/6+(pk-po)*Lk^3/8)/(EI*B)+
(D60+D70)/B-L*D80/B;
D110=(D20*(sin(B*x0)*cosh(B*x0)+cos(B*x0)*sinh(B*x0))-D30*
sin(B*x0)*sinh(B*x0))/(sin(B*x0))^2;
D120=(D20*(sin(B*x0)*sinh(B*x0)+cos(B*x0)*cosh(B*x0))-D30*
sin(B*x0)*cosh(B*x0))/(sin(B*x0))^2;
a110=(cos(B*l)*sinh(B*l)+sin(B*l)*cosh(B*l)+2*B*L*cos(B*l)*
cosh(B*l))+((cos(B*l)*cosh(B*l)-sin(B*l)*sinh(B*l)-2*B*L*
sin(B*l)*cosh(B*l))*(sin(B*x0)*cos(B*x0)+sinh(B*x0)*cosh
(B*x0))-(cos(B*l)*sinh(B*l)-sin(B*l)*cosh(B*l)-2*B*L*
sin(B*l)*sinh(B*l))*(cosh(B*x0))^2)/(sin(B*x0))^2;
a120=(cos(B*l)*cosh(B*l)+sin(B*l)*sinh(B*l)+2*B*L*cos
(B*l)*sinh(B*l))+((cos(B*l)*cosh(B*l)-sin(B*l)*sinh
(B*l)-2*B*L*sin(B*l)*cosh(B*l))*(sinh(B*x0))^2+(cos
(B*l)*sinh(B*l)-sin(B*l)*cosh(B*l)-2*B*L*sin(B*l)*
sinh(B*l))*(sin(B*x0)*cos(B*x0)-sinh(B*x0)*cosh(B*
x0)))/(sin(B*x0))^2;
```

```
a210=(cos(B*l)*sinh(B*l)-sin(B*l)*cosh(B*l))-(cos(B*l)*
cosh(B*l)+sin(B*l)*sinh(B*l))*(sin(B*x0)*cos(B*x0)+sinh
(B*x0)*cosh(B*x0))/(sin(B*x0))^2+(cos(B*l)*sinh(B*l)+
sin(B*l)*cosh(B*l))*(cosh(B*x0))^2/(sin(B*x0))^2;
a220=(cos(B*l)*cosh(B*l)-sin(B*l)*sinh(B*l))-(cos(B*l)*
cosh(B*l)+sin(B*l)*sinh(B*l))*(sinh(B*x0))^2/(sin(B*
x0))^2-(cos(B*l)*sinh(B*l)+sin(B*l)*cosh(B*l))*
(sin(B*x0)*cos(B*x0)-sinh(B*x0)*cosh(B*
x0))/(sin(B*x0))^2;
b10=D100+(cos(B*l)*cosh(B*l)-sin(B*l)*sinh(B*l)-2*
B*L*sin(B*l)*cosh(B*l))*D110-(cos(B*l)*sinh(B*
l)-sin(B*l)*cosh(B*l)-2*B*L*sin(B*l)*
sinh(B*l))*D120;
b20=(EI*D90-Ql)/(2*B^3*EI)-(cos(B*l)*cosh(B*l)+sin(B*
l)*sinh(B*l))*D110+(cos(B*l)*sinh(B*l)+sin(B*l)
*cosh(B*l))*D120;
d30=(b10*a220-b20*a120)/(a110*a220-a120*a210);
d40=(a110*b20-a210*b10)/(a110*a220-a120*a210);
d50=(d30*(sin(B*x0)*cos(B*x0)+sinh(B*x0)*cosh(B*
x0))+d40*(sinh(B*x0))^2-D20*(sin(B*x0)*cosh(B*
x0)+cos(B*x0)*sinh(B*x0))+D30*sin(B*x0)*
sinh(B*x0))/(sin(B*x0))^2;
d60=(-d30*(cosh(B*x0))^2+d40*(sin(B*x0)*cos(B*
x0)-sinh(B*x0)*cosh(B*x0))+D20*(sin(B*x0)*
sinh(B*x0)+cos(B*x0)*cosh(B*x0))-D30*sin(B*
x0)*cosh(B*x0))/(sin(B*x0))^2;
Ml=2*EI*B^2*(cos(B*l)*(d30*cosh(B*l)+d40*sinh
(B*l))-sin(B*l)*(d50*cosh(B*l)+d60*
sinh(B*l)))+EI*D80;
c30=Ql*L^2/2-Ml*L-D10;
c10=c30+po*Lk^3/6+(pk-po)*Lk^3/8;
c10=EI*B*(d30*(cos(B*l)*sinh(B*l)+sin(B*l)*cosh(B*l))
+d40*(cos(B*l)*cosh(B*l)+sin(B*l)*sinh(B*l))+d50
*(cos(B*l)*cosh(B*l)-sin(B*l)*sinh(B*l))+d60*
(cos(B*l)*sinh(B*l)-sin(B*l)*cosh(B*
```

```
l)))-EI*(D60+D70);
c20=EI*(d30*sin(B*l)*sinh(B*l)+d40*sin(B*l)*
cosh(B*l)+d50*cos(B*l)*sinh(B*l)+d60*
cos(B*l)*cosh(B*l))+EI*(D40-D50)-c10*l;
c40=(c10-c30)*(l+Lk)+c20-po*Lk^4/8-11*(pk-po)*Lk^4/120;
%% 5 段式初次 _ 裂纹发生初始阶段弹性地基支承顶板弯矩分程序
x=-30:0.5/120:0;
Mx2=2*EI*B^2*exp(B*x).*(-d1*sin(B*x)+d2*cos(B*x))+(k2*x2^3*B2/4)*
(B2-(x+x2)/x2).*exp((x-x2)/x2);
plot(x,Mx2,'b');
hold on;
x=0:0.5/250:(x0+0.00001);
Mx21=2*EI*B^2*(d3*cos(B*x).*cosh(B*x)+d4*cos(B*x).*sinh(B*x)-d5*
sin(B*x).*cosh(B*x)-d6*sin(B*x).*sinh(B*x))+(k1z*(z*x1)^3*
B1z/4)*(B1z+(x-(z*x1))/(z*x1)).*exp((-x-(z*x1))/(z*x1));
plot(x,Mx21,'r');
hold on;
x=x0:0.5/30:l;
Mx22=2*EI*B^2*(d30*cos(B*x).*cosh(B*x)+d40*cos(B*x).*sinh(B*x)-
d50*sin(B*x).*cosh(B*x)-d60*sin(B*x).*sinh(B*x))+(k1*x1^3*
B1/4)*(B1+(x-x1)/x1).*exp((-x-x1)/x1);
plot(x,Mx22,'b');
hold on;
x=l:0.5/50:(l+Lk);
Mx11=Ml-Ql*(x-l)+q1*(x-l).^2/2+k1*x1^3*(((x+x1)/x1+2).*exp
((-x-x1)/x1)-(((l+x1)/x1)^2+2*(l+x1)/x1+2-((l+x1)/x1+1)*
((x+x1)/x1))*exp((-l-x1)/x1))-po*(x-l).^2/2-(pk-po)*
(x-l).^3/(6*Lk);
plot(x,Mx11,'r');
hold on;
x=(l+Lk):0.5/80:(l+L);
Mx12=Ml-Ql*(x-l)+q1*(x-l).^2/2+k1*x1^3*(((x+x1)/x1+2).*exp
((-x-x1)/x1)-(((l+x1)/x1)^2+2*(l+x1)/x1+2-((l+x1)/x1+1)
*(x+x1)/x1)*exp((-l-x1)/x1))-po*Lk*(x-l-Lk/2)-(pk-po)*
Lk*(x-l-2*Lk/3)/2;
```

```
plot(x,Mx12,'b');
hold on
%% 5 段式初次 _ 裂纹发生初始阶段弹性地基支承顶板剪力分程序
x=-30:0.5/100:0;
Qx2=2*EI*B^3*exp(B*x).*(-d1*(cos(B*x)+sin(B*x))+d2*(cos(B*x)-sin(B*
x)))+(k2*x2^2*B2/4)*(B2-x/x2-2).*exp((x-x2)/x2);
plot(x,Qx2,'b');
hold on;
x=0:0.5/80:(x0+0.00001);
Qx21=2*EI*B^3*(d3*(-sin(B*x).*cosh(B*x)+cos(B*x).*sinh(B*x))+d4*
(-sin(B*x).*sinh(B*x)+cos(B*x).*cosh(B*x))+d5*(-cos(B*x).*cosh
(B*x)-sin(B*x).*sinh(B*x))+d6*(-cos(B*x).*sinh(B*x)-sin(B*x).
*cosh(B*x)))-(k1z*(z*x1)^2*B1z/4)*(B1z+x/(z*x1)-2).*
exp((-x-(z*x1))/(z*x1));
plot(x,Qx21,'r');
hold on;
x=x0:0.5/100:(l+0.001);
Qx22=2*EI*B^3*(d30*(-sin(B*x).*cosh(B*x)+cos(B*x).*sinh(B*x))+d40*
(-sin(B*x).*sinh(B*x)+cos(B*x).*cosh(B*x))+d50*(-cos(B*x).*
cosh(B*x)-sin(B*x).*sinh(B*x))+d60*(-cos(B*x).*sinh(B*x)-sin(B*
x).*cosh(B*x)))-(k1*x1^2*B1/4)*(B1+x/x1-2).*exp((-x-x1)/x1);
plot(x,Qx22,'b');
Qx21=2*EI*B^3*(d30*(-sin(B*x).*cosh(B*x)+cos(B*x).*sinh(B*x))+d40*
(-sin(B*x).*sinh(B*x)+cos(B*x).*cosh(B*x))+d50*(-cos(B*x).*
cosh(B*x)-sin(B*x).*sinh(B*x))+d60*(-cos(B*x).*sinh(B*x)-sin(B*
x).*cosh(B*x)))-(k1*x1^2*B1/4)*(B1+x/x1-2).*exp((-x-x1)/x1);
plot(x,Qx21,'b');
hold on;
x=l:0.5/30:(l+Lk);
Qx11=-Ql+q1*(x-l)-po*(x-l)-(pk-po)*(x-l).^2/(2*Lk)+k1*x1^2*
(-((x+x1)/x1+1).*exp((-x-x1)/x1)+((l+x1)/x1+1)*exp((-l-x1)/x1));
plot(x,Qx11,'r');
hold on;
x=(l+Lk):0.5/50:(l+L);
Qx12=-Ql+q1*(x-l)-po*Lk-(pk-po)*Lk/2+k1*x1^2*(-((x+x1)/x1+1).
```

```
*exp((-x-x1)/x1)+((l+x1)/x1+1)*exp((-l-x1)/x1));
plot(x,Qx12,'b');
hold on
```

%% 5 段式初次 _ 裂纹发生初始阶段弹性地基支承顶板挠度分程序

```
x=-20:0.5/100:0;
yx2=exp(B*x).*(d1*cos(B*x)+d2*sin(B*x))+q2/(4*B^4*EI)+(k2/EI)*(x2^4*
B2/4)*(x2-x+x2*B2).*exp((x-x2)/x2);
plot(x,yx2,'b');
hold on;
x=0:0.5/500:(x0+0.00001);
yx21=d3*sin(B*x).*sinh(B*x)+d4*sin(B*x).*cosh(B*x)+d5*cos(B*x).*
sinh(B*x)+d6*cos(B*x).*cosh(B*x)+q1/(4*B^4*EI)+(k1z/EI)*((z*x1)^4*
B1z/4)*((z*x1)+x+(z*x1)*B1z).*exp((-x-(z*x1))/(z*x1));
plot(x,yx21,'r');
hold on;
x=x0:0.5/30:l;
yx22=d30*sin(B*x).*sinh(B*x)+d40*sin(B*x).*cosh(B*x)+d50*cos(B*x).*
sinh(B*x)+d60*cos(B*x).*cosh(B*x)+q1/(4*B^4*EI)+(k1/EI)*
(x1^4*B1/4)*(x1+x+x1*B1).*exp((-x-x1)/x1);
plot(x,yx22,'b');
hold on
%% k=0.97;z=0.63909; k=0.95; z=0.4353;
x=l:0.5/20:(l+Lk);
yx11=(Ml*(x-l).^2/2-Ql*(x-l).^3/6+q1*(x-l).^4/24+k1*x1^5*(((x+x1)/
x1+4).*exp((-x-x1)/x1)-((((l+x1)/x1)^2+2*(l+x1)/x1+2)*x.^2/(2*
x1^2)-((l+x1)/x1+1)*((x+x1)/x1).^3/6)*exp((-l-x1)/x1))-po*
(x-l).^4/24-(pk-po)*(x-l).^5/(120*Lk)+c10*x+c20)/EI;
plot(x,yx11,'r');
hold on;
x=(l+Lk):0.5/60:(l+L);
yx12=(Ml*(x-l).^2/2-Ql*(x-l).^3/6+q1*(x-l).^4/24+k1*x1^5*(((x+x1)/
x1+4).*exp((-x-x1)/x1)-((((l+x1)/x1)^2+2*(l+x1)/x1+2)*x.^2/(2*
x1^2)-((l+x1)/x1+1)*((x+x1)/x1).^3/6)*exp((-l-x1)/x1))-po*Lk*
((x-l).^3/6-Lk*(x-l).^2/4)-(pk-po)*Lk*((x-l).^3/6-Lk*(x-l).
^2/3)/2+c30*x+c40)/EI;
```

```
plot(x,yx12,'b');
hold on
```

%% 5 段式初次 _ 裂纹发生初始阶段顶板上覆荷载分布曲 f1(x), f2(x) 程序; x1=5.2 k=0.9; z=0.969087, z*x1=5.0392524; k=0.8; z=0.939324, z*x1=4.8844848; k=0.95; z=0.984428;

```
clear;
l=20;
L=14;
x2=12;
q2=6*10^6;
f2=q2*0.2;
k2=f2*exp(1)/x2
x=-100:0.5/100:0;
f2x=k2*(x2-x).*exp((x-x2)/x2);
Fx2=(f2x+q2);
plot(x,Fx2,'r');
hold on;
x1=4.8844848;
q1=0.15*10^6;
f1=q2+f2-q1
k1=f1*exp(1)/x1;
x=0:0.5/50:11.045;
f1x=k1*(x+x1).*exp((-x-x1)/x1);
Fx1=(f1x+q1);
plot(x,Fx1,'b');
hold on;
x=11.045:0.5/50:(l+L);
f1x=k1*(x+x1).*exp((-x-x1)/x1);
Fx1=(f1x+q1);
plot(x,Fx1,'r');
hold on;
```

附录5　2.1 节表达式计算程序

2.1 节程序符号与本节符号对照如下:

x3$\longleftrightarrow$ x_{c3}; f3$\longleftrightarrow$ f_{c3}; A1l3$\longleftrightarrow$ A_{1l_3}; Ml3$\longleftrightarrow$ M_{l_3}; Ql3$\longleftrightarrow$ Q_{l_3}; EIQx21$\longleftrightarrow$ $EIy_{21}^{(4)}(l_3)$ 其余同 1.2 节.

%% 5 段式周期来压软, 弹两区段支承顶板对不同的埋深 q2 计算出的 f3 值

```
q2=5*10^6, f2=0.22q2, x1=6.5m, x2=12,x3=7,l=15,l3=9,L=14; f3=7.1437
46*10^6=1.429q2;
q2=6*10^6,f2=0.22q2, x1=6.5m,x2=12,x3=7,l=15,l3=9,L=14;f3=8.62306*
10^6=1.437q2;
q2=7*10^6, f2=0.22q2, x1=6.5m, x2=12,x3=7,l=15,l3=9,L=14; f3=10.
102365*10^6=1.443q2;
```

%% 5 段式周期 _ 软, 弹两区段支承顶板主程序

```
clear;
q1=0.15*10^6;
q2=7*10^6;
f2=0.22*q2;
f1=f2+q2-q1;
f3=10.102365*10^6
x1=6.5;
x2=12;
x3=7;
k1=f1*exp(1)/x1;
k2=f2*exp(1)/x2;
k3=f3*exp(1)/x3;
h=6;
I=h^3/12;
E=25*10^9;
EI=E*I;
C=0.8*10^9;
B=(C/(4*EI))^0.25;
```

```
l=15;
l3=9;
L=14;
Lk=4;
po=0.9*10^6;
pk=1.2*po;
B1=4/(1+4*B^4*x1^4);
B2=4/(1+4*B^4*x2^4);
A1=(k1/EI)*x1^2*exp(-1)/(1+4*B^4*x1^4);
A2=(k2/EI)*x2^2*exp(-1)/(1+4*B^4*x2^4);
A1l3=(k1/EI)*x1^2*exp((-l3-x1)/x1)/(1+4*B^4*x1^4);
Qm=0*10^6;
Mm=0*10^6;
Ql=Qm+q1*L+k1*x1^2*(((l+x1)/x1+1)*exp((-l-x1)/x1)-((L+l+x1)/x1+1)*
exp((-L-l-x1)/x1))-po*Lk-(pk-po)*Lk/2;
Ml=Mm+Qm*L+q1*L^2/2+k1*x1^3*(((l+x1)/x1+2)*exp((-l-x1)/x1)-
((L+l+x1)/x1+2+(L/x1)*((L+l+x1)/x1+1))*exp((-L-l-x1)/x1))
-po*Lk^2/2-(pk-po)*Lk^2/3;
D1=(A1*x1^2*B1+A2*x2^2*B2)/(2*B)+(A1*x1*(B1-1)-A2*x2*(B2-1))/(2*B^2)
+(A1*(B1-2)+A2*(B2-2))/(4*B^3);
D2=(q1-q2)/(4*B^4*EI)+A1*x1^3*(B1+1)-A2*x2^3*(B2+1)+(A1*x1^2*
B1+A2*x2^2*B2)/(2*B)-(A1*(B1-2)+A2*(B2-2))/(4*B^3);
D3=q1/(4*B^4*EI)+A1l3*x1^3*(B1+l3/x1+1);
D4=(k1*x1^5*((l3+x1)/x1+4)*exp((-l3-x1)/x1)-5*k3*x3^5*exp(-1))/EI;
D5=A1l3*x1^2*(B1+l3/x1);
D6=(-k1*x1^4*((l3+x1)/x1+3)*exp((-l3-x1)/x1)-4*k3*x3^4*exp(-1))/EI;
D7=A1l3*x1*(B1+l3/x1-1);
D8=(k1*x1^3*((l3+x1)/x1+2)*exp((-l3-x1)/x1)-3*k3*x3^3*exp(-1))/EI;
D9=A1l3*(B1+l3/x1-2);
D10=(-k1*x1^2*((l3+x1)/x1+1)*exp((-l3-x1)/x1)-2*k3*x3^2*exp(-1))/EI;
g1=-Ql-q1*(l-l3)+k1*x1^2*((l+x1)/x1+1)*exp((-l-x1)/x1)+k3*x3^2*
((l3+x3-l)/x3+1)*exp((l-l3-x3)/x3);
g2=Ml-g1*(l-l3)-q1*(l-l3)^2/2-k1*x1^3*((l+x1)/x1+2)*exp((-l-x1)/
x1)+k3*x3^3*((l3+x3-l)/x3+2)*exp((l-l3-x3)/x3);
a11=cos(B*l3)*(sinh(B*l3)+cosh(B*l3));
```

```
a12=-sin(B*l3)*(sinh(B*l3)+cosh(B*l3));
a21=(cos(B*l3)-sin(B*l3))*(sinh(B*l3)+cosh(B*l3));
a22=-(cos(B*l3)+sin(B*l3))*(sinh(B*l3)+cosh(B*l3));
G1=g2+k1*x1^3*((l3+x1)/x1+2)*exp((-l3-x1)/x1)-3*k3*x3^3*exp(-1);
G2=g1-k1*x1^2*((l3+x1)/x1+1)*exp((-l3-x1)/x1)-2*k3*x3^2*exp(-1);
b1=(G1/EI-D7)/(2*B^2)-D1*cos(B*l3)*sinh(B*l3)+D2*sin(B*l3)*cosh(B*l3);
b2=(G2/EI+D9)/(2*B^3)+D1*(sin(B*l3)*sinh(B*l3)-cos(B*l3)*
cosh(B*l3))+D2*(sin(B*l3)*sinh(B*l3)+cos(B*l3)*cosh(B*l3));
d3=(b1*a22-b2*a12)/(a11*a22-a12*a21);
d6=(a11*b2-a21*b1)/(a11*a22-a12*a21);
d1=d6+(q1-q2)/(4*B^4*EI)+A1*x1^3*(B1+1)-A2*x2^3*(B2+1);
d2=d3+(A1*x1*(B1-1)-A2*x2*(B2-1))/(2*B^2);
d4=d3+D1;
d5=d6+D2;
g3=EI*(-D5-D6)+EI*B*((cos(B*l3)*sinh(B*l3)+sin(B*l3)*cosh(B*l3))*
d3+(cos(B*l3)*cosh(B*l3)+sin(B*l3)*sinh(B*l3))*d4+(cos(B*l3)*
cosh(B*l3)-sin(B*l3)*sinh(B*l3))*d5+(cos(B*l3)*sinh(B*l3)
-sin(B*l3)*cosh(B*l3))*d6);
g4=EI*(D3-D4)+EI*(d3*sin(B*l3)*sinh(B*l3)+d4*sin(B*l3)*cosh
(B*l3)+d5*cos(B*l3)*sinh(B*l3)+d6*cos(B*l3)*cosh(B*l3));
D11=q1*(l-l3)^3/6-k3*x3^4*((l3+x3-l)/x3+3)*exp((l-l3-x3)/x3);
D12=k1*x1^4*exp((-l-x1)/x1)*((((l+x1)/x1)^2+2*(l+x1)/x1+2)*
(l+x1)/x1-0.5*((l+x1)/x1+1)*((l+x1)/x1)^2);
D13=q1*(l-l3)^4/24-k3*x3^5*((l3+x3-l)/x3+4)*exp((l-l3-x3)/x3);
D14=k1*x1^5*exp((-l-x1)/x1)*((((l+x1)/x1)^2+2*(l+x1)/x1+2)*
((l+x1)/x1)^2/2-(1/6)*((l+x1)/x1+1)*((l+x1)/x1)^3);
c1=g1*(l-l3)^2/2+g2*(l-l3)+g3+D11+D12;
c2=g1*(l-l3)^3/6+g2*(l-l3)^2/2+g3*(l-l3)+g4-c1*l+D13+D14;
c3=c1-po*Lk^3/6-(pk-po)*Lk^3/8;
c4=(c1-c3)*(l+Lk)+c2-po*Lk^4/8-11*(pk-po)*Lk^4/120;
%% 5 段式周期 _ 软, 弹两区段支承顶板弯矩分程序
x=-30:0.5/100:0;
Mx2=2*EI*B^2*exp(B*x).*(-d1*sin(B*x)+d2*cos(B*x))+(k2*x2^3*B2/4)*
(B2-(x+x2)/x2).*exp((x-x2)/x2);
plot(x,Mx2,'b');
```

```
hold on;
x=0:0.5/50:l3;
Mx21=2*EI*B^2*(d3*cos(B*x).*cosh(B*x)+d4*cos(B*x).*sinh(B*x)-d5*
sin(B*x).*cosh(B*x)-d6*sin(B*x).*sinh(B*x))+(k1*x1^3*B1/4)*
(B1+(x-x1)/x1).*exp((-x-x1)/x1);
plot(x,Mx21,'r');
hold on;
x=l3:0.5/30:l;
Mx22=q1*(x-l3).^2/2+k1*x1^3*((x+x1)/x1+2).*exp((-x-x1)/x1)-k3*
x3^3*((l3+x3-x)/x3+2).*exp((x-l3-x3)/x3)+g1*(x-l3)+g2;
plot(x,Mx22,'b');
hold on;
x=l:0.5/20:(l+Lk);
M11=Ml-Ql*(l-l)+q1*(l-l).^2/2+k1*x1^3*(((l+x1)/x1+2).*exp
((-l-x1)/x1)-(((l+x1)/x1)^2+2*(l+x1)/x1+2-((l+x1)/x1+1)*
((l+x1)/x1))*exp((-l-x1)/x1))-po*(l-l).^2/2-(pk-po)*
(l-l).^3/(6*Lk)
Mx11=Ml-Ql*(x-l)+q1*(x-l).^2/2+k1*x1^3*(((x+x1)/x1+2).*
exp((-x-x1)/x1)-(((l+x1)/x1)^2+2*(l+x1)/x1+2-((l+x1)/x1+1)*
((x+x1)/x1))*exp((-l-x1)/x1))-po*(x-l).^2/2-(pk-po)*
(x-l).^3/(6*Lk);
plot(x,Mx11,'r');
hold on;
x=(l+Lk):0.5/40:(l+L);
Mx12=Ml-Ql*(x-l)+q1*(x-l).^2/2+k1*x1^3*(((x+x1)/x1+2).*
exp((-x-x1)/x1)-(((l+x1)/x1)^2+2*(l+x1)/x1+2-((l+x1)/
x1+1)*(x+x1)/x1)*exp((-l-x1)/x1))-po*Lk*(x-l-Lk/2)-
(pk-po)*Lk*(x-l-2*Lk/3)/2;
plot(x,Mx12,'b');
hold on
%% 5 段式周期_软, 弹两区段支承顶板剪力分程序
x=-30:0.5/100:0;
Qx2=2*EI*B^3*exp(B*x).*(-d1*(cos(B*x)+sin(B*x))+d2*(cos(B*x)-sin(B*
x)))+(k2*x2^2*B2/4)*(B2-x/x2-2).*exp((x-x2)/x2);
plot(x,Qx2,'b');
```

```
hold on;
x=0:0.5/20:l3;
Qx21=2*EI*B^3*(d3*(cos(B*x).*sinh(B*x)-sin(B*x).*cosh(B*x))+d4*
(cos(B*x).*cosh(B*x)-sin(B*x).*sinh(B*x))-d5*(cos(B*x).*cosh(B*
x)+sin(B*x).*sinh(B*x))-d6*(cos(B*x).*sinh(B*x)+sin(B*x).*
cosh(B*x)))-(k1*x1^2*B1/4)*(B1+x/x1-2).*exp((-x-x1)/x1);
plot(x,Qx21,'r');
hold on;
x=l3:0.5/30:l;
Qx22=q1*(x-l3)-(k1*x1^2)*((x+x1)/x1+1).*exp((-x-x1)/x1)-k3*x3^2*
((l3+x3-x)/x3+1).*exp((x-l3-x3)/x3)+g1;
plot(x,Qx22,'b');
hold on;
x=l:0.5/20:(l+Lk);
Qx11=-Ql+q1*(x-l)+k1*x1^2*(-((x+x1)/x1+1).*exp((-x-x1)/x1)+
((l+x1)/x1+1)*exp((-l-x1)/x1))-po*(x-l)-(pk-po)*(x-l).^2/(2*Lk);
plot(x,Qx11,'r');
hold on;
x=(l+Lk):0.5/50:(l+L);
Qx12=-Ql+q1*(x-l)-po*Lk-(pk-po)*Lk/2+k1*x1^2*(-((x+x1)/x1+1).*
exp((-x-x1)/x1)+((l+x1)/x1+1)*exp((-l-x1)/x1));
plot(x,Qx12,'b');
hold on
%% 5 段式周期 _ 软, 弹两区段支承顶板挠度分程序
x=-20:0.5/100:0;
yx2=exp(B*x).*(d1*cos(B*x)+d2*sin(B*x))+q2/(4*B^4*EI)+(k2/EI)*(x2^5*
B2/4)*(B2-x/x2+1).*exp((x-x2)/x2);
plot(x,yx2,'b');
hold on;
x=0:0.5/50:l3;
yx21=d3*sin(B*x).*sinh(B*x)+d4*sin(B*x).*cosh(B*x)+d5*cos(B*x).*
sinh(B*x)+d6*cos(B*x).*cosh(B*x)+q1/(4*B^4*EI)+(k1/EI)*(x1^5*
B1/4)*(B1+x/x1+1).*exp((-x-x1)/x1);
plot(x,yx21,'r');
hold on;
```

```
x=l3:0.5/20:l;
yx22=(q1*(x-l3).^4/24+k1*x1^5*((x+x1)/x1+4).*exp((-x-x1)/x1)-k3*
x3^5*((x3-x+l3)/x3+4).*exp((x-l3-x3)/x3)+g1*(x-l3).^3/6+g2*
(x-l3).^2/2+g3*(x-l3)+g4)/EI;
plot(x,yx22,'b');
hold on;
x=l:0.5/25:(l+Lk);
yx11=(Ml*(x-l).^2/2-Ql*(x-l).^3/6+q1*(x-l).^4/24+k1*x1^5*(((x+x1)/
x1+4).*exp((-x-x1)/x1)-((((l+x1)/x1)^2+2*(l+x1)/x1+2)*((x+x1)/
x1).^2/2-((l+x1)/x1+1)*((x+x1)/x1).^3/6)*exp((-l-x1)/x1))-po*
(x-l).^4/24-(pk-po)*(x-l).^5/(120*Lk)+c1*x+c2)/EI;
plot(x,yx11,'r');
hold on;
x=(l+Lk):0.5/40:(l+L);
yx12=(Ml*(x-l).^2/2-Ql*(x-l).^3/6+q1*(x-l).^4/24+k1*x1^5*(((x+x1)/
x1+4).*exp((-x-x1)/x1)-((((l+x1)/x1)^2+2*(l+x1)/x1+2)*((x+x1)/
x1).^2/2-((l+x1)/x1+1)*((x+x1)/x1).^3/6)*exp((-l-x1)/x1))-po*
Lk*((x-l).^3/6-Lk*(x-l).^2/4)-(pk-po)*Lk*((x-l).^3/6-Lk*
(x-l).^2/3)/2+c3*x+c4)/EI;
plot(x,yx12,'b')
hold on
%% 5 段式周期 _ 软, 弹两区段 _ 支承压力计算曲线分程序 (适用 2.1, 2.2 节)
x=-30:0.5/100:0;
Cyx2=C*(exp(B*x).*(d1*cos(B*x)+d2*sin(B*x))+q2/(4*B^4*EI)+(k2/EI)*
(x2^5*B2/4)*(B2-x/x2+1).*exp((x-x2)/x2));
plot(x,Cyx2,'b');
hold on;
x=0:0.5/50:l3;
Cyx21=C*(d3*sin(B*x).*sinh(B*x)+d4*sin(B*x).*cosh(B*x)+d5*cos(B*x).
*sinh(B*x)+d6*cos(B*x).*cosh(B*x)+q1/(4*B^4*EI)+(k1/EI)*
(x1^5*B1/4)*(B1+x/x1+1).*exp((-x-x1)/x1));
plot(x,Cyx21,'r');
hold on;
x=l3:0.5/20:l;
f3x=k3*(x3-x+l3).*exp((x-l3-x3)/x3);
```

```
plot(x,f3x,'r');
hold on
```

%% 5 段式周期 _ 软, 弹两区段支承 $\_x = l_3$ 处 EIy^4 曲线连续兼计算 f3 的分程序 (适用 2.1, 2.2 节)

```
x=0:0.5/20:l3;
EIQx21=q1+k1*(x+x1).*exp((-x-x1)/x1)-4*B^4*EI*(d3*sin(B*x).*sinh(B*x)+
d4*sin(B*x).*cosh(B*x)+d5*cos(B*x).*sinh(B*x)+d6*cos(B*x).*cosh(B*x)+
q1/(4*B^4*EI)+(k1/EI)*(x1^5*B1/4)*(B1+x/x1+1).*exp((-x-x1)/x1));
plot(x,EIQx21,'r');
hold on;
x=l3:0.5/15:l;
EIQx22=q1+k1*(x+x1).*exp((-x-x1)/x1)-k3*(l3+x3-x).*exp((x-l3-x3)/x3);
plot(x, EIQx22,'b');
hold on
```

附录6　2.2 节表达式计算程序

2.2 节程序符号与本节符号对照同 2.1 节.

半悬顶距离 L=(20, 22, 24)m 变动时计算出的 f3 值:

```
L=20;x1=6.5;x3=7;  q2=6; f3=8.5198=1.42*q2;
L=22;x1=6.5;x3=6.9;q2=6; f3=8.84138=1.474*q2;
L=24;x1=6.5;x3=6.8;q2=6; f3=9.154285=1.526*q2;
```

%% 5 段式初次 _ 软, 弹两区段支承顶板主程序

```
clear;
q1=0.15*10^6;
q2=6*10^6;
f2=0.22*q2;
f1=f2+q2-q1;
f3=9.154285*10^6
x1=6.5;
x2=12;
x3=6.8;
k1=f1*exp(1)/x1;
k2=f2*exp(1)/x2;
k3=f3*exp(1)/x3;
h=6;
I=h^3/12;
E=25*10^9;
EI=E*I;
C=0.8*10^9;
B=(C/(4*EI))^0.25;
l=15;
l3=9;
L=24;
Lk=4;
po=0.9*10^6;
```

```
pk=1.2*po;
B1=4/(1+4*B^4*x1^4);
B2=4/(1+4*B^4*x2^4);
A1=(k1/EI)*x1^2*exp(-1)/(1+4*B^4*x1^4);
A2=(k2/EI)*x2^2*exp(-1)/(1+4*B^4*x2^4);
A1l3=(k1/EI)*x1^2*exp((-l3-x1)/x1)/(1+4*B^4*x1^4);
Ql=q1*L+k1*x1^2*(((l+x1)/x1+1)*exp((-l-x1)/x1)-((L+l+x1)/x1+1)*exp
((-L-l-x1)/x1))-po*Lk-(pk-po)*Lk/2;
Ql3=Ql+q1*(l-l3)+k1*x1^2*(((l3+x1)/x1+1)*exp((-l3-x1)/x1)-((l+x1)/
x1+1)*exp((-l-x1)/x1))-k3*x3^2*(((l3+x3-l)/x3+1)*exp((l-l3-x3)/
x3)-2*exp(-1));
D1=q1*L^3/6+k1*x1^4*((((l+x1)/x1+1)*((L+l+x1)/x1)^2/2-
((L+l+x1)/x1)*(((l+x1)/x1)^2+2*(l+x1)/x1+2))*exp((-l-x1)/
x1)-((L+l+x1)/x1+3)*exp((-L-l-x1)/x1))-po*Lk*(L^2/2-Lk*L/2)-
(pk-po)*Lk*(L^2/2-2*Lk*L/3)/2;
D2=-Ql3*(l-l3)^3/6+q1*(l-l3)^4/24+k1*x1^5*(((l+x1)/x1)^3*
((l3+x1)/x1+1)/6-((l+x1)/x1)^2*(((l3+x1)/x1)^2+2*(l3+x1)/x1+2)/
2)*exp((-l3-x1)/x1)-k3*x3^5*(((l3+x3-l)/x3+4)*exp((l-l3-x3)/
x3)+exp(-1)*((l3+x3-l)/x3)^3/3-5*exp(-1)*((l3+x3-l)/x3)^2/2);
D3=(-k1*x1^5)*(((l+x1)/x1)^4/3+5*((l+x1)/x1)^3/6+((l+x1)/x1)^2)*
exp((-l-x1)/x1);
D4=-Ql3*(l-l3)^2/2+q1*(l-l3)^3/6+k1*x1^4*(((l+x1)/x1)^2*
((l3+x1)/x1+1)/2-((l+x1)/x1)*(((l3+x1)/x1)^2+2*(l3+x1)/x1+2))*
exp((-l3-x1)/x1)-k3*x3^4*(((l3+x3-l)/x3+3)*exp((l-l3-x3)/x3)
-exp(-1)*((l3+x3-l)/x3)^2+5*exp(-1)*((l3+x3-l)/x3));
D5=(-k1*x1^4)*(((l+x1)/x1)^3/2+3*((l+x1)/x1)^2/2+2*(l+x1)/x1)*
exp((-l-x1)/x1);
D6=Ql*(l-l3)+q1*(l-l3)^2/2+k1*x1^3*(((l3+x1)/x1+2)*
exp((-l3-x1)/x1)-(((l+x1)/x1)^2+2*(l+x1)/x1+2-((l+x1)/
x1+1)*(l3+x1)/x1)*exp((-l-x1)/x1))-k3*x3^3*(3*exp(-1)-(((l-l3-
x3)/x3)^2-(l-l3-x3)/x3+1)*exp((l-l3-x3)/x3));
D7=-D4+D5-D6*(l-l3)+(Ql*L^2/2-D1+po*Lk^3/6+(pk-po)*Lk^3/8);
D8=(A1*x1^2*B1+A2*x2^2*B2)/(2*B)+(A1*x1*(B1-1)-A2*x2*(B2-1))/(2*B^2)
+(A1*(B1-2)+A2*(B2-2))/(4*B^3);
D9=(q1-q2)/(4*B^4*EI)+A1*x1^3*(B1+1)-A2*x2^3*(B2+1)+(A1*x1^2*B1+A2*
```

```
x2^2*B2)/(2*B)-(A1*(B1-2)+A2*(B2-2))/(4*B^3);
A1l3=(k1/EI)*x1^2*exp((-l3-x1)/x1)/(1+4*B^4*x1^4);
D10=A1l3*x1^3*(B1+l3/x1+1)+q1/(4*B^4*EI);
D11=(k1*x1^5/EI)*(-((l3+x1)/x1)^4/3-5*((l3+x1)/x1)^3/6-
((l3+x1)/x1)^2+(l3+x1)/x1+4)*exp((-l3-x1)/x1)-17/(6*
EI)*k3*x3^5*exp(-1);
D12=A1l3*x1^2*(B1+l3/x1);
D13=(-k1*x1^4/EI)*(((l3+x1)/x1)^3/2+3*((l3+x1)/x1)^2/2+3*
(l3+x1)/x1+3)*exp((-l3-x1)/x1)-(8/EI)*k3*x3^4*exp(-1);
D14=A1l3*x1*(B1+l3/x1-1);
D15=A1l3*(B1+l3/x1-2);
D16=D7/(B*EI)+(D12+D13)/B+(l-l3+L)*D6/(B*EI)-(l-l3+L)*D14/B;
a11=(cos(B*l3)+sin(B*l3)+2*B*(l-l3+L)*cos(B*l3))*
(sinh(B*l3)+cosh(B*l3 ));
a12=(cos(B*l3)-sin(B*l3)-2*B*(l-l3+L)*sin(B*l3))*
(sinh(B*l3)+cosh(B*l3));
a21=(cos(B*l3)-sin(B*l3))*(sinh(B*l3)+cosh(B*l3));
a22=-(cos(B*l3)+sin(B*l3))*(sinh(B*l3)+cosh(B*l3));
b1=D16-D8*(cos(B*l3)*cosh(B*l3)+sin(B*l3)*sinh(B*l3)+2*
B*(l-l3+L)*cos(B*l3)*sinh(B*l3))+D9*(sin(B*l3)*sinh(B*
l3)-cos(B*l3)*cosh(B*l3)+2*B*(l-l3+L)*
sin(B*l3)*cosh(B*l3));
b2=(D15*EI-Ql3)/(2*B^3*EI)+D8*(sin(B*l3)*sinh(B*l3)-cos(B*l3)*
cosh(B*l3))+D9*(sin(B*l3)*sinh(B*l3)+cos(B*l3)*cosh(B*l3));
d3=(b1*a22-b2*a12)/(a11*a22-a12*a21);
d6=(a11*b2-a21*b1)/(a11*a22-a12*a21);
d1=d6+(q1-q2)/(4*B^4*EI)+A1*x1^3*(B1+1)-A2*x2^3*(B2+1);
d2=d3+(A1*x1*(B1-1)-A2*x2*(B2-1))/(2*B^2);
d4=d3+D8;
d5=d6+D9;
g1=EI*B*(d3*(cos(B*l3)*sinh(B*l3)+sin(B*l3)*cosh(B*l3))+d4*
(cos(B*l3)*cosh(B*l3)+sin(B*l3)*sinh(B*l3))+d5*(cos(B*l3)*
cosh(B*l3)-sin(B*l3)*sinh(B*l3))+d6*(cos(B*l3)*sinh(B*l3)
-sin(B*l3)*cosh(B*l3)))-EI*(D12+D13);
g2=EI*(d3*sin(B*l3)*sinh(B*l3)+d4*sin(B*l3)*cosh(B*l3)+d5*
```

```
cos(B*l3)*sinh(B*l3)+d6*cos(B*l3)*cosh(B*l3))+EI*(D10-D11);
Ml=(D7-g1)/(l-l3+L);
Ml3=Ml+D6;
c1=g1+D4-D5+(l-l3)*Ml3;
c2=Ml3*(l-l3)^2/2+D2-D3+g1*(l-l3)+g2-c1*l;
c3=Ql*L^2/2-Ml*L-D1;
c1=c3+po*Lk^3/6+(pk-po)*Lk^3/8;
c4=(c1-c3)*(l+Lk)+c2-po*Lk^4/8-11*(pk-po)*Lk^4/120;
%% 5 段式初次 _ 软, 弹两区段支承顶板弯矩分程序
x=-30:0.5/100:0;
Mx2=2*EI*B^2*exp(B*x).*(-d1*sin(B*x)+d2*cos(B*x))+(k2*x2^3*B2/4)*
(B2-(x+x2)/x2).*exp((x-x2)/x2);
plot(x,Mx2,'b');
hold on;
x=0:0.5/30:l3;
Mx21=2*EI*B^2*(d3*cos(B*x).*cosh(B*x)+d4*cos(B*x).*sinh(B*x)-d5*
sin(B*x).*cosh(B*x)-d6*sin(B*x).*sinh(B*x))+(k1*x1^3*B1/4)*
(B1+(x-x1)/x1).*exp((-x-x1)/x1);
plot(x,Mx21,'r');
hold on;
x=l3:0.5/20:l;
Mx22=Ml3-Ql3*(x-l3)+q1*(x-l3).^2/2+k1*x1^3*(((x+x1)/x1+2).*exp
((-x-x1)/x1)-(((l3+x1)/x1)^2+2*(l3+x1)/x1+2-((l3+x1)/x1+1)*
(x+x1)/x1)*exp((-l3-x1)/x1))-k3*x3^3*(((l3+x3-x)/x3+2).*exp
((x-l3-x3)/x3)+2*((l3+x3-x)/x3)*exp(-1)-5*exp(-1));
plot(x,Mx22,'b');
x=l:0.5/20:(l+Lk);
Mx1=Ml-Ql*(x-l)+q1*(x-l).^2/2+k1*x1^3*(((x+x1)/x1+2).*exp
((-x-x1)/x1)-(((l+x1)/x1)^2+2*(l+x1)/x1+2-((l+x1)/x1+1)*
((x+x1)/x1))*exp((-l-x1)/x1))-po*(x-l).^2/2-(pk-po)*
(x-l).^3/(6*Lk);
plot(x,Mx1,'r');
hold on;
x=(l+Lk):0.5/30:(l+L);
Mx12=Ml-Ql*(x-l)+q1*(x-l).^2/2+k1*x1^3*(((x+x1)/x1+2).*
```

```
exp((-x-x1)/x1)-((((l+x1)/x1)^2+2*(l+x1)/x1+2-((l+x1)/
x1+1)*(x+x1)/x1)*exp((-l-x1)/x1))-po*Lk*(x-l-Lk/2)-
(pk-po)*Lk*(x-l-2*Lk/3)/2;
plot(x,Mx12,'b');
hold on
%% 5 段式初次 _ 软,弹两区段支承顶板剪力分程序
x=-30:0.5/100:0;
Qx2=2*EI*B^3*exp(B*x).*(-d1*(cos(B*x)+sin(B*x))+d2*(cos(B*x)-sin(B*
x)))+(k2*x2^2*B2/4)*(B2-x/x2-2).*exp((x-x2)/x2);
plot(x,Qx2,'b');
hold on;
x=0:0.5/30:l3;
Qx21=2*EI*B^3*(d3*(-sin(B*x).*cosh(B*x)+cos(B*x).*sinh(B*x))+d4*
(-sin(B*x).*sinh(B*x)+cos(B*x).*cosh(B*x))+d5*(-cos(B*x).*cosh(B*x)-
sin(B*x).*sinh(B*x))+d6*(-cos(B*x).*sinh(B*x)
-sin(B*x).*cosh(B*x)))-(k1*x1^2*B1/4)*(B1+x/x1-2).
*exp((-x-x1)/x1);
plot(x,Qx21,'r');
hold on;
x=l3:0.5/15:l;
Qx22=-Ql3+q1*(x-l3)+k1*x1^2*(-((x+x1)/x1+1).*exp((-x-x1)/x1)+
((l3+x1)/x1+1)*exp((-l3-x1)/x1))-k3*x3^2*(((l3+x3-x)/x3+1).*
exp((x-l3-x3)/x3)-2*exp(-1));
plot(x,Qx22,'b');
hold on;
x=l:0.5/30:(l+Lk);
Qx11=-Ql+q1*(x-l)-po*(x-l)-(pk-po)*(x-l).^2/(2*Lk)+k1*x1^2*
(-((x+x1)/x1+1).*exp((-x-x1)/x1)+((l+x1)/x1+1)*
exp((-l-x1)/x1));
plot(x,Qx11,'b');
hold on;
x=(l+Lk):0.5/30:(l+L);
Qx12=-Ql+q1*(x-l)-po*Lk-(pk-po)*Lk/2+k1*x1^2*(-((x+x1)/x1+1).*
exp((-x-x1)/x1)+(l+x1)/x1+1)*exp((-l-x1)/x1));
plot(x,Qx12,'r');
```

```
hold on
%% 5 段式初次 _ 软, 弹两区段支承顶板挠度分程序
x=-25:0.5/100:0;
yx2=exp(B*x).*(d1*cos(B*x)+d2*sin(B*x))+q2/(4*B^4*EI)+(k2/EI)*(x2^5*
B2/4)*(B2-x/x2+1).*exp((x-x2)/x2);
plot(x,yx2,'b');
hold on;
x=0:0.5/30:l3;
yx21=d3*sin(B*x).*sinh(B*x)+d4*sin(B*x).*cosh(B*x)+d5*cos(B*x).*
sinh(B*x)+d6*cos(B*x).*cosh(B*x)+q1/(4*B^4*EI)+(k1/EI)*(x1^5*
B1/4)*(B1+x/x1+1).*exp((-x-x1)/x1);
plot(x,yx21,'r');
hold on;
x=l3:0.5/20:l;
yx22=(1/EI)*(Ml3*(x-l3).^2/2-Ql3*(x-l3).^3/6+q1*(x-l3).^4/24+k1*
x1^5*(((x+x1)/x1+4).*exp((-x-x1)/x1)-((((l3+x1)/x1)^2+2*
(l3+x1)/x1+2)*((x+x1)/x1).^2/2-((l3+x1)/x1+1)*((x+x1)/
x1).^3/6)*exp((-l3-x1)/x1))-k3*x3^5*(((l3+x3-x)/x3+4).*
exp((x-l3-x3)/x3)+exp(-1)*((l3+x3-x)/x3).^3/3-5*exp(-1)*
((l3+x3-x)/x3).^2/2)+g1*(x-l3)+g2);
plot(x,yx22,'b');
hold on; c3=Ql*L^2/2-Ml*L-D1
x=l:0.5/20:(l+Lk);
yx1=(1/EI)*(Ml*(x-l).^2/2-Ql*(x-l).^3/6+q1*(x-l).^4/24+k1*x1^5*
(((x+x1)/x1+4).*exp((-x-x1)/x1)-((((l+x1)/x1)^2+2*(l+x1)/
x1+2)*((x+x1)/x1).^2/2-((l+x1)/x1+1)*((x+x1)/x1).^3/6)*
exp((-l-x1)/x1))-po*(x-l).^4/24-(pk-po)*(x-l).^5/(120*
Lk)+c1*x+c2);
plot(x,yx1,'b');
hold on;
x=(l+Lk):0.5/40:(l+L);
yx12=(1/EI)*(Ml*(x-l).^2/2-Ql*(x-l).^3/6+q1*(x-l).^4/24+k1*
x1^5*(((x+x1)/x1+4).*exp((-x-x1)/x1)-((((l+x1)/x1)^2+2*
(l+x1)/x1+2)*((x+x1)/x1).^2/2-((l+x1)/x1+1)*((x+x1)/
x1).^3/6)*exp((-l-x1)/x1))-po*Lk*((x-l).^3/6-Lk*
```

```
(x-l).^2/4)-(pk-po)*Lk*((x-l).^3/6-Lk*(x-l).^2/3)/2+c3*x+c4);
plot(x,yx12,'r');
hold on
```

附录7　3.1 节表达式计算程序

3.1 节程序符号与本节符号对照如下:

A1l3⟷ A_{1l_3}; Qo⟷ Q_o Mo⟷ M_o; D01⟷2.1 节 D6; 其余同 2.1 节.

软化区尺度参数 x3=7, 8, 9 变动时的 f3 值:

```
l=16;l3=9;L=14;x1=8;x2=12;x3=7;x4=2;f3=10.499726*10^6=1.75q2,
l=16;l3=9;L=14;x1=8;x2=12;x3=8;x4=2;f3=9.702078*10^6=1.617q2,
l=16;l3=9;L=14;x1=8;x2=12;x3=9;x4=2;f3=9.260573*10^6=1.542q2,
```

硬化区尺度参数 x4=1,2,3 变动时的 f3 值:

```
l=16;l3=9;L=14;x1=8;x2=12;x3=8;x4=1;f3=10.350102*10^6=1.725q2,
l=16;l3=9;L=14;x1=8;x2=12;x3=8;x4=2;f3=9.702078*10^6=1.617q2,
l=16;l3=9;L=14;x1=8;x2=12;x3=8;x4=3;f3=9.3187*10^6=1.553q2,
```

```
%% 5 段式周期 _ 软, 硬, 弹三区段支承顶板主程序
clear;
x1=8;
x2=12;
x3=8
x4=3
l3=9;
l=16;L=14;
Lk=4;
q1=0.15*10^6;
q2=6*10^6;
f2=0.22*q2;
f1=q2+f2-q1;
f3=9.3187*10^6
f4=f3-q2;
po=0.9*10^6;
pk=1.2*10^6;
C=0.8*10^9;
h=6;
```

```
I=h^3/12;
E=25*10^9;
EI=E*I;
B=(C/(4*EI))^0.25;
k1=f1*exp(1)/x1;
k2=f2*exp(1)/x2;
k3=f3*exp(1)/x3;
k4=f4*exp(1)/x4;
B2=4/(1+4*B^4*x2^4);
A2=(k2/EI)*x2^2*exp(-1)/(1+4*B^4*x2^4);
A1l3=(k1/EI)*x1^2*exp((-l3-x1)/x1)/(1+4*B^4*x1^4);
Ql=q1*L+k1*x1^2*(((l+x1)/x1+1)*exp((-l-x1)/x1)-((L+l+x1)/x1+1)*exp
((-L-l-x1)/x1))-po*Lk-(pk-po)*Lk/2;
Ql3=Ql+q1*(l-l3)+k1*x1^2*(((l3+x1)/x1+1)*exp((-l3-x1)/x1)-((l+x1)/
x1+1)*exp((-l-x1)/x1))-k3*x3^2*(((l3+x3-l)/x3+1)*exp((l-l3-x3)/
x3)-2*exp(-1));
Qo=Ql3+(q1-q2)*l3+k1*x1^2*(2*exp(-1)-((l3+x1)/x1+1)*exp((-l3-x1)/x1))
-k4*x4^2*(2*exp(-1)-((l3+x4)/x4+1)*exp((-l3-x4)/x4));
Ml=q1*L^2/2+k1*x1^3*(((l+x1)/x1+2)*exp((-l-x1)/x1)-((L+l+x1)/x1+2+
(L/x1)*((L+l+x1)/x1+1))*exp((-L-l-x1)/x1))-po*Lk^2/2-(pk-po)*Lk^2/3;
D01=Ql*(l-l3)+q1*(l-l3)^2/2+k1*x1^3*(((l3+x1)/x1+2)*exp((-l3-x1)/
x1)-(((l+x1)/x1)^2+2*(l+x1)/x1+2-((l+x1)/x1+1)*(l3+x1)/x1)*exp
((-l-x1)/x1))-k3*x3^3*(3*exp(-1)-(((l-l3-x3)/x3)^2-(l-l3-x3)/
x3+1)*exp((l-l3-x3)/x3));
D02=Ql3*l3+(q1-q2)*l3^2/2+k1*x1^3*(3*exp(-1)-(((l3+x1)/x1)^2+
(l3+x1)/x1+1)*exp((-l3-x1)/x1))+k4*x4^3*(exp(-1)*(5-2*(l3+
x4)/x4)-(2+(l3+x4)/x4)*exp((-l3-x4)/x4));
Ml3=Ml+D01;
Mo=Ml3+D02;
D1=-Ql3*(l-l3)^3/6+q1*(l-l3)^4/24+k1*x1^5*(((l+x1)/x1)^3*((l3+x1)/
x1+1)/6-((l+x1)/x1)^2*(((l3+x1)/x1)^2+2*(l3+x1)/x1+2)/2)*exp
((-l3-x1)/x1)-k3*x3^5*(((l3+x3-l)/x3+4)*exp((l-l3-x3)/x3)+
exp(-1)*((l3+x3-l)/x3)^3/3-5*exp(-1)*((l3+x3-l)/x3)^2/2);
D2=(-k1*x1^5)*(((l+x1)/x1)^4/3+5*((l+x1)/x1)^3/6+((l+x1)/x1)^2)*
exp((-l-x1)/x1);
```

```
D3=-Ql3*(l-l3)^2/2+q1*(l-l3)^3/6+k1*x1^4*(((l+x1)/x1)^2*((l3+x1)/
x1+1)/2-((l+x1)/x1)*(((l3+x1)/x1)^2+2*(l3+x1)/x1+2))*exp((-l3-
x1)/x1)-k3*x3^4*(((l3+x3-l)/x3+3)*exp((l-l3-x3)/x3)-exp(-1)*((l3+
x3-l)/x3)^2+5*exp(-1)*((l3+x3-l)/x3));
D4=( k1*x1^4)*(((l+x1)/x1)^3/2+3*((l+x1)/x1)^2/2+2*(l+x1)/x1)*
exp((-l-x1)/x1);
D5=-Qo*l3^3/6+(q1-q2)*l3^4/24-k1*x1^5*(5*((l3+x1)/x1)^2/2-((l3+
x1)/x1)^3/3)*exp(-1)-k4*x4^5*(5*exp(-1)-0.5*(((l3+x4)/x4)^2+5*
((l3+x4)/x4)/3+5/3)*exp((-l3-x4)/x4));
D6=(-k1*x1^5)*(((l3+x1)/x1)^4/3+5*((l3+x1)/x1)^3/6+((l3+x1)/x1)^2)*
exp((-l3-x1)/x1)-17*k3*x3^5*exp(-1)/6;
D7=-Qo*l3^2/2+(q1-q2)*l3^3/6+k1*x1^4*(((l3+x1)/x1)^2-5*(l3+x1)/x1)*
exp(-1)-k4*x4^4*(4*exp(-1)+(((l3+x4)/x4)^2+3*((l3+x4)/x4)/2+3/2)*
exp((-l3-x4)/x4));
D8=(-k1*x1^4)*(((l3+x1)/x1)^3/2+3*((l3+x1)/x1)^2/2+2*(l3+x1)/x1)*
exp((-l3-x1)/x1)-8*k3*x3^4*exp(-1);
D9=q2/(4*B^4)+k2*exp(-1)*x2^5*(B2+1)*B2/4;
D10=17*exp(-1)*k1*x1^5/6-k4*x4^5*(-((l3+x4)/x4)^4/3-5*((l3+x4)/x4)^3/
6-((l3+x4)/x4)^2+(l3+x4)/x4+4)*exp((-l3-x4)/x4);
D11=k2*exp(-1)*x2^4*B2*B2/4;
D12=-8*exp(-1)*k1*x1^4-k4*x4^4*(((l3+x4)/x4)^3/2+3*((l3+x4)/x4)^2/
2+3*(l3+x4)/x4+3)*exp((-l3-x4)/x4);
d1=(Qo+EI*A2*(B2-2)+B*(Mo-EI*A2*x2*(B2-1)))/(2*EI*B^3);
d2=(Mo-EI*A2*x2*(B2-1))/(2*EI*B^2);
Mo=2*EI*B^2*d2+EI*A2*x2*(B2-1);
j1=EI*B*(d1+d2)+D11-D12;
j2=EI*d1+D9-D10;
g1=j1+Mo*l3+D7-D8;
g2=j1*l3+j2+Mo*l3^2/2+D5-D6;
c1=g1+D3-D4+Ml3*(l-l3);
c2=Ml3*(l-l3)^2/2+D1-D2+g1*(l-l3)+g2-c1*l;
c3=c1-po*Lk^3/6-(pk-po)*Lk^3/8;
c4=(c1-c3)*(l+Lk)+c2-po*Lk^4/8-11*(pk-po)*Lk^4/120;
%% 5 段式周期 _ 软, 硬, 弹三区段支承顶板弯矩分程序
x=-25:0.5/80:0;
```

```
Mx2=2*EI*B^2*exp(B*x).*(-d1*sin(B*x)+d2*cos(B*x))+(k2*x2^3*B2/4)*(B2-
(x+x2)/x2).*exp((x-x2)/x2);
plot(x,Mx2,'b');
hold on;
x=0:0.5/20:l3;
Mx22=Mo-Qo*x+(q1-q2)*x.^2/2+k1*x1^3*(((x+x1)/x1+2).*exp((-x-x1)/x1)+
(2*(x+x1)/x1-5)*exp(-1))-k4*x4^3*((2-(x-l3-x4)/x4).*exp((x-l3-x4)/
x4)-(((l3+x4)/x4)^2+2*(l3+x4)/x4+2+((l3+x4)/x4+1)*(x-l3-x4)/x4)*
exp((-l3-x4)/x4));
plot(x,Mx22,'r');
hold on;
x=l3:0.5/20:l;
Mx23=Ml3-Ql3*(x-l3)+q1*(x-l3).^2/2+k1*x1^3*(((x+x1)/x1+2).*exp((-x-
x1)/x1)-(((l3+x1)/x1)^2+2*(l3+x1)/x1+2-((l3+x1)/x1+1)*(x+x1)/x1)*
exp((-l3-x1)/x1))-k3*x3^3*(((l3+x3-x)/x3+2).*exp((x-l3-x3)/x3)+
2*((l3+x3-x)/x3)*exp(-1)-5*exp(-1));
plot(x,Mx23,'b');
hold on;
x=l:0.5/20:(l+Lk);
Mx11=Ml-Ql*(x-l)+q1*(x-l).^2/2+k1*x1^3*(((x+x1)/x1+2).*exp((-x-x1)/
x1)-(((l+x1)/x1)^2+2*(l+x1)/x1+2-((l+x1)/x1+1)*((x+x1)/x1))*exp
((-l-x1)/x1))-po*(x-l).^2/2-(pk-po)*(x-l).^3/(6*Lk);
plot(x,Mx11,'r');
hold on;
x=(l+Lk):0.5/30:(l+L);
Mx12=Ml-Ql*(x-l)+q1*(x-l).^2/2+k1*x1^3*(((x+x1)/x1+2).*exp((-x-x1)/
x1)-(((l+x1)/x1)^2+2*(l+x1)/x1+2-((l+x1)/x1+1)*(x+x1)/x1)*exp
((-l-x1)/x1))-po*Lk*(x-l-Lk/2)-(pk-po)*Lk*(x-l-2*Lk/3)/2;
plot(x,Mx12,'b');
hold on
%% 5 段式周期 _ 软, 硬, 弹三区段支承顶板剪力分程序
x=-25:0.5/100:0;
Qx2=2*EI*B^3*exp(B*x).*(-d1*(cos(B*x)+sin(B*x))+d2*(cos(B*x)-sin(B*
x)))+(k2*x2^2*B2/4)*(B2-x/x2-2).*exp((x-x2)/x2);
plot(x,Qx2,'b');
```

```
hold on;
x=0:0.5/30:l3;
Qx22=-Qo+(q1-q2)*x+k1*x1^2*(-((x+x1)/x1+1).*exp((-x-x1)/x1)+2*exp
(-1))-k4*x4^2*((1-(x-l3-x4)/x4).*exp((x-l3-x4)/x4)-((l3+x4)/
x4+1)*exp((-l3-x4)/x4));
plot(x,Qx22,'r');
hold on;
x=l3:0.5/15:l;
Qx23=-Ql3+q1*(x-l3)+k1*x1^2*(-((x+x1)/x1+1).*exp((-x-x1)/x1)+
((l3+x1)/x1+1)*exp((-l3-x1)/x1))-k3*x3^2*(((l3+x3-x)/x3+1).
*exp((x-l3-x3)/x3)-2*exp(-1));
plot(x,Qx23,'b');
hold on;
x=l:0.5/30:(l+Lk);
Qx11=-Ql+q1*(x-l)-po*(x-l)-(pk-po)*(x-l).^2/(2*Lk)+k1*x1^2*
(-((x+x1)/x1+1).*exp((-x-x1)/x1)+((l+x1)/x1+1)*exp((-l-x1)/x1));
plot(x,Qx11,'r');
hold on;
x=(l+Lk):0.5/30:(l+L);
Qx12=-Ql+q1*(x-l)-po*Lk-(pk-po)*Lk/2+k1*x1^2*(-((x+x1)/x1+1).*
exp((-x-x1)/x1)+((l+x1)/x1+1)*exp((-l-x1)/x1));
plot(x,Qx12,'b');
hold on
%% 5 段式周期 _ 软, 硬, 弹三区段支承顶板挠度分程序
x=-25:0.5/100:0;
yx2=exp(B*x).*(d1*cos(B*x)+d2*sin(B*x))+q2/(4*B^4*EI)+(k2/EI)*(x2^5*
B2/4)*(B2-x/x2+1).*exp((x-x2)/x2);
plot(x,yx2,'b');
hold on;
x=0:0.5/30:l3;
yx22=(1/EI)*(Mo*x.^2/2-Qo*x.^3/6+(q1-q2)*x.^4/24+k1*x1^5*(((x+x1)/
x1+4).*exp((-x-x1)/x1)+(((x+x1)/x1).^3/3-5*((x+x1)/x1).^2/2)*
exp(-1))-k4*x4^5*((4-(x-l3-x4)/x4).*exp((x-l3-x4)/x4)-(((l3+
x4)/x4+1)*((x-l3-x4)/x4).^3/6+0.5*(((l3+x4)/x4)^2+2*(l3+x4)/
x4+2)*((x-l3-x4)/x4).^2)*exp((-l3-x4)/x4))+j1*x+j2);
```

```
plot(x,yx22,'r');
hold on;
x=l3:0.5/20:l;
yx23=(1/EI)*(Ml3*(x-l3).^2/2-Ql3*(x-l3).^3/6+q1*(x-l3).^4/24+k1*
x1^5*(((x+x1)/x1+4).*exp((-x-x1)/x1)-((((l3+x1)/x1)^2+2*(l3+
x1)/x1+2)*((x+x1)/x1).^2/2-((l3+x1)/x1+1)*((x+x1)/x1).^3/6)*
exp((-l3-x1)/x1))-k3*x3^5*(((l3+x3-x)/x3+4).*exp((x-l3-x3)/
x3)+exp(-1)*((l3+x3-x)/x3).^3/3-5*exp(-1)*
((l3+x3-x)/x3).^2/2)+g1*(x-l3)+g2);
plot(x,yx23,'b');
hold on;
x=l:0.5/20:(l+Lk);
yx11=(1/EI)*(Ml*(x-l).^2/2-Ql*(x-l).^3/6+q1*(x-l).^4/24+k1*x1^5*
(((x+x1)/x1+4).*exp((-x-x1)/x1)-((((l+x1)/x1)^2+2*(l+x1)/
x1+2)*((x+x1)/x1).^2/2-((l+x1)/x1+1)*((x+x1)/x1).^3/6)*
exp((-l-x1)/x1))-po*(x-l).^4/24-(pk-po)*(x-l).^5/
(120*Lk)+c1*x+c2);
plot(x,yx11,'r');
hold on;
x=(l+Lk):0.5/40:(l+L);
yx12=(1/EI)*(Ml*(x-l).^2/2-Ql*(x-l).^3/6+q1*(x-l).^4/24+k1*x1^5*
(((x+x1)/x1+4).*exp((-x-x1)/x1)-((((l+x1)/x1)^2+2*(l+x1)/
x1+2)*((x+x1)/x1).^2/2-((l+x1)/x1+1)*((x+x1)/x1).^3/6)*exp
((-l-x1)/x1))-po*Lk*((x-l).^3/6-Lk*(x-l).^2/4)-(pk-po)*
Lk*((x-l).^3/6-Lk*(x-l).^2/3)/2+c3*x+c4);
plot(x,yx12,'b');
hold on
%% 5 段式周期 _ 软, 硬, 弹三区段 _ 支承压力计算曲线分程序
x=-25:0.5/100:0;
Cyx2=C*(exp(B*x).*(d1*cos(B*x)+d2*sin(B*x))+q2/(4*B^4*EI)+
(k2/EI)*(x2^5*B2/4)*(B2-x/x2+1).*exp((x-x2)/x2));
plot(x,Cyx2,'b');
hold on;
x=0:0.5/30:l3;
F4x=q2+k4*(l3+x4-x).*exp((x-l3-x4)/x4);
```

```
plot(x,F4x,'r');
hold on;
x=l3:0.5/30:l;
f3x=k3*(l3+x3-x).*exp((x-l3-x3)/x3);
plot(x,f3x,'b')
```

%% 5 段式周期 _ 软, 硬, 弹三区段支承 _$x = 0$ 处 EIy^4 曲线连续兼计算 f3 分程序

```
x=-10:0.5/20:0;
EIQx21=q2+k2*(x2-x).*exp((x-x2)/x2)-4*B^4*EI*(exp(B*x).*
(d1*cos(B*x)+d2*sin(B*x))+q2/(4*B^4*EI)+(k2/EI)*(x2^5*
B2/4)*(B2-x/x2+1).*exp((x-x2)/x2));
plot(x,EIQx21,'r');
hold on;
x=0:0.5/15:l3;
EIQx22=q1-q2+k1*(x+x1).*exp((-x-x1)/x1)-k4*(l3+x4-x).
*exp((x-l3-x4)/x4);
plot(x,EIQx22,'r');
hold on
```

%% 煤层软化区反力形成的反弯矩分程序 (适用于 3.1, 3.2 节)

```
clear;
x3=8
l3=9;
l=16;
f3=9.3187*10^6;
k3=f3*exp(1)/x3;
syms x
F3x=k3*(l3+x3-x).*exp((x-l3-x3)/x3).*(x-l3);
s1=int(F3x,x,l3,l)
```

附录8　3.2 节表达式计算程序

3.2 节程序符号与本节符号对照为: A1l4←→ A_{1l_4}; Ml4←→ M_{l_4}; Ql4←→ Q_{l_4}; 其余同 3.1 节.

软化区深度 $(l-l_3)$=7m, 硬化区尺度参数 x4=1, 2, 3 变动时的 f3 值:

```
q2=6;x1=8;x2=12;x3=8;x4=1;L=24m,l=16,l3=9, f3=q2*1.892=11.352948;
q2=6;x1=8;x2=12;x3=8;x4=2;L=24m,l=16,l3=9, f3=q2*1.809=10.855946;
q2=6;x1=8;x2=12;x3=8;x4=3;L=24m,l=16,l3=9, f3=q2*1.741=10.448488;
```

软化区深度 $(l-l_3)$=(6, 7, 8m) 变动时的 f3 值:

```
q2=6;x1=8;x2=12;x3=8;x4=2;L=24m,l=16,l3=10,f3=q2*1.754=10.524645;
q2=6;x1=8;x2=12;x3=8;x4=2;L=24m,l=16,l3=9, f3=q2*1.809=10.855946;
q2=6;x1=8;x2=12;x3=8;x4=2;L=24m,l=16,l3=8, f3=q2*1.934=11.604382;
```

%% 6 段式初次 _ 软, 硬, 弹三区段支承顶板主程序

```
clear;
x1=8;
x2=12;
x3=8;
x4=2;
l=16;
l3=8;
l4=l3-x4
L=24;
Lk=4;
q2=6*10^6;
f2=0.22*q2;
q1=0.15*10^6;
f1=q2+f2-q1;
f3=11.604382*10^6
f4=f3-q2;
C=0.8*10^9;
h=6;
```

```
I=h^3/12;
E=25*10^9;
EI=E*I;
B=(C/(4*EI))^0.25;
po=0.9*10^6;
pk=1.2*po;
k1=f1*exp(1)/x1;
k2=f2*exp(1)/x2;
k3=f3*exp(1)/x3;
k4=f4*exp(1)/x4;
B1=4/(1+4*B^4*x1^4);
B2=4/(1+4*B^4*x2^4);
A1=(k1/EI)*x1^2*exp(-1)/(1+4*B^4*x1^4);
A2=(k2/EI)*x2^2*exp(-1)/(1+4*B^4*x2^4);
A1l3=(k1/EI)*x1^2*exp((-l3-x1)/x1)/(1+4*B^4*x1^4);
A1l4=(k1/EI)*x1^2*exp((-l4-x1)/x1)/(1+4*B^4*x1^4);
Ql=q1*L+k1*x1^2*(((l+x1)/x1+1)*exp((-l-x1)/x1)-((L+l+x1)/x1+1)*exp
((-L-l-x1)/x1))-po*Lk-(pk-po)*Lk/2;
Ql3=Ql+q1*(l-l3)+k1*x1^2*(((l3+x1)/x1+1)*exp((-l3-x1)/x1)-((l+x1)/
x1+1)*exp((-l-x1)/x1))-k3*x3^2*(((l3+x3-l)/x3+1)*exp((l-l3-x3)/x3)
-2*exp(-1));
Ql4=Ql3+(q1-q2)*(l3-l4)+k1*x1^2*(((l4+x1)/x1+1)*exp((-l4-x1)/x1)-
((l3+x1)/x1+1)*exp((-l3-x1)/x1))-k4*x4^2*(2*exp(-1)+((l4-l3-x4)/
x4-1)*exp((l4-l3-x4)/x4));
D1=q1*L^3/6+k1*x1^4*((((l+x1)/x1+1)*((L+l+x1)/x1)^2/2-((L+l+x1)/x1)*
(((l+x1)/x1)^2+2*(l+x1)/x1+2))*exp((-l-x1)/x1)-((L+l+x1)/x1+3)*
exp((-L-l-x1)/x1))-po*Lk*(L^2/2-Lk*L/2)-(pk-po)*Lk*(L^2/2-2*Lk*
L/3)/2;
D2=-Ql3*(l-l3)^3/6+q1*(l-l3)^4/24+k1*x1^5*(((l+x1)/x1)^3*((l3+x1)/
x1+1)/6-((l+x1)/x1)^2*(((l3+x1)/x1)^2+2*(l3+x1)/x1+2)/2)*exp((-
l3-x1)/x1)-k3*x3^5*(((l3+x3-l)/x3+4)*exp((l-l3-x3)/x3)+exp(-1)*
((l3+x3-l)/x3)^3/3-5*exp(-1)*((l3+x3-l)/x3)^2/2);
D3=(-k1*x1^5)*(((l+x1)/x1)^4/3+5*((l+x1)/x1)^3/6+((l+x1)/x1)^2)*
exp((-l-x1)/x1);
D4=-Ql3*(l-l3)^2/2+q1*(l-l3)^3/6+k1*x1^4*(((l+x1)/x1)^2*((l3+
```

```
x1)/x1+1)/2-((l+x1)/x1)*(((l3+x1)/x1)^2+2*(l3+x1)/x1+2))*exp
((-l3-x1)/x1)-k3*x3^4*(((l3+x3-l)/x3+3)*exp((l-l3-x3)/x3)-exp
(-1)*((l3+x3-l)/x3)^2+5*exp(-1)*((l3+x3-l)/x3));
D5=(-k1*x1^4)*(((l+x1)/x1)^3/2+3*((l+x1)/x1)^2/2+2*(l+x1)/x1)
*exp((-l-x1)/x1);
D6=Ql*(l-l3)+q1*(l-l3)^2/2+k1*x1^3*(((l3+x1)/x1+2)*exp((-l3-
x1)/x1)-(((l+x1)/x1)^2+2*(l+x1)/x1+2-((l+x1)/x1+1)*(l3+x1)/
x1)*exp((-l-x1)/x1))-k3*x3^3*(3*exp(-1)-(((l-l3-x3)/x3)^2-
(l-l3-x3)/x3+1)*exp((l-l3-x3)/x3));
D7=-D4+D5-D6*(l-l3)+(Ql*L^2/2-D1+po*Lk^3/6+(pk-po)*Lk^3/8);
D8=-Ql4*(l3-l4)^3/6+(q1-q2)*(l3-l4)^4/24-k1*x1^5*((((l4+
x1)/x1)^2+2*(l4+x1)/x1+2)*((l3+x1)/x1)^2/2-((l4+x1)/x1+
1)*((l3+x1)/x1)^3/6)*exp((-l4-x1)/x1)-k4*x4^5*(5*exp(-
1)-0.5*(((l4-l3-x4)/x4)^2-5*((l4-l3-x4)/x4)/3+5/3)*
exp((l4-l3-x4)/x4));
D9=(-k1*x1^5)*(((l3+x1)/x1)^4/3+5*((l3+x1)/x1)^3/6+((l3+
x1)/x1)^2)*exp((-l3-x1)/x1)-17*k3*x3^5*exp(-1)/6;
D10=-Ql4*(l3-l4)^2/2+(q1-q2)*(l3-l4)^3/6-k1*x1^4*((((l4+
x1)/x1)^2+2*(l4+x1)/x1+2)*(l3+x1)/x1-((l4+x1)/x1+1)*
((l3+x1)/x1)^2/2)*exp((-l4-x1)/x1)-k4*x4^4*(4*exp(-1)+
(((l4-l3-x4)/x4)^2-3*((l4-l3-x4)/x4)/2+3/2)*
exp((l4-l3-x4)/x4));
D11=(-k1*x1^4)*(((l3+x1)/x1)^3/2+3*((l3+x1)/x1)^2/2+2*
(l3+x1)/x1)*exp((-l3-x1)/x1)-8*k3*x3^4*exp(-1);
D12=Ql3*(l3-l4)+(q1-q2)*(l3-l4)^2/2+k1*x1^3*(((l4+x1)/
x1+2)*exp((-l4-x1)/x1)-(((l3+x1)/x1)^2+2*(l3+x1)/x1+2
-((l3+x1)/x1+1)*(l4+x1)/x1)*exp((-l3-x1)/x1))+k4*x4^3*
(exp(-1)*(5+2*(l4-l3-x4)/x4)-(2-(l4-l3-x4)/x4)*exp
((l4-l3-x4)/x4));
D13=D7-D10+D11-(l3-l4)*(D6+D12);
D14=(A1*x1^2*B1+A2*x2^2*B2)/(2*B)+(A1*x1*(B1-1)-A2*x2*
(B2-1))/(2*B^2)+(A1*(B1-2)+A2*(B2-2))/(4*B^3);
D15=(q1-q2)/(4*B^4*EI)+A1*x1^3*(B1+1)-A2*x2^3*(B2+1)+
(A1*x1^2*B1+A2*x2^2*B2)/(2*B)-(A1*(B1-2)+A2*(B2-2))/(4*B^3);
D16=A1l4*x1^3*(B1+l4/x1+1)+q1/(4*B^4*EI);
```

```
D17=(k1*x1^5/EI)*(-((l4+x1)/x1)^4/3-5*((l4+x1)/x1)^3/6-
((l4+x1)/x1)^2+(l4+x1)/x1+4)*exp((-l4-x1)/x1)-(k4*x4^5/EI)*
(-((l4-l3-x4)/x4)^4/3+5*((l4-l3-x4)/x4)^3/6-((l4-l3-x4)/x4)^2
-(l4-l3-x4)/x4+4)*exp((l4-l3-x4)/x4);
D18=A1l4*x1^2*(B1+l4/x1);
D19=(-k1*x1^4/EI)*(((l4+x1)/x1)^3/2+3*((l4+x1)/x1)^2/2+3*
(l4+x1)/x1+3)*exp((-l4-x1)/x1)-(k4*x4^4/EI)*(-((l4-l3-x4)/
x4)^3/2+3*((l4-l3-x4)/x4)^2/2-3*(l4-l3-x4)/x4+3)*exp((l4-l3-x4)/x4);
D20=A1l4*x1*(B1+l4/x1-1);
D21=A1l4*(B1+l4/x1-2);
D22=((l-l4+L)*(D6+D12)+D13)/(B*EI)+(D18+D19)/B-(l-l4+L)*D20/B;
a11=(cos(B*l4)+sin(B*l4)+2*B*(l-l4+L)*cos(B*l4))*
(sinh(B*l4)+cosh(B*l4));
a12=(cos(B*l4)-sin(B*l4)-2*B*(l-l4+L)*sin(B*l4))*
(sinh(B*l4)+cosh(B*l4));
a21=(cos(B*l4)-sin(B*l4))*(sinh(B*l4)+cosh(B*l4));
a22=-(cos(B*l4)+sin(B*l4))*(sinh(B*l4)+cosh(B*l4));
b1=D22-D14*(cos(B*l4)*cosh(B*l4)+sin(B*l4)*sinh(B*l4)+2*B*
(l-l4+L)*cos(B*l4)*sinh(B*l4))+D15*(sin(B*l4)*sinh(B*l4)-cos(B*
l4)*cosh(B*l4)+2*B*(l-l4+L)*sin(B*l4)*cosh(B*l4));
b2=(D21*EI-Ql4)/(2*B^3*EI)+D14*(sin(B*l4)*sinh(B*l4)-cos(B*l4)*
cosh(B*l4))+D15*(sin(B*l4)*sinh(B*l4)+cos(B*l4)*cosh(B*l4));
d3=(b1*a22-b2*a12)/(a11*a22-a12*a21);
d6=(a11*b2-a21*b1)/(a11*a22-a12*a21);
d1=d6+(q1-q2)/(4*B^4*EI)+A1*x1^3*(B1+1)-A2*x2^3*(B2+1);
d2=d3+(A1*x1*(B1-1)-A2*x2*(B2-1))/(2*B^2);
d4=d3+D14;
d5=d6+D15;
j1=EI*B*(d3*(cos(B*l4)*sinh(B*l4)+sin(B*l4)*cosh(B*l4))+d4*
(cos(B*l4)*cosh(B*l4)+sin(B*l4)*sinh(B*l4))+d5*(cos(B*l4)*
cosh(B*l4)-sin(B*l4)*sinh(B*l4))+d6*(cos(B*l4)*sinh(B*l4)-
sin(B*l4)*cosh(B*l4)))-EI*(D18+D19);
j2=EI*(d3*sin(B*l4)*sinh(B*l4)+d4*sin(B*l4)*cosh(B*l4)+d5*
cos(B*l4)*sinh(B*l4)+d6*cos(B*l4)*cosh(B*l4))+EI*(D16-D17);
Ml=2*B^2*EI*(d3*cos(B*l4)*cosh(B*l4)+d4*cos(B*l4)*sinh(B*
```

```
l4)-d5*sin(B*l4)*cosh(B*l4)-d6*sin(B*l4)*sinh(B*l4))-D6-D12+EI*D20;
Ml=(D13-j1)/(l-l4+L);
Ml3=Ml+D6;
Ml4=Ml3+D12;
g1=j1+Ml4*(l3-l4)+D10-D11;
g2=j1*(l3-l4)+j2+Ml4*(l3-l4)^2/2+D8-D9;
g1=-Ml*(l-l3+L)+D7;
j2=g2-D8+D9-Ml4*(l3-l4)^2/2-j1*(l3-l4);
c1=g1+D4-D5+(l-l3)*Ml3;
c2=Ml3*(l-l3)^2/2+D2-D3+g1*(l-l3)+g2-c1*l;
c3=Ql*L^2/2-Ml*L-D1;
c1=c3+po*Lk^3/6+(pk-po)*Lk^3/8;
c4=(c1-c3)*(l+Lk)+c2-po*Lk^4/8-11*(pk-po)*Lk^4/120;
%% 6 段式初次 _ 软, 硬, 弹三区段支承顶板弯矩分程序
x=-25:0.5/80:0;
Mx2=2*EI*B^2*exp(B*x).*(-d1*sin(B*x)+d2*cos(B*x))+(k2*x2^3*B2/4)*(B2-
(x+x2)/x2).*exp((x-x2)/x2);
plot(x,Mx2,'b');
hold on;
x=0:0.5/40:l4;
Mx21=2*EI*B^2*(d3*cos(B*x).*cosh(B*x)+d4*cos(B*x).*sinh(B*x)-d5*
sin(B*x).*cosh(B*x)-d6*sin(B*x).*sinh(B*x))+(k1*x1^3*B1/4)*(B1+(x-
x1)/x1).*exp((-x-x1)/x1);
plot(x,Mx21,'r');
hold on;
x=l4:0.5/20:l3;
Mx22=Ml4-Ql4*(x-l4)+(q1-q2)*(x-l4).^2/2+k1*x1^3*(((x+x1)/x1+2).*
exp((-x-x1)/x1)-(((l4+x1)/x1)^2+2*(l4+x1)/x1+2-((l4+x1)/x1+1)*
(x+x1)/x1)*exp((-l4-x1)/x1))-k4*x4^3*((2-(x-l3-x4)/x4).*exp
((x-l3-x4)/x4)-(((l4-l3-x4)/x4)^2-2*(l4-l3-x4)/x4+2-
((l4-l3-x4)/x4-1)*(x-l3-x4)/x4)*exp((l4-l3-x4)/x4));
plot(x,Mx22,'b');
hold on;
x=l3:0.5/20:l;
Mx23=Ml3-Ql3*(x-l3)+q1*(x-l3).^2/2+k1*x1^3*(((x+x1)/x1+2).*
```

```
exp((-x-x1)/x1)-(((l3+x1)/x1)^2+2*(l3+x1)/x1+2-((l3+x1)/x1+1)*
(x+x1)/x1)*exp((-l3-x1)/x1))-k3*x3^3*(((l3+x3-x)/x3+2).*
exp((x-l3-x3)/x3)+2*((l3+x3-x)/x3)*exp(-1)-5*exp(-1));
plot(x,Mx23,'r');
hold on;
x=l:0.5/20:(l+Lk);
Mx1=Ml-Ql*(x-l)+q1*(x-l).^2/2+k1*x1^3*(((x+x1)/x1+2).*exp
((-x-x1)/x1)-(((l+x1)/x1)^2+2*(l+x1)/x1+2-((l+x1)/x1+1)*
((x+x1)/x1))*exp((-l-x1)/x1))-po*(x-l).^2/2-(pk-po)*
(x-l).^3/(6*Lk);
plot(x,Mx1,'b');
hold on;
x=(l+Lk):0.5/30:(l+L);
Mx12=Ml-Ql*(x-l)+q1*(x-l).^2/2+k1*x1^3*(((x+x1)/x1+2).*exp
((-x-x1)/x1)-(((l+x1)/x1)^2+2*(l+x1)/x1+2-((l+x1)/x1+1)*
(x+x1)/x1)*exp((-l-x1)/x1))-po*Lk*(x-l-Lk/2)-(pk-po)*
Lk*(x-l-2*Lk/3)/2;
plot(x,Mx12,'r');
hold on
%% 6 段式初次 _ 软, 硬, 弹三区段支承顶板剪力分程序
x=-25:0.5/100:0;
Qx2=2*EI*B^3*exp(B*x).*(-d1*(cos(B*x)+sin(B*x))+d2*(cos(B*x)-sin(B*
x)))+(k2*x2^2*B2/4)*(B2-x/x2-2).*exp((x-x2)/x2);
plot(x,Qx2,'b');
hold on;
x=0:0.5/30:l4;
Qx21=2*EI*B^3*(d3*(-sin(B*x).*cosh(B*x)+cos(B*x).*sinh(B*x))+d4*
(-sin(B*x).*sinh(B*x)+cos(B*x).*cosh(B*x))+d5*(-cos(B*x).*cosh(B*
x)-sin(B*x).*sinh(B*x))+d6*(-cos(B*x).*sinh(B*x)-sin(B*x).*
cosh(B*x)))-(k1*x1^2*B1/4)*(B1+x/x1-2).*exp((-x-x1)/x1);
plot(x,Qx21,'r');
hold on;
x=l4:0.5/30:l3;
Qx22=-Ql4+(q1-q2)*(x-l4)+k1*x1^2*(-((x+x1)/x1+1).*exp((-x-x1)/x1)+
((l4+x1)/x1+1)*exp((-l4-x1)/x1))-k4*x4^2*((1-(x-l3-x4)/x4).*
```

```
exp((x-l3-x4)/x4)+((l4-l3-x4)/x4-1)*exp((l4-l3-x4)/x4));
plot(x,Qx22,'b');
hold on;
x=l3:0.5/15:l;
Qx23=-Ql3+q1*(x-l3)+k1*x1^2*(-((x+x1)/x1+1).*exp((-x-x1)/x1)+((l3+
x1)/x1+1)*exp((-l3-x1)/x1))-k3*x3^2*(((l3+x3-x)/x3+1).*
exp((x-l3-x3)/x3)-2*exp(-1));
plot(x,Qx23,'r');
hold on;
x=l:0.5/30:(l+Lk);
Qx11=-Ql+q1*(x-l)-po*(x-l)-(pk-po)*(x-l).^2/(2*Lk)+k1*x1^2*
(-((x+x1)/x1+1).*exp((-x-x1)/x1)+((l+x1)/x1+1)*exp((-l-x1)/x1));
plot(x,Qx11,'b');
hold on;
x=(l+Lk):0.5/30:(l+L);
Qx12=-Ql+q1*(x-l)-po*Lk-(pk-po)*Lk/2+k1*x1^2*(-((x+x1)/x1+1).*
exp((-x-x1)/x1)+((l+x1)/x1+1)*exp((-l-x1)/x1));
plot(x,Qx12,'r');
hold on;
%% 6 段式初次_软，硬，弹三区段支承顶板挠度分程序
x=-25:0.5/100:0;
yx2=exp(B*x).*(d1*cos(B*x)+d2*sin(B*x))+q2/(4*B^4*EI)+(k2/EI)*(x2^5*
B2/4)*(B2-x/x2+1).*exp((x-x2)/x2);
plot(x,yx2,'b');
hold on;
x=0:0.5/30:l4;
yx21=d3*sin(B*x).*sinh(B*x)+d4*sin(B*x).*cosh(B*x)+d5*cos(B*x).*
sinh(B*x)+d6*cos(B*x).*cosh(B*x)+q1/(4*B^4*EI)+(k1/EI)*(x1^5*
B1/4)*(B1+x/x1+1).*exp((-x-x1)/x1);
plot(x,yx21,'r');
hold on;
x=l4:0.5/30:l3;
yx22=(1/EI)*(Ml4*(x-l4).^2/2-Ql4*(x-l4).^3/6+(q1-q2)*(x-l4).^4/24+
k1*x1^5*(((x+x1)/x1+4).*exp((-x-x1)/x1)-((((l4+x1)/x1)^2+2*
(l4+x1)/x1+2)*((x+x1)/x1).^2/2-((l4+x1)/x1+1)*((x+x1)/x1).^3/6)*
```

```
exp((-l4-x1)/x1))-k4*x4^5*((4-(x-l3-x4)/x4).*exp((x-l3-x4)/x4)
-(0.5*(((l4-l3-x4)/x4)^2-2*(l4-l3-x4)/x4+2)*((x-l3-x4)/x4).^2-
((l4-l3-x4)/x4-1)*((x-l3-x4)/x4).^3/6)*exp((l4-l3-x4)/x4))+j1*
(x-l4)+j2);
plot(x,yx22,'b');
hold on;
x=l3:0.5/20:l;
yx23=(1/EI)*(Ml3*(x-l3).^2/2-Ql3*(x-l3).^3/6+q1*(x-l3).^4/24+k1*
x1^5*(((x+x1)/x1+4).*exp((-x-x1)/x1)-((((l3+x1)/x1)^2+2*
(l3+x1)/x1+2)*((x+x1)/x1).^2/2-((l3+x1)/x1+1)*((x+x1)/x1).^3/6)*
exp((-l3-x1)/x1))-k3*x3^5*(((l3+x3-x)/x3+4).*exp((x-l3-x3)/x3)+
exp(-1)*((l3+x3-x)/x3).^3/3-5*exp(-1)*((l3+x3-x)/x3).^2/2)+g1*
(x-l3)+g2);
plot(x,yx23,'r');
hold on;
x=l:0.5/20:(l+Lk);
yx1=(1/EI)*(Ml*(x-l).^2/2-Ql*(x-l).^3/6+q1*(x-l).^4/24+k1*x1^5*
(((x+x1)/x1+4).*exp((-x-x1)/x1)-((((l+x1)/x1)^2+2*(l+x1)/x1+2)*
((x+x1)/x1).^2/2-((l+x1)/x1+1)*((x+x1)/x1).^3/6)*exp((-l-x1)/
x1))-po*(x-l).^4/24-(pk-po)*(x-l).^5/(120*Lk)+c1*x+c2);
plot(x,yx1,'b');
hold on;
x=(l+Lk):0.5/40:(l+L);
yx12=(1/EI)*(Ml*(x-l).^2/2-Ql*(x-l).^3/6+q1*(x-l).^4/24+k1*x1^5*
(((x+x1)/x1+4).*exp((-x-x1)/x1)-((((l+x1)/x1)^2+2*(l+x1)/x1+
2)*((x+x1)/x1).^2/2-((l+x1)/x1+1)*((x+x1)/x1).^3/6)*exp((-l-
x1)/x1))-po*Lk*((x-l).^3/6-Lk*(x-l).^2/4)-(pk-po)*Lk*((x
-l).^3/6-Lk*(x-l).^2/3)/2+c3*x+c4);
plot(x,yx12,'r');
hold on;
%% 6 段式初次 _ 软, 硬, 弹三区段 _ 支承压力计算曲线分程序
x=-20:0.5/100:0;
Cyx1=C*(exp(B*x).*(d1*cos(B*x)+d2*sin(B*x))+q2/(4*B^4*EI)+(k2/EI)*
(x2^5*B2/4)*(B2-x/x2+1).*exp((x-x2)/x2));
plot(x,Cyx1,'b');
```

```
hold on;
x=0:0.5/30:l4;
Cyx21=C*(d3*sin(B*x).*sinh(B*x)+d4*sin(B*x).*cosh(B*x)+d5*cos(B*x).*
sinh(B*x)+d6*cos(B*x).*cosh(B*x)+q1/(4*B^4*EI)+(k1/EI)*
(x1^5*B1/4)*(B1+x/x1+1).*exp((-x-x1)/x1));
plot(x,Cyx21,'r');
hold on;
x=l4:0.5/30:l3;
F4x=q2+k4*(l3+x4-x).*exp((x-l3-x4)/x4);
plot(x,F4x,'b');
hold on;
x=l3:0.5/30:l;
f3x=k3*(l3+x3-x).*exp((x-l3-x3)/x3);
plot(x,f3x,'r');
hold on
```

%% 6 段式初次 _ 软, 硬, 弹三区段支承 _$x = l_4$ 处 EIy^4 曲线连续兼计算 f3 分程序

```
x=0:0.5/20:l4;
EIQx21=q1+k1*(x+x1).*exp((-x-x1)/x1)-4*B^4*EI*(d3*sin(B*x).*sinh(B*x)
+d4*sin(B*x).*cosh(B*x)+d5*cos(B*x).*sinh(B*x)+d6*cos(B*x).*cosh(B*
x)+q1/(4*B^4*EI)+(k1/EI)*(x1^5*B1/4)*(B1+x/x1+1).*exp((-x-x1)/x1));
plot(x,EIQx21,'r');
hold on;
x=l4:0.5/15:l3;
EIQx22=q1-q2+k1*(x+x1).*exp((-x-x1)/x1)-k4*(l3+x4-x).
*exp((x-l3-x4)/x4);
plot(x, EIQx22,'b');
hold on
```

%% 6 段式初次 _ 软, 硬, 弹三区段支承 _ 地基反力总和计算分程序

```
syms x
Cyx2=C*(exp(B*x).*(d1*cos(B*x)+d2*sin(B*x))+q2/(4*B^4*EI)+(k2/EI)*
(x2^5*B2/4)*(B2-x/x2+1).*exp((x-x2)/x2))
s1=int(Cyx2,x,-30,0)
syms x
Cyx21=C*(d3*sin(B*x).*sinh(B*x)+d4*sin(B*x).*cosh(B*x)+d5*cos(B*
```

```
x).*sinh(B*x)+d6*cos(B*x).*cosh(B*x)+q1/(4*B^4*EI)+(k1/EI)*
(x1^5*B1/4)*(B1+x/x1+1).*exp((-x-x1)/x1));
s1=int(Cyx21,x,0,l4)
syms x
F4x=q2+k1*(l3+x4-x).*exp((x-l3-x4)/x4);
s1=int(F4x,x,l4,l3)
syms x
f3x=k3*(l3+x3-x).*exp((x-l3-x3)/x3);
s1=int(f3x,x,l3,l)
```

参考文献

[1] 王开, 康天合, 李海涛, 等. 坚硬顶板控制放顶方式及合理悬顶长度的研究 [J]. 岩石力学与工程学报, 2009, 28(11): 2320-2327.

[2] 李其仁, 赵军, 赵文宏. 我矿采场坚硬顶板破断规律及控制 [J]. 煤炭科学技术, 1993, 21(11): 2-4.

[3] 钱鸣高, 石平五. 矿山压力与岩层控制 [M]. 徐州: 中国矿业大学出版社, 2003.

[4] 曹安业, 窦林名. 采场顶板破断型震源机制及其分析 [J]. 岩石力学与工程学报, 2008, 27(增2): 3833-3839.

[5] [波] M 鲍莱茨基. 矿山岩体力学. 北京: 煤炭工业出版社, 1985.

[6] 钱鸣高, 殷建生, 刘双跃. 综采工作面直接顶的端面冒落 [J]. 煤炭学报, 1990,15(1): 1-9.

[7] 钟新谷. 老顶的断裂位置与顶板的反弹 [J]. 湘潭矿业学院学报, 1993, 8(增): 47-51, 70.

[8] 缪协兴, 茅献彪, 周廷振. 采场老顶弹性地基梁结构分析与来压预报 [J]. 力学与实践, 1995, 17(5): 21-22, 41.

[9] 钱鸣高, 茅献彪, 缪协兴. 采场覆岩中关键层上覆载荷的变化规律 [J]. 煤炭学报, 1998,23(2): 135-139.

[10] 李新元, 马念杰, 钟亚平, 等. 坚硬顶板断裂过程中弹性能量积聚与释放的分布规律 [J]. 岩石力学与工程学报, 2007, (Aol): 2786-2793.

[11] 潘岳, 顾士坦. 初次来压前受超前增量荷载和支护阻力作用的坚硬顶板弯矩、挠度和剪力的解析解 [J]. 岩石力学与工程学报, 2013, 32(8): 1544-1553.

[12] 潘岳, 顾士坦, 戚云松. 周期来压前受超前隆起分布荷载作用的坚硬顶板弯矩、挠度的解析解 [J]. 岩石力学与工程学报, 2012, 31(10): 2053-2063.

[13] 铁摩辛柯. 材料力学. 汪一麟译. 北京: 科学出版社, 1979.

[14] 潘岳, 王志强, 李爱武. 初次断裂期间超前工作面坚硬顶板挠度、弯矩和能量变化的分析解 [J]. 岩石力学与工程学报, 2012, 31(1): 32-41.

[15] 吴兴荣, 杨茂田. 厚层坚硬顶板的断裂与初次垮落 [J]. 矿山压力与顶板管理, 1990, 7(2): 22-25.

[16] 窦林名, 何学秋. 冲击矿压防治理论与技术 [M]. 徐州: 中国矿业大学出版社, 2001.

[17] 曹安业, 窦林名. 采场顶板破断型震源机制及其分析 [J]. 岩石力学与工程学报, 2008, 27(增2): 3833-3839.

[18] 邵国柱. 老顶超前断裂与来压预报 [J]. 矿山压力与顶板管理, 1989,(2):59-64.

[19] 姜福兴, 蒋国安, 谭云亮. 印度浅埋坚硬顶板厚煤层开采方法探讨 [J]. 矿山压力与顶板管理, 2002, 19(1): 57-59.

[20] 谭云亮, 王学水. 煤矿坚硬顶板活动过程中声发射特征的初步研究 [J]. 岩石力学与工程学报, 1992, 11(3): 274-283.

[21] 谭云亮, 杨永杰. 关于 "反弹" 及其工程意义的评述 [J]. 东北煤炭技术, 1995, (2): 27-31.

[22] 黄洋, 姚强岭, 丁效雷, 等. 坚硬顶板条件下老顶来压预测预报 [J]. 煤炭工程, 2008, 12: 56-57.

[23] 潘岳, 顾士坦. 周期性来压坚硬顶板裂纹萌生初始阶段的弯矩、剪力、挠度和应变能变化分析 [J]. 岩石力学与工程学报, 2014, 36(6): 1123-1134.

[24] 王瑶, 吴胜兴, 周继凯, 等. 花岗岩动态轴向拉伸力学性能试验研究 [J]. 岩石力学与工程学报. 2010, 29(11): 2328-2336.

[25] 吴志刚, 程明华, 周庭振. 徐州西部矿区坚硬顶板来压预测预报 [J]. 岩石力学与工程学报, 1996, 15(2): 163-170.

[26] 徐连满, 潘一山, 李忠华, 等. 深部开采覆岩应力变化规律模拟试验研究 [J]. 中国地质灾害与防治学报, 2011, 22(3):61-66.

[27] 窦林名, 何学秋. 冲击矿压防治理论与技术 [M]. 徐州: 中国矿业大学出版社, 2001.

[28] 闵长江, 卜凡启, 周廷振, 等. 煤矿冲击矿压及防治技术用 [M]. 徐州: 中国矿业大学出版社, 1998.

[29] 潘岳, 顾士坦, 杨光林. 裂纹发生初始阶段的坚硬顶板内力变化和 “反弹” 特性分析 [J]. 岩土工程学报, 2015, 37(5): 860-869.

[30] 陈青峰, 综采工作面超前支承压力分布监测研究 [J]. 科技信息, 2012, No23:408-409.

[31] 林远东, 关建强. 基本顶岩层的断裂分析 [J]. 矿业安全与环保, 2008,32(2):67-69.

[32] Peng S. S. Coal Mine Ground Control[M]. Xuzhou: China University of Mining and Technology Press, 2013.

[33] 潘岳, 顾士坦. 基于软化地基和弹性地基假定的坚硬顶板力学特性分析 [J]. 岩石力学与工程学报, 2015, 34(7): 1402-1414.

[34] 潘岳, 顾士坦, 王志强. 煤层塑性区对坚硬顶板力学特性影响分析 [J]. 岩石力学与工程学报, 2015, 34(12): 2486-2499.

[35] 邵广印, 阚磊, 马海峰, 等. 综采工作面支承压力分布特征 [J]. 现代矿业, 2011, No.10:84-85.

[36] 潘岳, 顾士坦, 李文帅. 煤层弹性、硬化和软化区对顶板弯矩特性影响分析 [J]. 岩石力学与工程学报, 2016, (Ao2): 3846-3857.

[37] 谭云亮, 蒋金泉, 宋扬. 采场坚硬顶板二次断裂的初步研究 [J]. 矿山压力与顶板管理, 1989,(2):133-138.

[38] 潘岳, 王志强, 王在泉. 非线性硬化与软化的巷道围岩应力分布与工况研究 [J]. 岩石力学与工程学报, 2007, 25(7): 1343-1351.

[39] 贾乃文. 粘塑性力学及工程应用 [M]. 北京: 地震出版社, 2000.

[40] Kachanov L M. 塑性理论基础 [M]. 北京: 人民教育出版社,1982.